PY LEARNING MATE

100%
무료특강

합격

Craftsman 3D Printer Operation

이우홍 편저

자격증의 힘

3D프린터운용기능사 | 필기 + 실기 한권쏙

- 2024년 최신 출제기준 완벽 반영
- 신규 포함 공개문제 1~27유형 100% 반영
- 기출 잡는 모의고사 3+1회분
- 필기+실기 단기합격 커리큘럼

3D프린팅은 혁신적인 제조 기술로, 디지털 모델링 데이터를 바탕으로 한 층씩 쌓아 물체를 만드는 과정입니다. 기존의 제조 방식에 비해 소재와 시간을 절약하고, 다양한 형태와 기능을 가진 제품을 만들 수 있죠. 3D프린팅 기술은 제조는 물론이고 의료, 교육, 항공·우주, 자동차, 건축, 예술 등 다양한 분야에서 활용되고 있으며, 미래의 산업 생태계를 이끌어 갈 핵심 기술로 인식되고 있습니다.

이 책은 3D프린팅에 관심이 있는 분들과 3D프린터운용기능사 자격증을 취득하고자 하는 분들에게 3D프린팅의 방법과 과정을 상세하게 안내합니다. 3D프린터운용기능사는 기존의 절삭 가공(SM, Subtractive Manufacturing)의 한계를 벗어나 AM(Additive Manufacturing)을 대표하는 3D프린팅 산업에서 창의적인 아이디어를 실현하기 위해 시장조사, 제품스캐닝, 디자인 및 3D모델링, 적층 시뮬레이션, 3D프린터 설정, 제품 출력, 후가공 등의 기능 업무를 수행할 숙련 기능인력 양성을 위한 자격으로 제정되었습니다. 이 책은 NCS(국가직무표준)를 기반으로 구성되어 있으며, 필기와 실기 시험에 필요한 핵심 이론과 예제, 기출문제, 모의고사 등을 수록하고 있습니다. 특히 실기 시험을 대비한 단계별 확인사항을 통해 막연함이 아닌 구체적인 접근법으로 쉽고 빠르게 습득할 수 있도록 했으며, 2024년 최신 공개문제까지 다루었습니다.

3D프린팅은 끊임없이 발전하고 변화하는 기술입니다. 따라서 3D프린팅에 관심이 있는 분들은 항상 새로운 정보와 지식을 습득하고, 실제로 3D프린팅을 체험하고, 다양한 사례와 응용을 탐색해야 합니다. 이 책은 3D프린터운용기능사 취득뿐만 아니라 3D프린팅의 세계에 입문하는 분들에게 유용한 가이드가 되고자 합니다. 이 책을 읽고 3D프린터운용기능사 자격증을 취득하시는 분들은 3D프린팅의 전문가로서 미래의 산업과 문화에 기여하시기를 바랍니다.

저자 이우홍

1 3D프린터운용기능사란?

DfAM(Design for Additive Manufacturing)을 이해하고 창의적인 제품을 설계하며, 3D프린터를 기반으로 아이디어를 실현하기 위해 시장조사, 제품스캐닝, 디자인 및 3D모델링, 출력용 데이터 확정, 3D프린터 SW설정, 3D프린터 HW설정, 제품 출력, 후가공, 장비 관리 및 작업자 안전사항 등의 직무 수행

2 시험 개요

- 관련부처: 과학기술정보통신부, 산업통상자원부
- 시행기관: 한국산업인력공단
- 접수(인터넷 접수): www.q-net.or.kr
- 시험절차 안내

| 필기 시험 | ⇨ | 실기 시험 | ⇨ | 최종 합격 |

3 시험 과목

필기 시험	① 3D스캐너, ② 3D모델링, ③ 3D프린터설정, ④ 3D프린터 출력 및 후가공, ⑤ 3D프린터 교정 및 유지보수
실기 시험	3D프린팅 운용실무

4 시험 방법

필기 시험	객관식 4지 택일형 60문항(60분)
실기 시험	작업형(3시간, 100점) * 3D모델링 소프트웨어를 활용한 제품 디자인 능력, 슬라이싱 소프트웨어를 활용한 출력 프로그램 작성 능력, 3D프린터 활용능력 평가(공개문제 참조)

5 합격 기준

필기 시험	100점을 만점으로 하여 60점 이상
실기 시험	100점을 만점으로 하여 60점 이상

6 응시자격

응시자격 제한 없음

7 자격 유효기간

유효기간 없음

※ 위 내용은 변동될 수 있으므로 반드시 시행처(www.q-net.or.kr)의 최종 공고를 확인
하시기 바랍니다.

STRUCTURE & FEATURES
| 구성과 특징

01 필기 + 실기 한권합격

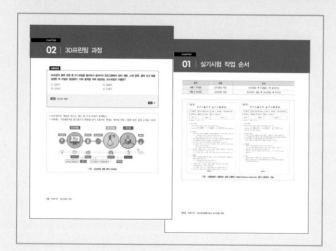

- 2024년 최신 출제기준을 완벽 반영하였습니다.
- 실제 현장에서 교육하는 출제위원급 저자가 직접 집필하였습니다.
- 한권합격 커리큘럼으로 필기 + 실기 동시 대비가 가능합니다.

02 실전에 강한 이론

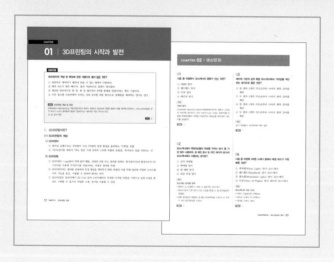

- 대표유형 문제를 통해 학습할 내용을 먼저 파악할 수 있습니다.
- 풍부한 그림과 흥미로운 배경설명으로 재밌게 학습할 수 있습니다.
- 챕터별 예상문제로 복습하면서 학습 이해도를 높일 수 있습니다.

03 기출 잡는 모의고사

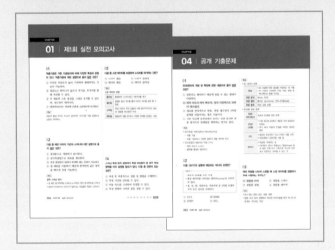

- 시험에 가장 자주 나오는 문제를 엄선하여 모의고사로 구성하였습니다.
- 이론과 연계되는 명쾌한 해설로 혼자서도 학습할 수 있습니다.
- 답이 보이는 공개 기출문제로 최종 마무리가 가능합니다.

04 최종합격용 실기

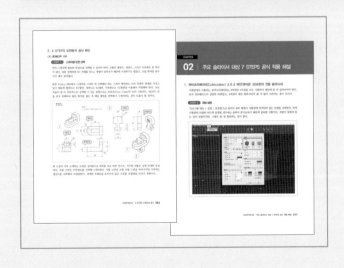

- 2024년 신규 공개문제 1~27형을 100% 반영하였습니다.
- 풀컬러 인쇄로 실제 문제와 프로그램 화면을 익힐 수 있습니다.
- 동영상과 함께하는 4 STEPS 공부 비법으로 실기 유형에 완벽 적응할 수 있습니다.

CONTENTS
| 차례

PART 01
3D프린팅 개요

01 | 3D프린팅의 시작과 발전

대표유형

3D프린터의 개념 및 특징에 관한 내용으로 옳지 않은 것은?

① 컴퓨터로 제어되기 때문에 만들 수 있는 형태가 다양하다.
② 제작 속도가 매우 빠르며, 절삭 가공하므로 표면이 매끄럽다.
③ 재료를 연속적으로 한 층, 한 층 쌓으면서 3차원 물체를 만들어내는 제조 기술이다.
④ 기존 잉크젯 프린터에서 쓰이는 것과 유사한 적층 방식으로 입체물을 제작하는 방식도 있다.

해설 3D프린팅 개념 및 특징
AM(Additive Manufacturing, 적층가공)이라고 부른다. 복잡하고 정교하며 다양한 종류의 제품 제작에 유리하다. 그러나 3D프린팅은 제작 속도가 느리고 출력물의 품질이 떨어진다는 대표적인 약점 2가지가 있다.
④ MJ 방식 확인

정답 ②

1. 3D프린팅이란?

(1) 3D프린팅의 개념

1) 3D프린터

① 용어상 표현으로는 '2차원이 아닌 3차원의 입체 형상을 출력하는 기계'를 뜻함
② "3D프린터를 배운다."라는 말은 기계 장치의 구조와 부품의 운용법, 유지보수 등을 익힌다는 것

2) 3D프린팅

① 3D프린터 + ing(용어 뒤에 붙어 행동, 과정의 산물 또는 결과를 뜻하는 명사접미사)의 합성어로써 3D프린터를 사용해 무엇인가를 만들어내는 과정과 결과를 뜻함
② 3D프린터라는 장비를 운용하여 특정 형상을 제작하기 위한 과정과 이를 위해 필요한 다양한 소프트웨어의 기능을 알고, 사용할 수 있어야 한다는 의미
③ 3D프린팅은 컴퓨터에서 3D CAD 등의 소프트웨어로 작성한 디지털 파일을 기반으로 입체 모형을 현실로 구현할 수 있으며 다양한 소재, 방식을 사용할 수 있음

예

FDM 방식	열가소성 수지(플라스틱)을 노즐을 통해 압출하여 적층하는 방식
SLA 방식	광경화성 수지를 레이저로 조사하여 경화시키는 방식
SLS 방식	분말(파우더) 형태의 소재를 레이저로 소결시키는 방식

④ 제조, 의료, 건축, 교육, 항공, 우주 등 다양한 분야에서 활용되고 있으며 기존의 제조 방식보다 더 빠르고 서렴하게, 복삽하고 다양한 형상을 만들 수 있음

⑤ 4차 산업혁명의 주역이기도 하며, 미래의 제조 방식으로 주목받고 있음

(2) 3D프린팅의 탄생 배경

① Charles(Chuck) Hull: 자신이 발명한 스테레오리소그래피(Stereolithography) 공정을 통해 1983년 3월 9일 최초의 3D프린팅 부품을 만듦

- 당시 플라스틱 부품 생산을 위한 사출 금형 설계에는 6~8주가 소요되었으나 불완전한 경우가 많았고 수정이 필요했으며, 처음부터 다시 시작해야 하는 경우도 있었음
- 척 헐(Chuck Hull)은 이러한 단점을 보완하고 시제품을 훨씬 더 빠르게 제작할 수 있는 방법을 모색함
- 1983년 첫 출력에 성공한 후 기술을 상용화할 수 있는 방법을 모색한 결과 최초의 3D프린터 제조·판매회사인 3D SYSTEMS가 탄생함
- 최초의 3D프린터는 탄생 목적에 맞게 쾌속 시제품(Rapid Prototyping) 기계라고 불리기도 했으며 자동차 산업, 의료 응용 분야 등 다양한 분야에서 활용되기 시작함
- 척 헐(Chuck Hull)은 시장에서 3D프린터의 인지도와 접근성이 높아짐에 따라 3D프린팅으로 더 많은 것이 만들어질 것으로 기대하며 "3D프린팅은 또 다른 도구일 뿐이지만 무엇이든 만들 수 있는 매우 강력한 도구입니다."라고 말함

② 1987년 상용화에 성공하고, 1988년에 최초의 3D프린터(SLA-1)의 판매가 시작됨

그림 세계 최초의 3D프린터 'SLA-1'과 발명가 척 헐(오른쪽)

2. 3D프린팅의 가공 방식

- 3D프린팅의 가공 방식은 기존의 방식과는 다른 새로운 제조 패러다임을 제시하고 있으며 다양한 분야에서 혁신적인 기술로 활용되고 있다.
- 3D프린팅은 빠른 시제품 제작이 목적이었지만, 기술의 발전과 다양한 소재 개발로 판매 목적의 직접 제조로 범위를 넓혀가면서 미래의 제조 방식으로 각광받고 있다.
- 3D프린팅의 가공 방식과 기존 가공 방식의 차이, 그리고 이 기술의 효용성에 대해 알아보자.

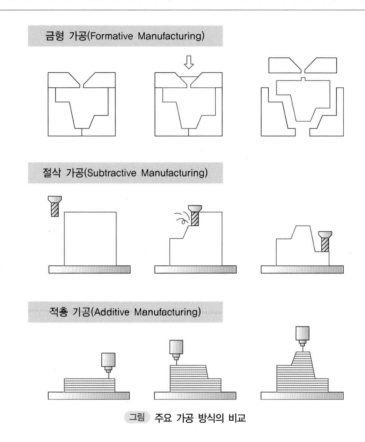

금형 가공(Formative Manufacturing)

절삭 가공(Subtractive Manufacturing)

적층 가공(Additive Manufacturing)

그림 주요 가공 방식의 비교

(1) 대량생산(제품 판매 목적)

① 금형 가공(FM, Formative Manufacturing)으로 알려진 시스템 생산 방식
② 프레스, 사출, 단조, 압축 금형 등 다양한 방식 존재
③ 금형으로 만든 틀에 재료를 넣어 굳힌 후 틀을 제거하면 제품이 만들어지는 대량생산 방식으로, 현재 사용되는 대부분의 제품들이 제작되는 방식
④ 단가를 낮춰 시장성을 높일 수 있으나, 소비자의 다양한 수요를 만족시킬 신제품에 대한 빠르고 유연한 대처가 떨어지는 단점이 있음

(2) 소량생산(시제품 제작)

- 만약 번뜩이는 아이디어를 제품으로 연결시키고 싶을 때 어떤 식으로 진행을 해야 할까? 시제품 제작에 기존의 대량생산 방식의 사용은 불확실한 성공확률에 비해 과도한 투자 비용과 금형 제작 시간을 요구하기 때문에 채택하기 어렵다.
- 그래서 저렴한 비용으로 좀 더 빠르게 시제품을 만들 수 있는 방법들이 고안되었는데, 먼저 절삭 가공 방식이 나왔으며 이후 더욱 빠르고 비용이 적게 드는 방법을 연구하다 나온 결과물이 적층 가공 방식이다.

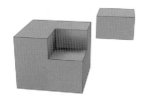

SM(Subtractive Manufacturing)
절삭 가공 방식

RP(Rapid Prototyping)
AM(Additive Manufacturing)
3D Printing
쾌속 조형 / 적층 가공 방식 / 3D프린팅

	절삭 가공	적층 가공
디자인	중	상
정밀도	상	중
품질	상	중
내구성	상	하
생산성	소품종 대량생산	다품종 소량생산

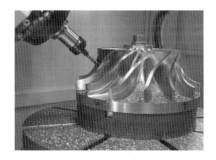

그림 절삭 가공과 적층 가공의 비교

1) 절삭 제조(SM, Subtractive Manufacturing) 방식

① 선반, 밀링, 드릴링 등 다양한 방법으로 시제품을 만드는 용도로 개발된 가공 방식

② 자동화된 시스템을 갖추고 단일 제품을 만들어 내는 경우에는 대량생산도 가능하지만, 본질적으로 시제품 제작에 주로 사용됨

③ 재료를 레이저, 가공 공구들을 이용해 깎아내면서 제조하는 방식

- 절삭 가공 방식으로 시제품 제작 후 시장조사가 만족스럽다면 금형 가공을 통해 대량생산으로 연결함
- 적층 가공에 비해 정밀도, 내구성이 뛰어남
- 내부에 구멍이 있는 제품, 복잡한 형상의 제품은 가공 공구들의 사용이 곤란하므로 작업이 어려운 단점이 있음

2) 적층 제조(AM, Additive Manufacturing) 방식

① 현대인들의 제품 사용의 주기가 짧아짐에 따라 트렌드에 맞춰 계속 제품을 업그레이드하거나 신제품을 출시해야 하는 생산자의 부담이 증가함

② 절삭 제조보다 더 빠르게 시제품을 제작할 수 있는 방법을 연구한 결과로 RP(Rapid Prototyping) 기계가 개발됨

- 이름 그대로 '시제품을 빨리 만드는 방식'이란 뜻으로, 1980년대 후반 3D프린터가 세상에 나올 때 처음 불렸던 이름이지만 대중화되면서 비기술적 용어인 3D프린터가 더 많이 사용됨
- AM: RP, 3D프린터와 같은 의미로 쓰이는 기술적인 용어
- 디자인의 제약, 설비에 대한 부담을 없애고 최대한 빠른 시간 내로 제품을 만들어내는 방식으로 널리 사용됨
- 기존 방식으로는 제작이 어려운 기하학적 형상, 복잡한 구조의 제품 생산이 가능하며 맞춤형 소량생산에 특화된 기술
- 정밀도, 표면 품질이 절삭 가공에 비해 떨어지며, 적층이 이루어지는 가로 방향으로의 내구성이 매우 취약하기 때문에 후가공 또는 후처리를 거치지 않으면 양산 제품화가 어려움

3. 3D프린팅의 시작과 발전

공교롭게도 3D프린팅 기술을 최근에 나온 신기술로 인식하는 경우가 상당히 많다. 현장에서 만난 많은 사람들이 최신기술, 첨단기술 등으로 알고 있었다. 그러나 앞서 소개한 것처럼 세계 최초의 3D프린터는 미국의 3D SYSTEMS가 1987년에 상용화에 성공하고, 호돌이가 굴렁쇠를 굴리던 1988년에 "SLA-1"이라는 이름으로 최초의 3D프린터를 출시했다. 실제 제품이 아닌 기술 발명까지 거슬러 올라가면 1983년 Chuck Hull(1939년 5월 12일~, 3D SYSTEMS의 공동 설립자이자 최고 기술 책임자)이 아이디어를 처음 내놓고 1984년에 광조형 기계(SLA, Stereolithography Apparatus)에 대한 특허를 제출했으니 따져보면 40여 년 전에 나온 기술이라는 것이다. 그런데 우리는 왜 최근에야 3D프린터를 인식하게 되었을까?

앞서 언급한 것처럼 3D프린터는 시제품을 빨리 만드는 용도로 개발되었고 초기 실사용자는 대기업, 연구소 등이었기 때문에 대중적이지 못했다. 알려진 바로는 초기 3D프린터들의 가격이 대략 30만 불(현재 가치로 65만 불) 정도로 고가였기 때문에 일반 대중들이 쉽게 접근할 수 있는 제품이 아니었다.

(1) 3D프린팅에 대한 관심

1) 오바마 효과

① 2011년부터 미국은 3D프린팅 분야에 OECD 국가 중 가장 많은 투자비(415억 달러)를 사용함

② 당시 미국 대통령이었던 버락 후세인 오바마(Barack Hussein Obama)는 2013년 국회 연두 국정연설에서 "3D프린팅은 모든 제품의 제작방식을 혁신할 잠재력이 있다."면서 3D프린팅의 연구·발전에 대한 예산을 의회에 요청하였고, 이는 국가 및 기업의 성책 입안자들이 3D프린팅에 관심을 갖는 계기가 됨

③ 이후 대기업들이 신속한 시제품 제작을 위해 3D프린팅 기술을 채택하기 시작했으며, 2004년 2월 온라인에 처음 등장한 렙랩 프로젝트(RepRap Project)로 인해 저렴한 3D프린터가 개발되고 오픈소스 라이선스에 따라 모든 사람에게 무료 배포되면서 주류 미디어를 통해 확산되기 시작함

그림 2013년 버락 오바마 연두 국정연설

2) 오바마의 역설(패러독스, Paradox)

① "모든 일에는 장점·단점 또는 작용·반작용이 존재한다."는 뜻인 역설은 3D프린팅이 좋은 기술이고, 발전 가능성이 무궁무진하지만 단점이 존재한다는 것을 시사함

② 예시

- 2013년 5월 미국 디펜스 디스트리뷰티드(총기제작기술 개발사)의 코디 윌슨(Cody Wilson)이 리버레이터(Liberator) 총기의 CAD파일을 인터넷상에 공개함
- ABS 필라멘트로 만든 이 총기는 직접 총알을 발사할 수 있고, 2~3m 이내에서 발사할 경우 인명을 해칠 수도 있음
- 이 소식은 단기간에 3D프린팅을 일반 대중에게 알리는 촉매제가 됨

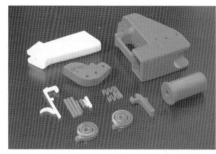

그림 리버레이터 출력물

3) 2014 CES(Consumer Electronics Show, 국제가전박람회)

① 새로운 전자제품을 선보이는 자리인 국제가전박람회(세계 최대 가전쇼)에서 3D프린터가 핵심 제품으로 전시됨

② 이후 전 세계적인 관심사로 대두되며 3D프린팅에 투자하겠다는 제안들이 각국에서 나오기 시작함

(2) 3D프린팅의 발전

1) 핵심 특허의 연쇄적 종료

① **특허의 개념**: 어떤 발명에 대하여 인정되는, 국가가 공인한 독점배타권(타인을 배제하고 특허권자만이 독점적으로 그 발명을 실시할 수 있는 권리)으로 지식재산권의 일종

② **특허의 정의**: 각 나라별로 차이가 있음 예 미국, 한국은 특허 출원일로부터 20년간 권리를 보호해줌

③ **특허의 종료**: 국가가 특허에 대한 독점권을 인정해주는 대신 기술의 공개를 요구하기 때문에 특허 종료 후에는 같은 기술의 제품이 무수히 쏟아질 수 있음

④ **특허의 분류**

SLA 관련 특허	• 1984년 척 헐(Chuck Hull)이 출원함 • 최초의 3D프린팅 특허로 상징적인 계기가 됨 • 미국 3D SYSTEMS사의 창업 배경이 됨 • 2004년 8월에 특허가 만료됨 • 미국 폼랩스(Formlabs)에서 보급형으로 만든 Form 시리즈가 2012년부터 나왔으며 현재까지 인기를 누리고 있음

FDM 관련
특허
	• 가장 대중적인 3D프린터 방식으로, 1989년 출원함
	• 특허 출원자인 스콧 크럼프(S. Scott Crump)가 이것을 기반으로 만든 Stratasys(스트라타시스)사가 현재까지 세계 최고의 3D프린터 제조ㆍ판매회사로 영업 중
	• 대중적 방식으로 자리잡는 데는 같은 기술방식을 사용하는 렙랩(RepRap) 프로젝트의 산물인 저가형 오픈소스 3D프린터의 등장이 영향을 미침
	  – 3D프린터의 확산에 결정적인 계기가 되었으며 개인이 3D프린터에 접근하는 기회를 만들어 줌
	  – 렙랩 3D프린터: FDM 방식의 구조를 간소화시킨 장비로, 상표권 때문에 FFF(Fused Filament Fabrication) 방식으로 부름

SLS 관련 특허	• 1994년 텍사스 대학의 칼 데커드(Carl R. Deckard)가 출원함 • 분말 소재를 사용하며 금속을 출력할 수 있는 방식으로서 산업적 파급효과가 큼 • 금속 소재를 제외하면 지지대(support)가 필요하지 않아 기하학적 형태의 출력에도 큰 장점을 보임 • 현재 보급형, 개인용으로 불릴 만한 제품은 없으나 2016년 제임스 홉슨(James Hobson)에 의한 OpenSLS 프로젝트가 시작·운용 중이므로 개인용 보급이 시작될 것으로 기대됨

⑤ 3D프린팅 기술의 핵심적인 특허의 연쇄적 종료와 그 파급효과

대표 기술	만료 시기	파급효과
SLA(미)	2004.08.	• 최초 특허 만료로 관심 증대 • 3D프린터의 가격 인하
FDM(미)	2009.10.	• RepRap 프로젝트가 가능 • 3D프린팅 대중화 1차 확산
SLS(미)	2014.02.	주요 공정 특허 만료로 2차 확산 계기
DMLS(미)	2014.08.	금속 소재 3D프린팅 확산 계기
3DP(미)	2016.09.	트루컬러 구현 가능으로 3차 확산 계기

2) 4차 산업혁명시대의 핵심기술

① **4차 산업혁명**: 제조업 + 정보통신기술(ICT)의 융합으로 경쟁력을 높이는 차세대 산업혁명
② **주요 기술**: 빅데이터 분석, 인공지능, 로봇공학, 사물인터넷, 무인 운송수단, 3D프린팅, 나노 기술 등
③ 3D프린팅이 4차 산업혁명에 포함되는 이유는 3D프린팅의 비전을 통해 알아볼 수 있음

4. 3D프린팅의 비전

(1) 3D프린팅의 가치

① 3D프린팅의 최종 가치는 '개별 생산'이라고 볼 수 있음
② 미래에는 생산자에 의해서만 생산이 이루어지는 것이 아니라 소비자도 생산을 할 수 있는 시대가 도래할 것이며, 3D프린터가 핵심도구로 사용될 것으로 기대됨

(2) 인터넷과 3D프린팅의 비교

1) 인터넷

① 1960~1970년대 미국 국방부 산하의 고등 연구국(Advanced Research Projects Agency, ARPA)의 연구용 네트워크가 시초로, 아무도 관심을 가지고 있지 않았음
② 1989년 그래픽 환경의 개선, 월드와이드웹(www)의 등장으로 네트워크 기술이 더해지면서 일반인들의 생활로 들어옴
  • 공공목적으로 사용되던 네트워크 기술에 상업적 목적의 온라인 서비스가 추가되고 이용자층이 확산됨
  • 콘텐츠·이용자 면에서 모두 양적·질적 팽창이 이루어져 일상의 일부가 됨
③ 기업 마케팅, 전자 상거래, 인터넷을 통한 경제 성장효과, 개인의 생활수준 향상, 고용 창출효과 (예 프랑스, 50만 개를 없애고 120만 개를 새로 만듦) 등의 효과로 생활의 필수요소가 됨

2) 3D프린팅

① 3D프린터는 현재의 기술력, 사용 현황으로 유추해보면 인터넷을 닮아가기는 현실적으로 쉽지 않음
② 매년 25% 이상의 성장세, 계속되는 신기술의 도입, 광범위한 소재 개발, 점증하는 3D프린터 운용자들을 볼 때 미래에는 생활필수품이 되어 있을 수 있으며, 장비가 아니라 AI, IoT 등과 결합된 '편리한 전자제품' 정도로 발전할 확률이 높음
③ 전구를 발명한 에디슨, 아이폰을 세상에 선보인 스티브 잡스 등이 선구자, 위대한 사람으로 대중에게 인식된 이유는 '단순한 제품'이 아니라 '우리의 생태계를 바꾸는 기술 또는 제품'을 가져왔기 때문이며, 3D프린터도 충분한 잠재력이 있음

01

다음 중 3D프린팅 제작 방식의 장점과 거리가 먼 것은?

① 비용 절감
② 재료 절감
③ 경량화
④ 대량 생산

해설

3D프린팅 제작 방식의 장점
④ 대량 생산: 금형 가공의 특징

정답 ④

02

오픈소스를 지향하는 비영리 단체로, 영국 아드리안 보이어 교수에 의해 시작된 프로젝트로 3D프린터의 보급에 큰 영향을 미친 것은?

① 렙랩 프로젝트
② 시제품 프로젝트
③ 메이커 프로젝트
④ 보급형 프로젝트

해설

RepRap(Replicating Rapid Prototyper) 프로젝트
2004년 영국에서 시작된 오픈소스 프로젝트로 데스크탑용(보급형, 저가형, 개인용) 3D프린터의 시작이 되었다. 다양하고 종류가 많지만 대표적인 것을 꼽으라면 카테시안(직교), 델타, 스카라, 폴라 방식 정도가 있다.

정답 ①

02 | 3D프린팅 과정

대표유형

3D프린터 출력 과정 중 STL파일을 불러와서 슬라이서 프로그램에서 장비 세팅, 소재 종류, 출력 조건 등을 설정한 후 파일로 생성된다. 이때 출력을 위해 생성되는 코드파일의 이름은?

① Z코드   ② D코드

③ G코드   ④ C코드

해설 G코드의 정의

정답 ③

- 3D프린터로 제품을 만드는 데는 몇 가지 과정이 존재한다.
- 미래에는 가전제품처럼 원스톱으로 해결될 날이 오겠지만, 현재는 대부분 다음 그림과 같은 공정 순서를 가진다.

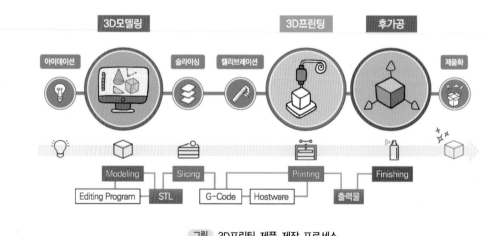

그림 3D프린팅 제품 제작 프로세스

1. 3D모델링

> - 먼저 만들고 싶은, 필요한 제품 아이디어가 있는데 이것을 3차원의 시제품이나 완제품으로 만들기 위해서는 3D프린터의 사용이 좋은 대안이 될 수 있다.
> - 필요한 제품을 3D프린터로 출력하기 위해서는 3D프린터에 전달할 3차원으로 이루어진 파일 데이터가 필요하고, 이 파일은 3D프린팅을 하기 위한 재료가 된다. 이 재료를 만드는 여러 가지 방법을 3D모델링 과정이라고 하며 기본적으로 3가지로 구분한다.

(1) 정설계

① 만들고 싶은 제품이 현실에서는 없고 아이디어로만 존재할 때 사용하는 방식
② 3D프린터에 재료를 전달하려면 3차원 형상이어야 하고, 이를 구현하기 위해서는 3D모델링 소프트웨어가 필요하기 때문에 관련 소프트웨어를 구하고 익혀야 함
  - 3D모델링 소프트웨어는 3D 객체의 형상과 특징, 용도에 따라 많은 제품들이 있음
  - 제작하고자 하는 것에 적합한 소프트웨어를 선택하고 그것을 이용해서 3D 객체를 만듦

(2) 역설계

3D프린터로 출력하려는 것이 현재 존재하는 사물이나 상품인 경우 두 가지 방식을 사용할 수 있음
① 첫 번째, 상품의 도면이 있는 경우
  - 정설계를 통해 도면을 3D 데이터로 만들 수 있음
  - 도면이 없는 경우 가로, 세로, 높이 등의 상품 치수를 직접 측정하는 방법도 있으며, 마찬가지로 정설계를 통해 해결 가능
② 두 번째, 직접 측정이 어렵고 도면도 없는 경우
  - 3D스캐너를 활용하여 3D 데이터가 필요한 사물 또는 모델의 표면 정보를 측정 가능
  - 측정한 정보를 바탕으로 3D 데이터를 생성할 수 있음

(3) 다운로드 & 편집

① 3D프린터의 제조ㆍ판매업체 입장에서는 정설계, 역설계 등의 실행이 어려운 소비자가 많이 발생하기 때문에 3D프린터 판매를 위한 영업전략이 필요함
② 3D 데이터를 생성할 수 없다면 3D프린팅의 재료를 준비하지 못한다는 말이고, 결국은 3D프린터가 필요하지 않기 때문임
③ 오픈소스의 활용
  - 보급형 3D프린터를 처음 성공시킨 회사인 미국의 메이커봇(MakerBot)에서 싱기버스(www.thingiverse.com)라는 사이트를 만듦
  - 3D프린터 제조사에서 3D 데이터를 만들어 무료로 공유하는 사이트를 만든 것

- RepRap 프로젝트로 인해 오픈소스 3D프린터 제작으로 이익을 보는 업체이니 오픈소스 공유 차원에서 선의로 제작·보급했다고 볼 수 있지만, 3D프린터를 판매하기 위한 마케팅의 일환으로도 볼 수 있음
- 무료 다운로드 가능한 3D 데이터 파일이 있다는 것은 3D프린터 소유자 입장에서는 축복이며, 데이터가 매우 많다면 정설계, 역설계의 방법이 필요하지 않을 수도 있음

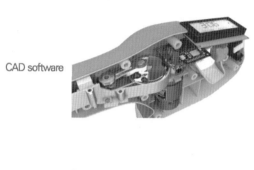 

CAD software

3D Scanning

Download & Edit

그림 3D모델링의 종류

2. 슬라이싱

① 슬라이싱의 목적: 슬라이싱 소프트웨어를 이용하여 3D모델링을 통해 확보된 3D 데이터 파일을 3D프린터가 인식할 수 있는 출력용 데이터로 변환해서 저장함
- 대표적으로 STL 파일을 사용하는데, 3D프린터는 형상, 재질, 색상 등의 정보를 가진 3D 데이터 파일을 직접 읽을 수 없기 때문에 출력이 불가능함
- 따라서 3D 데이터 파일을 3D프린터가 읽을 수 있는 파일 형식으로 변환시켜야 하며 이 과정을 슬라이싱이라고 함(PART 04 SW 설정 참고)
② 슬라이싱이 끝나면 3D프린터가 읽어 들일 수 있는 G코드 파일로 변환되기 때문에 3D프린팅 제작 과정에서 중요한 역할을 함
- G코드 파일 형식은 거의 같지만, 파일 확장자는 3D프린터의 슬라이싱 프로그램마다 약간의 차이가 있을 수 있음

예

큐비콘의 큐비크리에이터	HFB 또는 HVS, CFB 등의 파일 확장자로 변환됨
메이커봇	MAKERBOT이라는 확장자를 가짐

- G코드는 렙랩 3D프린터인 보급형 또는 개인용 장비에서 주로 사용되며, 산업용 3D프린터의 슬라이싱 방법은 제조사에서 오픈하지 않으므로 확인 불가함

그림 **슬라이싱 공정 중 시뮬레이션**

③ 3D프린팅 작업을 위해 3D 데이터 파일(STL, OBJ, 3MF, AMF 파일 등)을 확보하고, 슬라이싱을 통해 3D프린터가 읽을 수 있는 출력용 데이터로 변환한 후 이를 3D프린터로 전달하는 방법은 여러 가지가 있음

- 이동식 메모리(SD카드, USB메모리 등)에 변환 데이터를 담아 3D프린터에 직접 연결하여 출력하는 방법이 가장 많이 사용됨
- USB 케이블로 컴퓨터와 3D프린터를 연결해 놓은 상태라면 이동식 메모리 없이 유선으로 변환 데이터를 직접 보낼 수도 있음
- 블루투스, 와이파이를 이용해 무선으로 데이터를 보내는 방법도 있음

3. 3D프린팅

① **3D프린팅**: 3D프린터를 활용하여 출력물(제품)을 만드는 과정
② '3D프린터로 출력을 한다'는 것은 쉬울 수도, 어려울 수도 있음
  예 3D프린터가 완성형일 경우(큐비콘, 신도에서 나온 3D프린터 등) LCD모듈의 버튼이나 액정에 나온 메뉴를 몇 번 누르는 것으로 쉽게 출력할 수 있지만, 저가형 렙랩 3D프린터는 장비의 하드웨어 구조에 대한 이해, 출력불량을 해결할 수 있는 능력을 어느 정도 갖춰야 하므로 연습이 필요함
③ **3D프린터의 종류**
  - 3D프린터마다 구조적인 특징, 사용 소재의 종류에 따라 다양하게 나뉨
  - 3D프린팅 관련 국제 표준 중에서는 3D프린팅 기술, 성형 방식 등을 7가지로 나눈 것이 있으며, 'PART 01의 CHAPTER 03 3D프린팅의 기술'에서 확인 바람

4. 후가공

① 'Post Process'란 의미이며 후가공 또는 후처리로 번역되어 동의어처럼 사용되고 있으나, 3D프린팅에서는 조금 다른 의미를 가지고 있음

② 후가공: 완제품을 만들기 위해 반제품을 인공적으로 처리하여 새로운 제품을 만들거나 제품의 질을 높이는 것으로, 제조와 관계가 있음

　　예 어떤 회로 기판을 위한 케이스를 만들 때 연결 부위를 볼트, 너트로 처리하고자 하는 경우, 3D프린터로 출력은 가능하겠지만 기능적인 역할을 수행할 수 있을지를 검토해야 함

　　　→ 플라스틱으로 아주 작은 형태를 만들었지만 케이스를 잡아주는 강도는 가지고 있지 못하는 경우, 볼트를 어렵게 모델링해서 출력하는 것보다 기존의 금속 볼트를 사용하는 것이 더 나음

　　　→ '3D프린팅 후가공'이라고 하면 모든 과정, 부품을 3D프린터로 출력해야 한다는 강박이 있을 수 있으나, '중요한 것은 제품'이라는 것에 포인트를 두어야 함

③ 후처리: 조치, 정리, 수습 등의 용어와 비슷하며 일정한 결과를 얻기 위해 화학적 · 물리적 작용을 일으키는 것

　　예 금속으로 어떤 부품을 만든 경우, 금속 분말을 녹여 형상을 제조했지만 내부에는 채워지지 못한 빈 공간이 다소 남아 있음. 이 상태로는 강도를 유지할 수 없기 때문에 도자기를 굽는 것과 비슷한 소성 과정을 거쳐 최종 제품을 만들어내는 경우를 후처리라고 함

④ 3D프린터로 출력된 결과물을 곧바로 제품화하기에는 품질이 떨어지기 때문에 후가공 과정을 거쳐야만 비로소 완전한 제품이 된다는 사실을 알아야 함

01

다음 중 3D프린팅 제품 제작 과정의 순서가 올바른 것은?

① 모델링 단계 → 후가공 단계 → 프린팅 단계
② 모델링 단계 → 프린팅 단계 → 후가공 단계
③ 후가공 단계 → 프린팅 단계 → 모델링 단계
④ 프린팅 단계 → 후가공 단계 → 모델링 단계

해설

3D프린팅 제품 제작 과정

모델링(출력할 재료를 만드는 단계) → 프린팅(3D프린터를 이용해 출력하는 단계) → 후가공(출력된 결과물을 샌딩, 도색 등을 통해 제품화하는 단계)

정답 ②

02

3D모델링은 3D프린팅 제품 제작에 반드시 필요한 과정 중 하나로 3D프린팅을 할 재료를 만드는 과정이다. 다음 중 3D모델링 단계에 해당하지 않는 것은?

① 정설계
② 역설계
③ 다운로드 및 편집
④ 후가공

해설

① 정설계: 3D모델링 소프트웨어를 통해 직접 출력할 객체를 만드는 것
② 역설계: 기존에 존재하는 3D 객체를 직접 측량 또는 3D스캐너를 통해 형상 정보를 얻어내 출력할 객체를 만드는 것
③ 다운로드 및 편집: 다른 사람들이 만든 출력 가능한 객체를 인터넷 등을 통해 무료로 다운로드해 바로 출력하거나 편집 후 출력하는 것

정답 ④

03 | 3D프린팅의 기술

3D프린팅 방식 중 종이나 플라스틱 등의 얇은 재료를 레이저나 칼로 잘라낸 후 열을 가해 접착하면서 형상을 제작하는 방식은?

① FDM
② SLA
③ SLS
④ LOM

해설 LOM(Laminated Object Manufacturing)
박막 적층 방식이라는 용어이며, 종이 3D프린터라고 불리기도 한다. 절삭 방식과 적층 방식을 혼합한 방식으로, 산업계에서 많이 적용되는 방식은 아니다.

정답 ④

1. 3D프린팅의 기술 7가지

3D프린팅은 개발 초기부터 아주 다양한 명칭들로 불러왔다. 그리고 이 명칭들은 산업적 · 학문적 · 대중적으로 혼용되는 경우가 많아 용어의 표준화에 대한 요구가 점차 증가되었다. 이에 따라 미국재료시험학회(ASTM, American Society for Testing Materials)와 국제 표준화 기구(ISO, International Organization for Standardization)에서는 적층 제조와 관련한 중요 용어의 명칭 및 정의들에 대한 표준들을 제정하기 시작하였다. 2015년에 ISO/ASTM 52900 표준은 모든 용어를 정리하고 서로 다른 유형의 3D프린팅 공정별 분류를 아래와 같이 7가지로 정의했다. 이 7가지 3D프린팅 분류는 오늘날 3D프린터가 사용하는 다양한 유형의 3D프린팅 기술의 토대가 되었다.

기술	소재	정의	방식	소재 종류
광중합 방식(VPP, PP) Vat Photopolymerization	액체	레이저나 빛을 조사하여 플라스틱 소재의 중합 반응을 일으켜 선택적으로 고형화시키는 방식	SLA DLP MSLA	폴리머, 세라믹
재료 분사 방식(MJT, MJ) Material Jetting		액상 소재를 노즐을 통해 뿌리는 형태로 토출시키고 자외선 등으로 고형화시키는 방식	Polyjet MJM	폴리머, 왁스
재료 압출 방식(MEX, ME) Material Extrusion	고체	고온 가열한 재료를 녹이고 이를 압력을 이용하여 연속적으로 밀어내면서 지정된 경로에 적층시키는 방식	FFF(FDM)	폴리머, 나무, 세라믹 등

기술	소재	정의	방식	소재 종류
분말 베드 융접 방식(PBF) Powder Bed Fusion	분말	분말 소재 위에 고에너지원(레이저, 전자빔 등)을 조사하여 선택적으로 소재를 결합시키는 방식	SLS DMLS EBM	금속, 폴리머, 세라믹
접착제 분사 방식(BJT, BJ) Binder Jetting		분말 소재 위에 액체 형태의 바인더를 뿌려 분말 간의 결합을 유도하여 고형화시키는 방식	3DP PP	금속, 폴리머, 세라믹
직접 에너지 적층 방식(DED) Direct Energy Deposition		고에너지원(레이저, 전자빔 등)으로 소재를 녹여 적층시키는 방식	DMT LMD	금속(분말), 와이어
시트 적층 방식(SHL, SL) Sheet Lamination	시트	얇은 필름 형태의 재료를 열이나 접착제 등으로 붙여가며 적층시키는 방식	LOM UC	하이브리드, 금속, 세라믹

(1) 광중합(VPP, vat photopolymerization) 공정

① 정의: 빛으로 인한 중합에 의해 용기(vat) 내의 액체 광경화성 수지가 선택적으로 경화되는 적층 제조 공정

② 3D프린팅 역사상 가장 초기의 기술로 특정 파장의 빛, 즉 자외선(UV, UltraViolet)광선이 vat(수조)에 담겨 있는 광경화성 수지(포토폴리머 레진, Photopolymer resin)를 선택적으로 경화시키는 3D프린팅 방식

③ 액체 플라스틱의 특정 지점으로 빛을 정확하게 비추어 경화시키는 과정이 출력물이 완성될 때까지 레이어별로 반복됨

④ 대표적 방식으로 광조형(SLA), 디지털 광 처리(DLP), 마스크 광조형(MSLA) 등이 있으며 유형별 3D 프린터의 근본적인 차이점은 수지 경화 시에 사용되는 구조와 방식이 다르다는 것

⑤ 3D프린터의 아버지인 척 헐(Chuck Hull)에 의해서 상용화된 SLA가 최초로 개발된 기술임

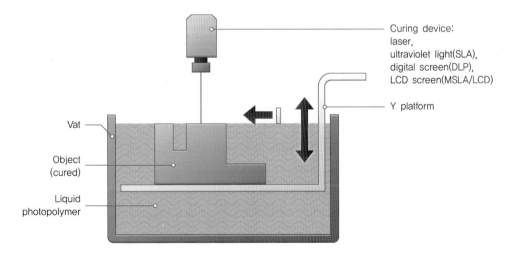

Curing device:
laser,
ultraviolet light(SLA),
digital screen(DLP),
LCD screen(MSLA/LCD)

Y platform

Vat

Object
(cured)

Liquid
photopolymer

(2) 재료 분사(MJT, material jetting) 공정

① 정의: 원료물질인 액적(작고 동글동글한 액체 덩어리)을 선택적으로 증착하는 적층 제조 공정
② 잉크젯 프린팅 기술을 기반으로 하고 액상 소재를 사용하기 때문에 해상도가 매우 높은 방식이며, 차이점은 단일 잉크 레이어(layer, 층)를 출력하는 대신 여러 레이어를 서로 겹쳐서 3차원 출력물을 만든다는 것
③ 재료는 광경화성 수지, 왁스 등을 사용
④ 프린터 헤드는 수백 개의 작은 포토폴리머 방울을 분사한 후 짧은 파장을 가진 자외선(UV) 램프를 사용하여 경화시킴
⑤ 다른 유형의 3D프린터보다 출력속도가 빠르고, 후처리 단계에서는 제거가 가능한 용해성 물질로 만들어진 지지대를 사용하기 때문에 편리함
⑥ 다중 재료 사용 및 풀컬러 출력이 가능한 3D프린팅 기술
⑦ 이스라엘 오브젯 지오메트리스(Objet Geometries)사에서 개발한 Polyjet 기술이 이 공정의 시초이며, 이후 이 회사는 미국 스트라타시스(Stratasys)에 합병됨
⑧ 미국 3D SYSTEMS에서도 MJM(Multi Jet Modeling)이라는 유사한 기술이 개발됨

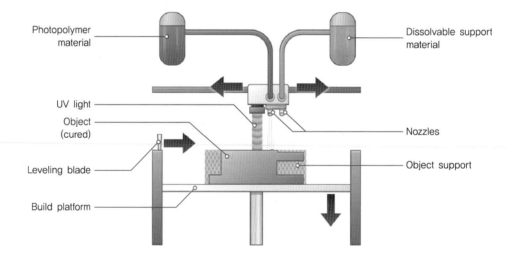

(3) 재료 압출(MEX, material extrusion) 공정

① 정의: 노즐 또는 오리피스(orifice, 구멍)를 통해 재료를 선택적으로 압출하는 적층 제조 공정
② 현재 가장 인기 있는 3D프린팅 방식으로 산업용 FDM 방식, 렙랩(RepRap) 3D프린터, 3D펜 등에 모두 사용됨
③ 열가소성 수지를 가열해서 녹이고 이것을 압출하여 아래에서 위로 층별로 적층을 진행함
④ 열가소성 수지 중 가장 일반적인 것은 ABS(Acrylonitrile Butadiene Styrene), PLA(Polylactic Acid) 플라스틱이며, 이외에도 콘크리트, 식품, 바이오 재료 등 다양한 재료를 사용하는 기술들이 개발되고 있음
⑤ 1989년 설립된 스트라타시스(Stratasys)의 스콧 크럼프(Scott Crump)에 의해 개발·구현됨
⑥ 작동 가능한 시제품뿐만 아니라 레고, 플라스틱 기어 등 즉시 사용 가능한 제품도 출력 가능
⑦ FDM 방식은 현재 널리 보급되어 있으며 자동차, 식품, 장난감 등의 제조산업에서 활용되고 신제품 개발, 시제품 및 최종제품 제조에도 사용됨

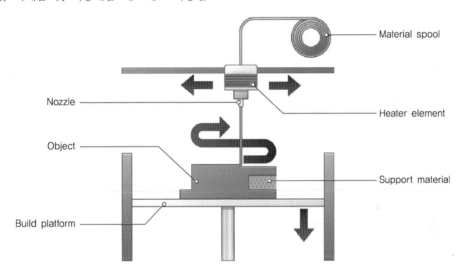

(4) 분말 베드 융접(PBF, powder bed fusion) 공정

① 정의: 열에너지가 분말 베드가 있는 영역을 선택적으로 융접(녹여서 붙임)하는 적층 제조 공정
② 열 에너지원이 베드 영역 내부의 분말 입자(플라스틱, 금속, 세라믹 등) 사이에 선택적으로 융접을 유도하여 한 층씩 쌓아 물체를 생성하는 3D프린팅 방식
③ 분말의 융접 방법에 따라 소결형, 용융형으로 구분

소결형	• 분말을 살짝 녹여 분말 사이의 빈틈을 메우면서 고형화되는 방식 • 미국 텍사스 대학 오스틴 캠퍼스에서 개발된 SLS(Selective Laser Sintering, 선택적 레이저 소결) 방식이 시작
용융형	• 녹는점이 다른 두 재료를 사용하여 하나는 완전히 녹이고 다른 하나는 살짝 녹여 서로 엉겨 붙이는 방법을 사용 • 독일에서 개발된 DMLS(Direct Metal Laser Sintering, 직접식 금속 레이저 소결) 공정이 대표적 • 이름에 소결(Sintering)이 들어가지만, 실질적으로는 2가지 분말을 사용하는 용융형으로 분류하는 것이 더 적절함

④ 열가소성 분말(나일론6, 11, 12 등), 금속 분말(스틸, 티타늄, 알루미늄, 코발트 등), 세라믹 분말 등을 사용하며 기능적인 부품, 복잡한 덕트, 소량 부품 생산 등에 주로 사용됨

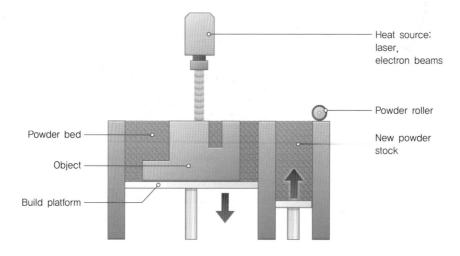

(5) 접착제 분사(BJT, binder jetting) 공정

① 정의: 분말 재료를 접합하기 위해 액체 결합제[binder, (어떤 것들을) 굳게(뭉치게, 엉기게) 하는 물질]를 선택적으로 증착하는 공정
② 분말 베드 융접(PBF, powder bed fusion) 공정의 3D프린터와 유사한 구조를 가지고 있지만 적층방식은 다름
  • 분말 베드 융접 공정: 열에너지를 이용하여 소결, 용융 적층을 하는 방식
  • 접착제 분사 공정: 바인더(binder)를 사용하는 방식으로, 매우 적은 양의 접착제를 분사하기 위해 잉크젯 프린터의 헤드와 유사한 방식의 노즐이 사용됨
③ 1990년대 초반 미국 MIT 대학에서 처음 개발됨
④ 플라스틱, 석고, 금속, 세라믹 분말이 주 재료로 쓰임
⑤ 접착체 분사 시 컬러 잉크를 추가하는 방식으로 컬러 프린팅 가능
⑥ 2005년 미국 지코퍼레이션(Z Corporation)이 개발한 최초의 컬러프린터가 사용한 공정 방식

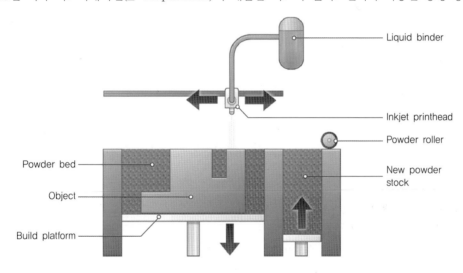

(6) 직접 에너지 적층(DED, directed energy deposition) 공정

① 정의: 집중적인 열에너지를 이용해 재료가 출력물에 증착될 때 용융에 의해 융착(녹여서 붙임)하는 적층제조 공정

② 일반적으로 전자빔, 레이저, 플라즈마 아크 등이 에너지원으로 사용됨

③ 재료가 선재(용접봉과 유사한 형태) 또는 분말 형태로 공급되어 노즐을 떠날 때 열원을 통해 용융되어 적층함

④ 레이어별로 출력해 단독 출력물을 제작할 수 있는 기술이지만, 주로 파손된 부분의 수리 · 보수 용도로 사용됨

⑤ 미국 샌디아 국립연구소(Sandia National Laboratory)에서 개발된 LENS(Laser Engineered Net Shaping) 공정으로부터 시작

⑥ 금속 재료를 주로 사용하며 고급 자동차, 항공우주 부품, 기능성 시제품, 최종부품 수리 등에 사용함

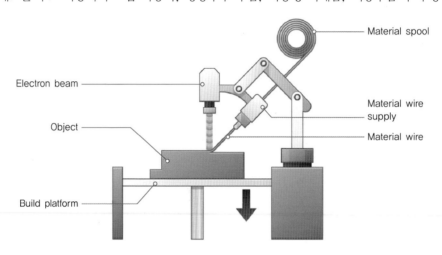

(7) 시트 적층(SHL, sheet lamination) 공정

① 정의: 판재형 재료가 결합되어 제품을 성형하는 적층 제조 공정

② 얇은 필름 형태의 재료를 레이저, 커터로 자른 후 열로 가열하거나 접착제 등으로 붙여 출력하는 방식으로 절삭 가공과 적층 가공의 성격을 모두 가지고 있음

③ 플라스틱 또는 종이 레이어를 함께 융합하여 빠르고 저렴한 3D프린팅 방법이지만, 상대적으로 산업 응용력이 떨어짐

④ 플라스틱, 종이는 가격이 저렴하기 때문에 주 소재로 사용됨

⑤ 1980년대 미국 헬리시스(Helisys Inc.)사의 LOM(Laminated Object Manufacturing) 기술이 1991년 최초로 상용화된 것

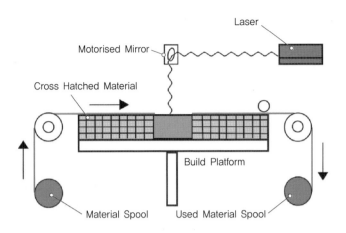

2. RepRap 3D프린터

(1) 산업용 3D프린터와 보급형 3D프린터

3D프린터를 크게 분류하면 산업용 3D프린터, 데스크탑용(보급형, 가정용, 저가형 등) 3D프린터로 나뉨

산업용 3D프린터	• 가장 많은 기술을 보유하고 있으며, 소규모 제조업체가 다수의 고객을 확보하고 있는 형태로 발전함 • 세계 최초의 3D프린터를 만든 3D 시스템즈(3D SYSTEMS), FDM 방식을 개발한 스트라타시스(Stratasys), GE Additive, HP, EOS 등이 대표적 • 산업용 3D프린터는 저가형도 대당 가격이 2,500만 원에서 9,000만 원 선으로, 일반인이 사용하기에는 여전히 가격대가 높음
데스크탑용 3D프린터	• 렙랩(RepRap) 프로젝트의 산물인 렙랩 3D프린터의 제품 판매사인 메이커봇(MakerBot), 얼티메이커(Ultimaker) 등이 유명함 • 얼티메이커와 메이커봇은 2022년 9월 합병되어 얼티메이커(UltiMaker)로 다시 출범

(2) RepRap 3D프린터

1) 정의

① 렙랩(RepRap)은 Replicating Rapid-Prototyper의 약자로, '자기복제 쾌속조형기' 정도로 번역할 수 있음

② 초창기 3D프린터는 모두 산업용 3D프린터였지만 렙랩 프로젝트의 결과로 나온 3D프린터는 데스크탑, 저가형, 보급형 등으로 불리며 FDM 방식 3D프린터의 대중화를 이끈 계기가 됨

2) 발전

① RepRap이란 용어는 2004년 2월 온라인에 처음 등장했으며 영국 바스대학의 아드리안 보이어 (Adrian Bowyer) 교수가 시작한 3D프린터 개발을 위한 커뮤니티 프로젝트
- 보이어 교수는 3D프린팅과 같은 좋은 기술과 그로 인한 제품 개발의 기회가 있음에도 일반인들의 접근이 어려운 것을 해소하고자 작고 저렴한 데스크탑용 3D프린터 개발을 위해 이 프로젝트를 시작함
- 3D프린터 제작에 필요한 도면, 하드웨어와 소프트웨어 등의 정보가 모두 오픈소스로 프로젝트 사이트에 공개됨

② 현재 개인 및 소규모 업체에서 제작하는 대부분의 3D프린터 디자인은 렙랩에 기초를 두고 있으며, 대표적인 기업으로는 얼티메이커(UltiMaker)가 있음

3) 참고사항

① 렙랩 3D프린터의 구조와 출력 방식은 FDM(Fused Depositon Modeling)과 같은 원리와 구조를 가지고 있지만, FDM은 스트라타시스(Stratasys)의 상표권이므로 같은 용어를 사용하지 못하기 때문에 새롭게 만든 이름이 FFF(Fused Filament Fabrication)임

② 3D프린팅 산업상 공식적인 분류는 아니지만 FDM 방식을 말할 때 산업용은 FDM, 보급형은 FFF 방식의 3D프린터라고 구분하는 것이 이해하기 쉬움

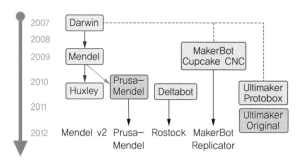

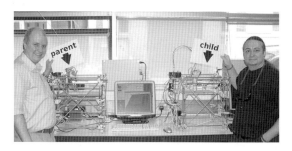

01

3D프린팅 방식 중 종이나 플라스틱 등의 얇은 재료를 레이저나 칼로 잘라낸 후 열을 가해 접착하면서 형상을 제작하는 방식은?

① FDM 방식
② SLA 방식
③ SLS 방식
④ LOM 방식

[해설]

3D프린팅 방식과 사용 소재에 대한 문제로 FDM(고체), SLA(액체), SLS(분말, 파우더), LOM(또는 SL 방식: 판재)으로 구분할 수 있다.

[정답] ④

02

영국 아드리안 보이어 교수에 의해 시작된 오픈소스를 지향하는 비영리 단체 프로젝트로 3D프린터의 보급에 큰 영향을 미친 것은?

① 렙랩 프로젝트
② 시제품 프로젝트
③ 메이커 프로젝트
④ 보급형 프로젝트

[해설]

렙랩(RepRap) 프로젝트

영국에서 시작된 3D프린터 개발을 위한 커뮤니티 프로젝트로 FDM 방식의 보급형 3D프린터의 출발점이다. 프로젝트는 이를 FFF(Fused Filament Fabrication)라 부르는데, 이는 미국 스트라타시스사의 FDM(fused deposition modeling)이라는 용어에 관한 상표 문제를 피하기 위해 새롭게 명명된 것이다.

[정답] ①

04 | 3D프린팅의 장단점과 적용 분야

대표유형

적층가공(AM) 방식의 단점이 <u>아닌</u> 것은?

① 제작 속도가 느리다.
② 사용 가능한 소재가 제한적이다.
③ 조형물의 크기가 제한적이다.
④ 절삭가공 대비 소비되는 재료가 적다.

해설 RP = AM = 3D프린터
절삭가공은 재료의 80% 정도가 버려지게 된다. 반면 적층가공은 재료의 80% 이상 사용 가능하다.
④ 단점이 아닌 장점이다.

정답 ④

1. 3D프린팅의 장점과 단점

- 3D프린팅은 3차원 형상을 구현하기 위해 3D프린터로 제작하는 활동을 의미한다.
- 3D프린팅은 다양한 소재와 재료 및 디자인을 사용할 수 있으며, 소량 생산과 시제품 제작에 적합하기 때문에 기업들에서 활용하는 사례가 계속 늘고 있다.
- 하지만 3D프린팅에도 한계와 문제점이 있기 때문에 3D프린팅을 이용한 제품 제작의 장점과 단점을 간단하게 알아보겠다.

(1) 3D프린팅의 장점

1) 다양한 재료로 응용 가능

① 3D프린팅은 플라스틱, 실리콘, 종이, 나무, 콘크리트, 금속 등 여러 재료로 제품 제작이 가능함
② 이것은 식품, 의료, 항공, 건축, 자동차 등 많은 분야에서 3D프린팅을 활용할 수 있음을 의미하고, 또한 재료의 개발은 더 많은 분야에 적용할 수 있음을 방증

2) 다양한 디자인의 시제품 제작 가능

3D프린팅의 등장은 기존 제조 방식으로는 생산하기 어려운 수준의 복잡성을 수반하는 제품들을 형상에 대한 제한이 없이, 복잡하거나 어려운 구조의 시제품을 쉽게 만들 수 있음

3) 소량생산이 가능하여 개인 맞춤제작에 적합

① 3D프린팅 공정을 통해 소비자의 필요와 요구에 따라 제품을 개인화·맞춤화할 수 있음
② 제품의 변경 또는 변형 요청이 있을 경우에도 추가 공정비용 없이 최종 사용자의 요구사항에 따라 빠르게 제조 가능하므로 개인 제조업에 유리함

4) 공정 시간이 간소화되어 비용 절약에 용이

① 산업 제조에서 제품 개발 과정의 단계 중 하나가 도구의 생산이며, 어떤 제품을 생산하기 위해서는 생산에 필요한 도구, 기구가 필요함
② 3D프린팅은 기술 특성상 3D프린터만 있으면 되기 때문에 특별한 생산도구를 제작할 필요가 없으므로 공정 간소화, 비용 절감, 노동력 절감 등의 효과가 있음

5) 소재 낭비가 적고 친환경적 기술

① 3D프린팅은 불필요한 부분을 깎아내는 것이 아니라 필요한 부분만 쌓아 올리는 방식이기 때문에 표준 재료의 최대 90%를 사용함
② 이로 인해 제조공정 자체에서 환경과 에너지에 대한 효율적인 기술로 평가되며 탄소 배출량의 감소, 운송비 절감 및 재고관리의 해결 등이 가능함

(2) 3D프린팅의 단점

1) 대량생산에 부적합

① 3D프린팅은 한 번에 하나의 제품만 출력할 수 있기 때문에 대량의 제품을 제작할 때는 비효율적
② 또한 많은 제품을 출력한다고 해서 재료비 포함, 생산비용이 줄어드는 방식이 아니기 때문에 대량생산에는 부적합함

2) 표면이 거칠고 정밀도가 떨어짐

① 3D프린팅은 층별로 쌓아올리는 방식이기 때문에 계단현상으로 인해 표면이 거칠게 표현될 수 있음
② 노즐의 크기, 출력 조건에 따라 정밀도가 달라질 수 있어 고정밀도가 요구되는 제품에는 적합하지 않음

3) 인력, 기술 부족

3D프린팅은 새로운 제조 방식이기 때문에 아직 3D프린팅에 관련된 전문 인력과 기술이 부족하며 3D프린팅을 위한 소프트웨어 및 재료의 개발·표준화가 미흡함

4) 법적 문제 발생 위험성

① 3D프린팅은 개인이나 기업이 쉽게 제품을 제작할 수 있기 때문에 저작권, 특허권 등의 법적 문제가 발생할 가능성이 매우 높음
② 무기, 약물 등의 위험한 제품을 제작하는 경우도 있어 사회적 문제가 될 수 있음

5) 유해물질 발생 가능성

3D프린팅은 재료를 녹여서 출력하는 과정에서 유해한 가스나 입자가 발생할 수 있기 때문에 안전관리를 철저히 해야 함

2. 3D프린팅 적용 분야

- 3D프린팅의 사용은 21세기에 들어서면서 폭발적으로 증가했으며 전통적인 제조 방식을 변화시키고 있다.
- 사출 성형, 절삭 가공과 같은 전통적인 제조 방식에 비해 3D프린팅은 기술과 전문지식에의 접근성이 수월하며 제작에 필요한 기반 시설이나 장비가 덜 필요하다.
- 첨단 항공 · 우주 부품, 의료용 임플란트부터 도구 및 장비, 취미에 이르기까지 3D프린팅의 응용 분야는 무궁무진하다고 볼 수 있다.
- 주요 3D프린팅 적용 분야를 알아보면서 활용도를 더욱 확장해 보자.

(1) 항공 · 우주 분야

① 기계, 전자, IT, 소재 등 분야별 최첨단 기술이 복합적으로 작용하는 대표적인 첨단 유망산업으로 부품 통합 · 경량화, 제작기간 단축 등 3D프린팅의 이점이 명확히 확인되는 분야
② 항공기 부품의 상당수가 3D프린터로 만든 부품에 의존하고 있음
- 보잉(Boeing)은 약 300여 개의 소형항공기 부품을 생산하고 있음
- GE(General Electric Company)는 'GE Additive'라는 사업부를 만들어 CFM LEAP 엔진 연료 노즐을 3D프린터로 제작하여 사용하고 있으며 22개 부품으로 구성되어 있던 기존의 연료 노즐을 1개로 제작함으로써 5배의 내구성과 75%의 생산비 절감을 이루어냄
- 한국항공우주연구원은 금속 3D프린팅 기술을 이용하여 추력 1톤급 액체산소 · 엑체메탄 엔진의 이중 재생냉각 연소기를 제작함으로써 시제품 제작기간을 1/3로 단축함
③ 우주 분야에서는 미국 나사(NASA)에서 로켓의 복잡하고 정교한 연료 분사 장치를 3D프린터로 제작하고 시험비행에 성공함으로써 비용과 제작기간을 크게 단축함
④ 인공위성 발사체의 비용 절감이 가능한 핵심기술인 러더퍼드 엔진은 복잡한 구조로 인해 대부분 3D프린팅 기술로 제작되고 있음

(2) 자동차 분야

① 자동차는 2만여 개의 부품으로 이루어져 있어 연관생산 효과가 가장 큰 산업으로 여겨지며, 3D프린팅
을 이용한 부품 상용화에 성공할 경우 막대한 시장창출 가능

> **TIP**
>
> 2015년 통계청 자료에 의하면 자동차 산업의 파급효과가 제조업 생산의 13.6%, 고용의 11.8%, 부가가치의 12%를 차지한
> 다고 발표했다.

② 신차의 개발주기 단축, 기술 트렌드의 빠른 변화에 대응하기 위해 완성차 제조기업의 3D프린팅 적용
시도가 증가하고 있으며 기존 1·2차 협력업체의 시제품 제작에도 활용도가 확대됨
- 3D프린팅 기술은 대량생산이 어렵기 때문에 초기에는 전기차, 컨셉카를 중심으로 일부 3D프린팅
기술이 적용되었음
- 최근 특장차, 스페셜 에디션, 경주용 차량 등을 중심으로 기술적 한계를 극복한 경량화 부품 개발
사례가 급증하고 있음

③ 적용 사례

포르쉐	• 독일의 슈퍼카 전문 제조기업인 포르쉐는 2020년 12월 3D프린팅 기술을 사용해 엔진–기어 박스 장치 (E–Drive 하우징)를 만듦 • 10% 경량화, 2배 강성의 결과를 보였으며 조립 작업이 약 40단계로 단축됨 • 초기 목표는 3D프린팅 가능성이 있는 E–Drive를 개발하면서 최대한 많은 기능과 부품 통합을 통한 무게 감소, 구조 최적화였기 때문에 아주 성공적인 결과를 얻음
현대차	• 초기 목적은 성능과 무관한 디자인 검증, 외관 확인 • 최근 설계 개선, 부품 간 조립성 평가, 성능 최적화 단계까지 연구 중
기아차	대시보드, 도어 판넬, 스티어링 휠에 자사 최초로 3D프린팅 기술을 활용한 콘셉트카 '텔루라이드'를 공개

(3) 의료 분야

① 다품종 소량생산에 적합하고 맞춤형 제작이 가능한 장점을 활용하여 가장 빠른 속도로 실증 및 사업화
가 진행되고 있는 분야
② 보청기, 틀니, 의족, 의수 등 개인 맞춤형 보형물, 의료행위에 직접적으로 사용되는 수술가이드 또는
수술 모형, 각종 뼈 임플란트, 보철 등 의료삽입물 분야에서 광범위하게 사용되고 있음
③ 적용 사례

Oxford Performance Materials	영국 Oxford Performance Materials는 의료용 PEEK(고성능 폴리머) 소재로 환자 맞춤형 두개골 임플란트를 제작하여 미국 남성 환자의 두개골 모양에 맞게 모델링하고 FDA의 허가를 획득함
인하대병원	인하대병원 김범수 교수는 생기원, 큐브랩스와 협업해 티타늄 소재 인공 거골을 제작하고 전치환 술을 마침
애니메디솔루션	환자 맞춤형 수술 솔루션 총 5종에 관한 미국 식품의약처(FDA) 인증을 획득함

(4) 기타 분야

기계부품	서울교통공사	단종으로 인한 예비부품 추가확보가 불가능한 노후열차의 부품을 확보하기 위해 여러 국내 3D프린팅 기업들과 공동으로 철도부품 제작 프로젝트를 추진 중
패션	브리즘	• 3D프린팅 기술의 강점인 초경량과 얼굴 맞춤형 디자인을 내세운 맞춤안경 브랜드 브리즘(Breezm)은 티타늄 제품에 3D프린팅을 적용하여 2개월의 생산기간을 2주로 단축시킴 • 가벼운 무게로 코, 귀의 눌림을 최소화하고 안경 길이, 콧등 높이 등을 개인 맞춤화하면서 경쟁사의 1/3 수준으로 가격을 낮춤 • '역삼 N타워'에 국내 1호 3D프린팅 맞춤안경 전문점을 런칭하였으며 현재 6개 지점으로 확장됨
		• 국내 아웃도어 회사인 케이투코리아(K2)는 2020년 초 3D프린팅을 도입하여 밑창, 중창 등의 샘플을 직접 제작함 • 기존 외부 의뢰를 통해 한달 이상 소요되던 샘플 제작기간을 이틀로 줄이며 성능 평가시간을 늘렸음 • 3D프린팅 기업 더블스는 맞춤형 정장 기업인 테일러와 협력하여 기존 4회 방문으로 맞추어지는 정장 제작 기간을 1회 방문으로 프로세스를 축소시킴
가전 · 정보		• 반도체 장비 제작과 관련된 시제품 제작 및 설계 검증, 기능 시험 등의 수행을 위해 3D프린팅 서비스 기업과의 협업 사례 증가 • LG전자 창원 연구 · 개발(R&D) 센터는 3D프린팅을 활용하여 LG전자 냉장고연구소의 모형 제작을 시간은 30%, 비용은 연간 7억 원 감소시킴
발전 · 플랜트		• 노후 또는 단종 설비 부품의 대체를 목적으로 3D프린팅 적용 사례 증가 • 한국수력원자력은 고리 1호기의 HOPKINSON사 밸브 액튜에이터 3종의 단종 부품을 3D프린팅 기술로 제작하여 설치 · 운용
국방 · 방산		• 노후 · 단종 부품의 대체 및 파손 부품의 신속 수리를 통한 작전 운영능력 증가 등을 목적으로 민군 협력 기반의 3D프린팅 기술개발을 진행 • 작전용 무인기의 동체, 부품들을 3D프린터로 제작 • 한국 최초 자체 개발 진두기인 KF-21(보라매) 시제 1호기에 3D프린딩 공기 순환 시스템 구성 부품을 제작 · 공급 • 한국 국방부는 '19~'21년, 3년간 3D프린터를 활용하여 1만 3천여 점의 부품을 생산하여, 약 21억 원에 달하는 예산을 절감함
건축 · 건설		• 이탈리아 테클라(Tecla)는 3D프린팅 전문기업인 WASP와의 공동작업에서 지역성을 담은 건축과 고대 건축술을 활용해 저탄소 주택모형을 개발 · 제작하면서 다중레벨 3D프린터를 사용해 200시간 만에 구조물을 완성함 • 네델란드는 세계 최초의 임대용 3D프린팅 주택 건설을 목표로 추진된 프로젝트 마일스톤(Project Milestone) 계획에 따라 유럽에서 사람이 실제로 거주하는 최초의 3D프린팅 주택이 건설됨 • '22년 현대건설이 세계 최초 3D프린팅 어린이 놀이시설물을 개발하고, 뉴디원은 '22년 4월 3D프린터로 만든 주택을 공개함 • 국내는 현행 건축법상 3D프린팅 기술로 사람이 들어갈 수 있는 건축물의 제조가 불가하기 때문에 실질적으로는 매출이 발생하기 어려운 상태
음식		• 식품에 대한 3D프린팅의 초기 진출은 초콜릿, 설탕이었으며 푸드 프린터의 출시 이후 빠르게 성장하고 있음 • 초기 수준이지만 세포 단백질 수준에서 고기의 3D 출력 수준으로 발전하였으며, 최근 연구되는 새로운 식품군으로는 파스타가 있음 • 완벽한 음식 준비 방법이자 포괄적이고 건강한 방식으로 영양소의 균형을 맞추는 미래지향적 방법으로 간주되고 있음

CHAPTER 04 | 예상문제

01

3D프린팅의 장점에 해당되지 <u>않는</u> 것은?

① 개인 맞춤형 제품 제작이 가능하다.
② 복잡한 형상 제작에 효과적이다.
③ 다품종 소량생산에 적합하다.
④ 무기 제작이나 불법 복제품 제작이 가능하다.

[해설]
무기 제작, 저작권법 위반 가능성은 3D프린팅의 단점에 속한다.

[정답] ④

02

3D프린터가 의류산업에서 사용되는 경우로 옳지 <u>않은</u> 것은?

① 장신구 제작
② 의류샘플 제작
③ 보청기 제작
④ 액세서리 제작

[해설]
보청기 제작은 의료산업에서 사용되는 경우에 해당한다.

[정답] ③

PART 02
제품 스캐닝

필기편

01 | 3D스캐닝의 개념

다음 중 3D스캐닝 기술의 적용분야가 <u>아닌</u> 것은?

① 역설계: 리버스 엔지니어링이라고도 불리며, 제품만 있고 제작도면이 없거나, 3D데이터가 없을 때 사용한다.
② 문화재 복원: 오래되어 마모되거나 부서진 문화재를 스캐닝하여 원래의 형태대로 데이터를 만들어 복원한다.
③ 의료분야: 환자 맞춤형의 깁스 제작, 임플란트 제작 등에 사용된다.
④ 도금: 금속 표면에 얇은 막을 입히는 것이다.

해설

보기 ①~③은 대표적인 3D스캐닝 기술의 적용분야이므로 이해가 필요하다. 도금은 3D스캐닝과 관계가 없다.

정답 ④

• 앞서 3D프린팅 개요에서 3D프린팅을 위한 재료를 확보하는 과정으로 3D모델링의 개념을 살펴보았다. 3D프린터로 출력할 재료를 만들어내는 방법으로 정설계, 역설계, 다운로드 등이 있는데 여기서 3D스캐닝은 역설계의 일부 개념으로 등장한다.
• 직접 각종 측정 도구들을 활용하여 치수들을 확인하는 기초적인 역설계가 있다면, 직접 치수를 획득하기 어려운 대상물, 즉 인체, 피규어, 문화유산 등 복잡한 곡률과 기하하적인 형태를 가지고 있어서 직접 측정이 어려운 경우 특별한 장비가 필요하다. 그것이 3D스캐너이다.
• 앞으로 3D스캐너를 이용하여 3D프린팅으로 제작할 재료 확보 방법과 장비들의 종류, 데이터 생성과 수정까지 하나씩 알아보도록 하겠다.

1. 3D스캐닝의 개요

① 3D스캐닝: 측정 대상물로부터 모양, 크기, 위치 등의 특정 정보를 얻어내는 것
② 2D스캐닝: 가정, 사무실 등에서 흔히 볼 수 있는 프린터(2D)에도 스캐닝 기능이 있으므로, 3D스캐닝과의 구분을 위해 2D스캐닝이라고 부름

2D스캐닝	• 문서, 이미지 등의 평면 자료를 스캔해서 그 모양과 위치를 알아내는 작업 • X축, Y축의 정보를 담고 있음
3D스캐닝	• 2D스캐닝에 Z축을 추가해서 자료를 획득함으로써 평면이 아닌 3D 형상을 만들어내는 일련의 과정 • 최종 목적은 3D프린팅을 위한 3D 데이터의 획득

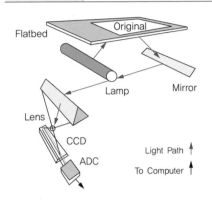

2. 3D스캐닝의 과정

(1) 3D스캐닝의 4가지 과정

① 측정할 대상물 준비

② 측정 대상물의 특성에 맞춰 적절한 3D스캐너 준비 및 결정, 그리고 측정

③ 측정한 3차원 좌표를 점군(Point Cloud) 형태로 생성

④ 점군 데이터를 서로 연결해 메시(mesh) 파일, 즉 3차원 모델로 재구성

→ 3D스캐닝이란 결론적으로 피측정물을 준비하는 것에서부터 최종 3차원 데이터의 생성까지의 모든 과정을 포괄하는 개념

(2) 3D스캐닝 활용

① 3D 데이터를 생성한 후 AM장비(3D프린터), SM장비(CNC 등)를 통해 제작하여 문제가 있는지를 검사함

② 문제가 없으면 제품으로 생산되고, 문제가 발생하면 3D 데이터를 수정·재가공해서 다시 제작, 검사 등의 절차를 거쳐 최종 제품으로 만들어냄

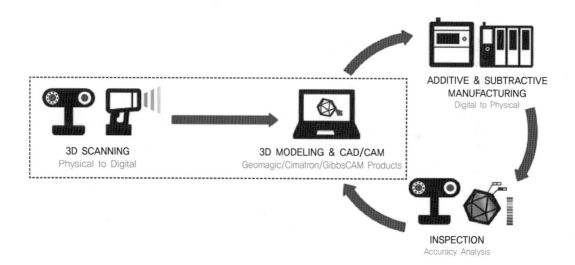

3D SCANNING
Physical to Digital

3D MODELING & CAD/CAM
Geomagic/Cimatron/GibbsCAM Products

ADDITIVE & SUBTRACTIVE
MANUFACTURING
Digital to Physical

INSPECTION
Accuracy Analysis

3. 3D스캐닝의 탄생 배경

① 현대사회의 소비 패턴을 보면 사용 제품의 교체 주기가 점점 짧아지고 있음
② 생산자 입장에서는 신제품이 계속 출시되어야 경쟁을 유지할 수 있는데, 이때 가장 눈에 띄는 작업이 디자인 교체 작업임

   예 정육면체 박스 형태의 제품의 후속 제품으로 리디자인(Redesign)이 필요할 경우

   • 비교적 간단한 형상이므로 측정이 쉽기 때문에 원래 형태를 측정함
   • 측정에서 얻어낸 치수를 바탕으로 3D모델링 소프트웨어에서 3D 객체로 생성 가능
   • 원형을 재현한 이후 직육면체 형태로 크기를 조절하거나, 모서리를 둥글게 또는 각지게 깎는 등의 형태 변환을 통해 새로운 디자인으로 바꾼 후 다음 제품 생산에 투입 가능
   • 복잡한 형태, 기하학적인 형상으로 직접 측정이 어려운 경우에는 3D스캐닝을 이용해 데이터를 생성함
③ 3D모델링 소프트웨어를 활용한 데이터의 변경이 가능하므로 신제품 개발에 소요되는 시간, 경제적 비용을 줄일 수 있고 소비자의 다양한 요구에 발빠르게 대응할 수 있음
④ 3D스캐닝은 신제품 개발 방향의 중심으로 활약하고 있음

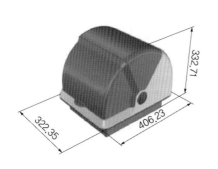

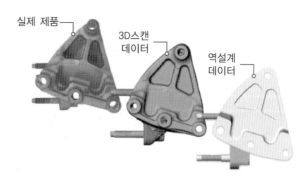

실제 제품

3D스캔
데이터

역설계
데이터

01

측정 대상물로부터 특정 정보, 즉 형태, 크기, 위치 등을
확보하는 과정을 뜻하는 용어는?

① 스캐닝
② 프린팅
③ 모델링
④ 포스트 프로세싱

해설
스캐닝의 정의
④ 후가공/후처리

정답 ①

02

대상물의 스캐닝을 준비하는 과정에서 고려되어야 하는
사항과 거리가 먼 것은?

① 대상물의 표면 상태
② 대상물의 크기
③ 대상물의 색상
④ 적용 분야

해설
측정 대상물의 색상은 준비 과정의 고려대상이 아니다.

정답 ③

02 | 3D스캐닝의 원리

대표유형

다음 〈보기〉의 설명에 해당되는 3D스캐너 타입은?

┤ 보기 ├

물체 표면에 지속적으로 주파수가 다른 빛을 쏘고 수신광부에서 이 빛을 받을 때 주파수의 차이를 검출해 거리값을 구해내는 방식

① 핸드헬드 방식의 3D스캐너   ② 변조광 방식의 3D스캐너

③ 백색광 방식의 3D스캐너   ④ 광 삼각법 3D레이저 스캐너

해설 광학식 스캐닝 방식의 비교
• 변조광 방식: 주파수 차이
• 백색광 방식: 패턴 이미지 차이

정답 ②

• 3D스캐닝은 다양한 측정 원리와 방식을 가지고 있다. 3D프린팅 산업계에서 많이 사용하는 측정 방식과 원리를 알아보자.
• 3D스캐닝의 측정 방법은 크게 접촉식과 비접촉식으로 나뉜다.

접촉식	• 3D형상의 좌표값을 읽어낼 수 있는 센서를 측정 대상물에 직접 접촉시켜 데이터를 얻어옴 • 예전부터 제조 산업에서 많이 사용해왔던 방식으로, 종류가 한정되어 있음
비접촉식	• 레이저, 광선(light)을 이용해서 피측정물에 조사하고 반사되는 레이저, 광선을 간접적으로 측정하여 알아낸 X · Y · Z축의 좌표값을 변형해서 거리값을 찾아내는 방식 • 접촉식의 단점을 보완하는 새로운 해결책으로 시작되어 다양한 방식의 장비들이 사용되고 있음

1. 접촉식

(1) CMM(Coordinate Measuring Machine, 좌표 측정 장비)

    ① 터치 프로브(Touch Probe)라고 하는 센서를 고정된 측정대상물에 직접 접촉시켜 좌표를 읽어내는 방식

    ② 특정 점의 위치, 두 점 간의 거리, 특정 단면 검사 등에 유용하게 사용되고 있음

③ 넓은 평면의 측정은 쉽지만 3차원 자유곡면이 많은 표면의 측정은 어려움
④ 터치 프로브가 도달하지 못하는 형상의 측정대상물은 측정이 불가
⑤ 대부분의 제조업체에서 오랫동안 활용된 방식으로, 전문 설비와 전문 운영자가 필요함

(2) 다관절 로봇

① CMM 방식으로 측정하기 어려운 다소 복잡한 형상을 측정하는 방식
② 관절이 여러 개 붙어있는 터치 프로브를 사용하여 측정함으로써 기존 접촉식에 사용의 편의성을 높인 제품

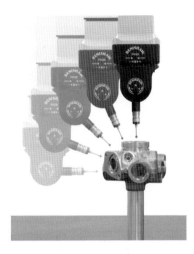

(3) CMM과 3차원 스캐너의 비교

	CMM(Coordinate Measuring Machine)	3차원 스캐너(3D Scanner, 3D Digitizer)
장점	• 측정 정확도, 측정 정밀도 우수 • 난반사, 투명한 피사체도 측정 가능 • 오랜 역사에 따른 정립된 운영 프로세스 • 높은 제품 안정성	• 고밀도 점군 생성(한번 촬영에 최대 약 600만 점군 생성) • 빠른 측정 속도(레이저: 10~500kHz, 백색광: 3MHz) • 높은 이동성, 휴대성, 사용 편의성 • 측정대상물의 크기 제한 없음 • 폭 넓은 활용 분야
단점	• 매우 느린 측정 속도(고성능도 수백 hertz) • 복잡한 측정 사전준비작업 요구로 전문가 필요 • 측정대상물의 재질, 크기가 한정적 • 온도 제어실과 비싼 유지보수 · 보정을 요구함 • 한번 설치하면 이동이 어려움	• CMM에 비하여 상대적으로 낮은 측정 정확도 • 레이저 스캐너의 경우, 레이저 특성상 표면의 색상, 질감에 따라 레이저의 강도가 달라짐 • CMM과 동일 측정 정확도를 비교해 볼때 상대적으로 높은 가격

2. 비접촉식

(1) 레이저 측정 방식

1) TOF(Time of Flight, 비행시간) 방식

① 레인지 파인더(Range Finder 또는 Laser Range Finder)를 측정대상물에 조사한 후 센서로 되돌아오는 시간차를 이용해 3D데이터를 획득하는 방식

② 일반적으로 3D스캐너의 목표는 피측정물과의 거리값을 알아내는 것이며, TOF 방식도 마찬가지이지만 측정 원리에서 차이가 있음
- TOF는 시간을 측정하는 스캐너로써 측정된 시간을 이용해서 거리값을 산출해 내는 방법을 사용함
- 빛의 속도(1초에 약 3억 미터)는 이미 알려져 있으므로, 비행시간만 알면 거리값을 알아낼 수 있음 (거리 = 속도×시간)

③ 레인지 파인더는 한 방향만 측정 가능하므로 미러 시스템을 이용하여 여러 방향 측정 가능

④ 측정을 위한 레이저 소스는 주로 펄스 레이저(pulse laser)를 사용하며, 펄스를 카운트할 수 있는 피코초(10조분의 1초) 타이머를 사용함

⑤ 연속 레이저(continuous laser)를 사용하는 경우도 있으며, 이때는 위상 간섭법을 이용함

> **TIP   위상 간섭법**
>
> 파동은 같은 공간과 시간에 여러 개가 동시에 존재할 수 있기 때문에, 두 파동의 중첩으로 인해 진폭이 커지거나 작아지는 현상(위상 간섭, phase interference)을 통해서 시간을 측정하는 방식

⑥ 대부분 초당 1만~10만 개의 점군을 얻는 속도로 측정하므로 상당히 느리고, 측정 정밀도가 낮아 작은 형상이면서 정확한 측정이 필요한 경우에는 적합하지 않음

⑦ 토목 측정 및 건물, 지형 등 먼 거리의 대형 구조물 측정에 용이하므로 대형 측정에 주로 사용됨

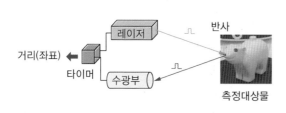  

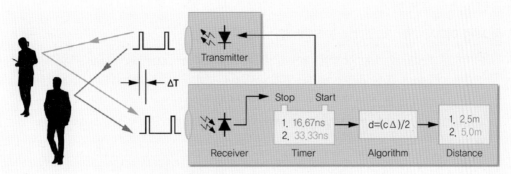

Simple Diagram of time of flight measurement

2) 삼각 측량법 방식

① 일반적으로 가장 많이 사용하는 방식으로 라인 형태의 레이저를 피측정물에 조사하여 반사된 광을 수광부의 특정 센서[CCD(전하결합소자, 빛을 전하로 변환시켜 이미지를 얻어내는 센서), CMOS(집적회로를 이용하여 만든 이미지 센서 등)]에서 측정하는 방식

② 레이저의 발진부와 수광부가 동일한 장비 내에 존재하므로 장치 사이의 거리, 레이저의 발진 각도를 알 수 있으며 피측정물에서 반사되어 들어오는 신호의 각도 또한 알 수 있음

③ 삼각형의 한 변의 길이와 그 양쪽의 각을 알면 남은 변의 길이를 계산해 낼 수 있는 원리의 측량법

④ 주로 라인 레이저 방식에서 많이 사용되며 광 패턴 방식에서도 사용됨

⑤ 라인 레이저이기 때문에 펄스 레이저를 사용하는 TOF 방식보다 한번에 측정할 수 있는 점의 개수가 많음

⑥ 피측정물 표면의 물리적 특성인 난반사, 투명, 전반사 등에 민감한 단점이 있음

⑦ 캐나다 국립연구재단(The National Reserch Coucil of Canada)이 1978년 처음 개발한 방식으로, 스캐닝 속도를 높이기 위해 점 레이저 방식이 아닌 라인 타입의 레이저를 주로 사용함

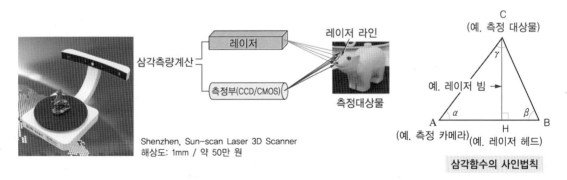

Shenzhen, Sun-scan Laser 3D Scanner
해상도: 1mm / 약 50만 원

삼각함수의 사인법칙

(2) 광학(light) 측정 방식

1) 광 패턴 이미지 기반 3D스캐닝 방식(백색광 스캐너)

① 이미지를 생성할 수 있는 장치인 레이저 인터페로미터(laser interferometer, 레이저 간섭계)나 프로젝터를 이용하여 특정 패턴을 피측정물에 조사하면 곡면의 경우 패턴 변형이 발생하는데, 그 변형 패턴의 모서리 부분을 삼각 측량법으로 거리를 계산하는 방식

② 휴대용으로 개발이 용이하고 정확도가 수십 마이크로미터(0.01mm 단위)로 아주 좋으며 속도도 매우 빠름

③ 스캐닝 범위가 수 미터로 제한적이고, 검은색과 투명하거나 난반사가 일어나는 표면은 측정이 어려움

④ 백색광 스캐너로 알려져 있으나 현재는 청색 또는 백색 LED 투사광을 사용하는 스캐너도 있음

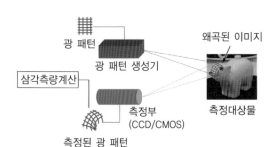

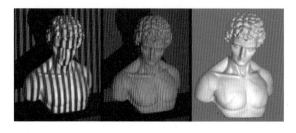

2) 주파수 차이 검출 방식(변조광 스캐너)

① 측정대상물에 주파수가 다른 빛을 쏘고, 수광부에서 이 빛을 받을 때 주파수 차이를 검출해 거리값을 구하는 방식

② 일반적으로 광원은 사인파 패턴으로 그것의 진폭을 반복하며, 스캐너에서 발사되는 빛 이외의 광원으로부터 나오는 빛의 간섭을 무시하므로 노이즈 감쇄가 가능함

③ TOF 방식의 단점인 시간 분해능에 대한 제약이 없어 고속(약 1MHz) 스캔이 가능함

④ 일정 영역의 주파수 대를 모두 사용해야 하기 때문에 빛의 세기가 약해 중거리 영역(10~30mm) 스캔에 주로 이용됨

> **TIP | 분해능**
>
> • 스캐닝 시 서로 떨어져 있는 두 물체를 서로 구별할 수 있는 능력
> • 정밀도와 같은 의미로 사용할 수 있음

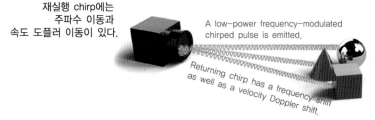

⑤ 변조광과 구조광의 차이

	변조광(Modulated Light)	구조광(Structured Light)
방식	대상물에 주파수가 다른 빛을 쏘고, 수광부에서 이 빛을 받을 때 주파수의 차이를 검출, 거리값 파악	특정 패턴을 대상물에 투영하고 그 패턴의 변형 형태를 파악
장점	스캐너가 발송하는 주파수가 다른 빛을 무시할 수 있게 하므로 노이즈를 감쇄	한 번에 전체 촬상 영역 전방에 걸려 있는 모든 피사체의 좌표를 얻기 때문에 측정 속도가 매우 빠름
용도	일정 영역의 주파수 대를 모두 사용해야 하기 때문에 중거리 영역(10~30m) 스캔에 주로 이용	속도가 빠르고 측정 정확도도 높기 때문에 정밀한 스캐닝을 목적으로 많이 사용

(3) 기타 측정 방식

1) 핸드헬드(Handheld) 방식

① 삼각측량법 또는 구조광(백색광) 방식을 사용하며 고정된 스캔 영역의 제약 없이 사이즈가 크거나 접근이 어려운 피측정물을 스캔할 수 있는 휴대용 측정장치
② 이동식 3D스캐너이며 휴대용 스캐너와는 구별이 필요함
③ 일반적으로 스캐너의 위치·방향을 결정하는 가속도계, 회전 나침반, 기타 도구와 결합된 구조
④ 삼각측량법으로 획득한 좌표계(기준좌표계)와 스캐너를 움직이면서 생긴 오차거리(내부좌표계)를 상쇄해야 정확한 거리 측정이 가능
⑤ 실시간으로 스캔 결과를 확인할 수 있어 작업 효율이 뛰어나며 고정형 스캐너보다 사용이 편리함

Creaform, GoSCAN 50 3D Scanner
해상도: 0.1mm
백색광 LED 사용
약 2천 4백만 원

2) 사진측량(Photogrammetry) 방식

① 이 파트에서 소개하는 유일한 비접촉식 수동형 스캐너
② 서로 다른 위치에서 찍은 두 개 이상의 사진 이미지에서 측정한 값을 사용하여 점으로 구성된 3차원 좌표를 계산해내는 방식
③ 스캔 속도가 매우 빠르고 정밀도가 뛰어나므로 아기, 반려동물 등 측정시간 동안 가만히 있지 못하는 측정대상물의 측정이 가능
④ 사진측량 알고리즘으로 수많은 고정밀 사진을 분석하기 위해 고사양의 컴퓨터가 필요하며 결과 도출에 시간이 걸리고 사진 품질에 민감함
⑤ 측정이 어려운 산악 지역, 넓은 지역을 커버할 수 있는 스캐닝 방식으로, 드론 촬영이 많이 사용되고 있음
⑥ 폴대 또는 원형 구조물에 카메라를 설치한 장비들을 이용해 인체 피규어를 스캔하고 출력하는 사업이 유행했음

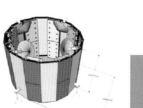

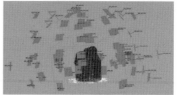

Fuel3D, Scanify Handheld 3D Scanner
해상도: 0.35mm / 약 180만 원

3) CT(Computer Tomography, 컴퓨터 단층촬영) 스캐너

① 3D스캐너의 일종으로 의료영상의 3차원 복원 시 많이 사용함
② 일반적인 스캐너는 피측정물의 표면 정보만 읽어오지만, CT 스캐너는 인체의 횡단상 뇌, 장기 등 인체 내부를 스캔하기 때문에 의료수술가이드 등으로 주로 활용됨

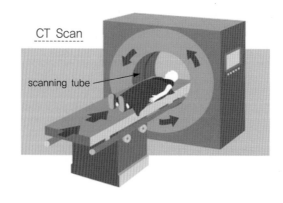

CT Scan

scanning tube

01

다음 중 비접촉식 3D스캐너의 종류가 아닌 것은?

① CMM 방식
② 핸드헬드 방식
③ TOF 방식
④ 레이저 방식

해설

CMM 방식

Coordinate Measuring Machine(좌표측정기)이며, 접촉식 스캐닝의 대표적인 방식이다. 터치 프로브(Touch Probe, 탐촉자)를 이용해 측정대상물의 표면을 이동하면서 좌표값을 읽어내어 데이터를 생성한다.

정답 ①

02

3D스캐너에서 측정대상물의 좌표를 구하는 방식 중 가장 많이 사용되며, 광 패턴 방식 및 라인 레이저 방식의 3D스캐너에서 사용되는 방식은?

① 삼각 측량법
② 백색광 방식
③ 광 패턴 방식
④ 위상 간섭 방식

해설

3D스캐닝 방식별 분류

• 접촉식 vs 비접촉식: CMM vs 일반적인 3D스캐너
• 레이저 방식: TOF(거리가 아닌 시간을 측정) vs 광 삼각법(삼각 측량법)
• 광학 방식(삼각 측량법): 광 패턴 방식(백색광 스캐너) vs 주파수 변이 방식(변조광 스캐너)

정답 ①

03

레이저 기반의 삼각 측량 3D스캐너에서 거리값을 계산하는 방식으로 옳은 것은?

① 한 변과 2개의 각으로부터 나머지 변의 길이를 계산
② 두 변과 2개의 각으로부터 나머지 변의 길이를 계산
③ 한 변과 1개의 각으로부터 나머지 변의 길이를 계산
④ 두 변과 1개의 각으로부터 나머지 변의 길이를 계산

해설

삼각 측량법과 사인법칙에 대한 설명

정답 ①

04

다음 중 비접촉 3차원 스캐너 중에서 측정 속도가 가장 빠른 것은?

① 백색광(White Light) 방식 3D스캐너
② 핸드헬드(Handheld) 방식 3D스캐너
③ 변조광(Modulated Light) 방식 3D스캐너
④ TOF(Time-of-Flight) 방식 레이저 3D스캐너

해설

3D스캐너의 속도 비교

• CMM: 고성능조차 수백hertz
• 레이저 스캐너: 10~500kHz
• 백색광 스캐너: 3MHz

정답 ①

05

패턴 이미지 기반의 삼각 측량 3차원 스캐너에 대한 설명으로 옳지 <u>않은</u> 것은?

① 휴대용으로 개발하기 용이하다.
② 한 번에 넓은 영역을 빠르게 측정할 수 있다.
③ 가장 많이 사용하는 방식이다.
④ 광 패턴을 바꾸면서 초점 심도의 조절이 가능하다.

[해설]
3D스캐닝 방식 중에서 가장 많이 사용되는 것은 레이저 기반의 삼각 측량 방식이다.

[정답] ③

03 | 3D스캐너의 종류

측정 대상물에 대한 표면 처리 등의 준비, 스캐닝 가능 여부에 대한 대체 스캐너 선정 등의 작업을 수행하는 단계는?

① 역설계　　　　　　　　　　　　　② 스캐닝 보정
③ 스캐닝 준비　　　　　　　　　　　④ 스캔데이터 정합

해설
- 스캐닝 준비: 측정대상물의 표면 상태, 크기, 적용분야 검토 및 스캐닝 방식 선택
- 스캐닝 보정: 조도에 따른 카메라 보정과 이송장치의 원점 보정 등

정답 ③

위에서 언급했듯이 3D스캐너는 아주 다양한 방식으로 수많은 종류의 제품이 존재한다. 이번에는 피측정물의 크기나 측정 정밀도 그리고 사용 용도에 따라 어떤 스캐너를 선택해야 하는지에 대해 알아보자. 가장 쉬운 접근법이 고정식인지 이동식인지에 따른 구분이다.

1. 고정식 3D스캐너

스캐닝을 하는 도중에 스캐너를 고정한 채 측정하는 방식을 말한다. 가격에 따른 각각의 3D스캐너의 특징을 알아보자.

(1) 저가형 3D스캐너

① 삼각 측량법을 주로 사용하며 레이저를 피측정물에 조사한 후 반사되어 나온 빛을 스캐너의 CCD 또는 CMOS 센서에서 측정하는 방식

② 광원, 이송장치의 가격 하락과 함께 측정·보정 소프트웨어가 일반화됨에 따라 수많은 종류의 저가형 고정식 3D스캐너가 상용화되고 있음

③ 단점
  - 반사가 여러 방향으로 퍼져나가는 난반사 및 전반사의 경우, 그리고 투명한 피측정물이어서 레이저가 투과되는 표면인 경우는 측정이 어려움
  - 위의 경우에는 특수 코팅이 가능한지 불가능한지에 따라 측정 가능 여부가 갈림
④ **측정 정밀도**: 저가형이므로 보통 50마이크론(0.05mm) 정도이나, 데이터로 저장하기 위한 과정을 수행하면 정밀도가 떨어져 보통 수백 마이크론(0.1mm 단위) 정도가 됨

(2) 고가형 3D스캐너

① 1990년대 중후반부터 역설계(Reverse Engineering) 분야에서 연구 진행에 주로 사용되었으며 측정 방식은 저가형과 동일함
② 고가형답게 측정 범위는 수 미터, 측정 정밀도는 수 마이크론(0.001mm 단위)으로 매우 뛰어남
③ 정확도를 높이기 위해 마커, 정반(base), 고정밀 이송장치 등을 구비하고 있으며 주로 산업용으로 많이 사용됨
④ 3차원 역설계를 통한 형상 모델링, 가공 제품의 품질 검증을 위한 검사(inspection) 등으로 사용됨
⑤ 제작된 형상은 설계 데이터를 획득한 후 3D모델로 생성되거나 도면으로 만들어 제품 가공에 활용됨

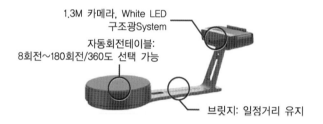

EINSCAN, EINSCAN-SE, 백색광
해상도: 0.1mm/약 270만 원

HexagonMetrology, PrimeSCAN R8, 백색광
해상도: 0.006mm/약 7천 5백만 원

2. 이동식 3D스캐너

① 이동식 3D스캐너는 스캐너를 이동시킬 수 있는 휴대용 스캐너와는 구분되며, 핸드헬드(Handheld) 방식처럼 측정을 하는 도중 스캐너를 움직이면서 측정할 수 있는 스캐너를 말함
② 스캐너의 광선이 미치지 못하거나 스캐너를 고정식으로 설치하기 어려운 경우에 매우 유용함
③ 피측정물이 너무 커서 한 번에 스캐닝이 어렵거나 반대로 특정 부위만 측정이 필요한 경우에도 적합함
④ 사용이 편리한 대신 정밀도는 통상적으로 고정식보다는 떨어짐
⑤ **저가형, 고가형의 차이**

저가형 3D스캐너	• 보통 광 패턴 방식을 많이 사용함 • 카메라 기술의 발달로 인해 간단한 프로젝터, 카메라, 영상 처리 기술의 결합으로 구현 가능
고가형 3D스캐너	고정밀의 라인 레이저, 고속 측정기를 사용하거나 광 패턴을 이용해 고속 촬영이 가능한 방식

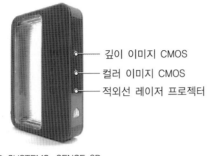

— 깊이 이미지 CMOS
— 컬러 이미지 CMOS
— 적외선 레이저 프로젝터

Creaform, MetraSCAN 3D
해상도: 0.05mm
블루 레이저 사용
약 3천 3백만 원

3D SYSTEMS, SENSE 3D scanner

3. 최적의 스캐닝 방식 및 스캐너의 선택

스캐닝의 개념과 원리, 스캐닝 방식 정보를 활용하여 측정할 대상에 따라 적용 가능한 스캐닝 방식과 3D스캐너를 선택할 수 있어야 한다. 최적의 스캐닝을 위해 스캐너 방식 및 스캐너를 준비하는 과정은 피측정물의 크기와 표면 상태 그리고 적용 분야에 따라 적절한 선택을 할 필요가 있다.

(1) 피측정물의 표면 상태

1) 투명 또는 전반사

① 피측정물의 표면 상태가 투명해 빛이 투과하는 경우, 빛이 굴절할 때 입사각이 임계각보다 커서 굴절하지 않고 전부 반사되는 전반사가 일어나는 경우는 측정이 불가능하거나 매우 어려움

② 스캐닝 방식을 변경하면 되지만 만약 변경이 불가하면 피측정물의 표면 처리를 통해 측정 가능하며, 표면에 특수 코팅을 하여 투명, 전반사를 해소할 수 있음

- 코팅제로는 매우 미세한 백색 파우더가 포함된 액체재료가 대부분이며 주로 스프레이 도포 방식을 사용
- 파우더 입자가 클 경우에는 측정 오차가 발생할 수 있기 때문에 주의해야 함
- 최근 상용화된 고정밀 측정용 코팅제는 수 마이크론 입자 사이즈와 표면을 손상시키지 않는 쉬운 제거로 피측정물의 표면을 그대로 유지할 수 있음

2) 난반사

① 울퉁불퉁한 면에 빛이 부딪혀서 사방으로 흩어지는 난반사가 일어나는 경우 특수 코팅제로 처리할 수도 있지만, 아주 정밀한 측정이 필요한 경우가 아니라면 측정 환경의 변화를 통해서도 해결할 수 있음

② 주변 밝기를 조절하는 방법은 난반사 측정의 어려움에 대한 해법이 될 수 있음

③ 스캐너 내 카메라의 노출 정도를 조절하는 것으로도 대처 가능

3) 기타

① 피측정물에 코팅이 불가능할 경우는 접촉식을 사용해야 함
② 표면이 말랑말랑해 쉽게 변형이 가는 대상일 경우는 비접촉식을 사용해야 함
③ 피측정물의 표면 정보뿐만 아니라 내부 측정까지 필요한 경우는 CT 스캐너를 사용해야 함

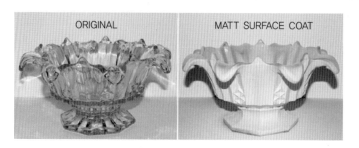

(2) 피측정물의 크기

1) 피측정물이 측정 범위를 벗어나는 경우

① 측정대상물이 소형인 경우 저가형 스캐너로 최대 20cm에서 30cm 정도의 크기 측정 가능
② 측정대상물이 대형인 경우 측정 방식을 교체하는 방법 또는 여러 부분을 나눠서 측정하고 정합·병합을 통해 합치는 방법이 있음
③ 산업용 고정밀 라인 레이저 측정 시 원활한 정합을 위해 정합용 마커, 정합용 볼을 포함한 측정 고정구 사용 가능
④ 중거리일 경우 변조광 방식, 원거리가 필요할 경우는 TOF 방식 또는 사진측량 방식 사용 가능
⑤ 피측정물의 전체가 스캔 대상이 아니라 일부일 경우 고정식보다는 이동식 스캐너가 적합하며, 상대적으로 정밀도가 떨어지는 것은 감수해야 함

2) 높은 정밀도를 요구하지 않을 경우

① 광 패턴 또는 라인 레이저 방식의 이동식 스캐너가 유리하며, 일반적으로 소프트웨어에 자동으로 정합할 수 있는 기능이 포함되어 있음
② 정합용 볼이나 정합용 마커를 사용하는 것보다는 정밀도가 떨어지지만 빠른 시간에 정합을 할 수 있어 저가용 스캐너에서 많이 사용하는 방식

그림 정합용 마커와 볼

(3) 스캐닝의 적용 분야

> 적용 분야에 따라 측정에 요구되는 정밀도가 달라진다. 따라서 요구되는 측정 정밀도 및 적용 분야를 고려해서 필요한 3D스캐닝 방식과 3D스캐너를 준비할 수 있어야 한다.

1) 산업용

① 매우 고가이며 정밀도가 수 마이크론 정도로 우수하고 측정 범위도 넓음
② 가공품의 검사(inspection) 용도로도 많이 사용됨
③ 피측정물이 반사가 불규칙하거나 투명한 경우에는 표면에 특수 코팅을 입혀 측정 시 문제를 미리 제거함
④ 데이터 생성과정 중 원활하고 정확한 측정을 위해 정합용 마커(registration marker) 또는 정합용 볼을 사용함

2) 일반용 또는 3D 데이터 생성용

① 최종제품 개발용으로는 고가의 산업용이 필요하겠지만, 시제품 제작용으로는 비용 측면에서 저가형이 유리함
② 3D프린팅용으로 많이 사용하기 때문에 정밀도가 비교적 낮으며, 부족한 정밀도는 3D그래픽 소프트웨어로 보정 가능
③ 광 패턴, 라인 레이저 방식의 이동식 스캐너가 유리하며 일반적으로 특별한 코팅 과정이 필요하지 않음

3) 측정 시간이 중요한 경우

스캐닝 선택 시 적용 분야에 따른 스캐닝의 간격, 속도 등의 요소를 고려함

CMM 방식	고성능이지만 수백 Hz로 느림
레이저 스캐닝 방식	10~500kHz의 속도로 CMM 방식보다 훨씬 빠름
백색광 스캐너	가장 빠른 방식이며 3MHz 속도로 측정 가능

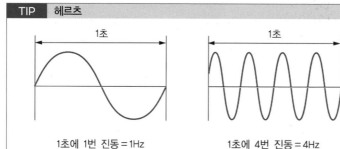

TIP 헤르츠

1초	1초	1초
1초에 1번 진동 = 1Hz	1초에 4번 진동 = 4Hz	1초에 1,000번 진동 = 1kHz

• 헤르츠(hertz, Hz): 주파수 단위
• 1Hz = 1초에 한 번 반복 · 진동
• 숫자가 높을수록 속도가 빠름

(4) 스캐닝 설정

피측정물의 표면 상태, 크기, 적용 분야, 속도 등을 감안해 3D스캐닝 방식과 3D스캐너 종류가 결정되었으면, 해당 3D스캐너가 제대로 작동하는지 점검이 필요하다. 3D스캐닝 설정을 통해 이를 알아보자.

1) 스캐너 보정(calibration)

① 스캐닝을 위해 레이저, 빛을 사용하기 때문에 주변 조도에 따른 3D스캐너의 카메라 보정, 카메라 원점 조절 등이 필요함
② 일반적인 스캐너는 자동보정 기능을 탑재하고 있으나 3D스캐닝 데이터의 결과물이 예상과 다를 경우는 보정을 해보는 것이 좋음

2) 조도 설정(illumination)

① 전문 사진관에 사진의 품질을 높이기 위한 많은 조명이 있듯, 3D스캐닝도 측정 방식에 따른 주변의 밝기, 즉 조도의 조절, 카메라의 노출 설정 등이 필요함

② 레이저 방식, 광 패턴 방식의 경우 너무 밝거나 어두우면 카메라에서 측정이 어려우며 직사광선을 피하는 것이 좋음

(5) 스캐닝 부대장비

컴퓨터 (mobile workstation)	• 스캐닝을 처리할 소프트웨어가 설치된 컴퓨터가 필요함 • 3D스캐너별로 자체 소프트웨어를 사용하지만 공용으로 사용할 수 있는 공개 소프트웨어도 있음
조명 시스템 (shadeless lighting system)	사실적인 색을 확보하고 카메라가 원활하게 동작하게 하기 위한 조명이 필요함
회전 테이블 (rotary table)	• 3D스캐닝을 완성하기 위해서는 피측정물의 모든 방향에서 스캔 데이터를 확보해야 함 • 회전 테이블에 피측정물을 올려놓은 상태에서 360°로 회전시켜 스캐닝 작업을 해야 함 • 보정 작업이 편리해 작업시간을 줄일 수 있는 방법이 되기도 함
특수 삼각대 (specialistic tripod)	• 스캐너를 올려놓고 사용할 견고한 스탠드가 필요함 • 바퀴가 달린 제품은 이동이 용이함
마커 (markers)	• 6mm 또는 11mm가 많이 사용됨 • 정합용 마커를 배치하면 컴퓨터의 점군 데이터의 병합에 도움을 줌

01

다음 중 스캐닝 설정 단계에서 하는 작업과 거리가 먼 것은?

① 스캐닝 속도 설정
② 폴리곤 수정
③ 조도 설정
④ 스캐너 보정

해설

스캐닝 설정

스캐너 보정, 조도 설정, 측정 범위 설정, 스캐닝 간격과 속도 설정

정답 ②

02

측정대상물에 대한 표면 처리 등의 준비, 스캐닝 가능 여부에 대한 대체 스캐너 선정 등의 작업을 수행하는 단계는?

① 스캐닝 보정
② 스캐닝 측정
③ 스캐닝 설정
④ 스캐닝 준비

해설

스캐닝 준비

스캐닝의 방식, 측정대상물의 크기 및 표면 상태, 적용 분야 등이 고려되어야 한다.

정답 ④

03

다음 산업용 스캐너의 특징에 대한 설명 중 옳지 않은 것은?

① 우수한 정밀도를 보유하고 있다.
② 매우 고가이다.
③ 넓은 측정 범위를 가지고 있다.
④ 주로 시제품 제작에 사용된다.

해설

산업용 스캐너의 특징

• 매우 고가의 가격
• 우수한 정밀도
• 큰 측정 범위
• 머시닝을 통해 얻어진 가공품의 검사 용도로 많이 사용됨

정답 ④

04

다음 중 이동식 3D스캐너를 사용하는 경우로 옳지 않은 것은?

① 스캐너의 광선이 미치지 못하는 경우
② 스캐너 설치가 어려운 경우
③ 측정대상물의 크기가 클 경우
④ 전체를 한 번에 측정할 경우

해설

이동식 3D스캐너의 특징

• 스캐너의 광선이 미치지 못하는 경우에 사용
• 스캐너의 설치가 어려운 경우에 사용
• 측정대상물의 크기가 너무 커 한 번에 스캔이 안 되는 경우에 사용
• 특정 부위만 측정이 필요한 경우에 사용
• 이동식이기 때문에 통상적인 정밀도는 고정식보다 떨어짐

정답 ④

05

측정 대상물의 표면 처리 코팅제에 대한 설명으로 옳지 않은 것은?

① 매우 미세한 백색 파우더가 포함된 액체 재료가 많다.
② 측정 정밀도와 상관없이 코팅제를 선택할 수 있다.
③ 주로 스프레이 방식으로 측정 대상물에 도포할 수 있다.
④ 고정밀 측정용 코팅제는 마이크론 크기의 입자를 가진다.

[해설]
코팅제의 파우더 입자가 큰 경우 측정 오차가 발생할 수 있으므로, 요구되는 정밀도를 바탕으로 코팅제를 선택해야 한다.

[정답] ②

04 | 스캐닝 데이터 생성, 저장 및 보정

대표유형

다음 〈보기〉의 설명에 해당하는 데이터 포맷은?

┤ 보기 ├

- 최초의 3D 호환 표준 포맷이다.
- 형상 데이터를 나타내는 엔터티(entity)로 이루어져 있다.
- 점, 선, 원, 자유곡선, 자유곡면 등 3차원 모델의 거의 모든 정보를 포함한다.

① XYZ   ② IGES
③ STEP   ④ STL

해설

- IGES(아이제스): 최초의 3D 호환 표준 포맷
- STEP(스텝): 가장 최근에 ISO에서 개발된 국제 표준(ISO 10303)으로, 초기 IGES 파일의 단점을 극복한 새로운 표준
- STL: 최초의 3D프린터 'SLA-1'에서 사용이 시작되어, 산업계에서 표준처럼 사용 중

정답 ②

1. 스캔 데이터의 생성 과정

공간상에 존재하는 피측정물의 표면에서 3차원의 위치 정보(X·Y·Z축)를 가지고 있는 점군 데이터를 확보한다. 그리고 이 점군 데이터 가운데 유효한 것과 불필요한 것을 필터링(Point Filtering)하고 이후 여러 위치에서 스캐닝한 데이터를 정합(registration)하며 다시 하나의 객체로 병합(merging)하는 과정으로 진행한다. 각 과정별로 좀 더 자세히 들여다보자.

(1) 점군(Point Cloud) 데이터

① 피측정물의 표면에서 획득한 수많은 데이터 포인트들로 구성되어 있으며 각각은 X · Y · Z 좌표값을 가지고 있고, 각 포인트에는 RGB 색상 데이터를 포함하는 3D 좌표 측정 세트를 생성함

② 포인트의 밀도가 높을수록 표현이 세부적이며 더 작은 특징, 재질 등 세부사항을 더욱 명확하고 정확하게 정의할 수 있어 스캔데이터의 기본이 됨

(2) 정합(Registration)

정렬(Alignment)이라고도 말하며, 점군 데이터를 기반으로 서로 다른 데이터를 변형해 하나의 좌표계로 나타내는 작업을 말하며 회전하면서 측정할 때 중복된 특정 부분의 데이터를 하나의 이미지로 합치는 작업

1) 점군 데이터 이용

① 3D스캐너의 소프트웨어 또는 정합용 소프트웨어에서 측정된 점군 데이터의 중첩되는 특징 형상들을 찾아 그 부분을 일치시키는 방법

② 측정 방향의 변경에서 오는 중첩 부분을 반복해서 일치시켜 최종 데이터를 생성함

③ 정합 이전에 점군 데이터의 보정 · 필터링이 선행되어야 하는데, 이 부분은 스캔 데이터 보정 · 페어링 내용에서 다시 설명함

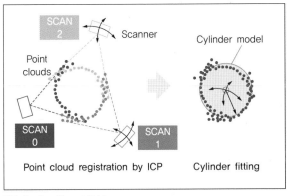
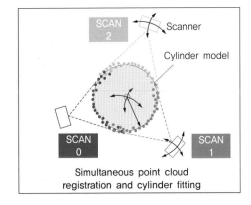

ICP: Iterative Closest Point

2) 정합용 마커 또는 볼 이용

① 산업용 고정밀 3D스캐너는 정확한 정합을 위해 최소 3개 이상의 정합용 마커 또는 볼을 피측정물에 부착한 후 스캐닝을 실행함

② 방향이 다른 각각의 데이터들을 정합용 마커, 볼의 매칭을 이용해 정확히 일치시킨 후 사용한 마커, 볼 데이터를 제거해 최종 정합 데이터를 생성함

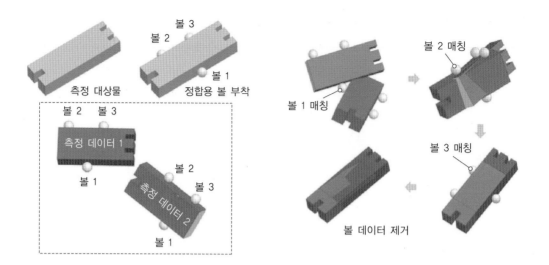

(3) 병합(Merging)

① 정합 데이터가 여러 개로 생성되었을 때 이를 하나로 합치는 과정

② 정합이 피측정물을 회전시키면서 측정된 점군 데이터를 같은 좌표계로 통일하는 과정이라면, 병합은 이러한 데이터를 하나의 속성을 가지는 데이터 파일로 통합하는 과정

③ 스캔하는 동안 피측정물의 바닥이나 윗부분을 한 번에 측정하기 어려운 경우, 따로 스캔과 정합을 통해 3개의 데이터 세트를 만들고 이것을 하나로 합치는 과정을 말함

④ 별도의 병합 과정이 존재하지 않는 경우가 많으며, 정합 데이터를 새로운 파일로 저장함으로써 자동 병합이 수행되기도 함

2. 스캔 데이터의 유형 및 특징

(1) 점군(Point Cloud)

① 대부분의 3D스캔 측정 데이터는 점군의 형태

② 측정된 점 사이에는 위상 관계가 없이 무작위로 데이터를 형성하고 있기 때문에, 측정 점들이 이웃하고 있음에도 실제 저장된 데이터에는 이웃하고 있다는 별도의 정보가 존재하지 않음

③ 점군으로 이웃하는 세 점을 연결하여 삼각형 메시(Triangulation Mesh)를 형성함으로써 출력용 3D 데이터 파일(STL, OBJ, PLY 등) 생성 가능

④ 노이즈, 측정이 되지 않는 부분을 포함하고 있으므로 필터링·보정을 시킨 후 정합·병합을 거쳐 데이터로 생성함

⑤ 점군으로부터 자유곡선을 생성하고 연속곡선으로부터 곡면을 생성하는 방법도 있음

(2) 폴리라인(Polyline)

① 라인 레이저의 경우 일반적으로 점들이 서로 연결된 폴리라인 형태의 데이터가 저장됨

> **TIP** **폴리라인**
>
> 하나 또는 하나 이상의 라인으로 구성된 연속라인

② 라인은 점들의 집합이기 때문에 하나의 폴리라인 안에서는 점들 간의 순서, 즉 위상관계가 존재함
③ 폴리라인 또한 점들로 구성되어 있는 점군의 일종이지만 B-Spline 등 파라메트릭 수식을 이용하여 거의 오차가 없는 자유곡면의 생성도 가능함

(3) 삼각형 메시(Triangulation Mesh)

① 점군, 폴리라인을 3D프린팅을 위한 3D데이터로 만드는 가장 쉬운 방법은 가까운 세 점을 연결해서 삼각형을 만드는 방법
② 삼각형 면에 색깔을 입혀 3차원으로 보이게 할 수 있고, 바로 STL 파일로 변환해서 3D프린팅을 할 수도 있음

| 점군 | 폴리라인 | 삼각형 메시 |

3. 스캔 데이터 저장

(1) 3D스캔 데이터의 특징

① 3D스캔 데이터는 스캐너의 방식, 종류에 따라 차이가 있을 수 있지만 기본적으로 점군의 형태로 저장됨
② 점군은 자체 소프트웨어에서만 사용이 가능한 전용 포맷으로 저장할 수도 있고 다른 소프트웨어에서 사용 가능한 형태의 표준 포맷으로 저장할 수도 있음
③ 저장된 포맷은 기본적으로 X · Y · Z축의 좌표값을 포함하며, STL 파일과 같이 법선 벡터(곡선, 곡면에 수직인 벡터), 색상 정보, 위상 정보를 포함할 수도 있음

(2) 3D 데이터의 표준 포맷

① 3D스캔 데이터는 크게 전용 포맷, 표준 포맷으로 구분 가능

> **TIP** **표준 포맷**
>
> • 모든 스캔 소프트웨어, 데이터 처리 소프트웨어에서 사용 가능한 포맷
> • 3D스캐너의 종류에 따라 이러한 표준 포맷을 선택적으로 제공함

② 표준 포맷의 종류

XYZ 포맷	각 점에 대한 좌표값이 포함된 가장 단순한 포맷
IGES (Initial Graphics Exchanges Specification)	• 최초의 그래픽 데이터 교환을 위한 표준 포맷 • f3d, 3dm(전용 포맷) vs iges(CAD 프로그램에서 데이터를 교환할 때 사용하는 중간 형식의 파일) • 점, 선, 원, 자유곡선, 자유곡면, 색상, 글자 등 거의 모든 정보를 포함하고 있음 • 3D스캐너에서는 선택적으로 지원 가능 • 스캔 데이터는 보통 점으로 구성되어 있기 때문에 엔티티 106, 116 데이터를 저장함
STEP (Standard for Exchange of Product Data)	• 제품 데이터 교환을 위한 표준 포맷 • 초기 IGES 파일의 단점을 극복한 새로운 표준 포맷으로 가장 최근에 ISO에서 개발된 국제 표준 (ISO 10303) • 거의 대부분의 CAD, CAM 소프트웨어에서 지원함 • 3D스캐너에서는 선택적으로 지원 가능

4. 스캔 데이터 보정 및 페어링

> 스캔 데이터의 보정이란 측정값의 결과에는 외부적인 원인으로 인한 오차가 포함될 수 있으며, 발생한 오차를 없애고 가장 가까운 값을 구하는 것을 말한다. 스캔데이터는 많은 노이즈를 포함하고 있기 때문에 보정이 필요하다. 이것은 사용하는 소프트웨어의 종류와 스캐닝 방식에 따라 차이가 있다.

(1) 데이터 클리닝(Data Cleaning)

① 불필요한 노이즈(점군 데이터)를 제거하는 것으로 측정 환경, 대상물의 표면 상태, 스캐너의 설정 등에 따라 차이가 발생함

② **노이즈 제거 방법**: 소프트웨어에서 제공하는 자동 클리닝이 있으나, 자동으로 문제 해결이 안 되면 수동으로 해결해야 함

③ **수동 클리닝 기능**: 설정된 영역 이외의 데이터를 제거하는 crop 기능, 브러시 툴을 이용해 브러시 내에 있는 점들을 삭제하는 기능 등

TIP   수동 클리닝의 기능

• Crop 기능: 영역 설정 이외의 데이터를 제거하는 기능
• Brush tool을 이용하는 방법: 브러시로 선택한 데이터만 삭제하는 기능

Crop 기능
영역 설정 이외의 데이터 제거

Brush 기능
영역 설정 데이터만 제거

(2) 스캔 데이터 보정

① 클리닝이 끝나면 정합 전후로 다양한 보정(필터링, 스무딩) 과정을 거치게 됨
② 보정 기능은 스캐너마다 다르게 제공될 수 있음

필터링(Filtering)	걸러내기를 뜻하는 것으로 불필요하게 중첩된 점의 개수를 줄여 데이터 처리를 쉽게 하는 용도로 사용
스무딩(Smoothing)	측정 오류로 주변 점들에 비해서 불규칙적으로 생성된 점들을 매끄럽게 처리하는 방법

(3) 스캔 데이터 페어링(Fairing)

1) 오류 수정

① 노이즈를 제거하고 보정을 거친 후 마지막으로 페어링을 실시함
② 페어링은 다양한 오류를 바로 잡는 과정으로, 최종적으로 삼각형 메시를 형성하는 마지막 단계
例 삼각형의 크기를 균일하게 하는 작업, 큰 삼각형에 노드를 추가해서 작은 삼각형으로 만드는 작업, 면의 방향을 바로잡는 작업 등

2) 삼각형 메시 생성 법칙

① 3D프린팅을 위한 파일(출력용 데이터 파일)은 삼각형 메시로 되어 있음
② 삼각형 메시 생성에는 몇 가지 법칙이 존재하며, 문제가 있는 것은 페어링으로 수정해야 함
- 삼각형들은 꼭짓점을 항상 공유해야 함: Vertex-to-Vertex 법칙으로 삼각형들이 서로 연결되어 메시로 만들어질 때 한 꼭짓점이 다른 삼각형의 꼭짓점이 아닌 선에 연결이 되는 경우에는 에러가 발생함(t-spline은 예외)
- 삼각형들은 서로 교차해서는 안 됨: 삼각형들이 서로 겹쳐 있는 부분이 있으면 그 자체로 오류
- 삼각형들은 모두 연결되어 있어야 하며, 구멍이 생기는 경우 에러가 남
- 삼각형의 법선 벡터(normal vector, 법선 방향)는 바깥쪽으로 향해야 함: 면이 뒤집어져 있는 경우, 뒤집힌 면의 법선 방향은 내부로 향하기 때문에 3D프린터에서는 사용할 수 없음

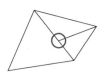

t-spline 형태로 삼각형 메시 생성 법칙에 위배

삼각형들의 교차 에러

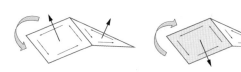

삼각형의 법선 벡터 방향 에러

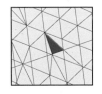

구멍이 생긴 에러

01

다음 중 표준 교환 포맷으로 모든 스캔 소프트웨어 또는 데이터 처리 소프트웨어에서 사용 가능한 포맷이 <u>아닌</u> 것은?

① XYZ   ② IGES
③ STL   ④ STEP

[해설]

데이터 표준 교환 포맷

XYZ	점 형태로 되어 있는 포맷
IGES	• 1980년대에 개발됨 • 여러 3차원 CAD에서 서로 교환할 수 있도록 만든 표준 파일 포맷
STEP	• 1994년 처음 만들어짐 • IGES의 단점을 극복하고 제품 설계부터 생산에 이르는 모든 데이터를 포함하기 위해 가장 최근에 개발된 ISO 표준 교환 포맷

[정답] ③

02

개별 스캐닝 작업에서 얻어진 데이터를 합치는 과정을 정합이라고 한다. 이때 정합 시 사용하는 데이터는?

① 병합 데이터
② 측정 데이터
③ 최종 데이터
④ 점군 데이터

[해설]

정합(Registration)

점군 데이터를 합치는 과정으로, 서로 다른 데이터를 변형해 하나의 좌표계로 나타내는 작업을 말한다.

[정답] ④

03

산업용 고정밀 라인 레이저 스캐닝 방식에서 많이 사용하며, 치수 정밀도가 매우 우수한 볼 형태의 측정 도구는?

① 정합용 게이지
② 병합용 게이지
③ 정합용 볼
④ 병합용 볼

[해설]

정합용 볼

측정대상물에 정합용 마커 또는 볼을 부착한 후 스캔을 실시하고, 정합 시 마커와 볼을 기준으로 결합시키는 부품

[정답] ③

04

다음 중 스캐닝 데이터 저장에 대한 설명으로 거리가 <u>먼</u> 것은?

① 기본적으로 점군의 형태로 저장된다.
② 포맷에 포함되는 정보는 색상에 대한 정보도 포함된다.
③ STL 파일과 같이 법선 벡터(normal vector)도 포함되는 경우가 있다.
④ 점군은 다른 소프트웨어에서 사용 가능한 표준 포맷으로 저장할 수 없다.

[해설]

점군 데이터도 다른 소프트웨어에서 사용 가능한 표준 포맷으로 저장이 가능하다.

[정답] ④

05

3D스캐닝에서 최종적으로 3차원 프린팅을 하기 위해 불필요한 점을 제거하고 삼각형 메시를 형성하는 과정은?

① 필터링   ② 스무딩

③ 페어링   ④ 스캐닝

[해설]

스캔 데이터 보정

- 클리닝: 불필요한 노이즈(점군 데이터)를 제거
- 필터링: 중첩된 점의 개수를 줄여 데이터 처리를 쉽게 할 수 있음
- 스무딩: 측정 오류로 주변 점들에 비해 불규칙적으로 생성된 점들을 매끄럽게 처리
- 페어링: 불필요한 점들을 제거하고 다양한 오류를 바로잡는 과정

[정답] ③

PART 03
3D모델링

01 | 3D모델링이란?

3D모델링 방식의 종류 중 넙스(NURBS) 방식에 대한 설명으로 옳은 것은?

① 삼각형을 기본 단위로 하여 모델링을 할 수 있는 방식이다.
② 폴리곤 방식에 비해 많은 계산이 필요하다.
③ 폴리곤 방식보다는 비교적 모델링 형상이 명확하지 않다.
④ 도형의 외곽선을 와이어프레임만으로 나타낸 형상이다.

해설 넙스(NURBS, Non-Uniform Rational B-spline)
곡선·곡면을 뜻하는 단어로, 단순한 곡선이 아니라 수학적 공식을 이용해 만들어진 곡선을 말한다. 2차원의 간단한 원, 호, 곡선부터 매우 복잡한 3차원의 유기적 형태의 곡면이나 솔리드까지 매우 정확하게 표현할 수 있으며 편집도 수월한 방식이다.
① 폴리곤 모델링에 대한 설명이다.
② 넙스 곡선은 수학적 공식으로 만든 곡선이기 때문에 많은 계산이 필요하다.
③ 폴리곤: 넙스, 비트맵: 벡터
④ 와이어프레임은 곡면을 만들어내지 못한다.

정답 ②

1. 3D모델링의 개념

(1) 3D모델링 개요

① 3D모델링: 점, 선, 면을 이용해 가상의 3차원 공간에 물체를 표현하는 방식
② 모델(Model, 모형)
  • 실물을 모방하여 크기를 변화시켜 만든 모형
  • 제품을 만들기 전의 시제품 또는 완성된 제품의 대표적인 샘플
③ 모델링(Modeling, 모형화)
  • 모형을 만드는 일
  • 가상환경 속에서 만든 모형을 컴퓨터가 이해할 수 있는 형태의 데이터로 저장하는 것

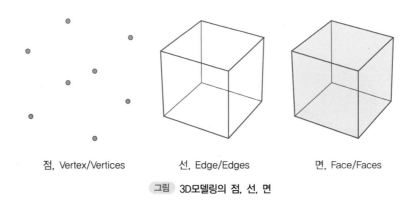

| 점, Vertex/Vertices | 선, Edge/Edges | 면, Face/Faces |

그림 3D모델링의 점, 선, 면

(2) 3D모델링 적용 분야

기계 · 건축 · 제품디자인 등의 설계 분야, 영화 · 애니메이션 · 광고 등의 엔터테인먼트, 물리적 실험의 시뮬레이션, 예술의 표현수단, 3D프린팅을 할 재료를 만드는 수단 등 거의 모든 분야에 적용되고 있음

2. 3D모델링의 종류

(1) 3D모델링 방식별 분류

1) 폴리곤(Polygon) 방식

① 3D모델링의 가장 전통적인 방식으로 게임 그래픽 제작에 주로 사용함

② 형태를 구성하는 점, 선, 면의 집합으로 메시(mesh)를 제작하는 방식으로 쉽고 직관적

③ 곡선에 대한 표현능력이 부족해 계단현상(aliasing, 엘리어싱)이 발생하기 때문에 부드러운 곡면 표현을 위해서 많은 수의 폴리곤이 필요하므로 높은 성능의 하드웨어를 요구할 수도 있음

2) 넙스(Nurbs, Non-uniform rational b-spline) 방식

① 곡선 표현이 부족한 폴리곤 방식의 단점 보완을 위해 만들어진 기술로써 곡면의 장점으로 제품디자인에 주로 사용함

② 점들을 연결한 직선에서 계산에 의한 곡선을 구하고, 그 곡선을 확장한 3D 곡면을 생성하는 방식

③ 화면에 나타나는 정보량은 단순하지만 모델링이 까다로운 편

④ 렌더링 시 하이 폴리곤으로 전환되어 무거워지므로 게임, 애니메이션 작업에서는 사용하지 않음

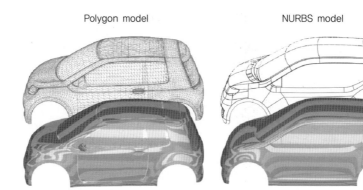

Polygon model   NURBS model

Poor surface quality   Pure, smooth highlights

그림 폴리곤과 넙스의 차이

3) 서브디비전(Subdivision) 방식

① 애니메이션 '토이 스토리'를 만든 디즈니의 자회사 픽사(Pixar)에서 개발됨

② 직관적인 폴리곤 방식과 곡선이 완벽한 넙스 방식의 장점을 모두 포함하는 방식

③ 빠른 속도와 고품질을 장점으로 영화, 애니메이션 등의 영상, 게임 산업에서 많이 사용함

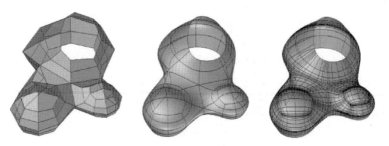

Polygonal Surface   T-spline quad subdivision surface   B-spline Nurbs surface

그림 폴리곤, 서브디비전, 넙스 모델링 비교

4) 스컬핑(Sculpting) 방식

① 조소(조각 + 소조) 방식을 통해 점토로 객체를 만드는 과정을 3D모델링으로 구현한 방식

② 조형 감각이 필요하지만 점토를 빚듯이 모델링이 가능한 직관적인 방식으로, 캐릭터 모델링에 많이 적용됨

③ 게임, 애니메이션에서 사용하기 위해서는 폴리곤으로 바꾸어서 적용함

(2) 3D 객체표현 방식별 분류

1) 와이어프레임 모델링(Wireframe Modeling)

① 1960년대부터 시작된 방식으로 컴퓨터 성능의 한계로 선으로만 표현
② 공간상의 점과 각 점을 연결한 라인(직선, 곡선)을 이용해 마치 철사를 연결한 듯한 형태로 모형화하는 방법
③ 2D 스케치 및 도면 작성 수준으로, 소요시간과 메모리가 적게 들지만 복잡한 형태의 모델링은 어려움
④ 대표 프로그램: Autodesk의 AutoCAD 등

2) 서피스 모델링(Surface Modeling)

① 서피스(Surface)는 외부 표면이란 뜻으로 내부가 비워져 있는 모델링으로, 속이 꽉 찬 솔리드(Solid) 모델링보다 좀 더 정밀한 표현이 가능함
② 곡면 모델링이라고 하며 와이어프레임을 연결해서 면으로 만드는 모델링 기법
③ 영화, TV 및 게임을 위한 3D 애니메이션, 모델링, 시뮬레이션 및 렌더링 용도로 주로 사용함
④ 우주·항공, 자동차, 조선 산업에서 필수적으로 적용되고 있음
⑤ 대표 프로그램: 3D Max, Maya, Cinema 4D, CATIA, UG, Alias 등

3) 솔리드 모델링(Solid Modeling)

① 가장 진보된 방식으로, 서피스(면)들을 완전히 닫은 상태로 완성하는 속이 꽉 찬 모델링 방식
② 모델 내부를 공학적으로 분석할 수 있기 때문에 가공 상태의 예측, 부피·무게 등의 정보 제공 가능
③ 기계 구조, 몰드, 공정, 부품 설계 등의 분야에서 활용하고 있음
④ 대표 프로그램: UG, Pro/E, Solid Edge, SolidWorks, Fusion 360 등

와이어프레임 모델링

서피스 모델링

솔리드 모델링

그림 **3D 객체표현 방식별 분류**

(3) 3D모델링 소프트웨어

카티아 (CATIA)	• 다쏘 시스템즈(Dassault Systems)에서 개발 • 곡면이 많고 정밀한 설계를 해야 하는 자동차, 항공기 제조업계에서 사용하는 필수 프로그램 • 유선형의 곡면 디자인을 위해 서피스 모델링에 특화되어 있어 곡면 모델링에 강점이 있음
솔리드웍스 (SolidWorks)	• 직관적이고 쉬운 사용법으로 많은 엔지니어, 디자이너가 사용하는 프로그램 • 세계에서 가장 많이 사용되는 소프트웨어였으나 2015년 이후 FreeCAD, Fusion 360, OnShape 등의 대체 CAD툴이 출시되고 있음 • 제품 설계, 플라스틱 사출, 금형 설계, 부품 설계, 전기 설계, 의료 분야(FEA 시뮬레이션용) 등 거의 모든 분야에 활용되고 있음
NX UG (Unigraphics)	• 유니그래픽스(UG)였으나 지멘스에 인수되면서 NX로 이름을 바꿈 • 상대적으로 자유 곡면에 강하고 불리언(합집합, 차집합, 교집합) 연산을 강점으로 금형 업계에서 많이 사용하는 프로그램 • 히스토리 기능이 있어 중간 수정을 통해 최종 모델까지 자동변경 가능 • 최대 고객이 미국 GM(General Motors)이기 때문에 자동차 분야에서도 많이 사용함
인벤터 (Inventor)	• 오토데스크(Autodesk)의 AutoCAD와 연계가 가능해 많이 사용함 • 제품 설계, 플라스틱 사출, 금형 설계, 부품 설계, 시뮬레이션 등 다양한 분야에서 활용됨
퓨전 360 (Fusion 360)	• 파라메트릭 설계, 로컬 렌더링, PCB 개발을 수행하고 레이저 절단, 밀링을 위한 부품 최적화 등을 융합시켜 놓은 프로그램 • Autodesk에서 제공하며, 자사 Meshmixer 프로그램의 업데이트를 중단하고 퓨전 360에 이식 중에 있음
라이노 (Rhinoceros3D)	• 넙스, 비주얼 스크립팅, 렌더링, 서브디비전 기술을 포함하여 디자인 개발에 많이 사용되는 소프트웨어 • 입문은 쉽지만 갈수록 까다로워지는 특징이 있음 • 익숙해지면 상업 · 산업 디자인 작업에 다양하게 활용할 수 있음

(4) 3D모델링 과정

① 2D스케치의 생성 및 수정
② 3D 객체 생성
③ 3D 객체 수정

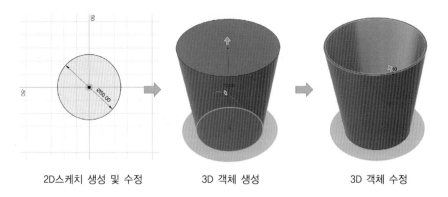

2D스케치 생성 및 수정   3D 객체 생성   3D 객체 수정

01

다음 중 폴리곤 방식의 3D모델링 방식에 대한 설명으로 거리가 먼 것은?

① 삼각형을 기본 단위로 하여 모델링한다.
② 다각형의 수가 적은 경우에는 빠른 속도로 렌더링이 가능하지만 표면이 거칠게 표현된다.
③ 모델링 시 많은 계산이 필요하다.
④ 크기가 작은 다각형을 사용하여 형상을 만들 때, 표면이 부드럽게 되지만 렌더링 속도는 떨어진다.

해설
폴리곤 방식의 3D모델링 특징을 잘 알아두어야 한다.③ 폴리곤 모델링은 다른 방식에 비해 모델링 시 계산이 많이 필요하지 않는 것이 특징이기 때문에 게임, 애니메이션 모델링에서 많이 사용된다.

정답 ③

02

다음 〈보기〉에서 설명하는 3D모델링 방식은?

┤ 보기 ├
• 기본 객체들에 집합 연산을 적용하여 새로운 객체를 만드는 방법이다.
• 집합 연산은 합집합, 차집합, 교집합이 있다.

① 폴리곤 방식
② CSG 방식
③ 서피스 방식
④ 넙스 방식

해설
CSG(Constructive Solid Geometry) 방식
• 단순한 도형들의 조합을 이용해 복잡한 형상을 구성하는 방식
• 여기서 조합은 모델러가 부울 연산자(합집합, 차집합, 교집합)를 사용하여 개체를 결합, 빼기 등으로 복잡한 개체를 만들 수 있음

정답 ②

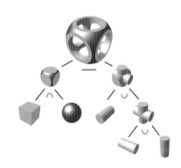

03

3D 엔지니어링 모델링 소프트웨어는 대부분 솔리드 모델링과 서피스 모델링을 같이 수행할 수 있다. 이 기능의 명칭으로 옳은 것은?

① 하이브리드 모델링
② 폴리곤 모델링
③ 스컬핑 모델링
④ 파라메트릭 모델링

해설
② 폴리곤(Polygon) 모델링: 삼각형 또는 사각형의 집합체로 이루어져 있으며, 3D프린팅에서는 삼각형 폴리곤만 사용함
③ 스컬핑(Sculping) 모델링: 조소 기능을 이용하여 디지털 구를 찰흙처럼 밀고 당기면서 형상을 만드는 방식
④ 파라메트릭 모델링: 매개변수를 이용하여 모델링하여 설계변경 시 용이한 방식

정답 ①

02 | 3D모델링하기

모델을 생성하는 데 있어서 단면 곡선과 가이드 곡선이라는 2개의 스케치가 필요한 모델링은?

① 돌출(extrude) 모델링   ② 필렛(fillet) 모델링

③ 쉘(shell) 모델링   ④ 스윕(sweep) 모델링

해설 3D모델링에서 객체 생성 기본 기능

- 돌출: 프로파일 필요
- 회전(revolve): 프로파일+축 필요
- 스윕: 프로파일+경로 필요
- 로프트(loft): 2개 이상의 프로파일 필요

정답 ④

1. Fusion 360 소프트웨어 소개

(1) 종류

협업 제품 개발을 위한 단일 클라우드 기반의 CAD, CAM, CAE 도구

(2) 주요 모델링 기능

Generative Design	인공지능 소프트웨어, 클라우드 연산 능력을 활용하여 엔지니어가 기본 매개변수만 정하면 수천 개의 설계 옵션을 생성시킬 수 있는 디자인 기능
Solid	설계에서 주로 사용되는 기하 위주의 조형 방식 **TIP 기하** 정점, 선, 면 등의 기본 기하 요소를 사용하여 물체를 표현하고, 이러한 요소들을 결합하여 전체 모델을 만듦
Surface	디자이너들이 주로 사용하는 자유곡선(Nurbs) 방식의 조형
T-Spline	3D프린터, 금형에서 사용되는 폴리곤 방식의 조형
파라메트릭 (Parametric) 기능	• 기하학적 형상에 피처 정의 및 구속조건을 부여하여 설계·변경이 용이하게 만드는 방식 • 매개변수(Parameter)를 사용해 모델의 각 설계 단계에 상호관계를 부여하여 언제나 해당 부분에서 수정이 가능하고, 최종 모델도 바꿀 수 있는 기능

(3) Fusion 360의 UI(사용자 인터페이스, User Interface)

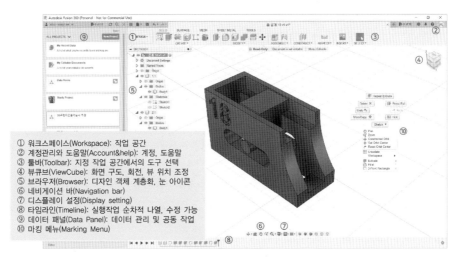

① 워크스페이스(Workspace): 작업 공간
② 계정관리와 도움말(Account&help): 계정, 도움말
③ 툴바(Toolbar): 지정 작업 공간에서의 도구 선택
④ 뷰큐브(ViewCube): 화면 구도, 회전, 뷰 위치 조정
⑤ 브라우저(Browser): 디자인 객체 계층화, 눈 아이콘
⑥ 네비게이션 바(Navigation bar)
⑦ 디스플레이 설정(Display setting)
⑧ 타임라인(Timeline): 실행작업 순차적 나열, 수정 가능
⑨ 데이터 패널(Data Panel): 데이터 관리 및 공동 작업
⑩ 마킹 메뉴(Marking Menu)

그림 Fusion 360의 UI

2. 2D 스케치하기

(1) 작업 평면 선택

① 모델링을 시작할 때 일반적으로 2D 스케치를 작성하게 되는데, 2D 스케치는 오직 평면에서만 작업 가능함

② 아래 그림처럼 2D 스케치 작성 명령을 실행하면 세 개의 평면이 준비되어 있으며, 각각 XY평면, YZ 평면, XZ평면 중 하나를 선택해 진행할 수 있음

③ 스케치 평면의 선택은 모델링의 방향을 결정하는 중요한 요소이기 때문에 신중하게 선택해야 함

④ 각 축은 색깔로 구분할 수 있는데 R(X축), G(Y축), B(Z축) 사이에 평면이 위치하고 있음

⑤ 작업이 진행 중이라면, 2D 도형이나 3D 도형의 평면에서 스케치를 그릴 수 있음

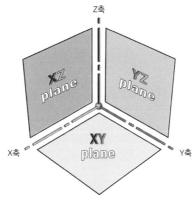

Fusion 360 "Origin"

(2) 스케치 명령과 편집 명령

1) 스케치 명령

> 3D모델링에서 2D 스케치는 근본적으로 2D 도형들의 집합이다. 어려운 모양의 스케치를 그려야 할 때 막막한 느낌을 가질 수 있는데, 스케치가 포함하고 있는 기본도형들을 찾아보라. 스케치 그리기가 보다 편안해질 것이다.

① 직선(Line)

시작	• 마우스 좌클릭+커서 이동(길이, 각도)+마우스 좌클릭+(연속 가능) • 호 생성: 마지막 포인트에서 좌클릭 후 드래그
종료	• 일시 종료: 초록색 체크 원 클릭, 끝 포인트에서 더블 클릭 • 완전 종료: 엔터 키, Esc 키
변형	• 라인 이용(위치 조정) • 포인트 이용(길이, 각도, 위치 조정)
삭제	• 선택 〉 Delete 키 • 선택 〉 우클릭 〉 Delete 명령

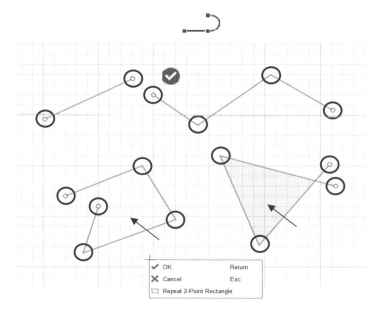

그림 Fusion 360 Sketch에서 직선 그리기

② 직사각형(Rectangle)

종류	• 2–Point Rectangle: 마우스 좌클릭 + 커서 이동(너비, 높이) + 마우스 좌클릭 → 직사각형 • 3–Point Rectangle: 마우스 좌클릭 + 커서 이동(너비, 방향) + 마우스 좌클릭 + 커서 이동(높이) + 마우스 좌클릭 → 기울어진 직사각형 • Center Rectangle: 마우스 좌클릭(중심점) + 커서 이동(너비, 높이) + 마우스 좌클릭

Construction Line
(참조선)
	• 실선: 면 분할 vs 참조선(점선): 면 분할 불가
	• 자동 생성: Rectangle, Ellipse, Slot, Spline
	• 수동 생성: Sketch Palette 연계
	• 생성 방법
	  – 라인 선택 + Sketch Palette 〉 Construction 설정
	  – 라인 선택 + 마우스 우클릭 〉 Normal Construction 설정

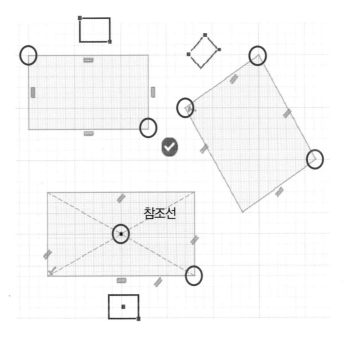

그림 Fusion 360 Sketch에서 직사각형 그리기

③ 폴리곤(Polygon, 정다각형)

종류	• Circumscribed Polygon: 마우스 좌클릭(중심점) + 커서 이동 + 마우스 좌클릭 → 가상원의 바깥쪽에 다각형 생성 가능 • Inscribed Polygon: 마우스 좌클릭(중심점) + 커서 이동 + 마우스 좌클릭 → 가상원의 안쪽에 다각형 생성 가능 • Edge Polygon: 마우스 좌클릭(라인 끝점) + 커서 이동 + 마우스 좌클릭(라인 끝점) → 한 변의 길이가 같은 정다각형 생성 가능

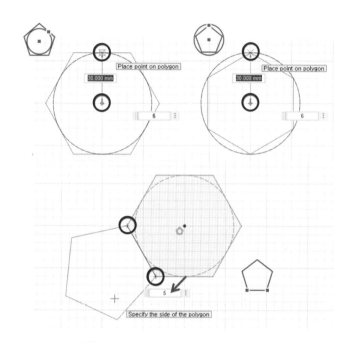

그림 Fusion 360 Sketch에서 정다각형 그리기

④ 곡선(Spline)

시작	마우스 좌클릭 + 커서 이동 + 마우스 좌클릭 + 커서 이동 + 마우스 좌클릭

종류	• Fit Point Spline
	  – 맞춤 포인트 추가(라인 위에서 우클릭 〉 Insert Spline Fit Point 선택)
	  – 곡률 핸들을 통해 변형 가능
	• Control Point Spline: 컨트롤 포인트 추가(라인 위에서 우클릭 〉 Insert Spline Control Point 선택)

종료	• 일시 종료: 초록색 체크 원 클릭, 끝 포인트에서 더블 클릭 • 완전 종료: 엔터 키, Esc 키
변형	• 라인 이용(위치 조정) • 포인트 이용(길이와 각도, 위치 조정)
삭제	• 라인 선택 〉 Delete 키 • 라인 선택 〉 우클릭 〉 Delete 명령

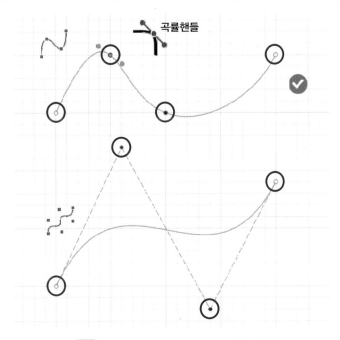

그림 Fusion 360 Sketch에서 자유곡선 그리기

⑤ 원(Circle)

종류	• Center Diameter Circle: 마우스 좌클릭(원의 중심점) + 커서 이동 + 마우스 좌클릭 • 2-Point Circle: 마우스 좌클릭 + 커서 이동 + 마우스 좌클릭 • 3-Point Circle: 마우스 좌클릭 + 커서 이동 + 마우스 좌클릭 + 커서 이동 + 마우스 좌클릭 • 2-Tangent Circle: 마우스 좌클릭(직선 라인) + 커서 이동 + 마우스 좌클릭(직선 라인) • 3-Tangent Circle: 마우스 좌클릭(직선 라인) + 커서 이동 + 마우스 좌클릭(직선 라인) + 커서 이동 + 마우스 좌 클릭(직선 라인)

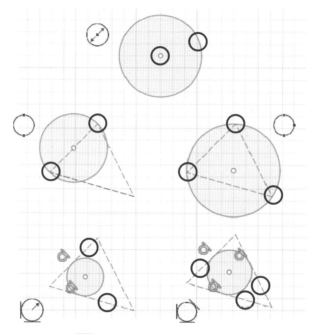

그림 Fusion 360 Sketch에서 원 그리기

⑥ 호(Arc)

종류	• 3-Point Arc: 마우스 좌클릭 + 커서 이동 + 마우스 좌클릭 + 커서 이동 + 마우스 좌클릭(위치, 크기) • Center Point Arc: 마우스 좌클릭(중심점) + 커서 이동 + 마우스 좌클릭 + 커서 이동 + 마우스 좌클릭(위치, 크기) • Tangent Arc(접선 연결 호): 마우스 좌클릭(라인 끝점) + 커서 이동 + 마우스 좌클릭(위치, 크기)

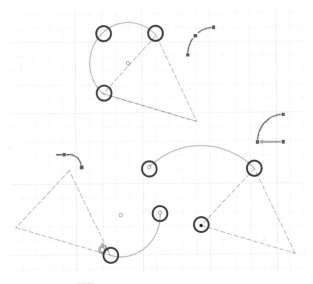

그림 Fusion 360 Sketch에서 호 그리기

⑦ TEXT

Text	직사각형 안에 텍스트 기입
Text on Path	곡선 위에서 마우스 우클릭 〉 Text on Path

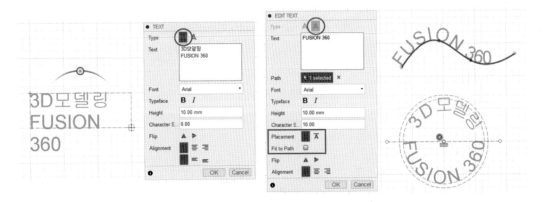

그림 Fusion 360 Sketch에서 글자 그리기

2) 스케치 편집 명령

① 이동, 회전(Move, Copy)
- 이동과 회전: 화살표 방향으로 이동하거나 사각형을 이용하여 자유이동이 가능하며 회전핸들을 사용하여 원하는 각도로 회전이 가능
- 복사는 아래 그림의 ③처럼 Create Copy를 체크하면 복사본이 생성되며, 이후에 복사본의 이동·회전이 가능하고 Ctrl + C → Ctrl + V 기능을 사용하는 것도 가능

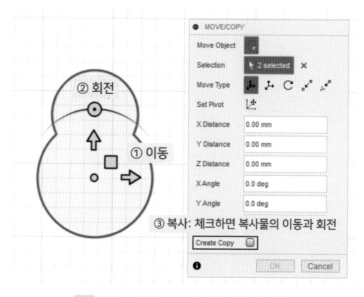

그림 Fusion 360 Sketch에서 이동, 회전, 복사하기

② 대칭(Mirror)
- 2D 스케치를 대칭시켜 대칭 형태의 복제 스케치를 생성시키는 기능
- 대칭의 기준이 되는 Mirror Line은 직선만 가능함

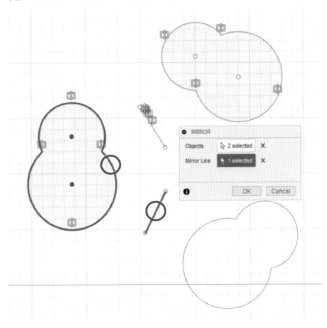

그림 Fusion 360 Sketch에서 대칭 복제하기

③ 모깎기(Fillet), 모따기(Chamfer)

모깎기	• 스케치 모서리를 호의 크기만큼 깎아내는 기능 • 다중 선택 가능
모따기	• 스케치 모서리를 직선으로 잘라내는 기능 • 다중 선택 가능

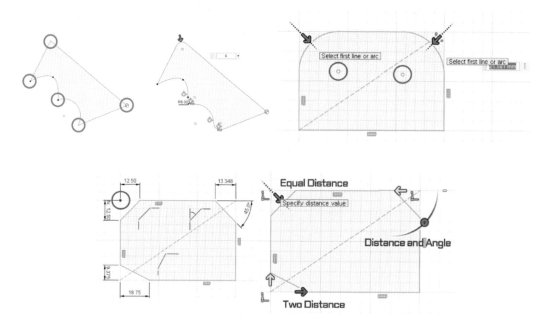

그림 Fusion 360 Sketch에서 모깎기, 모따기 명령

④ 지우기(Trim), 연장(Extend), 오프셋(Offset, 간격 띄우기)
- 지우기와 연장: 필요 없는 라인을 지우는 기능과 모자라는 라인을 연장하는 기능
- 오프셋: 스케치를 일정 간격으로 확장 또는 축소하는 기능

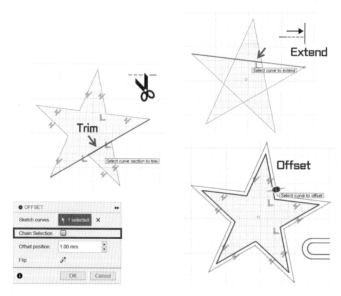

그림 Fusion 360 Sketch에서 Trim, Extend, Offset 명령

3) 구속조건 부여

① 크기 구속: 스케치 디멘션(Sketch Dimension) 기능으로 치수를 부여하여 크기를 고정하는 구속조건
② 형상 구속: 스케치 간의 위치와 자세를 맞추는 구속조건(Sketch Constraints)
  • 수평, 수직(Horizontal, Vertical): 비스듬한 단독 라인을 수평·수직으로 고정시키는 구속과 서로 다른 점과 점을 수평·수직으로 맞추어주는 구속조건

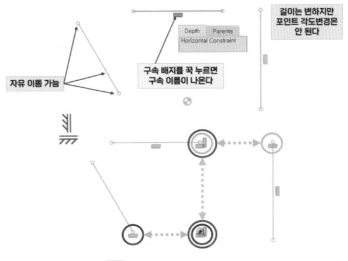

그림 Fusion 360, 수평/수직 조건

  • 일치(Coincident), 일직선(Collinear), 동심(Concentric): 각각 점과 점, 라인과 라인, 그리고 원점 끼리 서로 일치시켜 하나의 위치로 만들어 주는 구속조건
  • Co + incident: 하나의 점을 다른 점으로 이동시켜 일치시키는 방법과 점과 라인을 다른 라인과 점으로 이동시켜 하나로 만들어 주는 구속조건

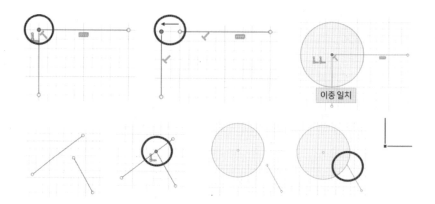

그림 Fusion 360, 일치 구속조건

• Col + linear: 서로 다른 라인들을 하나의 라인 방향으로 일직선이 되게 만들어 주는 구속조건

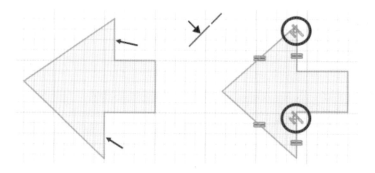

그림 Fusion 360, 일직선 구속조건

• Con + centric: 원점을 가지고 있는 서로 다른 도형들의 원점을 일치시키는 구속조건

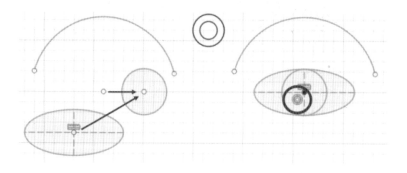

그림 Fusion 360, 동심 구속조건

• 접선(Tangent): 원점이 있는 곡선과 곡선, 또는 직선과 탄젠트(G1) 곡선으로 부드럽게 연결되는 구속조건

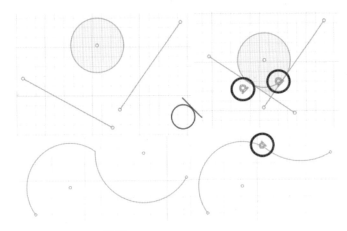

그림 Fusion 360, 접선 구속조건

• 직각(Perpendicular): 서로 다른 위치의 두 직선의 관계를 직각이 되게끔 변형해주는 구속조건

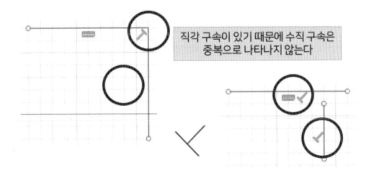

그림 Fusion 360, 직각 구속조건

3. 3D 형상 만들기

> 2D 스케치 또는 Primitives(기본도형)로부터 Solid Modeling 생성 · 편집을 통해 3D Solid Bodies를 만든다.

(1) 3D 객체 생성

1) 돌출(Extrude)

① 가장 중요한 기능으로, 프로파일(닫힌 2D 스케치, 3D 객체의 평면)을 수직으로 돌출시켜 3D 객체를 생성하는 것

② **기본 기능**: 길이만큼 수직 돌출시키는 기능(아래 그림의 ①), 회전 핸들을 이용해 각도만큼 확대 · 축소하는 기능(아래 그림의 ②)

③ **확장 기능**: 대화상자의 Start(돌출의 출발지점을 변경), Extent Type(돌출의 도착지점을 변경)을 익히는 것이 유용함

④ 3D프린터운용기능사 실기의 모델링은 돌출 기능만 알아도 모든 문제들을 풀 수 있음

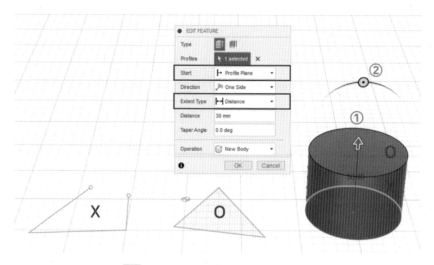

그림 Fusion 360 솔리드 생성, Extrude 명령

2) 회전(Revolve)

① 프로파일(닫힌 2D 스케치, 3D 객체의 평면)을 지정한 축을 중심으로 회전시켜 3D 객체를 생성함

② 프로파일과 축이 붙어있는 경우(아래 그림의 ①), 프로파일과 축이 떨어져있는 경우(아래 그림의 ②) 다른 형태의 3D 객체를 만들 수 있음

③ 축이 필요할 경우 오리진(origin)이 자동 생성되어 X축, Y축, Z축 세 가지의 축을 사용할 수 있으며, 각도 조정을 통해 원하는 만큼 회전시켜 완성할 수 있음

④ 이 기능을 사용하여 원형 형태의 디자인을 모두 만들어 낼 수 있음

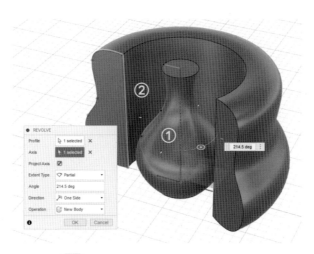

그림 Fusion 360 솔리드 생성, Revolve 명령

3) 스윕(Sweep)

① 프로파일(닫힌 2D 스케치, 3D 객체의 평면 – 아래 그림의 ①)을 path(지정된 경로 – 아래 그림의 ②)
   를 따라 움직이면서 3D 객체를 형성함

② 경로의 형태에 따라 매우 다양한 모양의 모델링이 가능하고, 회전(Revolve)의 한계를 벗어나 기하학
   적인 모양까지 만들어낼 수 있음

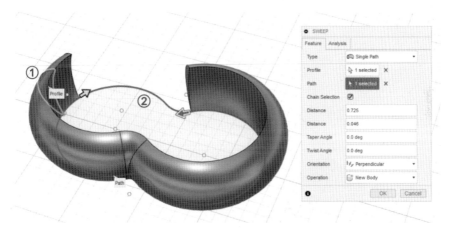

그림 Fusion 360 솔리드 생성, Sweep 명령

4) 로프트(Loft)

① 2개 이상의 프로파일(닫힌 2D 스케치, 3D 객체의 평면 – 아래 그림의 ①)을 연결해 부드러운 모양의 직선면과 곡선면을 생성함

② 가이드라인 또는 센터라인(아래 그림의 ②)을 이용해 원하는 형태로의 변화 가능

③ 기본적인 4가지 기능 중 가장 복잡하고 난해한 형상을 만들어낼 수 있지만, 도면화가 필요한 경우에는 정확한 치수를 적용하기 어려움

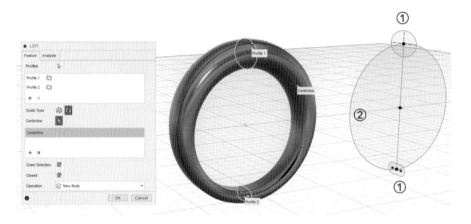

그림 Fusion 360 솔리드 생성, Loft 명령

(2) 3D 객체 편집

1) 모깎기(Fillet), 모따기(Chamfer)

① 3D 객체의 각이 진 모서리를 둥글게(모깎기) 또는 비스듬하게 깎아(모따기) 사면으로 만드는 기능

② 대부분의 제품에서는 상해 방지를 위해 모서리가 날카롭지 않게 깎여있는 것을 볼 수 있으며, 3D모델링에서 모깎기와 모따기가 그 역할을 담당함

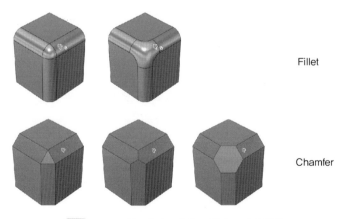

그림 Fusion 360 솔리드 수정, 모깎기, 모따기 명령

2) 쉘(Shell)

① 내부를 비워 얇은 벽 형태의 솔리드 바디로 만드는 기능
② 선택한 한 개 이상의 평면을 지워내면 나머지 면들은 두께가 없어 존재할 수 없는 형태가 되는 것을 방지하기 위해 두께를 지정해 주어 내부를 비워내는 형태로 모델링이 가능해지는 적용 방식

그림 Fusion 360 솔리드 수정, 쉘 명령

3) 컴바인(Combine)

① 불린[Boolean, 조지 불(George Boole)이 개발한 모델링 기술]으로 불림
② 두 가지의 3D 객체가 합성하여 새로운 객체로 변화하는 세 가지 방법을 제어하는 규칙 기능
③ 합집합(Join), 차집합(Cut), 교집합(Intersect) 등의 방법으로 새로운 3D 객체를 생성함

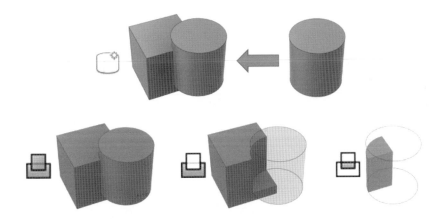

그림 Fusion 360 솔리드 수정, Combine 명령

4) 면 자르기(Split Face)

① 3D 객체의 표면에 분할 도구(Construction Plan, Sketch Line, Body Face, Body Outlines) 등을 이용하여 면을 분할하는 기능
② 면을 나눔으로써 각각의 면을 새롭게 변형할 수 있으므로 세밀한 모델링이 필요할 때 유용하게 사용할 수 있음

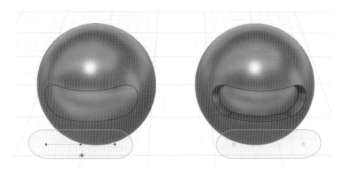

그림 Fusion 360 솔리드 수정, 면 자르기 명령

5) 3D 객체 자르기(Split Body)

① 면 자르기와 동일한 분할 도구를 사용하여 면이 아닌 3D 객체 자체를 잘라내는 기능
② 잘 사용하면 여러 기하학적인 형태의 3D 객체 생성 가능

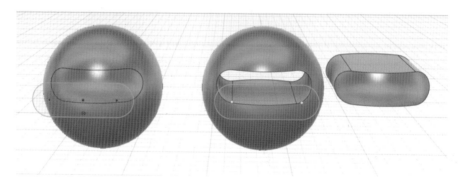

그림 Fusion 360 솔리드 수정, 3D 객체 자르기 명령

4. 3D모델링 저장하기

3D모델링을 저장한다는 것은 데이터를 관리하는 차원에서 3D모델링 소프트웨어의 자체 파일 형식 또는 호환 파일 형식으로 저장하는 것과, 3D프린팅을 위한 파일 형식으로 저장하는 것으로 나눌 수 있다. 여기서는 자체 파일 형식 및 호환 파일 형식을 저장하는 방법과 불러오기, 내보내기 등의 방법을 알아보겠다.

(1) 불러오기

1) Open vs Import

① 일반적인 그래픽 툴에서의 Open은 자체 파일 형식을 불러오는 것을, Import는 다른 응용프로그램에 의해 저장된 데이터를 불러와 사용하는 것을 뜻함

② Fusion 360은 클라우드 방식으로 오토데스크 서버에서 파일을 관리하기 때문에 Open과 Upload로 나누어 불러오기를 구분함

Open 메뉴	전용파일 형식뿐만 아니라 주요 호환파일도 일부 불러와 바로 작업할 수 있음
Upload 메뉴	• 서버에 직접 업로드하는 것으로, 상당한 양의 호환 파일을 가져와서 작업할 수 있음 • 서버에 저장된 파일을 작업환경으로 불러온 후 모델링을 하게 됨

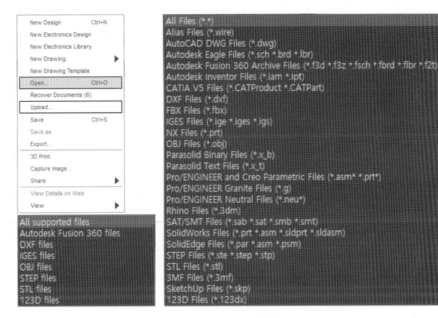

Open 메뉴에서 불러올 수 있는 파일 형식   Upload 메뉴에서 불러올 수 있는 파일 형식

그림 Fusion 360의 Open, Upload 메뉴

(2) 저장하기

1) Save vs Export

Save	• Fusion 360에서의 Save는 *.f3d(fusion 360 design file) 파일 형식으로 저장됨 • 서버, 로컬 컴퓨터에 저장 가능함
Export	• 한 응용프로그램에서 작성된 데이터를 다른 프로그램에서 사용할 수 있도록 파일 형식을 바꾸어 저장하는 것 • Fusion 360에서는 14가지의 파일 형식으로 내보낼 수 있지만, 더 늘어날 수도 있음

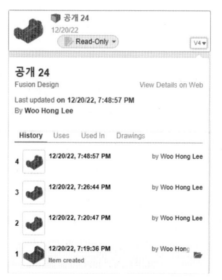

```
Autodesk Fusion 360 Archive Files (*.f3d)
3MF Files (*.3mf)
Autodesk Inventor 2021 Files (*.ipt)
DWG Files (*.dwg)
DXF Files (*.dxf)
FBX Files (*.fbx)
IGES Files (*.igs *.iges)
OBJ Files (*.obj)
SAT Files (*.sat)
SketchUp Files (*.skp)
SMT Files (*.smt)
STEP Files (*.stp *.step)
STL Files (*.stl)
USD Files (*.usdz)
```

Export 메뉴에서 내보내기 할 수 있는 파일 형식

그림 Fusion 360 Export file의 종류

2) 저장 버전 관리하기

① Fusion 360에서 완성한 모델링을 서버에 저장할 때마다 버전이 올라감
② 버전을 저장한 세부일시, 변경사항 등을 기록해 두고 필요할 때 특정 버전을 불러와 작업할 수 있음

Fusion 360의 Save 버전 관리

그림 서버 저장 시 버전 관리

3) 다른 이름으로 저장하기

Save As 명령으로 다른 이름으로 저장하기도 가능하며, 이때는 버전 1로 등록됨

5. 3D 형상 조립하기

(1) 조립품의 이해

① 단독 디자인이 아닌 조립이 필요한 부품 디자인은 조립품에 대한 이해가 필요함
② 조립품은 부품, 파트 등을 조립하는 것으로 설계의 정확도, 다른 부품 간의 문제점을 분석하는 용도와 실제 제작 시 공차 등의 오류를 최소화하기 위한 방편
③ 3D모델링 소프트웨어에서의 조립은 디자인된 형상의 동작, 해석 시뮬레이션 등 다양한 설계 분석을 목적으로 사용함

그림 3D모델링의 종류

(2) 조립을 위한 부품 배치

① 조립을 위해서는 부품들이 필요함
② 조립품의 설계 방식은 크게 2가지로 분류 가능

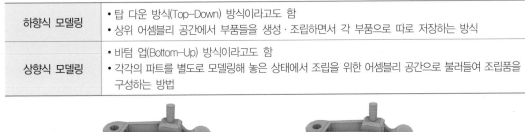

하향식 모델링	• 탑 다운 방식(Top-Down) 방식이라고도 함 • 상위 어셈블리 공간에서 부품들을 생성·조립하면서 각 부품으로 따로 저장하는 방식
상향식 모델링	• 바텀 업(Bottom-Up) 방식이라고도 함 • 각각의 파트를 별도로 모델링해 놓은 상태에서 조립을 위한 어셈블리 공간으로 불러들여 조립품을 구성하는 방법

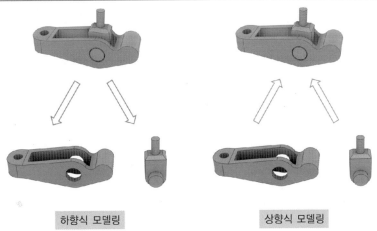

하향식 모델링 · · · · · · 상향식 모델링

그림 하향식과 상향식 모델링의 구분

(3) 조립품 제약 조건

① 제약 조건
- 조립 시 부품과 부품 간의 위치 구속을 목적으로 적용하는 기능
- 부품 간의 정확한 조립 및 동작 분석을 위해서 사용함

② Fusion 360에서는 크게 Joint, As-Built Joint로 나눌 수 있음

Joint	• 서로 떨어져 있는 부품일 때 사용 • 조립 위치와 동작에 대한 제약을 걸 수 있음
As-Built Joint	• 이미 조립이 된 상태의 조립품일 때 사용 • 위치는 이미 정해져 있으므로 동작에 대한 제약만 사용하면 됨

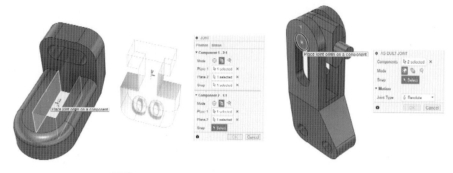

그림 조립 시 제약 조건의 차이(Joint vs As-Built Joint)

(4) 부품 간 조립 분석

① 컴퓨터 화면상에서는 아무런 문제 없이 조립된 것처럼 보이지만, 실제 3D프린터를 이용하여 결과물을 조립하였을 때는 오류가 발생할 수 있음

② 오류를 발견하고 수정해야 하는 두 가지 방법

간섭 분석	• Fusion 360에서 제공하는 간섭 분석 명령(Interference)을 이용 • 부품의 겹치는 부분을 확인할 수 있으며, 분석된 내용을 토대로 수정 가능
단면 분석	• Section Analysis 기능을 이용 • 단면의 형태를 파악하여 오류의 종류를 발견하고 수정 가능

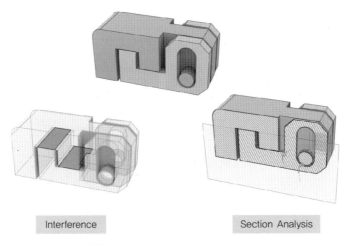

Interference   Section Analysis

그림 Fusion 360의 조립품의 오류 분석 툴

6. 정투상도 선택과 드로잉

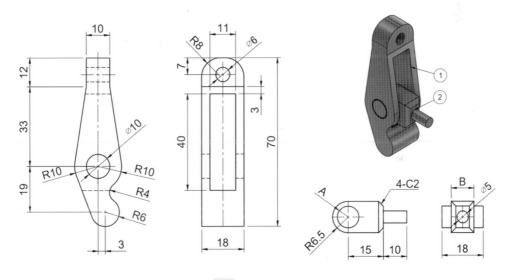

그림 조립품 도면의 예

(1) 도면(드로잉, Drawing)

1) 도면(드로잉)의 정의

① 도면과 제도

도면	제도 과정에 따라 제도 용지, 컴퓨터 화면에 작성된 그림
제도	설계자가 설계한 기계, 구조물의 형상, 크기 등을 도면 위에 나타낸 것

② 도면의 작성(〈표 1〉 참고)
- 일반적으로 제작용 도면은 한국산업표준(KS규격)이 정한 원칙에 따라 도면을 작성해야 함
- KS규격에 정의되지 않은 경우는 ISO(국제표준기구)에서 정한 국제표준에 따라 도면을 작성해야 함
- 각 국가별 표준규격은 〈표 2〉 참고 가능

③ 3D모델링을 위한 스케치
- 보통 KS규격의 투상법과 단위에 대한 규격만 따름
- 치수 단위는 mm가 원칙이며 도면에 표기는 하지 않음

구분	설명	
	KS	ISO
도면의 크기	KS A 0106 KS B ISO 5457	
투상법	KS A 0111 KS A 0111-1 KS A 0111-2 KS A 0111-3 KS A 0111-4 KS A ISO 128-30 KS A ISO 128-40 KS A ISO 128-50	ISO 2594 ISO 8048 ISO 8560 ISO 9431
축척	KS A 0110	ISO 5455
선	KS A ISO 128-21 KS A ISO 128-22 KS A ISO 128-23	ISO 128-20
문자	KS A 0107	
심벌	KS A 0108 KS A 0113	
레이어	KS F 1542	ISO 13567-1 ISO 13567-2 ISO/TR 13567-3

〈표 1〉 한국표준규격 및 국제표준 규격

국가	표준화 기구	표준규격 약호
한국	KATS(Korean Agency for Technology and Standards)	KS
미국	ANSI(American National Standards Institute)	ANSI
일본	JISC(Japanese Industrial Standards Committee)	JIS
영국	BSI(British Standards Institution)	BS
프랑스	AFNOR(Association francaise de normalization)	NF
독일	DIN(Deutsches Institut fur Normung)	DIN
중국	SAC(Standardization Administration of China)	GB

〈표 2〉 국가별 표준규격 약호

2) 도면의 크기

① 제도 용지의 크기는 폭, 길이로 나타내고 A0부터 A4까지 사용함
② 숫자가 커질수록 크기는 반으로 줄어듦

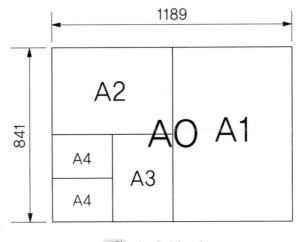

그림 제도 용지의 크기

3) 도면의 기능

① 도면은 설계자의 아이디어를 구체적으로 표현하고 의도를 제작자 · 소비자에게 전달하는 기능을 하며, 설계된 것을 보존하고 다시 활용할 목적으로 만듦
② 3D프린팅에서는 출력 의뢰를 하거나 받는 경우 도면으로 정보를 주며, 3D프린팅이 아닌 직접 가공이 필요한 경우에도 3D모델링 파일이 아니라 도면을 주어야 함
③ 따라서 3D모델링 소프트웨어는 대부분 도면 생성 기능을 가지고 있음

(2) 투상도(projection drawing)

1) 투상도의 정의

① 2차원 표면에서 3차원 물체를 표현하기 위해 사용되는 기술
② 대상물에 광선을 비추어 하나의 평면에 맺히는 형태, 즉 형상, 크기, 위치 등이 일정한 법칙에 따라 그려진 그림을 뜻함
③ 6종류로 구분됨
④ 설계 정보를 전달하고 물체의 정확한 시각적 표현을 만들기 위해 공학, 건축, 제품디자인, 애니메이션 등의 분야에서 널리 사용됨

2) 투상도의 유형

정투상도	평행 광선을 이용하여 수직 평면에서 물체의 여러 뷰를 보여주기 위해 사용
등각 투상법	각이 서로 120°를 이루는 3개의 축에서 균일한 스케일로 물체를 3차원으로 보여줌
사투상법	정투상도에서 정면도의 크기와 모양은 그대로 사용하고, 평면도, 우측면도를 경사시켜 그리는 투상법
투시 도법	• 공간으로 후퇴하는 것처럼 보이는 물체의 표현을 만들어냄 • 깊이, 부피에 대한 원근감을 줌

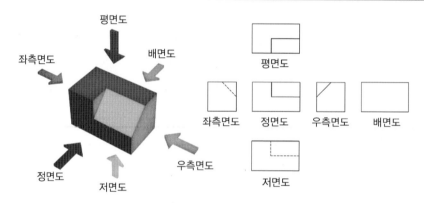

제3각법 투상도 배열 위치(KS A ISO 128-30)

그림 정투상도 도면 종류

(3) 정투상도

1) 정투상도의 기호

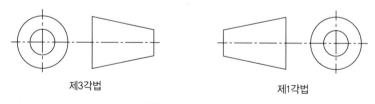

그림 정투상도의 기호

2) 제3각법과 제1각법

제3각법	• 눈(시점) – 화면 – 물체 • 가장 많이 사용함 • 우리나라 제도 통칙이며, 미국에서도 사용함
제1각법	• 눈(시점) – 물체 – 화면 • 토목, 선박제도 등에 사용함 • 유럽, 일본에서 사용함

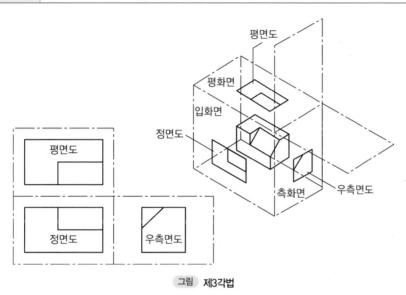

그림 제3각법

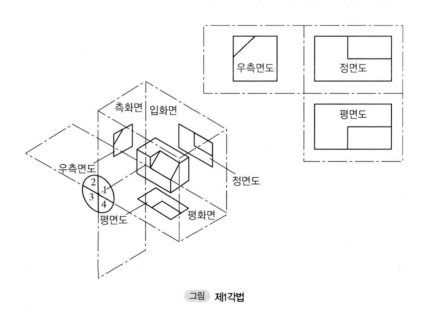

그림 제1각법

(4) 단면도(Section drawing)

1) 단면도의 정의

① 물체를 평면으로 잘랐다고 가정하고 그 내부 구조를 나타낸 그림
② 단면의 표현 정도에 따라 여러 가지로 나뉨
③ 물체 내부와 같이 볼 수 없는 것을 도면에 도시할 때, 숨은선으로 표시하면 복잡해지기 때문에 주로 사용함

TIP 도시(圖示)
도식이나 도표, 그림으로 그려서 보이게 하는 것

2) 단면도의 종류

온 단면도 (전 단면도)	물체의 중심선에서 반으로 절단하여 한쪽을 잘라내고 남은 부분의 단면 형상을 그린 것
한쪽 단면도 (반 단면도)	상하좌우가 대칭인 물체를 중심선을 기준으로 1/4만큼 절단하여 물체의 내외부 모양을 동시에 그린 것
부분 단면도	물체의 일부분에 파단선을 그어 절단하고 필요한 내부 형상을 그린 것
계단 단면도	물체의 단면 부위가 일직선상에 있지 않을 때, 절단면을 계단 형태로 그린 것
회전도시 단면도 (회전 단면도)	• 일반 투상법으로 표시하기 어려운 물체를 수직인 단면으로 절단하여 90°로 회전시켜 그린 것 • 대부분 바퀴의 암(arm), 리브(rib), 훅(hook), 축(shaft)과 같은 부품에 주로 사용
조합 단면도	• 절단면을 2개 이상 배치하여 그린 것 • 복잡한 물체의 투상도 개수를 줄이기 위해 사용

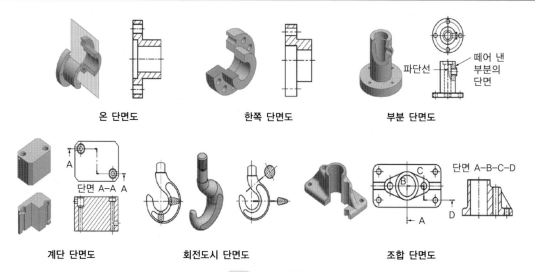

온 단면도　　　　　　한쪽 단면도　　　　　　부분 단면도

계단 단면도　　　　　회전도시 단면도　　　　　조합 단면도

그림 단면도 종류

(5) 제도선의 종류와 용도

구분		용도에 의한 명칭	용도
종류	모양		
실선 — 굵은 실선	▬▬▬▬	외형선	물체의 보이는 부분의 모양을 나타내는 데 사용
실선 — 가는 실선	────────	치수선	치수를 기입하는 데 사용
		치수보조선	치수를 나타내기 위해 도형에서 끌어내는 데 사용
		지시선	가공법, 기호 등을 표시하기 위해 끌어내는 데 사용
	/////	해칭	물체의 절단면을 표시하는 데 사용
	〜〳〜	파단선	부분 생략 또는 부분 단면의 경계를 표시하는 데 사용
파선	굵은 파선 / 가는 파선	▬ ▬ ▬ ▬	숨은선	물체의 보이지 않는 부분의 모양을 표시하는 데 사용
1점쇄선	가는 1쇄선	─·─·─·─	중심선	도형의 중심을 표시하는 데 사용
2점쇄선	가는 2쇄선	─··─··─	가상선	움직인 물체의 상태를 가상하여 나타내는 데 사용

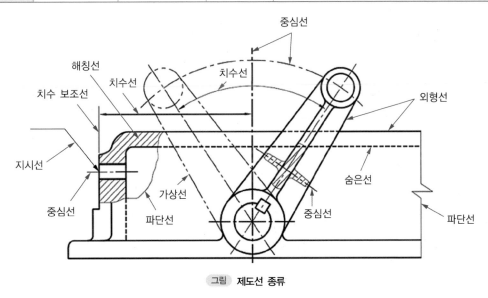

그림 제도선 종류

(6) 치수 보조 기호

① 치수에 추가하여 그 치수의 의미를 전달하기 위해 사용되는 기호
② 적용할 수 있는 기호는 보통 치수의 앞에 배치

종류	기호	사용법	예
지름	Ø(파이)	지름 치수 앞에 쓴다.	Ø30
반지름	R(아르)	반지름 치수 앞에 쓴다.	R15
정사각형의 변	□(사각)	정사각형 한 변의 치수 앞에 쓴다.	□20
구의 반지름	SR(에스아르)	구의 반지름 치수 앞에 쓴다.	SR40
구의 지름	SØ(에스파이)	구의 지름 치수 앞에 쓴다.	SØ20
판의 두께	t(티)	판의 두께 치수 앞에 쓴다.	t5
원호의 길이	⌒(원호)	원호의 길이 치수 앞 또는 위에 붙인다.	⌒10
45° 모따기	C(시)	45° 모따기 치수 앞에 붙인다.	C5
참고 지수	( )(괄호)	치수 보조 기호를 포함한 참고 치수에 괄호를 친다.	(Ø30)

7. 작업지시서

(1) 작업지시서의 정의

① 3D모델링 과정을 통하여 제품을 제작할 경우 설계 의도, 요구사항에 맞게 제작되어야 함
② 제작을 효과적으로 할 수 있도록 도와주는 지침서를 작업지시서라고 함
② 제품을 제작할 때 고려해야 할 정보들을 체계적으로 정리한 문서라고 할 수 있음
④ 제품 제작을 위한 작업, 공정의 작업 순서에 대한 정보를 자세히 작성하여 실제로 제품을 생산하는 생산자가 제품을 불량 없이 생산할 수 있도록 도와주는 지침서 역할을 함

(2) 작업지시서의 기재 정보

제작 개요	• 제품을 제작할 때 간결하게 추려낸 주요 내용을 뜻함 • 제작 물품명, 제작 방법, 제작 기간, 제작 수량 등을 표기
디자인 요구사항	모델링 방법, 제작 시 주의사항 · 요구사항, 출력할 3D프린터의 사양 · 출력 가능 범위를 체크하여 적합한 모델링을 수행
정보 도출	전체 영역, 부분 영역, 각 부분의 길이 · 두께 · 각도에 대한 정보를 도출
도면 그리기	제3각법 방식으로 평면도, 정면도, 우측면도, 입체도에 대한 도면을 작성하고, 각 도면에 대한 정확한 영역 · 길이 · 두께 · 각도 등에 대한 정보를 표기

TYPE	기구 부품		
IMAGE			
	SIZE: 45×35×80mm		
NUMBER	MATERIAL	COLOR	FINISHING
A	Wood	Gray	무광
B	Metal	Green	유광

그림 작업지시서 작성 예

01

형상 구속에 대한 설명으로 옳지 <u>않은</u> 것은?

① 동일 구속: 두 개 이상 선택된 스케치 크기를 똑같이 구속
② 접선 구속: 곡선 또는 직선을 곡선에 접하도록 구속
③ 수평 구속: 떨어진 두 개의 직선을 평행하게 구속
④ 일치 구속: 2D 또는 3D 스케치의 다른 형상에 점이나 선을 구속

[해설]

스케치를 구속하는 구속 조건을 구분하는 문제는 그 특징을 잘 알아두어야 한다.
• 수평 구속: 직선을 X축과 평행하게 구속하는 것
• 평행 구속: 떨어진 두 개의 직선을 평행하게 구속하는 것

[정답] ③

02

3D모델링에서 부품 조립 후 육안으로 파악되지 않는 미세한 간섭이 생길 수 있다. 이것을 검토하는 기능은?

① 간섭 분석
② 곡률 분석
③ 치수 분석
④ 단면 분석

[해설]

3D모델링의 검사에 관한 문제이다. 간섭(Interference)은 조립되는 부품들이 서로 겹치는 현상을 말한다.

[정답] ①

03

다음 중 CAD 프로그램에서 버프 가공에 해당하는 기호는?

① D
② GH
③ FR
④ FB

[해설]

• 버프 가공(Buffing): 표면을 매끈하게 다듬는 가공
• CAD 프로그램의 가공기호

가공 방법	약호	가공 방법	약호
선반가공	L	호닝가공	GH
드릴가공	D	액체호닝가공	SPLH
보링머신가공	B	배럴연마가공	SPBR
밀링가공	M	버프다듬질	SPBF
평삭가공	P	블라스트다듬질	SB
형상가공	SH	랩다듬질	GL
브로칭가공	BR	줄다듬질	FF
리머가공	SR	스크레이퍼다듬질	FS
연삭가공	G	페이퍼다듬질	FCA
벨트연삭가공	GBL	정밀주조	CP

[정답] ④

04

다음 〈보기〉의 ㉠, ㉡에 들어갈 단어가 순서대로 나열된 것은?

┌ 보기 ┐

끼워 맞춤에서 구멍의 치수가 축의 치수보다 클 때를 (㉠)라 하고, 구멍의 치수가 축의 치수보다 작을 때를 (㉡)라 한다.

① ㉠ 한계 공차, ㉡ 허용 공차
② ㉠ 죔새, ㉡ 틈새
③ ㉠ 틈새, ㉡ 죔새
④ ㉠ 허용 공차, ㉡ 한계 공차

해설
• 틈새: 구멍 > 축
• 죔새: 구멍 < 축

정답 ③

틈새

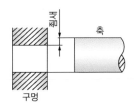

죔새

05

다음 중 기하 공차의 종류와 기호가 올바르게 연결되지 않은 것은?

① 평면도 공차 ▱
② 평행도 공차 ⌀
③ 위치도 공차 ⊕
④ 동심도 공차 ◎

해설
KS규격에 의한 기하 공차의 종류와 그 기호

적용하는 형체	공차의 종류		기호
단독 형체	모양 공차	진직도 공차	─
		평면도 공차	▱
		진원도 공차	○
		원통도 공차	⌀
단독 형체 또는 관련 형체		선의 윤곽도 공차	⌒
		면의 윤곽도 공차	⌓
관련 형체	자세 공차	평행도 공차	//
		직각도 공차	⊥
		경사도 공차	∠
	위치 공차	위치도 공차	⊕
		동축도 공차 또는 동심도 공차	◎
		대칭도 공차	═
	흔들림 공차	원주 흔들림 공차	↗
		온 흔들림 공차	↗↗

정답 ②

03 | 출력용 데이터 수정하기

3D프린터 출력용 모델링 데이터를 수정해야 하는 이유로 거리가 먼 것은?

① 모델링 데이터상에 출력할 3D프린터의 해상도보다 작은 크기의 형상이 있다.
② 모델링 데이터의 전체 사이즈가 3D프린터의 최대 출력 사이즈보다 작다.
③ 제품의 조립성을 위하여 각 부품을 분할 출력하기 위해 모델링 데이터를 분할한다.
④ 3D프린터 과정에서 서포터를 최소한으로 생성시키기 위해 모델링 데이터를 분할 및 수정한다.

해설

① 장비의 해상도보다 작은 크기는 출력을 할 수 없기 때문에 크기를 조정해야 한다.
② 모델링 데이터의 사이즈가 최대 출력 사이즈보다 크면 출력이 불가능하다.
③ 분할 출력을 위해 데이터 분할이 필요할 수도 있다.
④ 서포트를 최소한으로 생성시키는 방법 중 분할 출력이 있다.

정답 ②

1. 공차, 크기, 두께 변경

(1) 3D프린터로 출력할 부품 수정의 이해

① 3D모델링 소프트웨어로 만든 3D모델링 데이터를 3D프린터로 출력할 때 모델링과 정확하게 일치하는 출력물을 얻기는 어려우며 3D프린팅의 방식, 소재의 종류에 따라 모델링과 출력물 사이에 오차가 발생하기 쉬움

　예 특히 가장 대중화된 FDM(Fused Deposition Modeling) 방식은 플라스틱을 주 소재로 사용하기 때문에 높은 열에 의해 녹은 소재가 한 층씩 적층될 때 발생하는 수축·팽창에 따른 치수 오차가 발생함 → 따라서 몇 가지 출력사항을 파악하고 그에 맞도록 모델링을 수정할 수 있어야 함

② 출력하고자 하는 모델링이 단품이라면 영향이 적겠지만, 하나 이상의 부품이 조립되는 형태의 조립품 모델링이라면 각 3D프린팅 방식, 소재에 따른 수축·팽창을 고려한 모델링을 해야 함

③ 3D프린터의 특성상 너무 작은 구멍 또는 기둥, 면의 두께를 가지고 있는 객체는 원활한 출력을 위해 부품을 수정해야 함

(2) 출력 공차 적용

① 원자재를 가공하여 다양한 상품, 부품을 생산하는 가공업체에서 사용하는 3D모델링은 기본적으로 공차가 발생하지 않으며, 가공 단계에서 가공 공차를 부여하여 제품을 만드는 것이 일반적

② 3D프린팅은 모델링 데이터를 그대로 출력하므로 모델링 단계에서 공차를 부여하지 않으면 조립품이 모두 붙어서 출력되어 움직일 수 없게 됨

③ 3D모델링을 할 때 사용자는 3D프린터의 출력 공차를 이해하고, 사용 중인 3D프린터의 최소·최대 출력 공차를 알고 그에 맞게 모델링에 적용해야 함

TIP	3D프린터의 출력 공차

- 3D프린팅 방식과 장비마다 차이가 있지만 보통 0.05~0.4mm 사이에서 적용됨
- FDM 방식은 평균적으로 0.2~0.3mm 정도의 출력 공차를 부여하는 것이 좋음

④ 출력 공차가 적용되는 부분은 부품 간 조립되는 위치에 출력 공차를 부여함

⑤ 부품들 사이에 공간이 있더라도 출력 공차보다 좁은 경우에는 출력 공차를 고려해 수정할 수 있어야 함

⑥ 출력 공차의 부여는 조립부품 모두를 대상으로 하는 것이 아니라, 두 부품 중 하나의 부품에만 적용하는 것이 권장됨

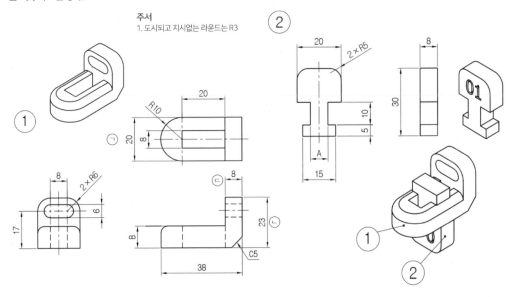

그림 출력 공차 적용 예시, 공차 A, B의 치수를 각자 입력

(3) 크기 변경

① 3D프린터는 다양한 방식, 소재를 사용하기 때문에 해상도 차이가 큼

② 정밀도만 보았을 때는 액체 > 분말 > 고체 소재 순으로 볼 수 있음

③ 다양한 소재, 방식 중 가장 대중화된 FDM 방식을 예로 들어 크기 변경에 관한 내용을 알아보면

  • 출력물의 크기는 3D프린터의 출력 해상도와 관계가 있는데, 특히 FDM 방식은 압출기의 노즐 사이즈가 상당한 영향을 미침

  • 노즐 사이즈는 일반적으로 0.1~1mm까지 존재하며 Z축의 정밀도와는 관계가 없고 XY축 정밀도에 영향을 미침

   예 가장 많이 사용되는 노즐 사이즈가 0.4mm인 경우: 출력물의 구멍, 형상 사이의 간격 등이 0.4mm 이상이라면 출력이 가능하지만, 0.4mm 미만의 크기를 가진 구멍, 간격은 출력이 어려움(최근에 슬라이싱 소프트웨어의 발전으로 이러한 한계를 극복하는 설정들이 나오고 있음)

  • 일반적으로 FDM 방식의 3D프린터로 출력할 경우 구멍은 지름이 1mm 이하이면 출력이 안 될 수도 있고, 원기둥(축)은 지름 1mm 이하에서는 출력이 불가하며, 형상과 형상 사이의 간격은 최소 0.5mm 이상이 되어야 하므로 가능한 1mm 이상 간격을 유지할 수 있도록 수정하는 것이 좋음

   예 아래 그림에서 알 수 있듯이 노즐의 크기가 0.4mm인데 모델링 시 0.2mm로 만든 경우 출력 불가 → 슬라이서 프로그램의 시뮬레이션 기능에서 살펴보면 확실히 알 수 있으며 0.1mm, 1mm는 정상적으로 출력 가능

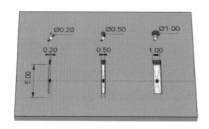

모델링 치수

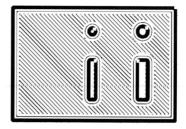

슬라이서에서의 출력 시뮬레이션 결과

그림 구멍의 최소 지름 및 형상 사이의 최소 간격 예시

(4) 두께 변경

① 크기 변경에서 알 수 있듯 3D모델링의 벽 두께가 노즐 사이즈보다 작으면 출력이 되지 않으며, 적어도 노즐 사이즈보다 커야 정상적으로 출력할 수 있음

② 출력이 가능하다고 해도 너무 얇은 경우 출력 품질이 저하될 수밖에 없음

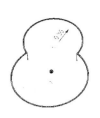  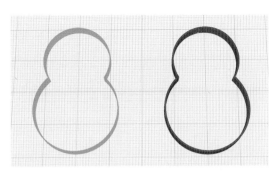

벽 두께 0.3mm, 0.5mm로 모델링　　　슬라이서에서 출력 시뮬레이션 결과 왼쪽은 출력 불가

그림 **부품 외벽의 최소 두께 예시**

(5) 변경 파일 저장

부품을 수정한 후 저장할 때는 원본과 혼동되지 않도록 수정용 파일로 '다른 이름으로 저장' 기능을 이용하여 보관하는 것이 좋음

2. 분할 출력

(1) 분할 출력의 이해

1) 정의

① 3D프린팅의 특성으로 인해 출력할 형상을 분할하여 출력하고, 이후 이를 붙여서 완성하는 경우가 발생함

② 단독 모델링을 잘라서 출력하거나, 여러 부품이 조립되어 있는 조립 모델링의 경우 부품별로 따로 출력하는 것을 분할 출력 또는 파트 분할이라고 함

2) 분류

① 출력물의 크기

• 3D프린터는 출력 가능한 범위가 이미 정해져 있으므로 모델링의 크기가 이를 벗어나면 당연히 출력이 불가능함

• 해결을 위해서는 크기를 줄여서 출력하면 되지만, 반드시 원형 크기로 출력해야 한다면 잘라서 출력한 다음 붙이는 방법밖에 없음

② 서포트의 양

• 3D프린터는 적층 공정이기 때문에 1층부터 꼭대기 층까지 순서대로 출력이 이어짐

• 만약 4층에서 출력될 형상이 기존 출력물의 범위를 벗어나 바깥쪽에 있다면 출력물이 공중부양을 하지 않는 한 출력이 불가능해짐

• 이때 필요한 것이 서포트(Support, 지지대)인데, 출력을 완성한 후 서포트를 제거하면 그 자리의 출력 품질이 매우 나빠짐(PART 04 SW 설정 참고)

- 좀 더 나은 출력 품질로 제작하기 위해서는 서포트의 사용을 최소화하는 것이 좋음
- 만약 강아지를 그냥 출력한다면 강아지 턱밑부터 꼬리까지 서포트가 꽉 차게 출력되는 것을 알 수 있는데, 이때 분할 출력을 하면 오른쪽 그림처럼 보다 깔끔하게 출력이 가능

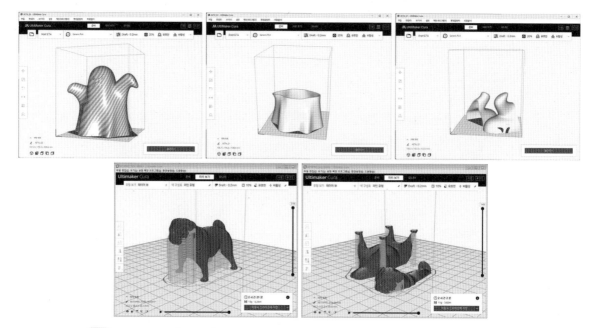

그림 분할 출력 예시(위: 출력물의 크기로 인한 분할 출력 / 아래: 서포트를 최소화하기 위한 분할 출력)

(2) 파트 분할 적용

① 3D모델링 소프트웨어에서는 파트를 나눌 수 있는 기능을 기본적으로 제공하고 있으므로 이것을 이용하여 파트를 분할하면 됨
② Fusion 360에서는 기준 평면 사용 방법, 사용자 지정 평면 사용 방법이 있음

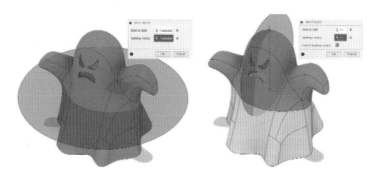

그림 기준 평면과 사용자 지정 평면을 사용한 분할 예시

3. 모델링 데이터 저장

(1) 3D프린팅을 위한 모델링 데이터 변환

1) stl 파일

① 모델링 이후 출력 준비 시 모델링 소프트웨어에서 작성한 3D 객체는 먼저 3D모델링 파일로 저장됨

② Fusion 360에서는 전용파일 형식인 ***.f3d 또는 표준파일 형식인 ***.step으로 저장 가능

③ 3D모델링 파일은 3D프린터에서 바로 사용할 수 없기 때문에 Fusion 360에서 다시 ***.stl 파일로 변환시켜 주어야 하며, 이 과정에서 솔리드 상태인 f3d 파일이 메시 상태인 stl 파일로 바뀜

④ 3D프린터는 출력용 데이터 파일인 stl 파일을 읽어들일 수 없기 때문에 stl 파일을 3D프린터로 전송해도 반응하지 않음

⑤ stl 파일을 3D프린터가 읽을 수 있는 파일 형식인 G코드 파일로 변환해야 함

> **TIP   출력용 데이터 파일**
>
> • 출력용 데이터 파일은 stl 이외에도 30여 가지가 있으나 stl 파일이 거의 표준처럼 사용되고 있다.
> • 이러한 출력용 데이터 파일도 다른 파트에서 자세히 다루겠다.

2) G코드(G-Code)

① G코드: 2차원 도면 또는 3차원 형상을 특정 프로그램을 이용해 만들어지며, 이러한 프로그램을 슬라이싱 프로그램이라고 부름

> **TIP   슬라이싱 프로그램 = 슬라이싱 소프트웨어 = 슬라이서**
>
> 제조를 위한 컴퓨터 수치 개념을 활용하는 프로그램이라고 해서 CAM(Computer Aided Manufacturing) 프로그램이라고도 한다.

② G코드는 3D프린터 때문에 만들어진 것은 아니며, 3D프린터가 나오기 이전부터 가공 분야에서 사용해 왔던 프로그래밍 언어로 3D프린터의 압출기, 레이저 등을 제어하기 위해 차용해서 사용함

③ 사용 과정에서 3D프린터 제조사마다 G코드를 다르게 적용하다 보니 이전의 G코드와 유사하지만 동일하지는 않음

(2) 모델링 데이터 변환 저장하기

Fusion 360 기준으로 f3d, step, stl, G-Code 파일을 저장하는 방법은 다음과 같음

파일 변환 저장 명령	저장(Save) 명령을 통해 f3d 또는 step 파일을 저장함
파일 형식 변환	stl 파일은 내보내기(Export) 명령을 통해 3D 데이터 형식으로 저장함
STL 파일 옵션 변경	G코드는 슬라이싱 프로그램을 이용해 stl 파일을 불러들여 G코드 형식으로 변환·저장해줌

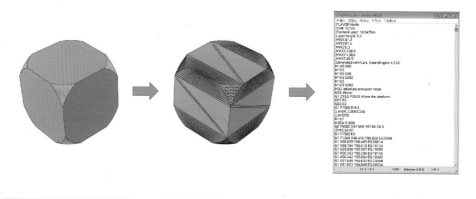

3D모델링 파일(데이터)
xxx.f3d / 3dm / ipt / sldprt ...

출력용(3D모델링) 파일(데이터)
xxx.stl / obj / amf / 3mf / ply ...

출력용 CAM 파일(데이터)
xxx.gcode / makerbot / hvs, hfb ...

그림 3D모델링에서 3D프린터까지 파일의 변환 과정

01

조립품 모델링의 경우 모델링은 각 3D프린팅 방식, 소재에 따른 수축과 팽창을 고려해야 한다. 다음 중 고려 사항이 <u>아닌</u> 것은?

① 공차
② 크기
③ 두께
④ 서포트

[해설]
3D프린터로 출력할 부품 수정의 이해를 평가하는 문제이다. 고려사항으로는 공차, 크기, 두께 변경이 있다.

[정답] ④

02

보급형 3D프린터의 경우 모델링 후 3D프린터에서 출력하기 위해 저장해야 하는 최종 단계의 파일 형식은?

① STEP 파일
② STL 파일
③ 3MF 파일
④ G코드 파일

[해설]
① STEP 파일: 모델링 표준 교환 파일
② STL 파일: 출력용 데이터 파일
③ 3MF 파일: 출력용 데이터 파일
④ G코드: 최종 출력 파일

[정답] ④

PART 04
SW 설정

01 | 출력용 데이터 파일

3D프린팅에 적합하지 <u>않은</u> 3D데이터 포맷은?

① STL   ② OBJ
③ MPEG   ④ AMF

해설
① STL: 최초의 3D프린터와 함께 나온 파일 형식으로, 업계에서 거의 표준처럼 사용됨
② OBJ: 애니메이션 프로그램용으로 개발되었으며, 호환성이 좋아 거의 모든 3D프로그램에서 사용됨
③ MPEG: 오디오, 비디오 규격에서 세계적으로 가장 널리 사용되는 형식 중 하나
④ AMF: STL의 단점을 보완하여 색상, 재질 등의 추가 정보를 저장할 수 있는 파일 형식

정답 ③

1. 출력용 데이터 파일의 이해

① 앞서 제품스캐닝과 3D모델링을 통해 3D프린터 출력을 위한 출력용 데이터 파일을 어떻게 만드는지 확인해 보았음

② 특히 3D모델링을 통해 저장할 수 있는 3D모델링 파일은 3D프린터에 직접적으로 사용할 수 없기 때문에 메시 파일 형태인 출력용 데이터 파일로 만들어야 하는 것도 이해했음

   예 3D모델링 소프트웨어의 전용 파일 형식: f3d(Fusion 360), 3dm(Rhino), ipt(Inventor), sldprt (SOLIDWORKS) 등

   예 3D프린팅을 위해 변환한 출력용 데이터 파일 형식: STL, OBJ, 3MF, AMF, PLY 등

③ 하지만 출력용 데이터 파일도 기계어를 읽는 3D프린터에서 곧바로 적용할 수는 없음

④ 출력용 데이터 파일을 3D프린터가 읽을 수 있는 언어로 바꿔주는 프로그램이 슬라이싱 소프트웨어이며, 슬라이싱 과정을 거쳐 최종 3D프린팅을 위한 파일, 즉 G코드 파일을 만들어낼 수 있음

⑤ G코드 파일은 RepRap 3D프린터와 같은 보급형 3D프린터에서 주로 사용하며, 그 구조는 윈도우즈의 메모장에서도 열어 확인해 볼 수 있으나, 산업용 3D프린터는 G코드에서 탈피해 자사 3D프린터에 특화된 전용 파일을 사용하고 있으며 구조는 공개하지 않고 있음

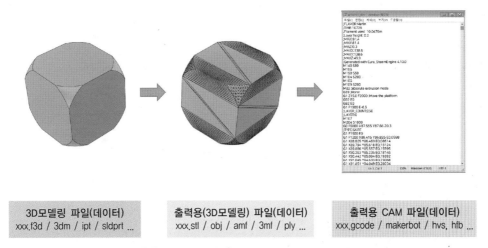

3D모델링 파일(데이터)	출력용(3D모델링) 파일(데이터)	출력용 CAM 파일(데이터)
xxx.f3d / 3dm / ipt / sldprt …	xxx.stl / obj / amf / 3mf / ply …	xxx.gcode / makerbot / hvs, hfb …

그림 3D모델링에서 3D프린터까지 파일의 변환 과정

2. 출력용 데이터 파일의 종류와 특징

> 3D프린팅을 위한 출력용 파일의 종류는 거의 30여 가지가 넘는다. 그 많은 파일들을 모두 알 필요는 없기 때문에 3D프린팅에서 많이 쓰는 파일 형식 위주로 살펴보겠다.

(1) STL(STereoLithography) 파일

1) STL의 정의

① 세계 최초의 3D프린터를 만든 미국의 3D 시스템즈(3D SYSTEMS)에서 알버트 컨설팅 그룹(Albert Consulting Group)에 의뢰해 만든 파일 형식

② 3D프린터의 원조가 사용했던 파일 형식이므로 초기 3D프린팅 시스템 제작 판매사들이 거의 표준 파일 포맷처럼 사용해오고 있음

③ 3D데이터의 면을 삼각형 메시로 최대한 비슷하게 만들기 때문에 곡면 처리에 어려움이 있고, 오류가 발생할 가능성 또한 높음

2) STL 포맷의 개념

① 삼각형(폴리곤) 메시로 구성된 포맷

- 곡면 표현에 많은 문제점이 있음에도 불구하고 단순함, 호환성 때문에 많이 사용됨
- CAD에서 만든 3D데이터 파일은 곡면에서도 그 형태를 유지하고 있는 것에 비해 STL 파일은 삼각형 메시의 조합으로 만들어져 있어 3D데이터 파일의 형태를 그대로 표현하는 것에 한계가 있음
- 삼각형을 여러 개로 쪼개어 최대한 원 형태와 유사하게 만들기 때문에 오차 없이 나타내는 것이 불가능하고, 이 과정에서 형태의 변화 또는 오류의 가능성이 커짐

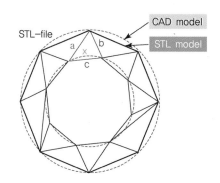

② 오른손 법칙
- STL 포맷은 삼각형의 세 꼭짓점이 나열된 순서에 따른 오른손 법칙(Righthand rule)을 사용함
- Normal Vector를 축으로 반시계 방향으로 꼭짓점이 입력되어야 하고, 각 꼭짓점은 인접한 모든 삼각형의 꼭짓점이어야 함

TIP	Normal Vector(법선 벡터)
법선(지정한 표면에 수직선) + 벡터(방향을 지닌 선) = 지정한 표면에서 수직 방향으로 나가는 선	

- STL 파일은 법선 벡터를 축으로 반시계 방향으로 삼각형의 세 꼭짓점이 배치되어야 함
- STL 파일의 닫힌 표면에서 법선 벡터는 안쪽을 가리키는 법선과 바깥쪽을 가리키는 법선으로 구별됨
  예 만약 구 형태의 STL 파일에서 거의 모든 법선 벡터가 바깥쪽을 가리키고 있는데 일부가 안쪽을 가리키고 있다면 에러가 발생하며, 이러한 현상을 "면이 뒤집혔다"라고 표현함 → 3D프린팅 출력이 가능하기 위해서는 모든 면이 동일한 방향으로 배치되어야 함

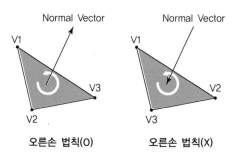

③ 꼭짓점 법칙(꼭짓점 반복 법칙)
- 각 꼭짓점(Vertex)은 인접한 모든 삼각형의 꼭짓점이어야 함
- 삼각형의 한 모서리는 서로 다른 삼각형과 연결될 때 반드시 두 개의 꼭짓점(Vertex)을 공유해야 함
- 꼭짓점이 꼭짓점과 만나지 않고 모서리와 만나게 된다면, 이 STL 파일에서는 에러가 발생함

꼭짓점 법칙(O)　　　　　꼭짓점 법칙(X)

3) STL 포맷의 특징

① STL 포맷은 삼각형들을 잘게 쪼개서 근사값으로 표현하는 유한요소법을 사용함

② CAD에서 만든 3D데이터 파일을 삼각형으로 분할한 후 각각의 삼각형으로 출력하기 쉽게 STL 파일로 만들기 때문에 특별한 해석 없이 사용 가능

③ 예를 들어 정사면체에서는 삼각형 면이 4개(각각의 꼭짓점과 모서리는 12개)로 구성되어 있으나, 완성된 정사면체에서는 삼각형 4개, 꼭짓점 4개, 모서리 6개로 구성되어 있음

- 삼각형의 꼭짓점과 모서리는 중복 부분이 있다는 뜻으로, 동일한 꼭짓점이 반복되기 때문에 파일의 크기가 매우 커지며 전송 시간도 길어지게 됨
- 삼각형과 삼각형 사이의 구멍, 면들의 연결 상태 등의 관계에 대한 정보가 없기 때문에 특정 모양의 정보처리가 매우 느리고 비효율적
- 아래 그림의 공식에 따른 개수가 맞아야 정상적인 파일이며, 만약 개수가 틀리면 오류가 발생하기 때문에 3D프린터 출력은 불가함

④ STL 포맷은 색상 정보, 재질 정보가 없기 때문에 컬러프린팅이나 다양한 소재를 활용하는 3D프린터가 나왔을 때 활용성이 떨어짐

⑤ 대체 형식의 파일들이 나오고 있으나 3D프린팅의 양대 축을 형성하는 3D프린터 하드웨어 업체와 3D프린팅 소프트웨어 업체들에 적용되고 있지 못함

⑥ 단점이 많지만 단순함과 호환성의 강점 때문에 많이 사용되고 있음

꼭짓점 수=(총 삼각형의 수 / 2)+2
　　　　　=(4 / 2)+2=4
모서리 수=(꼭짓점 수 × 3)−6
　　　　　=(4 × 3)−6=6

그림 STL 포맷의 꼭짓점 수와 모서리 수를 구하는 방법

4) STL 포맷의 형식

① 바이너리(Binary) 코드 형식
  - '이진 코드'라고도 부름
  - 텍스트, 컴퓨터 프로세스 명령 등을 이진 숫자 체계의 0과 1을 이용해 표현하는 형식
    예 'a'는 '01100001'로 저장하는 방식으로, 컴퓨터에 '01100001'이라는 명령을 보내면 컴퓨터는 'a'라고 식별하는 것
  - STL 파일에서는 용량이 작고, 데이터 처리에 효율적인 정보를 담고 있음

② 아스키(ASCII) 코드 형식
  - 아스키(ASCII, American Standard Code for Information Interchange) 코드는 모든 컴퓨터에 적용될 수 있는 문자를 나타내는 특정번호의 표준코드표
  - 컴퓨터에서 문자를 읽고 쓰기 위한 표준 방식으로 자주 사용하는 영문자, 문장기호, 특수문자를 포함한 128개의 부호를 미리 특정번호에 할당해 두었음
  - 문자열을 사용해 형상을 표현하므로 'a'는 '97'로 저장함
  - 아래 그림과 같이 아스키 코드는 사람이 이해할 수 있는 좌표정보를 가지고 있음

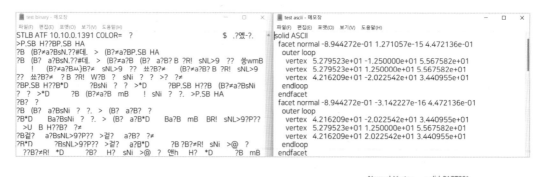

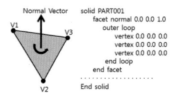

(2) OBJ(Wavefront OBJ format)

① 1990년대에 3D 애니메이션 프로그램인 'Advanced Visualizer'를 위해 Wavefront Technologies가 개발함

② 3D모델 데이터의 한 형식으로 기하학적 정점, 텍스처(질감, 재질) 좌표, 정점 법선과 다각형 면들을 포함하고 있음

③ 거의 모든 3D 프로그램에서 가져오기, 내보내기가 가능하기 때문에 3D 모델의 공유에 많이 사용함

④ 애니메이션은 프레임마다 하나의 파일이 필요하므로 많은 용량이 요구되어 import, export 시 시간이 오래 걸리는 단점이 있으나, 3D프린팅에는 보통 단일 파일을 사용하기 때문에 문제 없음

(3) PLY(Polygon File Format or Stanford Triangle Format)

① 포맷 디자인은 OBJ 형식에서 영감을 받았으나, OBJ 형식은 자의적인 특성, 그룹화에 대한 확장성이 부족하기 때문에 파일 속성, 구성요소(꼭짓점, 면 등), 기타 그룹의 개념을 일반화하기 위해 고안되었음

② 1990년대 중반 스탠포드 그래픽 연구소의 Greg Turk에 의해 개발되어 'Stanford Triangle Format'이라고도 불림

③ 삼각형 또는 다각형 파일 형식으로 주로 3D스캐너의 스캔 데이터를 저장하기 위해 설계됨

④ 표면의 법선 색상, 투명도 좌표, 데이터를 포함함

⑤ PLY 포맷은 STL 포맷과 비슷하게 ASCII 형식과 binary 형식이 있음

(4) AMF(Additive Manufacturing File)

① 2011년 5월 개발되었으며 XML(eXtensible Markup Language)을 기반으로 하여 STL의 단점을 일부 보완한 파일 포맷

TIP	XML(eXtensible Markup Language)
확장성 생성 언어, 인터넷 웹페이지를 만드는 HTML을 획기적으로 개선하여 만든 언어	

- HTML, XML 문서에는 태그(토큰)로 둘러싸인 데이터가 포함되어 있음
- HTML에서 태그는 데이터의 모양, 느낌을 정의하지만, XML에서는 데이터의 구조, 의미(데이터)를 정의함

② STL과 달리 색상, 질감 표현이 가능하고 표면 윤곽이 반영된 면을 포함해 곡면 표현이 우수하며 STL과 비교해 용량이 매우 작음

③ ASTM에서 ASTM F2915−12로 표준 승인되었지만 아직 많은 CAD 시스템에서 지원하지 않아 널리 사용되지 않고 있음

(5) 3MF(3D Manufacturing Format)

① 색상, 재질 등의 정보가 결여되어 있으며 용량이 크고 전송 속도가 느린 STL 포맷의 단점 해소를 위한 포맷

② 2015년 3월 마이크로소프트 주도로 STL을 대체하기 위해 만든 포맷

- 3D프린팅의 표준 포맷으로 만들기 위해 거대 3D프린팅 기업들, CAD 프로그램 기업들이 참가함
- Stratasys, 3D SYSTEMS, HP, Ultimaker 등의 하드웨어 기업들과 AUTODESK, DASSAUL SYSTEMES, Materialise 등의 소프트웨어 기업들이 공동 개발함

그림 출력용 데이터 파일의 개발 순서

01

3D모델을 2차원 유한 요소인 삼각형들로 분할한 후 삼각형의 데이터를 기준으로 근사시키면 STL 파일을 쉽게 생성할 수 있다. 이때 생성되는 모서리의 수를 구하는 공식은?

① 모서리 수 = (꼭짓점 수 × 2) − 6
② 모서리 수 = (꼭짓점 수 × 3) − 6
③ 모서리 수 = (꼭짓점 수 × 2) − 4
④ 모서리 수 = (꼭짓점 수 × 3) − 4

해설
메시 파일의 꼭짓점, 모서리, 폴리곤 개수 구하는 공식
• 꼭짓점 수 = (총 삼각형의 수 / 2) + 2
• 모서리 수 = (꼭짓점 수 × 3) − 6
• 폴리곤 수 = (꼭짓점 수 − 2) × 2

정답 ②

02

AMF 포맷에 대한 설명으로 옳지 <u>않은</u> 것은?

① 같은 모델일 때 STL에 비해 용량이 매우 크다.
② STL 포맷의 단점을 보완하여 STL에 비해 곡면을 잘 표현한다.
③ 메시마다 각각의 색상 지정이 가능하다.
④ Additive Manufacturing File의 약자이다.

해설
AMF
• STL과 비교해 용량이 매우 작다.
• XML에 기반해 STL의 단점을 보완한 파일 포맷이다.
• STL과 달리 색상, 질감 표현이 가능하고 표면 윤곽이 반영된 면을 포함해 곡면 표현이 우수하다.
• ASTM에서 ASTM F2915−12로 표준 승인되었지만 아직 많은 CAD 시스템에서 지원하지 않아 널리 사용되지는 않는다.

정답 ①

03

다음 중 3D프린터의 출력용 파일 포맷이 <u>아닌</u> 것은?

① JPG   ② OBJ
③ AMF   ④ STL

해설
JPG는 그림 파일 형식이다.

정답 ①

04

STL(STereoLithography) 파일 형식에 대한 설명으로 옳지 <u>않은</u> 것은?

① 3D SYSTEMS사가 알버트 컨설팅 그룹에 의뢰해 쉽게 사용할 수 있게 만들어졌다.
② 모든 CAD 시스템으로부터 쉽게 생성되도록 매우 단순하게 설계되었다.
③ 3D프린팅 시스템 제작 판매사들에 인정되어 3D프린팅의 표준 입력 파일로 사용되고 있다.
④ STL 포맷은 삼각형의 세 꼭짓점이 오른쪽으로 나열되어 있어야 한다.

해설
STL 파일의 오른손 법칙에 따르면 삼각형의 세 꼭짓점은 왼쪽(반시계 방향)으로 나열되어 있어야 한다. 이 법칙이 깨지면 소위 앞면과 뒷면이 뒤집히는 오류가 발생한다.

정답 ④

02 | 출력용 데이터 파일의 오류와 문제점 리스트

대표유형

출력용 파일의 오류 종류 중 실제 존재할 수 없는 구조로 3D프린팅, 부울 작업, 유체 분석 등에 오류가 생길 수 있는 것은?

① 반전 면
② 오픈 메쉬
③ 클로즈 메쉬
④ 비(非)매니폴드 형상

해설

보기 ①, ②, ④ 모두 출력용 파일의 오류에 속하지만, '실제 존재할 수 없는 구조'라는 키워드에 따르면 비 매니폴드 형상을 뜻하는 것이다.

 정답 ④

3D프린팅을 하기 위해서는 출력할 재료가 필요하며, 이를 제공해 주는 방법 중 정설계에 해당하는 3D모델링 소프트웨어의 존재는 매우 중요하다. 하지만 3D모델링 소프트웨어에서 만든 소위 CAD 파일은 출력을 위해서는 출력용 데이디, 즉 STL 파일과 같은 형식으로 변환시켜야 한다. 이때 여러 가지 문제가 발생할 수 있는데 이 출력용 데이터의 오류에 대해 어떤 종류가 있는지 알아보겠다. 또한 출력용 데이터의 오류를 수정했지만 출력 과정에서 또 다른 문제점이 생길 수 있는데, 이를 정리해 놓은 것이 문제점 리스트이다. 따라서 정상적인 출력에 이르기 위해서는 이런 문제를 잘 알고 대처할 수 있어야 한다.

1. 출력용 데이터 파일의 오류 종류

(1) 닫힌(클로즈드, closed) 메시와 열린(오픈, open) 메시

1) 닫힌 메시

① 폴리곤 파일, 즉 메시 파일은 삼각형들의 가장자리가 모두 연결되어 있어 물을 채워도 새지 않는 형상이어야 하며 이를 'Watertight Mesh'라고 함
② 이것을 '닫힌 메시'라고 말하며, 출력 가능한 파일은 이런 형태를 갖추어야 함

2) 열린 메시

① CAD 파일(3D모델링 파일)에서 메시 파일로 바뀌는 과정에서 오류가 발생하거나 부울 연산을 통해 합집합, 차집합, 교집합을 하는 동안 폴리곤들의 연결이 떨어질 수 있음

② 이것을 '열린 메시'라고 말하며, 열린 메시는 당연히 출력이 불가능함

3) 예시를 통한 비교

① 아래 그림에서는 왼쪽 토끼가 열린 메시, 오른쪽 토끼가 닫힌 메시

② 두 파일을 슬라이싱 소프트웨어에서 불러올 경우, 오른쪽에 비해 왼쪽 토끼는 모델 에러가 발생했다는 경고가 뜨면서 모델을 수정해서 다시 슬라이싱을 하라는 주의사항이 발생함

③ 슬라이싱 소프트웨어에서도 일부 오류를 수정하는 기능도 있기 때문에 G코드 파일로 만들어주기도 하지만, 출력 시 오류가 날 수도 있음

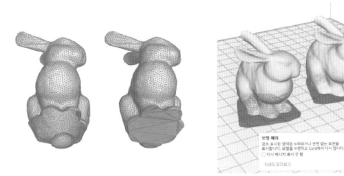

(2) 비 매니폴드 형상

1) 비 매니폴드의 이해

① 매니폴드: 하나에서 분리된 덩어리가 단일 논리 몸체에 존재하도록 허용하는 것을 의미하는 기하학적 위상 용어(↔ 비 매니폴드)

② 매니폴드는 제조가 가능하지만, 비 매니폴드 형상은 3D프린팅, 부울 연산(Boolean operations, 합집합, 차집합, 교집합), 유체 분석 등에 오류가 생길 수 있는 형상

→ 비 매니폴드 형상은 실제로 존재할 수 없는 구조이며 제조가 불가능함

2) 비 매니폴드의 대표적인 형상

① 모든 폴리곤 파일의 한 모서리는 두 개의 면을 연결하는 것이 원칙이지만, 그림 Ⓐ는 한 모서리에 세 개의 면이 연결되어 있으므로 제조가 불가능한 형상

② 폴리곤 파일의 삼각형들은 두 개의 꼭짓점을 공유하면서 연결되어야 하지만, 그림 Ⓑ는 하나의 꼭짓점만 공유하기 때문에 제조가 불가능한 형상

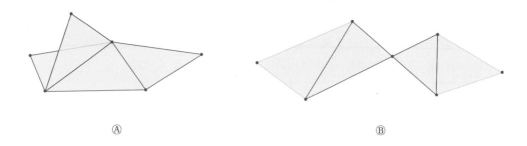

Ⓐ   Ⓑ

(3) 메시가 떨어져 있는 경우

메시가 연결되지 않고 떨어져 있다는 것은 곧 열린 메시를 뜻하며, 수정하지 않으면 출력이 불가능함

(4) 반전 면

① 폴리곤 파일의 표면에 있는 삼각형들의 꼭짓점은 순서가 있고, 반시계 방향으로 생성되었을 때, 법선
이 바깥쪽을 향하게 됨(오른손 법칙)
② 파일 생성 과정에서의 오류로 삼각형의 꼭짓점이 시계 방향으로 배열되어 있다면 법선의 방향이 반대
로 되어 '뒤집어져 있는 면'이 생성됨
③ 아래 오른쪽 그림에서의 반전 면을 3D프린터에서는 구멍으로 인식하며 '열린 메시'이기 때문에 출력이
불가능해짐

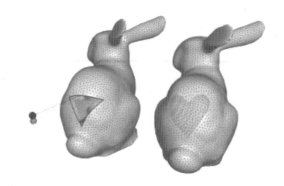

(5) 오류를 수정하지 않고 출력할 경우

① 오류가 발생했음에도 강제로 슬라이싱하여 출력한다면 원하는 결과를 만들어내기 어려움
② 오류를 수정하지 않으면 아래 그림과 같이 속이 비어 있어야 하는 출력물이 속이 차 있는 상태로 완성
될 수 있음
③ 특히 무료 STL 파일 중에는 오류 파일이 종종 있기 때문에 원하지 않은 형상으로 출력된다면 반드시
오류 검출 프로그램을 활용하여 확인할 필요가 있음

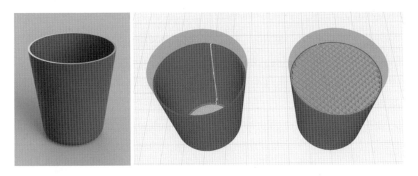

모델링 원본   정상 출력 형태   오류 수정 안 한 경우 속이 꽉 차있음

2. 오류 검출 프로그램의 종류

(1) Netfabb(Autodesk, 유료)

① STL 파일 복구를 위한 가장 잘 알려진 소프트웨어 제품 중 하나
② 항공, 우주, 중공업, 자동차, 의료 분야의 엔지니어들에게 3D프린팅으로 나온 부품의 문제를 해결 · 수정해주며 산업용 3D프린터와 호환 가능
③ 거의 모든 CAD 포맷을 import(불러오기) 할 수 있고, 다른 포맷으로 변환해 export(내보내기) 할 수 있음
④ 자동 복구 도구를 이용한 모델의 구멍, 교차점, 기타 결함 제거 가능
⑤ 수동 복구 도구, 사용자 정의 복구 스크립트를 사용해 오류를 발견하고 메시를 편집하여 원본과 비교 가능

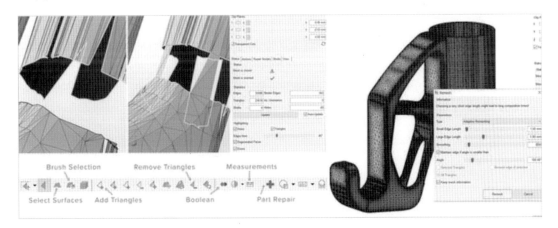

(2) Meshmixer(Autodesk, 무료, 개발중단)

① 오류를 찾아내고 복구해주는 최고의 프로그램으로 추천됨
② 3D 스캔데이터 수정, 메시 편집, 오류 발견·수정 등 대부분의 기능들을 무료로 사용 가능
③ 2009년 리안 슈미트(Ryan Schmidt)가 개발했으며, 2011년 후반 오토데스크(Autodesk)에 매각되어 계속 발전해옴
④ 기능적인 면에서는 Netfabb이 훨씬 우수하나 Meshmixer는 무료라는 강점이 있음
⑤ 2021년 9월부터 업데이트가 중지되었지만 3D프린팅 애호가들에게는 여전히 유효하게 쓰이는 프로그램

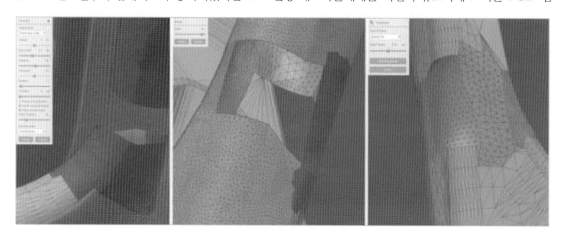

(3) MeshLab(오픈소스, 무료)

① 메시 파일의 편집, 검사, 복구, 렌더링, 텍스처링 등에 대한 세부적이 자동·수동 복구 도구 제공
② 현재까지도 지속적으로 업데이트되고 있는 오픈소스 솔루션
③ 3D 스캔 파일, 3D 소프트웨어에서 생성된 메시 파일의 처리에 적합함
④ 사용자 인터페이스가 복잡하며 프로그램 활용을 위해서는 상당한 사전지식이 필요하기 때문에 초보자들의 접근성이 떨어짐
⑤ 사용성이 편리한 인터페이스로 발전 시 지원이 중단된 Meshmixer에 대한 최적의 대체품으로 검토해 볼 필요가 있음

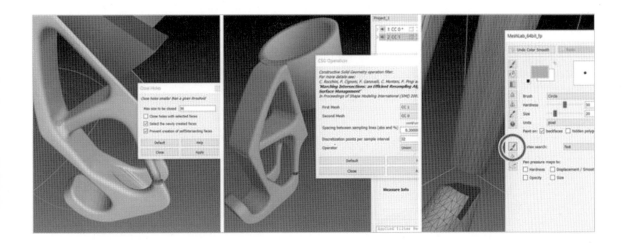

3. 오류 해결 방법

앞서 오류의 종류와 이를 해결할 수 있는 소프트웨어에 대해 알아보았다. 좀 더 구체적인 방법을 보기 위해 Meshmixer 프로그램에서 어떤 기능으로 어떻게 수리를 하는지 확인해 보자. 메시믹서는 Autodesk에서 무료로 제공하는 오류 수정 소프트웨어로, 이름 그대로 메시를 믹서해준다. 즉 메시 편집, 메시 오류의 발견·수정, 메시 스컬핑(조형 기능) 등 3가지 메인 기능을 가지고 있다. 2021년 9월 지원이 중단되고 주요 기능을 같은 회사의 3D 모델링 소프트웨어인 Fusion 360에 이식 중이지만, 아직은 단독으로 사용해도 충분할 만큼 많은 기능으로 출력용 데이터 파일을 관리할 수 있다.

(1) Meshmixer의 자동 수정 기능

1) Inspector 기능

① 문제 해결을 위해서는 메시믹서의 Analysis(분석 도구) 도구 하위 메뉴의 Inspector(조사관, 감독관) 기능을 통한 메시 파일에 대한 분석이 필요함

② 메시믹서는 'Erase & Fill'이라는 부분 편집메뉴의 수행을 통해 아래 그림과 같이 3가지 문제점을 찾아내고, 프로그램에서 자동으로 해결 가능함

- 왼쪽 오류: 찢어지거나 구멍난 오류
- 가운데 오류: 비 매니폴드 형상
- 오른쪽 오류: 아주 작게 겹쳐있거나 떨어져 있는 메시

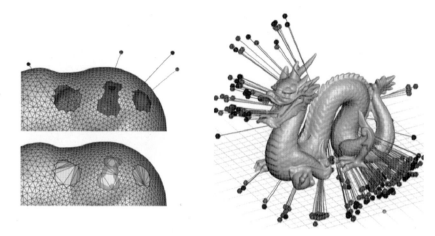

③ 반전면과 같은 경우는 자동 수정 기능이 없어 아래의 Make Solid 기능을 추천

2) Make Solid 기능

① Edit(편집 도구)의 하위 메뉴로, 메시믹서에서 가장 강력한 오류 자동 수정 기능
② Inspector 기능에서 해결하지 못했던 반전면까지 수정 가능
③ Make Solid는 '솔리드로 만들기'라는 의미
- 여기서 Solid(덩어리)는 속이 꽉 찬 형상을 의미하는 것은 아님
- 메시믹서라는 프로그램 자체가 메시를 취급하기 때문에 CAD 툴에서의 솔리드와는 다른 의미로 쓰임
- '물 샐 틈 없는'이라는 의미로, 모든 구멍을 막아 물을 넣어도 새지 않는 상태의 파일을 말함
- 비슷한 예로 3D 스캐닝 작업 시 'Solidify(고형화)'라는 기능과 같은 역할을 함
④ 아래 그림처럼 Inspector로 자동 수정을 했을 때 형상이 무너지는 경우도 종종 발생하기 때문에 Make Solid 기능을 반드시 알아두어야 함
⑤ Make Solid는 형상의 메시를 재분배함으로써 문제 해결에 여러 옵션들이 존재함
- 아래 그림을 보면 Make Solid 기능 실행 후 메시의 수가 줄고 파일의 정교함이 떨어질 수 있는데, 이때 서브메뉴 중 Solid Accuracy와 Mesh Density의 설정값을 최대로 줌으로써 문제를 해결할 수 있음
- 최종 결과물의 메시가 너무 많아 메시믹서에서의 계속된 편집이 어려울 수도 있으나 출력용 데이터 파일로 변환하는 것은 전혀 문제가 되지 않으며, 오히려 많은 수의 메시는 곡면을 좀 더 부드럽게 처리할 수 있는 방법일 수 있음

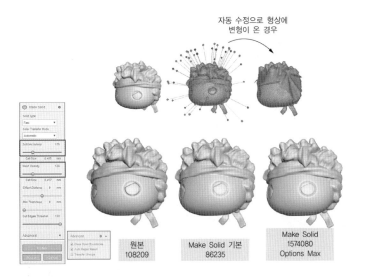

자동 수정으로 형상에
변형이 온 경우

| 원본
108209 | Make Solid 기본
86235 | Make Solid
1574080
Options Max |

(2) Meshmixer의 수동 수정 기능

메시믹서는 많은 수동 수정 기능을 가지고 있으며, 수동 수정의 특성상 전체 편집보다는 부분 편집이 중요하기 때문에 Select(부분 편집) 기능을 위주로 살펴봄

1) Erase & Fill

① 해당 선택 부분을 지우면 구멍이 생겨 오류가 발생하기 때문에 구멍난 부분을 자동으로 메꾸어주는 기능

② 구멍난 부분의 외곽 메시를 최소한으로 선택하고 그 부분을 지우고 더 커진 구멍을 채우면서 해결

③ 자동 수정 기능인 Inspector 기능은 Erase & Fill 기능을 메시믹서 소프트웨어에서 자동으로 실행하는 것

④ 부분 수정 기능 중 가장 많이 활용되는 기능이기 때문에 다음의 그림을 참고하여 반드시 숙지 후 활용하도록 함

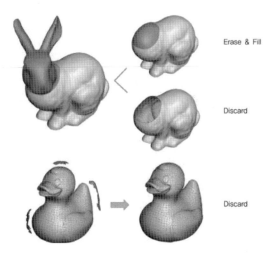

Erase & Fill

Discard

Discard

2) Discard

① '버리다, 폐기하다'라는 뜻으로 선택 부분을 지우는 기능으로, 컴퓨터 키보드의 Delete키를 활용하는 것과 같음

② 이 기능을 모델 내부에서 실행하게 되면 오류를 만드는 것과 같은 효과가 있기 때문에 Erase & Fill 기능으로 대체하는 것이 좋음

③ 위의 그림과 같이 모델 외부에 불필요한 형상이 있을 경우, 이를 선택해 지우는 용도로 사용하면 됨

3) Bridge

① 떨어져 있는 두 면을 '다리'처럼 연결해 주는 기능
② 아래 그림의 Ⓐ처럼 구멍의 일부분을 선택한 후 서로 연결하는 기능이지만, Ⓑ처럼 전체를 선택하면 에러가 나기 때문에 나머지 부분은 Erase & Fill 기능을 이용하여 메꿔주는 방식을 사용함

• Erase & Fill을 사용하지 않고 Bridge 기능을 사용하는 경우는 굴곡이 많은 면에서 구멍이 났을 경우, Erase & Fill은 평탄화하면서 채우기 때문에 굴곡이 사라져버림
• 이때 굴곡진 부분의 일부를 Bridge로 연결한 후 Erase & Fill로 마무리하면 굴곡진 부분을 살릴 수 있음

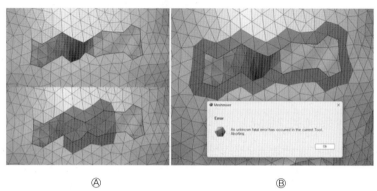

Ⓐ   Ⓑ

4) Join

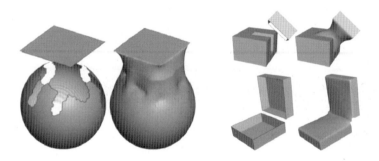

① 합치기 기능은 Fusion 360의 Loft 기능과 유사함
② 위의 그림처럼 완전히 분리된 두 면의 모서리를 연결할 때 사용함

• 분리된 두 면을 선택할 때 모델이 2개이면 실행이 불가능하며, 단독 모델에서 두 면이 분리되었을 때 사용할 수 있음
• 2개의 모델을 Join을 통해 연결하려면 먼저 2개의 모델을 하나의 모델로 만들어주어야 함

③ 다음 그림의 Ⓐ처럼 모델이 2개 이상일 때, Join을 하기 위한 선택은 모델 하나밖에 안 됨

• 따라서 Ⓑ처럼 Shift키를 이용해 2개의 모델을 전부 선택 후 Combine 명령으로 하나의 모델로 만듦
• Ⓒ, Ⓓ처럼 Join 명령으로 연결을 성공시킴

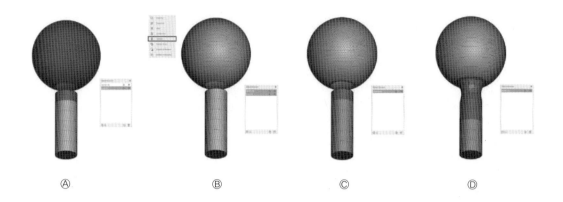

Ⓐ   Ⓑ   Ⓒ   Ⓓ

5) Weld Boundaries

① '경계선 용접'이라는 뜻으로, 아래 그림과 같이 Bridge 기능과 유사하게 가까이에 있는 메시들을 용접하듯이 붙이는 기능

② Bridge 기능과 Weld Boundaries 기능의 차이
- Bridge: 떨어져 있는 두 면을 연결할 때 새로운 메시를 생성하면서 붙임
- Weld Boundaries: 서로 붙어있는 것처럼 보이지만 균열이 있는 경우, 이것을 용접하듯이 연결하는 기능

③ 용도에 따라 Bridge와 Weld Boundaries 중 적절한 기능을 사용해야 함

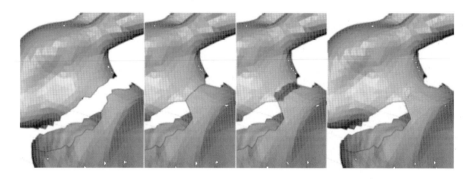

6) Flip Normals

① 'normal'은 법선을 뜻하며, 메시 삼각형 표면에서 직각으로 나가는 가상의 선을 말함

② 법선의 방향에 따라 메시면의 안쪽과 바깥쪽이 결정되기 때문에 완전한 형태의 메시 파일은 법선이 모두 바깥쪽으로 향해 있어야 함
- 만약 일부라도 법선이 안쪽을 가리키는 선이 있다면, '면이 뒤집힌' 상황이 됨
- 해결하기 위해 뒤집힌 면을 선택하여 아래 그림과 같이 'Flip(뒤집다)'하는 것

③ '면이 뒤집힌다'는 것은 일반적으로 메시를 아주 강하게 변형하고자 할 때 발생하는 것으로, 뒤집힌 면을 선택하는 것이 무척 어렵기 때문에 사용할 일이 거의 없음

④ 선택이 어려우니 Flip Normals 기능을 사용하는 것 자체가 까다롭고 실전에서 사용하기 힘듦

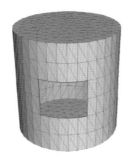
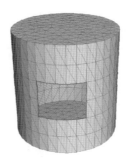

4. 문제점 리스트 작성

- 출력용 파일의 오류를 알아보고 이를 해결할 수 있는 방법에 대해서도 확인해 보았다. 오류 수정으로 완전한 상태의 출력용 파일을 만들었지만, 출력과정에서 여러 가지 요소로 인해 출력이 어려운 문제가 발생한다.
- 따라서 문제점 리스트는 파일의 오류뿐만 아니라 문제의 소지가 되는 요소들을 검토해 문제가 될 만한 사항들을 정리한 것이다. 그럼 파일의 오류 이외에도 어떤 요소들이 문제점 리스트에 들어가는지 확인해 보자.

(1) 문제점 리스트 작성 요소

1) 크기

① 출력물의 크기가 3D프린터의 가능 출력 범위를 벗어나면 출력이 불가능함
② 아래 그림의 오른쪽 출력물은 슬라이서 소프트웨어에서 불러왔을 때 출력 범위를 벗어나면 벌어지는 현상으로, 주로 회색으로 표기되나 슬라이서별로 색상이 상이함

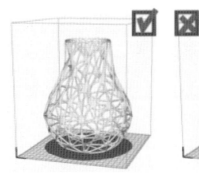
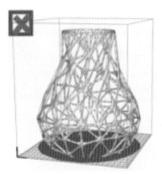

③ 해결 방법

- 출력물의 크기를 줄여서 출력함
- 크기를 줄여서는 안 되는 출력물일 경우, 잘라서 출력한 후 붙여서 사용함

> **TIP**
>
> - 잘라서 출력한 후 붙여서 사용하는 방법을 '분할 출력'이라고 함
> - 크기 이외에도 지지대가 너무 많이 생성되는 경우를 해결하기 위해 사용하기도 함

2) 서포트(Support, 지지대, 출력보조물)

① 오버행(Overhang: 돌출부, 출력물이 공중에 형성되어 매달려 있는 형상)이 발생하는 모델은 서포트가 반드시 필요함

② 모델의 방향에 따라 서포트의 양이 달라지기 때문에 조절이 필요함

3) 공차

① 부품들을 모델링하고 조립을 할 경우 부품 사이에 공차(公差, tolerance, 정해진 규격과 실제의 것과의 차이를 법률에서 허용하는 범위, 허용 오차)가 필요함

② 공차가 필요한 이유는 출력 과정에서 재료의 팽창·수축으로 인한 치수 변화에 대처할 필요가 있기 때문

③ 3D프린터로 출력하기 어려운 너무 적은 공차는 출력 시 붙어버리기 때문에 출력 후 분리되지 않음

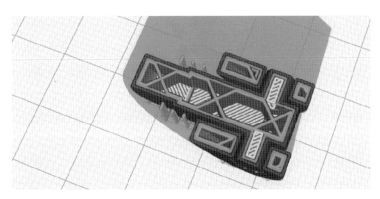

4) 채우기

① 출력물의 필요 강도에 따라 내부 채움의 정도를 결정함

② 내부 채움은 0~100%까지 범위가 매우 넓고, 출력시간과도 밀접한 관계를 가지기 때문에 신중하게 결정할 필요가 있음

③ 채우기는 출력물 내부에 존재하는 것이므로 경우에 따라서는 서포트의 역할도 병행하고 있음

(2) 문제점 리스트 만들기

문제점 리스트는 최종 출력용 데이터 파일의 완성을 목적으로 아래의 표처럼 작성함

문제점 리스트				
오류	오류 여부		O	X
			V	
	오류 종류	구멍		5개
		비 매니폴드 형상		7개
		단절된 매쉬		30개
	수정		O	X
확인사항	크기(%)			3500%
	공차 부위(mm)	구멍		mm
		연결부		mm
		핀		mm
	서포트	회전축		축
		방향		쪽
		각도		°
		바닥과 닿는 면		머리 윗면
	채우기(%)			25%

① 오류 검출 소프트웨어를 활용해 출력용 파일의 오류를 확인하고 수정 유무를 체크함

② 수정이 되었으면 위의 확인사항을 체크하고, 수정이 되지 않고 해결 방법이 없다면 모델링 소프트웨어로 다시 돌아가 CAD 데이터를 수정함(문제점 리스트 작성을 위한 알고리즘 참고)

※ 오류가 불명확한 상태에서 크기, 서포트, 공차, 채우기 등의 확인사항을 먼저 설정했다가 나중에 오류가 나는 경우 오류를 제거하고 다시 설정해야 하기 때문

③ 오류가 있는지 없는지를 먼저 확인한 후 크기, 공차, 서포트, 채우기 순으로 설정함

(3) 문제점 리스트 작성을 위한 알고리즘

① 모델링 소프트웨어에서 출력용 데이터 파일로 변환하여 저장
② 오류 검출 소프트웨어를 활용해 파일의 오류 여부를 확인하고, 오류가 없으면 바로 최종 출력용 데이터 파일로 저장
③ 오류가 발생했다면 수정이 가능한지 여부 확인
  • 수정이 불가능하다고 판단되면 모델링 소프트웨어로 돌아가서 수정 과정을 거침
  • 수정이 가능하다고 판단되면 오류 검출 소프트웨어로 자동 오류수정 작업을 진행
④ 남아 있는 오류가 있는지 확인
  • 오류가 없으면 최종파일로 저장
  • 아직 오류가 남아 있다면 수동 오류수정 과정으로 넘어감
⑤ 수동 오류수정으로 모든 문제를 해결했다면 최종파일 저장으로 넘어가고, 아직까지 오류가 남아있다면 해결할 수 없는 문제이기 때문에 모델링 소프트웨어로 다시 보냄
⑥ 이 과정을 거쳐 최종 출력용 데이터 파일을 완성

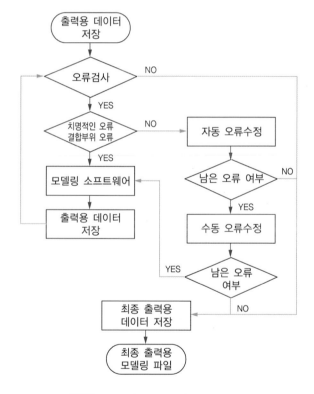

그림 문제점 리스트 작성을 위한 알고리즘

01

오픈 메시에 대한 설명으로 옳은 것은?

① 메시 사이에 한 면이 비어 있는 형상이다.
② 인접한 면이 서로 반대 방향으로 입력되는 경우이다.
③ 하나의 모서리를 3개 이상의 면이 공유하는 경우이다.
④ 모서리를 공유하지 않은 서로 다른 면에 의해 공유되는 정점이 있는 경우이다.

[해설]
출력이 가능한 메시는 모두 연결되어 있어야 한다. 오픈 메시는 한 부분이 비어 있는 형태이며, 출력이 불가능하다.
② 반전 면, ③·④ 비(非)매니폴드(형상 오류)에 대한 설명이다.

[정답] ①

02

다음 중 오류 검출 프로그램이 <u>아닌</u> 것은?

① 카티아(CATIA)
② 넷팹(Netfabb)
③ 메시믹서(Meshmixer)
④ 메시랩(MeshLab)

[해설]
CATIA
프랑스 다쏘(Dassault Aviation)에서 만든 3차원 설계 캐드 프로그램으로 제2차 세계대전 시 미라주 전투기를 개발한 것으로 유명하다.

[정답] ①

03

출력물이 다른 부품이나 다른 출력물과 결합 또는 조립을 필요로 할 때 고려해야 하는 부분으로 옳은 것은?

① 서포트
② 출력물 크기
③ 출력물 형상
④ 공차

[해설]
출력 공차의 적용
• 부품 간 조립되는 부분에 출력 공차를 부여한다.
• 부품 간 유격이 발생한 경우, 출력 공차 범위 내에 들어오는 조립 부품도 출력 공차를 적용하여 부품 파일을 수정해야 한다.
• 조립 부품은 두 모델링 지름이 작은 축과 구멍으로 조립되는 경우, 구멍을 좀 더 키워 출력한다.
• 구멍의 벽이 얇은 형태와 축의 경우는 축을 조금 줄이는 공차를 적용하는 것이 바람직하다.
• 부품 중에서 하나에만 공차를 적용하는 것이 바람직하다.

[정답] ④

04

출력용 파일의 오류와 비 매니폴드 형상에 대한 설명으로 옳지 <u>않은</u> 것은?

① 메시 사이에 한 면이 비어 있는 형상으로 변환되어 오픈 메시가 생기는 경우이다.
② 실제 존재할 수 없는 구조로 3D프린팅, 부울 작업, 유체 분석 등에 오류가 생길 수 있다.
③ 필요한 경우, 메시와 메시 사이를 떨어지게 만들어 파일 용량을 줄일 수 있다.
④ 오류를 수정하지 않고 출력할 경우 심각한 오류가 발생할 수 있고, 아주 작은 오류라도 출력물 품질이 떨어지거나 출력 시간이 더 오래 걸릴 수 있다.

해설

출력용 파일의 오류
메시가 떨어지면 오류가 발생하며 출력이 불가능해진다.

정답 ③

05

수동 오류수정에 대한 설명으로 옳지 <u>않은</u> 것은?

① 일부분의 오류로 인해 수정되지 않은 부분은 수동 오류수정 기능을 통해 대부분 수정이 가능하다.
② 결합 부분이 자동 오류수정으로 수정되지 않아 수동 오류수정으로 수정할 경우, 정확한 치수를 줄 수 없기 때문에 결합은 힘들 수 있다.
③ 모델 자체에 치명적인 오류가 있을 경우에도 수정 가능하다.
④ 결합 부분의 오류는 비슷한 모양으로는 가능할지 모르지만 결합은 힘들 수 있다.

해설

치명적인 오류는 근본적인 문제이므로 모델링 소프트웨어에서 수정해야 한다.

정답 ③

03 | 3D프린팅의 소프트웨어

3D프린터용 슬라이서 프로그램이 인식할 수 있는 파일의 종류로 올바르게 나열된 것은?

① STL, OBJ, IGES

② DWG, STL, AMF

③ STL, OBJ, AMF

④ DWG, IGES, STL

해설
- 출력용 데이터 파일의 종류: STL, OBJ, AMF, 3MF, FLY 등
- IGES: 최초의 3D호환 표준 포맷
- DWG: 2차원 또는 3차원 도면 정보를 저장하는 데 사용하는 AutoCAD 파일

정답 ③

1. 3D모델링 소프트웨어 종류

3D프린팅은 3D프린터를 활용하여 사용자가 원하는 제품을 만들어내는 것이라고 정의할 수 있다. 이를 수행하기 위해서는 하드웨어인 3D프린터는 물론이고 제품이 완성될 때까지 각 제작 단계에서 필요한 다양한 소프트웨어를 사용할 수 있어야 한다. 이번 챕터에서는 3D프린팅에 사용되는 각 단계별, 즉 3D모델링, 3D프린팅, 그리고 3D프린터 유지보수 등에 필요한 소프트웨어들은 어떤 것들이 있는지 알아보고자 한다. 각각의 소프트웨어에 대한 구체적인 내용과 사용 방법은 해당 파트에서 다시 설명할 기회가 있을 것이다.

(1) 3D모델링 소프트웨어

3D모델링은 3D프린팅을 하기 위한 재료를 만드는 과정이며, 삼차원 형태의 컴퓨터 데이터를 만들기 위해 다양한 3D 그래픽 소프트웨어가 사용됨

선호 대상	소프트웨어
초급자	TinkerCAD, BlocksCAD, SketchUp 등
중급자	Blender, Fusion 360, Onshape, FreeCAD, OpenSCAD 등
전문가	Rhino, Solid Edge, Creo, SolidWorks, AutoCAD, Inventor, Siemens NX, 3ds Max 등

(2) 출력용 데이터 확정 소프트웨어

① 각 3D모델링 소프트웨어에서 생성된 CAD 데이터와 같은 3D모델링 데이터 파일은 3D프린터에 바로
사용될 수 없기 때문에 출력용 폴리곤(메시) 데이터 파일(STL, OBJ, 3MF 파일 등)로 변환시켜 저장
해야 함

② 저장 과정에서 오류가 발생할 수 있으므로 문제의 파일을 수정·편집할 수 있는 소프트웨어(출력용 데
이터 확정 소프트웨어)를 알아두어야 함

③ 대표 소프트웨어: Meshmixer, Netfabb, MeshLab 등

그림 **출력용 데이터 확정 소프트웨어의 종류**

2. 3D프린팅 소프트웨어 종류

(1) 슬라이싱 소프트웨어

① 출력용 데이터 파일(폴리곤·메시 파일)은 3D프린팅을 위해서 만든 파일이지만, 3D프린터에서 읽어
들이지 못하기 때문에 슬라이싱 소프트웨어를 사용해 3D프린터가 읽을 수 있는 파일 형태로 다시 변
환해야 함

② 슬라이싱 소프트웨어는 슬라이싱 프로그램 또는 슬라이서라고도 불림

③ 대표 소프트웨어

• 보급형 3D프린터인 렙랩(RepRap) 3D프린터는 G코드를 생성할 수 있는 Cura, KISSlicer, Slic3r
등과 이에 파생된 전용 슬라이서 또는 공개용 슬라이서들을 주로 사용함

• 메이커 위주의 3D프린터들은 각자의 제품에 최적화된 전용 슬라이서를 사용하지만, 대부분 Cura를
베이스로 하고 있으므로 Cura를 사용해봤다면 적응하기 어렵지 않음

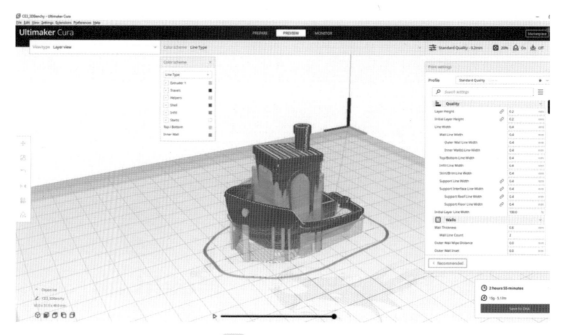

그림 Ultimaker Cura slicer

(2) 3D프린터 캘리브레이션(Calibration) 소프트웨어

> G코드로 변환된 파일을 3D프린터에 연결하면 비로소 출력준비가 완료된 것이다. 완성된 G코드 파일을 새로 조립한 3D프린터에 전달한 뒤 출력이 정상적으로 완성될 확률이 얼마나 될까? 아쉽게도 거의 0%에 수렴할 것이라고 생각한다. 이것은 보급형 3D프린터의 구조적인 문제 때문에 발생하는 것이다. 흔히 '베드레벨링'이라고 불리는 작업으로, 압출기와 플랫폼(베드)은 정확한 수평과 거리가 유지되어야 하지만 첫 조립 후 맞추기는 쉽지 않다. 최근에는 오토 베드레벨링 기능을 탑재한 제품들이 나오고는 있으나 한계는 있다. 더불어 하드웨어적인 문제가 아닌 소프트웨어적인 오류, 주위 온도 등 환경적인 요인도 있다. 이 모든 것을 해결하여 정상적인 3D프린팅을 할 수 있게 하는 활동 또는 작업들을 통칭해서 '3D프린터의 캘리브레이션(Calibration)'이라고 한다.

1) 호스트 소프트웨어(Host Software)

① 하드웨어적 문제 해결을 위해 정밀한 조정이 필요할 수도 있으며, 이때 원활한 진행을 위해 3D프린터를 컴퓨터에서 정밀하게 제어 가능한 호스트 소프트웨어(Host Software)가 필요함

② 보통 USB 케이블을 이용해 컴퓨터와 3D프린터를 연결하고 포트, 속도를 맞추면 컴퓨터에서 3D프린터를 직접 정밀하고 편하게 제어·수정 가능

③ **대표 소프트웨어**: Repetier, Pronterface, OctoPrint 등

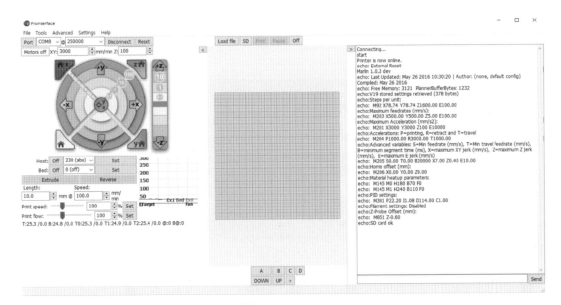

그림 pronterface 화면

2) 펌웨어(Firmware)

① 펌웨어의 사용 목적

- 펌웨어는 소프트웨어와 하드웨어의 간극을 메워주는 프로그램으로 소프트웨어의 입력을 하드웨어가 이해할 수 있는 출력으로 변환시켜주는 역할을 함
- 하드웨어의 개발 속도가 소프트웨어를 따라오지 못하기 때문에 새로운 하드웨어를 만드는 시간과 비용의 낭비를 막기 위해 하드웨어 내부에 제어 부분을 담당할 공간을 만들고, 그곳에 논리회로의 기능을 보강·대신하기 위해 넣은 프로그램이 펌웨어
- 하드웨어 장치에 포함된 소프트웨어로, 펌웨어가 달라지면 기능, 성능이 달라질 수 있음
- 일상생활에서의 펌웨어: PC의 바이오스, 스마트폰, 네비게이션, 디지털 TV, 디지털 카메라의 프로그램, 전기밥솥, 냉장고 등

② 3D프린터의 펌웨어

- PC의 메인보드 역할을 하는 MCU(microcontroller unit: CPU 코어, 메모리, 입·출력 등의 구성 요소를 모두 가짐)라는 마이크로프로세서의 내부 메모리에 펌웨어가 심어져 있음
- 3D프린터의 모든 동작과 제어를 담당하며, 특히 G코드를 읽어서 3D프린터의 부품에 전기신호를 보내 정확한 동작을 할 수 있도록 컨트롤함
- 펌웨어 설정의 일부는 EEPROM에도 저장되어 있으며, 호스트 소프트웨어 또는 3D프린터의 LCD 패널에서 설정·변경 가능
- 펌웨어는 3D프린터 하드웨어의 깊이 있는 이해를 위해 반드시 알아야 하는 소프트웨어이자 하드웨어
- 대표 펌웨어: RepRap, Marlin, Repetier, Klipper 등

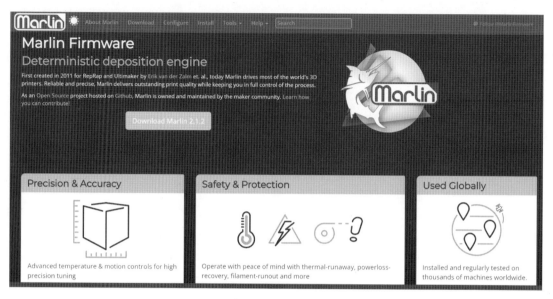

그림 Marlin Firmware

01

다음 중 슬라이싱 소프트웨어가 <u>아닌</u> 것은?

① Cura
② Fusion 360
③ 3DWOX Desktop
④ Makerbot Print

해설

Fusion 360은 3D모델링 소프트웨어이다.

정답 ②

02

네델란드 Ultimaker사에서 만든 G코드 변환 프로그램으로, RepRap 3D프린터에서 가장 널리 사용되는 슬라이싱 프로그램의 이름은?

① Cura
② Cubicreator
③ Makerbot Print
④ Simplify3D

해설

렙랩(RepRap) 3D프린터 = 저가형 = 보급형 = 데스크탑
Cura는 Ultimaker 3D프린터의 전용 슬라이서이지만 오픈소스로 풀려있기 때문에 범용적으로 사용된다.

정답 ①

03

다음 중 RepRap 3D프린터에서 주로 사용하는 펌웨어가 <u>아닌</u> 것은?

① Pronterface
② RepRap
③ Marlin
④ Repetier

해설

Pronterface
Host Program으로 G코드 전송과 3D프린터 보정 및 기본 설정들을 수정할 수 있는 소프트웨어이다.

정답 ①

04 | 슬라이싱의 개념과 설정

대표유형

출력보조물인 지지대(Support)에 대한 효과로 볼 수 <u>없는</u> 것은?

① 출력 오차를 줄일 수 있다.
② 지지대를 많이 사용할 시 후가공 시간이 단축된다.
③ 지지대는 출력물의 수축에 의한 뒤틀림이나 변형을 방지할 수 있다.
④ 진동이나 충격이 가해졌을 때 출력물의 이동이나 붕괴를 방지할 수 있다.

해설
① 필요한 곳에 지지대가 없다면, 출력물에 변형이 발생하고 이에 따라 오차가 발생한다.
② 지지대가 많이 사용될수록 제거시간과 떨어진 출력품질로 인해 후가공 시간이 늘어난다.
③ 바닥지지대 중 Raft가 이 기능을 수행한다.
④ 바닥지지대의 종류: Skirt, Brim, Raft

정답 ②

1. 슬라이싱의 개념

거의 모든 3D프린터는 AM(Additive Manufacturing, 적층 가공)이라는 기술 이름에서도 알 수 있듯이 한 층씩 쌓아 올려 입체로 제품을 제작하는 장비이다. 출력을 하기 위해 3D모델링 툴로 재료를 만들고 3D프린터로 넘기기 위해 G코드로 변환을 해야 한다. 이때 필요한 것이 슬라이싱 프로그램이며, 그 종류는 다양하게 있지만 각 제조사들은 자체 슬라이서의 기술을 공개하지 않는다. 따라서 이 챕터에서는 일상에서 쉽게 접할 수 있고 사용해 볼 수 있는 FDM 방식, 특히 렙랩 3D프린터라고 부르는 데스크탑용 3D프린터의 슬라이싱에 대해 중점적으로 알아보겠다.

(1) 압출기의 한계

1) 압출기(Extruder)

① FDM 방식의 3D프린터에 있는 핵심적인 부품으로, 이름 그대로 녹은 소재에 압력을 가해 밀어내는 부품

② 소재를 이송시켜 공급해 주는 콜드엔드(Cold End), 투입된 소재를 녹여서 배출해 주는 핫엔드(Hot End)로 분류됨

2) 압출 과정

① G코드 명령에 따라 소재를 녹일 수 있을 정도의 온도를 핫엔드에 공급하고 콜드엔드의 핵심 부품인 모터에 연결된 기어에 소재(필라멘트)를 끼워 대기시킴

② 핫엔드가 적정 온도에 도달하면 콜드엔드의 모터에 전기신호를 보내 회전시키게 되고, 이에 따라 모터 기어의 톱니가 소재를 찍어 핫엔드까지 이송시킴

③ 이송된 소재가 녹아 좁은 노즐 안에 차게 되면 압력이 발생하고 이것을 해소하기 위해 노즐 내에서 발생한 압력에 의해 노즐 출구로 녹은 소재를 밀어내게 됨

④ 압출된 필라멘트가 플랫폼에 눌리면서 붙이며 한 층씩 적층이 되는 과정

3) 노즐 직경에 따른 압출기의 한계

① 노즐의 직경이 0.1~1mm 정도로 아주 작기 때문에, 구조적으로 시간당 압출 가능한 양이 한정적이게 되어 한 번에 조형할 수 있는 높이가 제한적

② 효과적인 출력을 위해 슬라이싱 소프트웨어를 이용하여 압출량을 기준으로 3D 데이터를 잘라내야 함

③ 가능한 만큼의 높이를 정해서 여러 개로 나눈 후 아래층부터 차례대로 쌓아올림

④ 핫엔드와 콜드엔드가 붙어 있는 방식을 다이렉트 방식(직결식)이라고 하고, 분리되어 있는 형태를 보우덴 방식이라고 부름

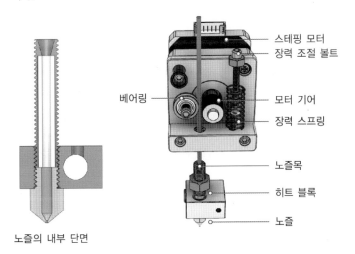

노즐의 내부 단면

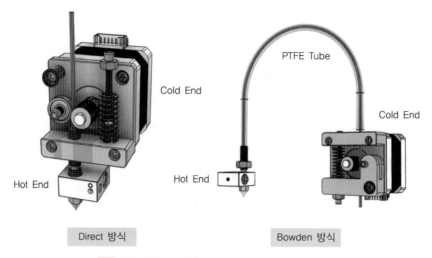

그림 압출기의 구조 및 Hot End와 Cold End의 구성 방식

(2) 툴패스의 이해

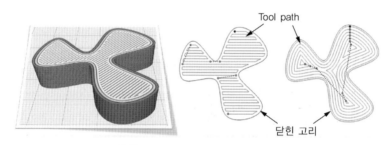

그림 슬라이싱과 툴패스의 G코드 변환

① 3D프린터 압출량의 한계 때문에 출력물을 층별로 잘라내고 아래부터 한 층씩 쌓아올림
   • 왼쪽 그림의 출력물은 한 번에 완성하지 못해 여러 개의 층으로 나누었고 그 첫 번째 층을 오른쪽 그림처럼 채워서 한 층을 완성함
   • 한 층을 레이어(layer, 층)라고 부르며 두 가지로 나눠진 이유는 G코드를 만드는 방식이 다르기 때문
   • 왼쪽 그림은 내부를 직선 형태로 채우면서 출력을 하지만 오른쪽 그림은 곡선 형태로 빈틈없이 메움
   • 이것은 레이어 단위로 나눠진 한 층을 채우는 방식이 여러 가지란 의미이며, 채우는 방식이 상이하다는 것은 슬라이싱 방법이 다르다는 말이고, 곧 슬라이싱 프로그램이 다르다는 뜻
② 직선 형태이든 곡선 모양이든 라인을 따라 압출된 필라멘트를 플랫폼에 붙이면서 이동을 하는데, 여기서 툴 패스(Tool path, 압출기 경로)를 이해해야 함
   • 압출기가 움직이는 경로를 3D프린터의 컴퓨터가 이해할 수 있는 G코드로 변환해 주는 것
   • 마지막으로 한 층씩 만들어진 G코드를 모두 묶어 G코드 파일로 저장함

③ G코드의 예
- 만약 G1 X20 Y20 F3000 E20.5라는 G코드가 생성되었다면, 압출기는 현재 위치에서 X축으로 20mm, Y축으로 20mm인 좌표로 50mm/s의 속도로 이송시키고, 이때 필라멘트를 20.5mm만큼 녹인 후 압출시켜 출력을 완성하라는 의미로 해석 가능
- G코드의 연속 동작을 통해 출력물이 완성되는 것
- 저장되는 파일 형식은 ***.gcode, ***.hfb(hvs), ***.makerbot 등 다양한 확장자를 가지지만 제조사에서 다른 제품과 차별화하기 위한 것으로, 근본적인 형태는 모두 G코드 형식을 사용함
④ 슬라이싱에 의한 2차원 단면의 데이터를 생성할 때, 절단된 윤곽의 경계 데이터는 끊어지지 않고 연결된 폐루프를 이루도록 해야 함
- 생성된 폐루프는 서로 교차되어서는 안 됨
- 불완전한 STL 파일의 경우 이런 법칙이 어긋나는 경우가 발생하는데 수정하지 않으면 정상적인 출력을 할 수 없음

2. 슬라이싱 소프트웨어의 종류

(1) CURA

① 네덜란드 'Ultimaker'사에서 배포하는 무료 오픈소스 슬라이싱 소프트웨어
② Ultimaker: 2010년대 초반까지 세계 2위의 보급형 3D프린터의 제조·판매회사
③ CURA는 Ultimaker사의 Ultimaker 3D프린터 시리즈의 전용 슬라이서이지만 소스코드까지 일반에 공개했기 때문에 그 이후에 나온 상당수의 개별 또는 전용 슬라이싱 소프트웨어는 CURA의 소스코드를 활용해 만들어졌음
④ 무료임에도 꾸준한 업데이트, 뛰어난 성능으로 거의 모든 보급형 3D프린터의 메인 슬라이싱 소프트웨어로 자리잡음

(2) Makerbot print

① 2010년대 초반에 보급형 3D프린터의 제조와 판매에 세계 1위를 차지하던 미국 MakerBot에서 나온 Replicator 시리즈의 전용 슬라이싱 소프트웨어
② CURA와 거의 비슷하지만 내부 알고리즘은 조금 다름

(3) Cubicreator

① 국내뿐만 아니라 해외에서도 인정받는 몇 안 되는 국산 브랜드인 큐비콘 3D프린터의 전용 슬라이싱 소프트웨어
② CURA와 거의 유사한 기능, 설정을 가짐

(4) 3DWorks Desktop

신도(구 신도리코)에서 만든 FFF방식 3D프린터의 전용 슬라이서

(5) 기타

① 이 외에도 수많은 슬라이싱 소프트웨어들이 있음
② 대표적인 유료 슬라이서로는 Simplify3D가 있으며 무료 슬라이서로는 PrusaSlicer, OctoPrint, KISSlicer, Slic3r, ChiTuBox(액상 레진용) 등이 있음

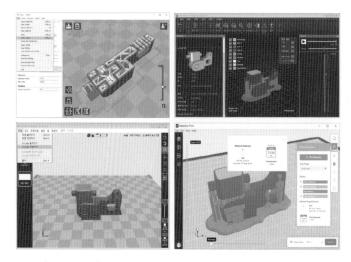
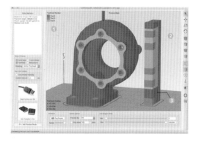

유료 슬라이서: Simplify 3D

무료 슬라이서: 왼쪽에서 시계 방향으로 CURA, Cubicreator, Makerbot Print, 3DWOX Desktop

[그림] 슬라이싱 프로그램의 종류

3. CURA의 이해

여기에서는 슬라이싱 소프트웨어의 구체적인 사용법에 대해 알아볼 것이다. 특히 현재 가장 대중화되어 있는 FFF 방식의 3D프린터에서 주로 사용하는 CURA를 중점적으로 살펴본다. 보급형 또는 저가형 3D프린터의 경우 거의 대부분의 공용 또는 전용 슬라이서는 CURA를 베이스로 하고 있기 때문에 CURA를 잘 이해한다면 다른 슬라이서를 이용하는 데에도 도움이 될 것이다.

(1) 형상분석

슬라이싱 소프트웨어의 형상분석이란 출력물의 품질을 향상시키기 위해 형상을 분석하여 재배치하는 것으로, 출력 시간과 지지대의 생성량, 출력 품질 등에 영향을 미침

1) 회전

① 모델을 원하는 방향으로 회전시키면서 형상을 분석함
② 출력 시 지지대가 적게 필요한 방향으로 배치하는 것이 유리함

2) 확대 및 축소

① 설계한 모델의 크기를 확대하거나 축소하여 형상을 분석함
② 3D프린터는 출력물의 크기에 비례해 출력 시간이 좌우되므로 정확한 사이즈가 필요하거나 출력 시간이 중요한 모델이라면 충분히 고려할 것

3) 대칭

① 모델을 각 축을 기준으로 대칭 형상을 만들어 분석함
② 아래 그림과 같이 왼손을 들고 있는 모델을 오른손을 들고 있는 모델로 변경하여 출력 가능

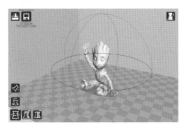 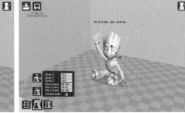 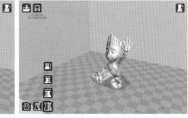

모델의 회전	모델의 확대 및 축소	대칭
X, Y, Z축을 중심으로 회전 한 번에 15°씩 회전 Shift키와 함께 돌리면 1°씩 회전 Lay flat → 평면을 바닥에 붙이기 서포트 생성량 고려	비율 또는 사이즈로 조정 Uniform / Non-Uniform 출력 시간 고려	각 축을 중심으로 대칭 이동

그림 형상분석의 종류

(2) 기본 용어

Layer (레이어, 층)	• 출력물 한 층의 높이 값 • 일반적으로 0.1~0.3mm까지 변경 가능
Shell/Wall (벽)	• 외곽 부분의 적층으로 출력물의 벽을 형성함 • 벽의 두께는 노즐 직경과 연관되어 있음
Infill (내부채움)	• 출력물 내부에 생성되며 출력물의 강도를 결정하고, 내부에서 지지대 역할을 함 • 0~100%까지 선택 가능
Inner Shell (내벽)	• 출력물의 강도를 위해 일반적으로 벽은 두 겹 또는 세 겹으로 생성함 • 내벽은 벽 중에서 제일 바깥쪽 벽을 제외한 내부에 있는 벽들을 뜻함
Outer Shell (외벽)	• 벽 중에서 제일 바깥쪽 벽 • 출력물의 표면을 담당하며 품질에 영향을 미침
Top & Bottom (상부와 하부)	• 출력물의 상부와 하부를 담당함 • 내부채움을 100%로 출력하여 구멍난 곳을 없애고 마감

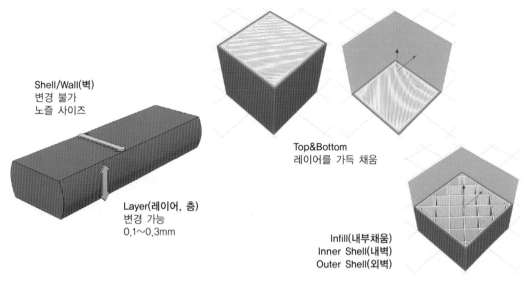

Shell/Wall(벽)
변경 불가
노즐 사이즈

Layer(레이어, 층)
변경 가능
0.1~0.3mm

Top&Bottom
레이어를 가득 채움

Infill(내부채움)
Inner Shell(내벽)
Outer Shell(외벽)

그림 슬라이서의 기본 용어

(3) CURA의 설정값 이해

1) Layer Height(mm, 층 높이)

① 출력 품질에 가장 큰 역할을 하며 낮을수록 품질이 좋아지지만 상대적으로 출력시간이 증가함

② 레이어 높이가 0.1mm일 때 출력시간이 1시간 51분이라면 0.3mm일 때는 39분 정도로 시간이 급격히 줄어들지만, 품질이 떨어지는 것을 감수해야 함

③ 일반적으로 0.2mm를 많이 사용하여 출력물의 품질과 출력시간의 균형을 맞추도록 함

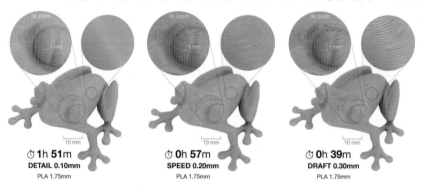

그림 출력시간과 출력 품질 간의 관계

2) Shell Thickness(mm, 벽 두께)

① 왼쪽 그림과 같이 벽의 수가 많을수록 출력물이 튼튼해지므로 벽 두께는 출력물의 강도에 영향을 미치는 설정이지만, 벽의 개수가 많을수록 출력시간이 증가함

② 일반적으로 두 겹 또는 세 겹 정도를 많이 사용하며, 좋은 품질을 위해서는 노즐 사이즈와 벽 두께를 연동시키는 것이 좋음

　　　예 사용하는 3D프린터의 노즐 사이즈가 0.4mm인 경우 벽 두께의 기본은 0.4mm이므로, 세 개의 벽을 겹쳐 튼튼하게 만들고자 한다면, 0.4mm×3개로 계산하여 1.2mm로 설정함

③ 오른쪽 그림처럼 아주 정교한 프린팅이 필요할 경우, FDM 방식에서는 노즐의 교체로 문제 해결 가능

그림 벽의 개수 선택과 노즐 사이즈에 따른 출력 품질 차이

3) Fill Density(%, 내부채움의 밀도)

① 내부채움은 출력물의 강도 유지와 지지대의 역할을 겸함

② 아래 그림과 같이 0~100%까지 조정 가능하며, 많을수록 강도가 높아지지만 출력시간 또한 늘어나게 됨

③ 주로 경량 강화 구조에 널리 적용되는 방식이며 출력물에서는 일반적으로 15~20% 정도가 적당함

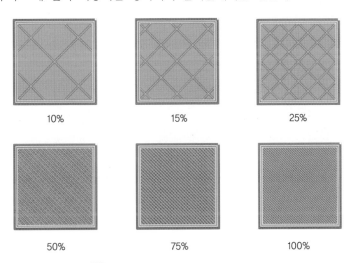

그림 내부채움의 양에 따른 출력 시뮬레이션

4) Print Speed(mm/s, 출력속도)

① 일반적으로 3D프린터의 출력속도가 느릴수록 품질이 좋아짐

② 출력속도는 출력물의 크기와 장비의 상태, 사용자의 숙련도에 따라 적절하게 조절 가능

③ 출력물의 품질에 상당한 영향을 미치기 때문에 속도와 출력 품질의 상관성을 알아야 함

5) Printing Temperature(℃, 노즐 온도)

① 사용 소재의 종류에 따라 적정 온도를 설정해야 함

② 일반적으로 PLA는 210℃, ABS는 230℃ 정도를 사용하지만 필라멘트 상태, 출력 장소의 환경 등에 따른 차이가 있음

③ 출력물의 품질에 밀접한 관계가 있기 때문에 온도와 출력 품질의 상관성을 알아야 함

구분	증감	압출량
속도	⇧	⇩
	⇩	⇧
온도	⇧	⇧
	⇩	⇩

TIP 출력 품질과 압출량과의 관계

출력 품질은 소재의 압출량과 출력에 필요한 양이 일치할 때 가장 좋다. 그러나 압출량에 변화가 생기면 출력 품질에도 영향을 미친다. 아래 그림에서 알 수 있듯이 압출량이 부족하면 레이어 간 결합력이 약해져 층간이 벌어지는 현상과 일부 층이 누락되는 경우도 발견된다. 반대로 압출량이 넘칠 때는 출력물 표면에 잉여 압출량이 묻어나거나 흘러내릴 수도 있다.

3D프린터는 속도와 온도와는 무관하게 필요한 압출량을 정확하게 계산해서 출력하도록 설계되어 있다. 하지만 일반 물리법칙을 무시할 수는 없는 것이다. 속도가 너무 빠르면 압출되는 양이 충분히 공급되지 않는 상태로 해당 출력 지점을 지나갈 수 있고, 반대로 너무 느리면 압력과 중력에 의해 아직 나오지 않아야 할 압출량까지 토출되므로 압출량이 많아지는 효과가 나타나는 것이다. 온도의 경우는 온도가 높으면 필라멘트가 빨리 녹고, 낮으면 천천히 녹기 때문에 노즐 안에 녹아있는 압출량의 정도가 달라져 실제 압출에도 영향을 미친다.

따라서 압출량이 부족할 때는 속도는 느리게, 온도는 높게 설정하고 압출량이 많을 때는 속도는 빠르게, 온도는 낮게 설정하면 출력 품질 향상에 도움을 줄 수 있다.

압출량이 부족할 때	압출량이 많을 때

그림 압출량에 따른 출력물 품질의 변화

6) Support(지지대)

3D프린터에서 지지대는 없어서는 안 될 중요한 요소이지만 여러 가지 문제를 발생시킨다. 지지대를 이해하기 위해서는 오버행(overhang)을 알아야 한다. 오버행은 출력물의 일부분이 수직 이상의 경사를 지닌 채 튀어나온 부분을 말하며, 적층 제조의 3D프린터에서는 출력이 불가능하다. 아래 그림처럼 공중에 떠 있는 형상은 아랫부분에 기존의 출력물이 없기 때문에 성형이 불가능한 것이다. 따라서 정상적인 성형을 위해 아랫부분에 지지대를 설치해야 한다. 지지대는 형상보조물과 바닥받침대로 나눌 수 있고 기능은 아래와 같다.

① Support type(형상보조물)
- 적층 바닥과 출력물이 떨어져 있는 경우에 보조해 주는 지지대
- 지지대 설치가 필요 없음(None), 바닥과 닿는 부분만(Touching buildplate), 모든 곳(Everywhere) 등 세 가지의 종류가 있음

None	지지대 설치가 필요하지 않음
Touching buildplate	플랫폼에서 시작하는 지지대만 설치하고, 출력물에서 올라가야 하는 지지대는 무시함
Everywhere	지지대가 필요한 모든 곳에 설치함

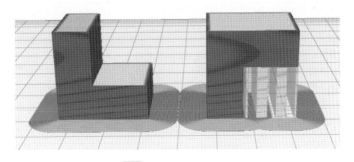

그림 지지대가 필요한 이유

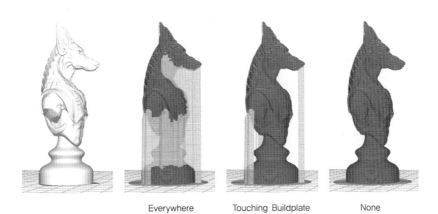

Everywhere   Touching Buildplate   None

그림 형상보조물의 설치 종류

② Platform adhesion type(바닥받침대)
- 오버행과 관계없이 출력물이 플랫폼에서 이탈하지 않게 바닥에 설치하는 지지대
- None, Brim, Raft 등 세 가지의 종류가 있음

None	지지대 설치가 필요 없음
Brim	• Brim: 모자의 챙이라는 뜻 • 1층 출력물에 붙어 바닥에 받침대처럼 조형되어 출력물이 넘어지거나 플랫폼에서 분리되지 않게 잡아주는 역할

Raft	• Raft: 뗏목이라는 뜻
	• 출력물 본체가 조형되기 전에 일반적으로 4개 층 정도를 바닥받침대로 조형하는 기능
	• 주요 기능
	  – 브림처럼 출력물이 넘어지거나 분리되지 않게 잡아줌
	  – 출력물의 모서리가 들리는 수축현상을 어느 정도 방지함
	  – 플랫폼의 레벨링이 일정하지 않을 때 네 개의 층이 조형되는 동안 노즐과 정확히 평행하게 만들어 주어 원활한 출력 진행을 도와줌
	• 출력 완료 후 제거가 어려운 편이라는 단점이 있음

TIP   **Skirt**

스커트는 실질적으로는 바닥받침대와는 거리가 있는 설정으로 색다른 기능을 가지고 있다. 출력물이 시작되는 1층에 조형되지만 출력물과 분리되어 출력되며 기능은 2가지로 볼 수 있다.

첫 번째로 필라멘트의 압출이 정상적으로 나올 때까지 임시로 출력되는 기능이다. 노즐 온도를 올리는 것부터가 출력 준비의 시작인데, 이때 고온의 노즐로 인해 녹은 소재의 일부가 새어나오게 되어 일시적으로 압출량이 부족해진다. 때문에 출력 시작 시 압출이 일정시간 나오지 않는 것을 대비한 기능이다. 두 번째로 스커트가 조형되는 동안 플랫폼의 레벨링 상태를 확인할 수 있고, 필요시 수정할 수 있는 시간을 벌어주는 기능이다.

최근에는 압출하면서 시작하는 기능과 오토레벨링 기능이 부착된 3D프린터가 많이 나오기 때문에 중요성이 떨어지는 추세이지만 저가형에서는 꼭 필요한 기능이다.

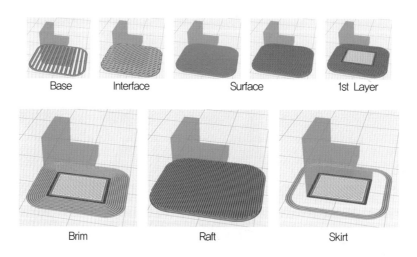

| Base | Interface | Surface | 1st Layer |

| Brim | Raft | Skirt |

그림   **바닥받침대의 유형과 Raft의 출력 순서**

NCS 학습모듈에서는 다음과 같이 지지대를 좀 더 세분화하여 설명한다.

overhang	새로 생성되는 층이 지지대로 받쳐지지 않아 아래로 휘는 경우
ceiling	양단이 지지되지만 사이 공간이 너무 크면 아래로 휘게 됨
island	다른 단면과의 연결이 끊어져 허공에 떠 있는 상태로 성형이 불가함
unstable	지지대가 필요한 면은 없지만 자체 무게에 의해 스스로 붕괴될 가능성이 있는 경우
base	진동, 충격으로 이동이나 플랫폼에서의 이탈을 방지함
raft	바닥지지대의 일종으로 강한 접착력을 제공함

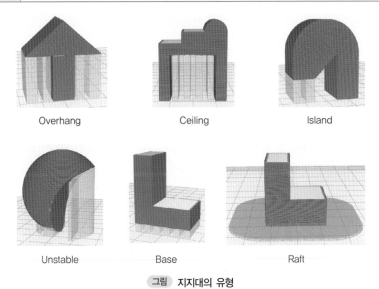

Overhang	Ceiling	Island
Unstable	Base	Raft

그림 지지대의 유형

4. 3D프린팅 방식별 지지대의 생성과 제거

(1) VPP(vat photopolymerization, SLA, DLP, MSLA) 방식

① 광경화성 액상 소재를 사용하므로 출력물과 지지대의 재료가 동일하며, 지지대가 필요한 모든 곳에 설치함
② FDM 방식과 달리 가는 기둥형으로 설치되므로 제거하기 쉬움
③ 출력물이 접하는 부분은 제거가 용이하도록 뾰족하게 처리

(2) MJT(Material Jetting) 방식

① 광경화성 액상 수지를 사용하지만 산업용 3D프린터답게 출력물과 지지대의 재료를 분리해서 출력 가능
② 지지대는 물에 녹거나 쉽게 제거되는 재료이기 때문에 제거가 용이함

(3) SLS 방식

분말 소재는 기본적으로 지지대가 필요하지 않지만, 금속 분말의 경우와 금속 3D프린터의 경우에는 소재 특성상 지지대를 설치함

(4) BJT(Binder Jetting) 방식

SLS 방식과 동일함

프린팅 기술	소재 종류	지지대 여부
FDM	고체	모델의 형상에 따라
SLA / DLP / MSLA	액체	항상
Material Jetting	액체	항상, 녹일 수 있다
SLS	분말	불필요
Binder Jetting	분말	불필요
Metal printing	분말	항상

SLA/DLP/MSLA 방식

FDM 방식

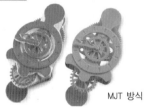
MJT 방식

금속 3D프린터의 지지대

그림 3D프린팅 방식별 지지대의 생성 유무와 형태

5. 가상 적층을 통한 슬라이싱 상태 파악

(1) 가상 적층

① 출력 전 슬라이싱 소프트웨어의 가상 적층을 통해 지지대의 생성 여부, 얇은 벽의 출력 가능 여부, 공차 부분의 생성 등을 미리 알아볼 수 있는 출력 시뮬레이션 기능

② 가상 적층대로 출력이 진행되기 때문에 G코드 저장 전에 반드시 확인해야 함

(2) 가상 적층 보는 방법

경로	3D프린터의 압출기가 시작부터 끝까지 움직이는 경로를 확인 가능
형상보조물 (지지대)	적층이 어려운 부분들을 출력하기 위해 설치하는 지지대의 생성 여부는 가상 적층에서만 확인 가능
바닥받침대	• 형상보조물과 마찬가지로 가상 적층에서만 확인 가능 • 스커트, 브림, 레프트 등의 출력 상황을 미리 볼 수 있음

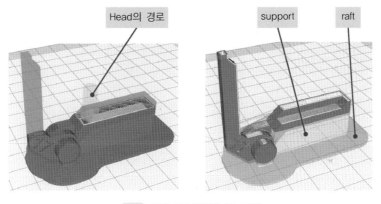

그림 출력 시뮬레이션(가상 적층)

01

출력물이 플랫폼에 견고하게 접착하는 데 도움이 되는 설정과 거리가 <u>먼</u> 것은?

① Bed Leveling   ② Brim
③ Skirt   ④ Raft

해설

Skirt는 바닥지지대에 포함되지만 1층의 안착과는 거리가 있는 설정이다.
① 출력에 필요한 압출량이 충분히 나올 때까지 출력물 주위를 돌면서 준비하는 기능
② 출력물 주위를 돌면서 베드 레벨링이 맞지 않을 경우 재빨리 수정하는 기능

정답 ③

02

3D모델링을 다음 〈보기〉와 같이 배치하여 출력할 때 안정적인 출력을 위해 가장 기본적으로 필요한 것은?

┌─ 보기 ┐

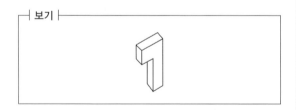

① 서포트   ② 브림
③ 루프   ④ 스커트

해설

오버행(overhang, 돌출)이 생기는 출력물은 안정적인 출력을 위해 반드시 서포트가 필요하다.

정답 ①

03

슬라이싱 프로그램에서 플랫폼에 고정하는 지지대의 종류와 거리가 <u>먼</u> 것은?

① None   ② Brim
③ Grid   ④ Raft

해설

Grid는 플랫폼이 아닌 공중에 떠있는 모델의 서포트를 생성할 때 사용하는 것 중 하나이며 격자 모양으로 만들어진다. 일반적인 지지대의 종류는 Grid 또는 Line을 많이 사용한다.

정답 ③

04

출력물의 윗부분에 구멍이 생기는 현상이 발생했을 때 할 수 있는 대처법으로 적절한 것은?

① 3D프린터의 출력 속도를 줄인다.
② 서포트의 종류를 변경한다.
③ 내부 채움의 비율을 더 높인다.
④ 노즐 온도를 올린다.

해설

출력물 상단에 생기는 구멍을 해결할 수 있는 슬라이서의 설정은, 내부 채움의 정도를 높이거나 바닥 · 상단 두께를 좀 더 두껍게 하면 해결할 수 있다.

정답 ③

05

다음 중 지지대(Support)에 대한 설명으로 거리가 먼 것은?

① 출력 시 적층되는 플랫폼과 모델이 떨어져 있는 경우에 사용한다.
② SLA 방식으로 출력할 때 지지대 유무에 따라 형상의 오차 및 처짐 등이 발생할 수 있다.
③ 출력 시 적층되는 플랫폼과 모델이 견고하게 붙어있도록 해 준다.
④ 지지대가 많을수록 출력 품질이 우수하다.

[해설]
지지대가 많을수록 브리징(Bridging)으로 생성된 출력 부분이 많아지기 때문에 출력 품질이 떨어진다.

[정답] ④

05 | G코드의 이해와 활용

대표유형

대표유형

다음 〈보기〉의 설명에 해당되는 코드는?

┤ 보기 ├

- 기계를 제어 및 조정해주는 코드
- 보조기능의 코드
- 프로그램을 제어하거나 기계의 보조장치들을 ON/OFF 해주는 역할

① G코드   ② M코드
③ C코드   ④ QR코드

해설 M코드에 대한 설명

3D프린터를 작동시키는 대표적인 프로그래밍 언어에는 G코드와 M코드가 있다. G코드는 제어 장치의 기능을 동작하기 위한 준비를 하기 때문에 준비 기능이라 불리며 3D프린터에서는 압출기의 이송 위치, 이송 속도 등 필수 기능의 수행에 사용된다.

정답 ②

1. G코드의 개념

(1) G코드란?

① G-code, G 프로그래밍 언어 혹은 RS-274 규격은 가장 널리 사용되는 수치제어(NC, Numerical Control) 프로그래밍 언어의 일반적인 이름으로서, 자동제어 공작기계(CNC, Computerized Numerical Control)를 통한 컴퓨터 지원 제조(CAM)에 주로 사용됨

② G코드는 사람이 컴퓨터화된 공작기계에 어떤 것을 어떻게 만들지를 명령하는 데 사용하는 프로그래밍 언어이며, G코드의 내용은 공작기계의 도구가 어디로 움직일지, 어떤 속도로 움직일 것인지 등의 명령으로 정의됨

③ 대부분의 상황에서 절삭 도구 및 광택 도구, 3D프린터의 노즐 등이 이동하는 경로·속도 등을 표현할 수 있음

④ 3D프린터도 넓게 해석하면 CNC(컴퓨터를 통해 공작기계를 제어하는 것) 장비의 일종으로 볼 수 있음

⑤ G코드는 기계들의 동작을 제어하기 위해 컴퓨터가 사용하는 언어이며, 이동이나 기계 작업에 필요한 모든 명령들의 집합

⑥ G코드는 산업용·개인용 기계의 표준 명령어이지만 3D프린터의 등장으로 일반인들에게 좀 더 친숙하게 사용되고 있음

그림 CNC에서의 G코드 사용

(2) G코드의 역사

① 최초의 NC 공작기계(수치제어 장치를 결합한 자동화 공작기계)는 1952년 MIT(Massachusetts Institute of Technology)의 서보기구연구소(Servo-mechanism laboratory)에서 개발됨
  - NC 공작기계를 움직이기 위한 G코드도 이때 만들어졌으며 1960년대 후반 미국 전자산업협회(Electronic Industries Alliance)에서 최초로 표준화된 공작 기계 제어용 코드로 정착됨
  - 이후 컴퓨터의 발전으로 인해 1970년대 후반에 CNC(Computer Numerical Control, 컴퓨터 수치제어)가 나오기 시작함
② G코드는 1980년 2월, 최종 개정판인 RS-274-D로 미국에서 승인되었으나 다른 국가에서는 국제표준인 ISO 6983이 자주 사용되었음
  - 통일이 되지 않아 많은 유럽 국가에서는 각각의 다른 표준을 사용함
    예 독일은 DIN 66025 사용, 폴란드는 PN-73M-55256, PN-93/M-55251 사용 등
  - 전 세계 CNC 관련 기업들도 독립적으로 G코드를 자체 장비에 맞게 고치면서 사용했기 때문에 확장·변형이 발생함
  - 2010년대, 특정 공작기계에 적합한 G코드를 출력할 수 있는 CAD/CAM 응용 프로그램이 개발되면서부터 호환성이 개선됨
③ 3D프린터 제작사들은 해당 회사의 장비에서만 적용되는 CAM 파일을 사용하고 있으며, 이 파일의 구조를 공개하는 곳은 많지 않으나 G코드와 유사하며, 일부 G코드는 CNC 장비와 3D프린터에서 모두 동작하기도 함

2. 가공 방식과 G코드

(1) NC 공작기계와 G코드

1) NC 공작기계에서의 G코드 역할

① NC(Numerical Control) 공작기계에서의 G코드는 수치 제어를 적용하여 제품 정밀도를 유지하면서 자동화에 의한 생산성 향상이 목적

② G코드는 NC 공작기계의 움직임을 자동화하기 위해 주로 사용되었으며 NC 공작기계 내부의 컴퓨터에 G코드로 작성된 프로그램을 입력하면 그 명령에 맞추어 각 축이나 스핀들 등의 자동 운전이 실행됨

③ NC 공작기계를 구성하는 공구의 이송, 주축의 회전, 공구 선택, 직선·회전축의 동작 등이 G코드의 명령에 따라서 제어됨

2) G코드의 형식

① G00, G01처럼 Gnn의 형식을 가지고 있으며 nn은 두 자리의 숫자로 00부터 99까지 사용됨

② CAD로 모델링된 3차원 형상을 가공하기 위해서는 적절한 CAM 소프트웨어가 필요하며 이것을 이용하여 CAD 모델을 G코드로 변환시킴

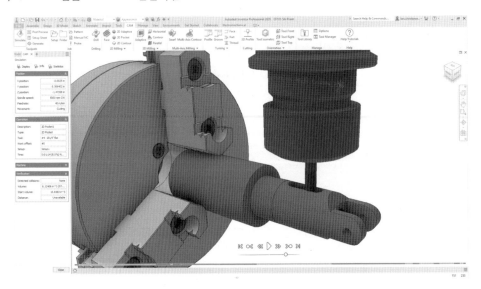

그림 Autodesk의 Inventor CAM 프로그램으로 G코드 생성의 예

(2) 3D프린터와 G코드

1) 3D프린터에서의 G코드 역할

① 3D프린터에서도 단면을 성형하기 위해서는 구동 기구가 필요함

② 대표적으로 FDM 또는 FFF 방식의 3D프린터는 재료를 압출해서 적층하는 구동 기구로 압출기 (Extruder)가 필요함

③ 재료가 압출되는 헤드가 플랫폼(베드) 위에서 평면운동을 하면서 단면이 성형되는 방식

④ 헤드 및 플랫폼의 움직임, 재료 압출을 위해서 적절한 동작명령을 3D프린터에 전달하는 것이 필요했고 G코드가 그 역할을 담당함

2) 3D프린터 동작을 위한 G코드

① NC 공작기계에서 사용되는 G코드 전체가 아닌 3D프린팅에 필요한 일부 G코드가 사용됨

② RepRap, Marlin과 같은 3D프린터의 펌웨어는 사용자가 G코드를 수정하면 장비의 동작을 바꿀 수도 있고, 출력 시 발생할 수 있는 문제들을 해결할 수도 있음

③ 문제는 CNC 장비의 G코드처럼 RepRap의 G코드와 Marlin의 G코드는 동일하게 사용되지는 않는다는 것으로, 같은 G코드 명령이지만 동작 방법은 다르기 때문에 펌웨어의 종류에 따라 G코드 사용 방법에도 차이가 있음을 알아야 함

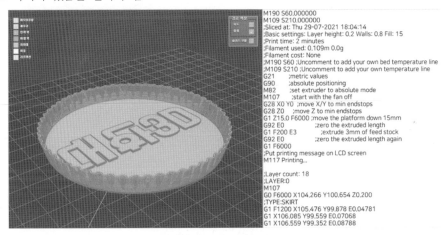

그림 Cubicreator 슬라이서로 3D프린터용 G코드 생성의 예

3) 좌표계

① G코드를 사용하는 NC 공작기계와 3D프린터의 구동 방식을 알기 위해서는 좌표계에 대한 이해가 필요함

② 좌표계는 공간상의 위치를 나타내기 위한 체계로서 3D프린터의 압출기가 G코드에서 정해준 좌표로 정확히 이동하는 데 사용됨

③ 일반적으로 3차원 공간에서 좌표계는 X · Y · Z축을 이용하여 직교좌표계(Rectangular Coordinate System)로 정의함

④ X · Y · Z축은 서로 수직이고 교차 지점이 원점이 되며, 이를 통해 어떤 점이나 위치를 고유하게 식별 가능

⑤ 3D프린터에서는 기계 좌표계(Machine Coordinate System), 공작물 좌표계(Work Coordinate System), 로컬 좌표계(Local Coordinate System) 등 세 가지로 나뉨

기계 좌표계 (Machine Coordinate System)	• 3D프린터 메이커에서 정한 기계상의 기준이 되는 점(기계 원점)을 기준으로 하는 좌표계 • 3D프린터가 처음 구동되거나 초기화될 때 압출기가 복귀하게 되는 기준점 역할을 함
공작물 좌표계 (Work Coordinate System)	• 공작물 원점 또는 프로그램 원점이라고도 하며 3D프린터의 제품이 만들어지는 공간 안에 임의의 점을 새로운 원점으로 설정하는 좌표계 • 각 3D프린터마다 공작물 좌표계를 각각 설정하여 사용 가능
로컬 좌표계 (Local Coordinate System)	• 프로그램 좌표계를 기준으로 프로그램 안에서 새로 만든 좌표계 • 출력물을 회전시키면 그 각도에 따라 이동하는 좌표계를 뜻함

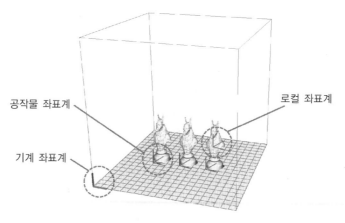

그림 3D프린터 좌표계의 종류

4) 위치 결정 방식

절대 좌표 방식 (Absolute Coordinate Method)	• 3D프린터의 플랫폼은 이미 좌표가 설정되어 있으며, 이 좌표를 기준으로 동작과 성형이 이루어짐 • 아래 그림에서 알 수 있듯이 처음 원점에서 X30, Y40으로 지정된 위치로 압출기가 직선 이동함 • 이후 X10, Y30으로 이동하라는 G코드가 실행되면 이미 좌표에 고정되어 있는 위치로 직선 이동하는 것 • 3D프린터의 출력은 절대 좌표 방식을 따라 진행됨
증분 좌표 방식 (Incremental Coordinate Method)	• 아래 그림에서 알 수 있듯이 원점에서 이동이 이루어진 후 그 좌표가 다시 새로운 원점으로 리셋되기 때문에 3D프린터의 성형 과정에서 사용되는 좌표 방식은 아님 • 증분 좌표 방식은 3D프린터의 캘리브레이션(유지보수)을 할 때 한시적으로 사용하는 좌표

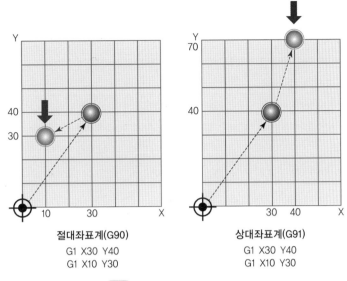

절대좌표계(G90)
G1 X30 Y40
G1 X10 Y30

상대좌표계(G91)
G1 X30 Y40
G1 X10 Y30

그림 3D프린터의 좌표 결정 방식

3. G코드의 형태

> G코드는 그 형태가 절삭가공 기계와 적층가공 기계에 차이가 있다. 지금부터 소개하는 G코드는 3D프린터에서 사용하는 것이라는 것을 참고하기 바란다.

(1) G코드 읽기

① G코드의 지령 한 줄 전체를 블록(block)이라고 하고 세미콜론(;)의 뒤 문장 또는 소괄호( ) 안에 있는 내용은 주석이라고 함
② 주석은 직접적인 명령은 없고 코드 해석, 코멘트 등의 문장이 들어감
③ 나머지 부분은 워드(word)이며, 아래 그림에는 G28, X0, Y0처럼 3개의 워드가 있음
④ 워드는 앞자리에 붙는 알파벳을 어드레스(address)라고 하며, 숫자로 나타내는 뒷자리는 데이터(data)라고 함

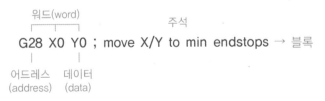

그림 3D프린터 G코드의 형태

(2) 어드레스와 데이터

1) 어드레스(address)

① G코드는 3D프린터에 명령을 내리는 코드를 통칭하는 의미도 있지만, 어드레스 G로 시작하는 G코드는 다양한 어드레스 중 일부

② 실제 CNC에서 사용하는 G코드는 알파벳순으로 26개의 다른 명령을 내리는 어드레스로 분류되어 있음

③ 특히 3D프린터는 26개의 어드레스 중 일부만 사용하고 대표적으로 G, M과 같은 어드레스를 주로 사용함

④ RepRap G코드

종류	의미
Gnnn	• 표준 G코드 명령 • '어떤 점으로 이동하라'는 것과 같음 예 G1 X20 Y20
Mnnn	RepRap에 의해 정의된 명령 예 M107: 쿨링팬 정지
Tnnn	• 도구 nnn 선택 • RepRap에서는 하나 이상의 압출기 선택 예 M104T1 S200
Snnn	• 파라미터 명령 • 초 단위 시간, 온도, 전압 등 예 M106 S255
Pnnn	• 파라미터 명령 • 밀리초 동안의 시간 예 G4 P200
Xnnn	이동을 위해 사용하는 X좌표
Ynnn	이동을 위해 사용하는 Y좌표
Znnn	이동을 위해 사용하는 Z좌표
Fnnn	• 1분당 Feedrate • 프린터 헤드의 이송 속도 예 G1 X0 F3000
Rnnn	• 파라미터의 명령 • 온도에 사용 예 M104 S190 R170(only MK4duo)
Ennn	압출형의 길이 nnn
Nnnn	• 라인 번호 • 통신오류 시 반복 전송 요청을 위해 사용 예 M110 N123
*nnn	• 체크섬 • 통신오류를 체크하는 데 사용

2) 데이터(data)

① 숫자이며 정수 또는 실수를 사용함
② 정수와 실수를 동시에 주어야 할 경우가 발생하면 소수점의 유무에 따라 단위가 달라지므로 주의할 것

4. G코드의 종류

(1) G코드(준비 기능)

G코드	용도
G0	급속 이송(빠른 이송)
G1	직선 보간, 현재 위치에서 지정된 위치까지 프린트 헤드나 베드를 직선 이송
G4	• 멈춤(dwell), 정지하는 시간을 미리 정하고 지령이 있을 때까지 지정 시간만큼 지연 • G4 P200: 200mms초 동안 중지
G20	인치(inch) 단위 사용
G21	밀리미터(mm) 단위 사용
G28	원점 이송, 3D프린터의 각 축을 원점으로 이송
G90	절대 좌표계 설정
G91	상대 좌표계 설정
G92	설정 위치, 지정한 좌표로 현재의 위치를 설정

① 위의 표에 나오는 G코드는 3D프린터에서 사용하는 코드의 일부
② 제조사마다 사용되는 G코드, 설정이 다를 수 있으며, 펌웨어에 따라서도 상이하고 이외에도 다양한 G코드들이 있음
③ 보급형 3D프린터에서 가장 많이 사용하는 Marlin 펌웨어의 경우, 홈페이지에 소개된 기준으로 약 50여 개의 G코드를 사용함
④ G코드는 제어 장치의 기능을 동작하기 위한 준비를 하기 때문에 준비 기능이라 불리며 3D프린터에서는 압출기의 이송 위치, 이송 속도 등 필수 기능의 수행에 사용함
⑤ G코드의 지령

1회 유효 지령 (One Shot G Code)	지령이 있는 블록에만 영향을 미침
연속 유효 지령 (모달 지코드, Modal G-code)	같은 그룹의 다른 G코드가 나올 때까지 다른 블록에도 영향을 미침

(2) M코드(보조 기능)

M코드	용도
M0	프로그램 정지(3D프린터의 동작 정지)
M1	선택적 프로그램 정지(3D프린터의 옵션 정지)
M17	모든 스테핑 모터에 전원 공급 · 사용
M18	모든 스테핑 모터에 전원 차단 · 중지
M73	장치의 제작 진행률 표시창에 현재까지 제작이 진행된 정도를 백분율로 표시하는 지령
M101	압출기 전원 ON(정방향)
M102	압출기 전원 ON(역방향)
M103	압출기 전원 OFF(후진)
M104	• 압출기 온도 설정, Snnn으로 지정된 온도로 압출기의 온도 설정 • M104 S210: 3D 프린터 압출기 온도를 210℃로 설정
M106	• 쿨링팬 전원 켜기, Snnn으로 지정된 값으로 쿨링팬 회전 속도 설정 • M106 S170: 쿨링팬의 회전 속도를 최대 회전 속(255)의 2/3인 170으로 설정
M107	• 쿨링팬 전원 끄기 • M107 대신 'M106 S0'가 사용되기도 함
M109	압출기 온도 설정 후 대기(설정 온도에 도달할 때까지 대기, 다른 명령 무시)
M117	LCD 화면상에 메시지 표시
M133	특정 헤드를 'M109'로 설정한 온도로 재가열하도록 하는 설정
M135	헤드의 온도 조작을 위한 PID제어의 온도 측정 및 출력값 설정 시간간격을 지정하는 명령
M140	• 플랫폼(베드) 온도 설정 • M140 S70: 베드의 온도를 70℃로 설정
M141	챔버 온도 설정, 제품이 출력되는 공간인 챔버의 온도를 Snnn으로 지정된 값으로 설정
M190	• 베드(조형판)가 지정 온도가 될 때까지 대기 • M190 S70: 베드의 온도가 70℃가 될 때까지 대기(M109와 비슷한 명령)
M300	• 소리 재생 • 출력 종료를 알려 주는 용도로 '삐'소리 재생 • M300 S250 P100: 250Hz 주파수를 갖는 소리를 100밀리초 동안 재생

① G코드의 준비 기능은 3D프린터의 헤드의 움직임과 관계된 지령이며, 보조 기능은 헤드 이외의 장치 제어에 관련된 기능
② 거의 모든 3D프린터를 동작하는 데 필요한 노즐 온도를 설정하는 것, 쿨링팬을 켜거나 끄는 명령, 모터의 동작 방향 설정 등의 보조 기능이 M코드로 처리됨
③ Marlin 펌웨어에서 사용하는 M코드는 홈페이지에 소개된 것을 기준으로 약 219개 정도가 있음

CHAPTER 05 | 예상문제

01

현재 위치에서 가로 88mm, 세로 33mm로 이송시키고 필라멘트를 15.5mm 이송시키면서 압출할 때 이에 해당하는 G코드로 옳은 것은?

① G0 X88 Y33 E15.5
② G1 X88 Y33 F15.5
③ G1 X88 Y33 E15.5
④ G0 X88 Y33 F15.5

[해설]
G1(압출하면서 헤드 이동), G0(압출하지 않고 빠른 헤드 이동), F(이송 속도), E(필라멘트 이송 길이)

[정답] ③

02

다음 〈보기〉 설명에 해당하는 좌표 지령은?

┤ 보기 ├
- G90을 사용한다.
- 좌표를 지정된 원점으로부터의 거리를 나타내는 방식이다.
- 좌표값으로부터 현재 가공할 위치가 어디인지 직관적으로 알 수 있다.
- 코드를 읽고 이해하기 쉬운 장점이 있다.

① 절대 지령
② 상대 지령
③ 증분 지령
④ 대기 지령

[해설]
- G90: 절대 지령(절대좌표계 사용)
- G91: 상대(증분) 지령(상대좌표계 사용)

[정답] ①

03

다음 G코드 중에 모달 그룹 01에 해당하지 않는 것은?

① G00
② G01
③ G02
④ G04

[해설]
G코드
- 원샷 G코드(One Shot G Code): 지령된 블록(Block)에서만 유효한 G코드(일회성 유효 G코드)
  - 비모달(그룹00): G04(그룹00): 일시정지
- 모달 G코드(Modal G Code): 동일 그룹의 다른 G코드가 지령될 때까지 계속적으로 유효한 G코드(연속성 유효 G코드)
  - 동작(그룹01), 평면선택(그룹02), 거리모드(그룹03), 이송량 모드(그룹05)~동적 공작물 오프셋(그룹23)
  - G00(그룹01): 급속이동 / G01(그룹01): 압출이송 / G02(그룹01): 시계방향 원호이동

[정답] ④

04

다음 〈보기〉 설명에 해당되는 코드는?

┤ 보기 ├
- 보조 기능의 코드
- 프로그램을 제어하거나 기계의 보조장치들을 ON/OFF 해주는 역할

① G코드
② M코드
③ C코드
④ D코드

[해설]
〈보기〉는 M코드의 정의이다.

[정답] ②

05

다음 중 공작물 좌표계를 설정하는 G코드 명령어는?

① G01   ② G04

③ G28   ④ G92

[해설]

④ G92(Set Position): 노즐의 현재 위치를 지정된 값으로 설정하며 엔드스탑 조정 등에 사용

① G01: 직선 가공

② G04: 대기(DWELL, 어떤 상태에 머무르다) 지령

③ G28: 원점 복귀

[정답] ④

memo

PART 05
HW 설정

대표유형

내마모성이 우수하고, 고무와 플라스틱의 특징을 가지고 있어 휴대폰 케이스의 말랑한 소재나 장난감, 타이어 등으로 프린팅해서 바로 사용이 가능한 소재는?

① TPU
② ABS
③ PVA
④ PLA

해설

TPU	• 플렉시블 필라멘트인 TPE의 한 종류 • 유연하고 말랑한 소재
ABS	• 유독가스를 제거한 석유추출물을 이용해 만든 소재 • 강도, 내열성이 우수하나 수축이 심해 히팅베드가 필요함 • 유해물질 방출로 환기가 필수적임
PVA	물에 녹는 성질이 있어 서포트용으로 많이 사용
PLA	• 옥수수 전분을 이용해 만든 무독성, 친환경적 재료로 보급형 FDM 방식에서 가장 많이 사용함 • 출력 난이도가 낮음

 정답 ①

1. 3D프린팅 방식별 사용 소재

(1) 3D프린터의 분류 방법

1) 가공 방식에 따른 분류

① 3D프린팅 산업에서는 몇 안 되는 표준 중에 하나가 3D프린터를 7가지 방식으로 구분하는 것
② 국제표준기구(ISO)의 3D프린터의 가공범주(Process categories)에 따르면 광중합 방식(VPP), 재료분사 방식(MJT), 재료압출 방식(MEX), 분말베드융접 방식(PBF), 접착제분사 방식(BJT), 직접에너지적층 방식(DED), 시트적층 방식(SHL) 등 7가지 방식이 있음
③ 약식으로 PP, MJ, ME, PBF, BJ, DED, SL 방식으로 사용하기도 함

2) 사용 소재에 따른 분류

① 사용 소재에 따라 크게 3가지 정도로 분류함
② 액체 소재는 VPP, MJT 방식에서 사용되며, 고체 소재는 MEX 방식이 유일하고, 분말 소재는 PBF, BJT, DED 방식이 있음
③ 특이하게 시트 소재를 사용하는 SHL 방식도 표준으로 구분했지만 많이 사용되지 않기 때문에 대부분 액체, 고체, 분말 소재로 구별해서 설명함

3) 출력물 용도에 따른 분류

① 출력물의 용도에 따라 재료의 종류도 달라짐
② 예를 들어 FDM 방식의 피규어는 PLA, ABS가 적당하며, 탄성이나 내충격성이 필요하면 플렉시블 소재를, 부식에 강한 금속은 스테인리스 강을 사용하는 것이 적절함
③ 소재, 재료가 확정되면 이것을 사용할 수 있는 3D프린팅 방식을 파악하여 제품을 완성하는 것
④ 각 3D프린팅 방식별로 어떤 소재가 있으며 어떤 특성을 가지고 있는지 알아야 함

(2) FDM 방식의 3D프린터 소재

1) FDM 방식의 이해

① 보급형·데스크탑형·저가형 3D프린터로 실생활에서 가장 쉽게 접할 수 있는 방식이며 주로 플라스틱을 소재로 사용
② 산업용 FDM 방식의 경우 엔지니어링 플라스틱을 주로 사용

TIP	엔지니어링 플라스틱

- 금속을 대체할 수 있는 우수한 성능의 폴리머 계열의 합성수지로 기계적 강도, 내열성, 내마모성이 뛰어남
- 다른 방식에 비해 상대적으로 보관에 용이해 상온에서도 보관 가능하나 습기에 약하기 때문에 밀봉시켜 보관할 필요가 있음
- 제조과정에서 첨가물을 투입하기 쉽기 때문에 기본이 되는 ABS, PLA 필라멘트에 원하는 성질의 재료를 혼합하여 만들 수 있어 종류가 매우 다양함
- 다양한 성질의 재료 특성에 맞게 노즐의 온도와 필라멘트의 투입 속도를 고려해야 함

2) PLA(Poly Lactic Acid)

① 옥수수에서 추출한 글루코스(glucose, 포도당)를 발효시키고 정제해 만든 젖산(Lactic Acid)을 원료로 만든 재료
② 바이오 원료로 생산되기 때문에 일정 조건에서 미생물에 의해 물, 이산화탄소 등으로 자연 분해되는 친환경 재료로 가장 많이 사용되고 있음
③ 열에 의한 변형이 적은 특성으로 출력 난이도가 낮음
④ 경도가 다른 재료에 비해 강한 편이기 때문에 후가공 시 표면을 갈아내는 것이 쉽지 않은 단점이 있음
⑤ 표면에 광택이 있고 출력 시 유해물질 발생이 적은 편이지만 초미세먼지를 배출하므로 주의하는 것이 좋음
⑥ 서포트의 제거가 어렵고 표면이 거친 편

3) ABS(Acrylonitrile Butadiene Styrene)

① ABS는 아크릴로니트릴(Acrylonitrile), 부타디엔(Butadiene), 스티렌(Styrene)의 약자로 3가지 중 스티렌이 주원료

② 석유 추출물에서 유독 가스를 제거한 후 만든 재료로써 저렴하기 때문에 PLA와 함께 가장 대중적인 재료로 사용됨

③ 강도, 내열성이 PLA에 비해 상대적인 강점을 가지고 있으며, 일상제품으로 많이 사용하는 플라스틱 이기 때문에 가전제품, 자동차 부품, 파이프, 장난감 등 사용 범위가 넓음

④ 습기에 약하며 출력 시 모서리 부분이 들리는 수축현상이 강하게 발생하기 때문에 설계 시 반영해 야 함

⑤ 가열할 때 냄새가 심하고 발암물질인 스티렌이 흘러나오기 때문에 보호장구를 착용하는 것이 좋고 환 기가 필수

그림 ABS

4) Nylon(나일론)

① 주로 사용하는 PLA, ABS보다 강도가 높기 때문에 기계 부품, RC부품 등 강도와 내마모성이 높은 제품이 필요할 때 주로 사용함

② 옷을 만들 때도 사용하며 충격 내구성이 강하고 유연성과 질긴 특징 때문에 휴대폰 케이스, 의류, 신 발 등의 출력에 유용한 재료

③ 출력물의 표면이 깔끔하고 수축률이 낮은 편

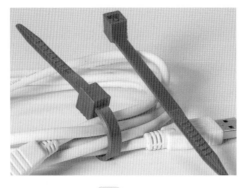

그림 Nylon

5) PC(Polycarbonate, 폴리카보네이트)

① 전기 절연성과 치수 안정성이 좋고 내충격성도 뛰어나 전기 부품 제작에 가장 많이 사용되는 재료
② 연속적인 힘이 가해지는 부품에는 나일론이 좋지만 일회성으로 강한 충격을 받는 제품에는 폴리카보네이트가 적절함
③ 출력 시 냄새가 나기 때문에 환기는 필수이며, 출력속도에 따라 녹이는 온도 설정을 다르게 해야 하므로 출력 난이도가 다소 까다로움

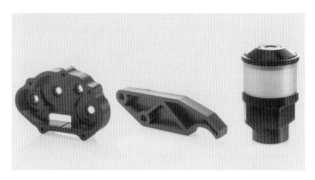

그림 PC

6) PVA(Polyvinyl Alcohol, 폴리비닐 알코올)

① 고분자 화합물인 폴리아세트산비닐(Polyvinyl acetate, PVA)을 가수 분해하여 얻어지는 무색 가루를 필라멘트로 만든 것
② 일반 유기용매에는 녹지 않지만 물에는 녹는 특성 때문에 서포트 용도로 주로 이용되는 재료
③ FDM 방식의 문제점인 서포트를 해결할 수 있는 방안으로 사용 가능
예 3D프린터의 노즐이 2개인 듀얼 방식 사용 시 한쪽에는 PLA를, 또 다른 쪽에는 PVA를 사용해 출력하고 출력물을 물에 담그게 되면 서포트 용도로 적층된 PVA가 녹고 PLA만 남아서 깔끔한 출력이 용이해짐

그림 PVA

7) HIPS(High-Impact Polystyrene, 내충격성 폴리스티렌)

① 주로 사용되는 ABS와 PLA의 중간 정도의 강도를 지님

② 신장률이 뛰어나 3D프린터로 출력 시 끊어지지 않고 적층이 용이하며, 고유의 접착성을 가지고 있어 플랫폼에 접착이 우수한 편

③ 리모넨(Limonene) 용액에 녹는 성질을 가지고 있어 서포트용으로 사용되기도 함

그림 HIPS

8) Wood(나무)

① 나무(톱밥, 목재 섬유)와 수지의 혼합물로 나무와 비슷한 냄새, 촉감을 지니고 있는 재료

② 출력물이 목각의 느낌을 주기 때문에 인테리어 분야에서 주로 사용됨

③ 재료의 특성상 노즐의 직경이 작으면 출력 도중 막히거나, 노즐 내부가 갈려나가 직경이 넓어질 수 있기 때문에 노즐 직경은 0.5mm 이상을 사용하는 것이 권장됨

그림 Wood

9) TPU(Thermoplastic Polyurethane, 열가소성 폴리우레탄)

① 경질 플라스틱과 고무를 혼합한 열가소성 엘라스토머(TPE)로 만들어진 재료
② TPE는 여러 유형이 있으며, 3D프린팅에서는 일반적으로 TPU를 많이 사용함
③ 탄성, 투과성이 우수하고 마모에도 강함
④ 탄성이 뛰어나 휘어짐이 필요한 부품 제작에 주로 사용됨

그림 TPU

10) 기타 소재

Bendlay, Soft-PLA, PVC(Polyvinyl chloride, 폴리염화 비닐) 등이 있으며 건축에 사용되는 시멘트, 푸드 프린터에서는 각종 원료, 소스들이 소재로 사용되고 있음

11) 소재에 따른 노즐 온도

① 소재별로 녹는점이 다르기 때문에 노즐의 온도 또한 소재별로 상이하게 설정해야 함
② 적정 온도를 지키지 않는다면 노즐 막힘, 필라멘트 끊김 현상 등이 일어날 수 있기 때문에 소재별 적정 온도로 설정해야 함
③ FDM 방식의 소재별 노즐 온도

소재 종류	노즐 온도
PLA	180~230℃
ABS	220~250℃
Nylon(나일론)	240~260℃
PC(Polycarbonate)	250~305℃
PVA(Polyvinyl Alcohol)	220~230℃
HIPS(High-Impact Polystyrene)	215~250℃
Wood(나무)	175~250℃
TPU(Thermoplastic polyurethane)	210~230℃

(3) SLA 방식의 3D프린터 소재

1) SLA 방식의 이해

① SLA 방식은 액체 상태의 광경화성 수지를 사용함
② 광경화성 수지: 일정한 파장의 광선을 액체 상태인 수지에 조사하면 딱딱하게 경화가 되는 성질을 가진 플라스틱으로 UV(자외선) 경화성, EV(전자선) 경화성, 가시광선 경화성 수지 등이 있음
③ SLA는 주사 방식이며 DLP, LCD(MSLA) 프린터의 경우는 전사 방식이라 부름
④ SLA, DLP, LCD 3D프린터는 SLA로 통칭해서 부르기도 하지만 3D프린터의 구조, 출력 방식은 조금씩 다름

주사 방식	• 자외선 레이저를 사용하여 한 점을 움직이면서 적층하는 방식 • 정밀하게 가공하는 장점이 있으나 속도가 느린 단점도 있음
전사 방식	• 자외선 광선을 쏘아 한 층을 한 번에 경화시키는 방식 • 주사 방식에 비해 속도는 빠르지만 상대적으로 정밀도가 떨어지는 단점이 있음

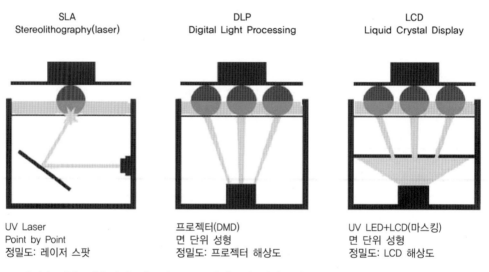

SLA Stereolithography(laser)	DLP Digital Light Processing	LCD Liquid Crystal Display
UV Laser Point by Point 정밀도: 레이저 스팟	프로젝터(DMD) 면 단위 성형 정밀도: 프로젝터 해상도	UV LED+LCD(마스킹) 면 단위 성형 정밀도: LCD 해상도

⑤ SLA 방식은 빛을 이용하기 때문에 FDM 방식보다 정밀도가 높으나 재료 가격이 비싼 편이며, 빛에 굳는 성질 때문에 관리상 주의가 필요함
⑥ 광경화성 수지는 폐기물이기 때문에 별도의 폐기 절차를 거쳐야 하는 불편함도 있음
⑦ 파장에 반응하는 광중합 개시제의 특성으로 UV 광경화성 레진이 일반적이지만 염료 기반 광 개시제의 개발로 가시광선 경화성 레진도 사용할 수 있게 되었음

> **TIP** 레진(resin)
>
> 레진(resin)이란 수지(樹脂)로 번역되며, 수지는 천연수지와 합성수지를 통칭하는 뜻이지만 3D프린터에서 말하는 수지는 합성수지, 즉 플라스틱으로 읽어도 문제가 없다.

Part number	Standard Resin	Capacity	500ml/1,000ml
Colors	Gray	Bottom exposure time	30s
Protect against direct sunlight.		Normal exposure time	8s

2) UV 레진

① UV(ultra violet, 자외선) 광선을 쏘이게 되면 경화가 되는 레진으로 SLA 방식에서 가장 많이 사용되는 재료

② 자외선(355~365nm)의 파장대에 경화되는 레진이어서 일반적인 환경에서는 경화가 발생하지 않음

③ FDM 방식의 필라멘트보다는 비싸지만 SLA 방식의 재료 중에서는 저렴한 편

④ 강도가 약해 시제품 제작에 주로 사용됨

3) 가시광선 레진

① 가시광선(일상생활에 노출되는 광선)을 레진에 쏘이면 경화되는 재료

② 파장대는 UV 파장대를 제외한 빛의 파장(400~700nm 정도)에 경화됨

③ 구조물 제작 시 필름카메라 사진의 인화에 사용하던 암실과 같은 별도의 암막이나 빛 차단 장치를 해주어야 가능함

④ UV 레진보다 처리가 간단하고 안전하다는 장점이 있음

4) 산업용 레진

산업용에서는 주로 표준(Standard) SLA 수지, 엔지니어링(Engineering) SLA 수지, 치과 및 의료용(Dental & Medical) SLA 수지, 캐스터블(Castable) SLA 수지 등 다양한 용도의 재료들이 있음

(4) SLS 방식의 3D프린터 소재

1) SLS 방식의 이해

① SLS 방식은 고체 분말을 재료로 출력물을 제작하는 방식으로, 작은 입자의 분말들을 레이저로 녹여 굳히고 한 층씩 적층시켜 조형하는 방식

② 금속을 제외한 분말들은 출력물에 별도의 서포트가 필요하지 않기 때문에 메시 형태의 디자인 출력에 강점을 보임

③ 후처리 과정이 번거롭고 소재의 가격이 비싼 편

2) 플라스틱 분말

① SLS 방식에서 가장 흔하고 상대적으로 저렴하게 사용되는 소재

② 주로 나일론 계열의 폴리아미드(PA, Polyamide)가 사용됨

③ 의류, 패션, 액세서리, 핸드폰 케이스 등 직접 만들어서 착용·사용이 가능한 제품을 출력할 수 있음

④ 염색성이 좋아 다양한 색깔을 낼 수 있음

3) 세라믹 분말

① 세라믹은 금속(혹은 반금속)과 하나 이상의 비금속을 함유하는 무기화합물금속과 비금속 원소의 조합으로 이루어져 있음

   예 산소 + 금속이 결합된 산화물, 질소 + 금속이 결합된 질화물, 탄소 + 금속이 결합된 탄화물 등

② 알루미나(Al_2O_3), 실리카(SiO_2) 등이 대표적인 신 세라믹이고 도자기, 벽돌, 시멘트 같은 점토 제품은 전통 세라믹이며 유리 등도 세라믹에 속함

③ 플라스틱에 비해 강도가 강하며 내열성, 내화성이 탁월함

④ 세라믹을 용융시키기 위해선 고온의 열이 필요하다는 단점이 있음

4) 금속 분말

① 금속 재료는 철, 알루미늄, 구리 등 하나 이상의 금속 원소로 구성된 재료로, 소량의 비금속 원소(탄소, 질소) 등이 첨가되는 경우도 있음
② 금속 원소에 소량의 비금속 원소가 첨가되거나, 두 개 이상의 금속 원소에 의해 구성된 금속 물질을 합금(alloy)이라고 함
③ 3D프린터에서는 주로 알루미늄, 티타늄, 스테인리스 등이 SLS 방식의 금속 분말로 사용되고 있음
④ 금속 분말은 자동차 부품과 같이 기계 부품 제작 등에 많이 사용됨
⑤ SLS 방식은 서포터가 필요하지 않지만, 금속 분말의 경우 소결되거나 용융된 금속에서 빠르게 열을 분산시키고 열에 의한 뒤틀림을 방지하기 위해서 지지대(서포트, support)가 반드시 필요함

(5) MJT 방식의 3D프린터 소재

1) MJT 방식의 이해

① MJT(Material Jetting, 재료 분사) 방식은 정밀도가 매우 높고 컬러프린팅이 가능하기 때문에 많이 사용되지만 현재까지 보급형이 존재하지 않음
② Polyjet 방식으로도 불리며, SLA 방식과 마찬가지로 액체 상태의 광경화성 수지를 재료로 이용함
③ 노즐을 통해 형상 재료와 서포트 재료를 선택적으로 분사할 수 있기 때문에 서포트 제거가 용이함
④ 플랫폼이 철판이기 때문에 출력물 제거 시 날이 얇은 도구를 사용함
⑤ 온·습도에 민감하기 때문에 에어컨 시설이 필요하며, 보통 20~25℃의 온도에서 사용하고 습도는 50% 이하가 권장됨
⑥ 대부분의 MJT 3D프린터 제조사들이 자체적으로 만든 독점 재료만을 사용한다는 사실이 단점으로 지적되고 있음

2) 광경화성 수지(광경화성 아크릴 수지, UV Curable Acrylic resin)

① MJT 방식은 광경화성 수지가 플랫폼에 토출되면 따라오는 자외선 광선으로 경화시키며 한 층씩 조형하는 방식이기 때문에 자외선에 경화가 잘 되는 재료를 사용해야 하므로 아크릴 계열의 플라스틱 재질이 주로 이용됨
② 0.025~0.05mm 수준의 정밀도를 가지며 약 100℃의 온도에서 변형이 시작되기 때문에 내열성이 준수함
③ 내충격성이 약하기 때문에 실제 제품용보다는 모형용으로 적합한 재료
④ 재료는 보통 용기에 담겨져 있으나 빛에 노출되면 굳어서 사용할 수 없게 되기 때문에 용기 안에 들어 있더라도 박스와 같이 빛이 차단된 곳에 보관해야 함

3) 왁스(Wax)

왁스 재료는 주얼리에서 산업계에 이르기까지 다양한 몰드 제작 용도로 많이 사용됨

4) 기타

① 광경화성 수지 재료로 일반적으로 사용되는 ABS, PLA, Nylon 및 PC·엔지니어링·고성능·특수·서포트 레진도 사용 가능

② 스트라타시스(Stratasys), DP Polar 등 일부 제조업체는 특성을 더욱 향상시키기 위해 복합재료를 생산하기도 함

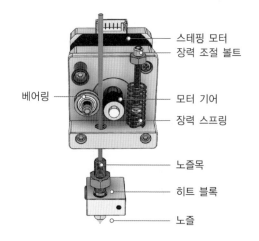

2. 3D프린터 소재 장착

(1) FDM 방식의 3D프린터

① FDM 방식에서의 소재 장착은 압출기 모터의 축에 장착된 기어의 톱니가 고체 형식의 필라멘트를 찍어 이송시키는 방식

② 압출기에 있는 스테핑 모터의 축에 장착된 기어는 톱니를 가지고 있으며, 유격을 조절할 수 있는 베어링 사이로 필라멘트를 통과시킴

③ 모터가 돌아가면 기어 톱니가 동기화되어 같이 돌게 되며, 이 톱니가 필라멘트를 찍어서 이동시킴

④ 압출기의 핫엔드에서는 이송된 필라멘트를 히트 블록의 높은 열을 이용해 노즐에서 녹임

⑤ 필라멘트가 고체에서 액체로 상태 변화하면서 부피가 커짐에 따라 압력이 발생함

⑥ 강해진 압력은 압력이 낮은 쪽으로 이동하게 되면서 노즐 구멍으로 빠져 나오게 됨

⑦ FDM 방식의 3D프린터에서 필라멘트가 녹아서 흘러나오는 것을 압출(압력에 의해 밖으로 흘러나옴)이라고 하며, 그 동작을 하는 부품을 압출기(Extruder, 익스트루더)라고 부름

스테핑 모터
장력 조절 볼트
베어링
모터 기어
장력 스프링
노즐목
히트 블록
노즐

(2) SLA 방식의 3D프린터

① SLA 방식의 재료는 액체이고 빛의 영향을 많이 받기 때문에 팩, 케이스에 담겨 있음

② 산업용의 경우 팩, 케이스를 소재 공급 투입구에 장착하면 필요한 만큼의 양이 3D프린터의 수조(vat)에 공급되고, 수조에 담긴 소재에 UV레이저를 주사시켜 출력물을 조형함

③ 보급형의 경우 상대적으로 구조가 간단하기 때문에 수조에 소재를 직접 부어 넣어 사용함

④ 광경화성 수지의 보관 시 빛을 차단하는 장치를 구비하거나 광중합 개시제와 혼합하지 않고 보관함

(3) SLS 방식의 3D프린터

① 분말 소재를 사용하는 SLS 방식의 3D프린터는 내부에 분말을 저장하는 공간이 있어 여기에 일정량을 넣어서 사용함

② 플랫폼이 아래로 움직이면서 적층되는 방식이므로 층별로 분말을 보강해 주는 여분의 분말 저장 공간도 같이 존재함

③ 플랫폼이 내려가면 각 층마다 여분의 분말을 블레이드, 스위퍼를 이용해 새 분말을 평평하게 펴서 채워줌

(4) MJT 방식의 3D프린터

① SLA 방식과 같은 광경화성 수지를 사용하기 때문에 별도의 팩, 케이스 용기를 직접 3D프린터에 꽂아서 사용함

② 보통 MJT 방식 3D프린터 내부에는 별도의 재료 용기를 꽂는 공간이 있어 그곳에 재료 카트리지를 넣으면 소재 장착이 완료됨

③ 출력물과 서포트에 쓰이는 재료를 모두 사용하기 때문에 3D프린터마다 차이가 있을 수 있으나, 보통 설치하는 곳도 별도로 나뉘어져 있음

④ 재료 교체 시 먼저 장비를 예열시켜야 하며, 그렇지 않으면 재료 케이스와 장비에 손상이 발생할 수 있음

⑤ 재료가 장착되면 수백 개의 노즐을 통해 재료가 토출되고, 이후 그 뒤를 따라오는 UV광선이 경화시키는 방식으로 조형됨

3. 소재의 정상 출력 확인

> 3D프린터의 출력이 시작된 후 초기 상태에서 제대로 출력이 진행되고 있는지 파악하는 것도 중요한 작업이다. 거의 모든 3D프린터는 LCD 패널이 장착되어 있다. LCD 패널은 현재 3D프린터의 상태와 진행 방식, 그리고 문제가 있는지 등을 확인할 수 있다. 각 3D프린팅 방식별로 앞서 살펴본 소재가 정상적으로 출력되고 있는 것인지 확인해 보자.

(1) FDM 방식의 3D프린터

1) 확인 목적

① FDM 방식은 압출기에서 토출된 재료가 플랫폼 위를 누르면서 이동하고, 플랫폼에 밀착되어 굳어가는 것이 중요함

② 첫 층에서 플랫폼에 얼마나 잘 부착되는가에 따라 초기 출력물의 성패를 미리 짐작해 볼 수도 있음

2) 노즐의 수평 설정

① 문제상황
- 3D프린터의 압출기는 구조적인 특성상 수평으로 이동함
- 결과적으로 플랫폼에 압출된 재료를 잘 접착시켜야 하기 때문에 플랫폼도 압출기의 이동 동선과 평행하게 위치해야 함
- 압출기의 노즐과 플랫폼의 평행이 중요하며, 완전한 평행이 이루어졌다 하더라도 그 간격이 너무 좁거나 멀어지면 출력에 문제가 발생할 수 있음
- 아래 그림 Ⓐ와 같이 노즐과 플랫폼(베드) 사이의 간격이 넓은 경우 재료 밀착력이 떨어지기 때문에 출력되는 도중 플랫폼에서 떨어질 확률이 높아짐 → 결과적으로 출력이 되는 것처럼 보이다가 출력물에 약간의 충격이라도 가해진다면 플랫폼에서 이탈되기 때문에 적층이 계속될 수 없음

- 그림 ⓑ처럼 너무 붙어있으면 필라멘트가 나올 공간이 없거나 좁은 공간을 힘겹게 빠져 나오면서 뚝 뚝 끊어진 형태로 나올 수도 있음 → 미처 나오지 못한 재료가 노즐 안에서 병목 현상을 발생시키고 노즐이 막히게 되는 원인이 되기도 함

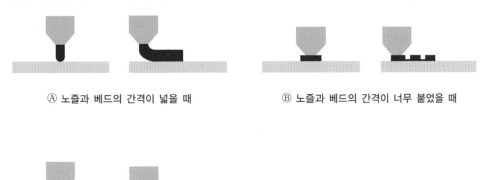

Ⓐ 노즐과 베드의 간격이 넓을 때   Ⓑ 노즐과 베드의 간격이 너무 붙었을 때

Ⓒ 노즐과 베드의 간격이 적정할 때

② 해결 방법
- 보급형의 경우 플랫폼 가장자리에 있는 볼트를 이용해 높낮이 조절 가능
- 가장 일반적인 높이 조절 방법은 A4용지를 노즐과 플랫폼 사이에 넣었다 뺄 때 용지의 상단부가 약간 긁히는 느낌이 나는 정도로 조절하는 것이 좋음
- 처음에는 어렵게 느껴질 수도 있지만 어느 정도 반복해서 수정하다 보면 나중에는 감각적으로 조절 가능함

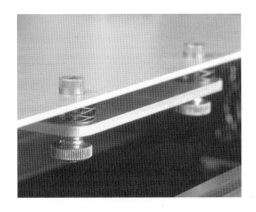

3) 노즐의 막힘 현상

① 문제상황

- 출력을 시작했는데 필라멘트가 압출되다가 나오지 않는 경우 또는 처음부터 압출이 되지 않는 경우는 압출기의 노즐이 막혔을 때 나타나는 대표적인 증상
- 압출기의 노즐의 직경은 0.1mm부터 1.0mm 정도로 매우 좁기 때문에 약간의 이물질이나 노즐 내부의 이상현상으로도 쉽게 막힘

> **TIP**
>
> 보급형 3D프린터가 나왔던 초창기 시절에는 필라멘트의 품질이 떨어져 이물질이 많아 쉽게 막혔지만, 현재는 많은 시행착오와 기술의 발전으로 필라멘트의 불량은 거의 찾아보기 힘들다.

- 필라멘트 문제가 발생하는 대표적인 경우가 필라멘트 교체 시 녹는 온도가 다른 필라멘트를 아무 조치없이 바꿔 진행한 경우

  예 많이 사용하는 ABS 필라멘트로 출력하다 PLA로 바꿔서 출력하면 바로 막히는 이유: ABS 필라멘트는 보통 230℃ 정도에서 녹는데, PLA는 200℃ 근처에서 녹이는 온도를 사용함 → 노즐에 남아 있던 ABS가 200℃에서는 녹이기 쉽지 않기 때문에 막히게 됨

- 필라멘트 문제 발생의 또 다른 경우로는 압출이 진행되지 않은 상태에서 장시간 높은 온도에 노출될 경우로, 내부에서 녹은 필라멘트에 경화가 일어나고 같은 온도에서는 다시 녹지 않게 됨

② 해결 방법

- 노즐이 막혔을 때는 노즐을 분해하여 내부를 청소하는 것이 최선
- 내·외부에 붙어 있는 이물질, 찌꺼기들은 노즐 온도를 높이 올린 상태에서 핀셋 등으로 제거하고 닦아주면 해결 가능
- 토치로 강하게 달궈 노즐 내부를 완전히 연소시킨 후 공업용 아세톤에 2시간 정도 담가 두면 내부에 눌어붙은 필라멘트를 녹여 없앨 수도 있음

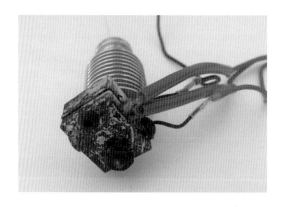

4) 스테핑 모터의 압력 부족

① 필라멘트의 공급을 담당하는 부품은 스테핑 모터로, 모터가 회전하면 모터 축에 부착되어 있는 기어 톱니가 필라멘트를 찍어 이송시킴

② 기어 톱니와 유격을 결정하는 베어링의 위치가 너무 좁거나 넓으면 원활한 필라멘트의 이송이 어려워져 출력 실패의 원인이 됨

③ 3D프린터는 동작 중 장비 자체의 진동 때문에 조립되어 있던 부품들이 조금씩 풀리게 되면서 동일한 문제가 발생하므로 수시점검이 필요함

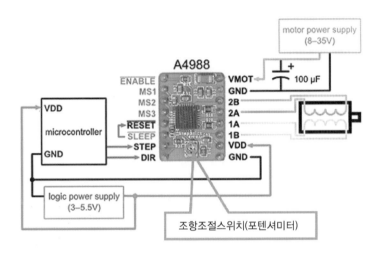

5) 노즐 사이즈에 따른 출력 두께 조정

① 노즐 사이즈에 따라 한 층의 두께, 즉 레이어의 두께를 적당히 유지해야 함

너무 얇은 두께를 설정할 경우	압출되는 절대량이 적어지기 때문에 플랫폼 부착이 어려워질 수도 있고, 속도가 조금만 빨라도 부착되지 않고 지나가버릴 수도 있음
너무 두꺼운 두께를 설정할 경우	노즐 사이즈에 따라 압출되는 최대값은 이미 정해져 있는데 두껍게 설정하여 최대값을 초과하는 압출량이 필요하다면 필라멘트 부족으로 출력물의 불량이 발생

② 일반적으로 출력 품질과 출력 속도를 감안해 0.2mm를 가장 많이 사용함

(2) SLA 방식의 3D프린터

1) 확인 목적

① SLA 방식은 FDM 방식처럼 별도의 부품들의 접촉으로 출력물을 적층하지 않기 때문에 오류가 적은 편

② 광경화성 수지를 경화시키기 위해 레이저, 광선을 사용하기 때문에 이에 대한 주의가 필요함

2) 빛의 세기 조절

① 빛을 이용해 광경화성 수지를 경화시키고 적층시켜 출력을 이루는 방식은 빛의 세기가 중요한 요소
② 빛의 세기에 따라 경화가 덜 이루어져 적층이 실패하거나 과경화가 일어나 변형이 일어나는 경우 또는 그 부분이 타버리는 경우 등이 있기 때문에 빛의 세기 조절은 매우 중요함
③ 대부분의 3D프린터 제조사들은 빛의 세기에 대한 기준값과 재료에 따른 설정값들을 기본적으로 제공하고 있기 때문에 참조하는 것을 권장함

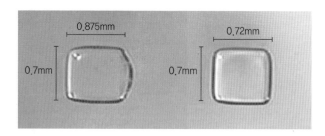

3) 빛샘 현상(Light Bleeding)

① 광경화성 수지에 빛을 주사하거나 전사할 때 빛이 새어 나가게 되면 원하지 않는 부분까지 경화가 되는 현상이 발생함
② 빛샘 현상 발생 시 새어나온 빛에 의해 불필요한 곳까지 경화가 일어나 출력물이 지저분해짐
③ 빛샘 현상은 수지의 색상과도 밀접한 관계가 있음
   예 짙은 색상의 수지보다 투명도가 높은 수지가 빛샘 현상이 더 잘 일어남
④ 적층 두께가 0.05mm 정도로 너무 얇은 경우에도 빛샘 현상이 자주 발생함
⑤ 빛에 노출되는 시간(노광 시간)이 길어지면 과경화, 짧아지면 경화 불량이 발생할 확률이 높아지므로 주의해야 함
⑥ 빛샘 현상을 줄이기 위해서는 짙은 색의 수지를 사용하고 경화 시간을 적절히 맞추는 것이 권장됨

4) 재료의 온도

① 액상 수지가 너무 차가우면 경화될 가능성이 낮거나 일정하지 않고 부분적으로 경화되어 플랫폼 접착력이 나빠짐
② 3D프린터의 주위 온도를 25~30℃ 정도로 유지시키는 것이 좋음

(3) SLS 방식의 3D프린터

① SLS 방식은 FDM, SLA 방식에 비해 출력 불량이 적은 편이지만, SLA 방식과 유사하게 레이저를 사용하기 때문에 레이저 세기, 노출 시간에 따라 융접 부위의 크기가 달라지는 현상이 발생함
② 습한 곳에 분말을 보관하면 뭉침 현상이 발생할 수 있어 출력 불량이 발생할 확률이 높아지기 때문에 재료의 보관에 유의해야 함

4. 물질안전보건자료(MSDS)

(1) 물질안전보건자료의 정의

① 물질안전보건자료(MSDS: material safety data sheet)는 화학물질을 안전하게 사용하고 관리하는 데 필요한 정보를 기재한 문서

② 화학물질의 제조자, 제품명, 성분과 성질, 취급상의 주의사항, 적용된 법규, 사고 발생 시 응급처치방법 등이 기술되어 있음

③ 1983년 미국 노동안전 위생국(OSHA, Occupational Safety and Health Administration)이 화학물질 작업장의 근로자들을 위해 시작했으며, 1996년 7월 1일부터 국내에서 시행됨

④ 「산업안전보건법」 제41조(물질안전보건자료의 작성, 비치 등)에 근거하여 화학물질을 제조·수입·사용·운반·저장하고자 하는 사업주가 비치하고, 화학물질이 담겨 있는 용기 또는 포장에 경고 표지를 부착해 유해성을 알리며, 근로자에게 안전보건교육을 실시하도록 하였음

⑤ 안전보건공단에서 MSDS를 검색하면 원하는 화학물질에 대한 MSDS를 찾아볼 수 있음

(2) 3D프린터와의 관계

① 3D프린터의 소재 역시 다양한 화학물질이 포함되어 있으며, 후가공 시 사용하는 도구, 재료 등도 마찬가지임

② 3D프린터를 사용하는 각 사업장, 학교 등의 교육기관에서는 반드시 물질안전보건자료를 비치하고 활용해야 함

단일물질

· 물질명 : 이소프로필 알코올				
· CAS No : 67-63-0	· KE No : KE-29363	· UN No : 1219	· EU No : 200-661-7	

펼쳐보기

1. 화학제품과 회사에 관한 정보	∨
2. 유해성·위험성	∨
3. 구성성분의 명칭 및 함유량	∨
4. 응급조치요령	∨
5. 폭발·화재시 대처방법	∨
6. 누출사고시 대처방법	∨
7. 취급 및 저장방법	∨
8. 노출방지 및 개인보호구	∨
9. 물리화학적 특성	∨
10. 안정성 및 반응성	∨
11. 독성에 관한 정보	∨
12. 환경에 미치는 영향	∨
13. 폐기시 주의사항	∨
14. 운송에 필요한 정보	∨
15. 법적 규제현황	∨
16. 그 밖의 참고사항	∨

그림 안전보건공단 홈페이지에 있는 물질안전보건자료 예시

01

3D프린터 방식 중 SLA 방식의 특징이 <u>아닌</u> 것은?

① 나일론 계열의 폴리아미드가 주로 사용된다.
② 빛을 이용하기 때문에 정밀도가 높다.
③ 폐기 시 별도의 절차가 필요하다.
④ 강도가 낮은 편이라 시제품을 생산하는 데 주로 사용된다.

해설
• 나일론 계열의 폴리아미드는 SLS에서 분말소재로 많이 사용함
• SLA는 광경화성 수지를 사용하며, 대표적으로 UV 레진, 가시광선 레진 등이 있고 산업용에는 더욱 더 다양한 종류의 소재를 사용함

정답 ①

02

다음 중 분말 재료를 사용하는 3D프린팅 방식으로, 서포트가 필요 없는 것으로 바르게 짝지어진 것은?

① CJP, SLA
② CJP, SLS
③ SLA, SLS
④ FDM, SLS

해설
CJP(Color-Jet Printing) 방식 3D프린터
• BJT(Binder Jetting) 방식을 채용하여 최대 600만 가지 색상의 풀컬러가 구현 가능한 3D프린터
• 석고 재질의 파우더를 주재료로 하여 서포트가 생성되지 않아 간편하고, 빠른 출력속도를 가진 3D프린터

정답 ②

03

3D프린터 출력 전 장비 외부의 주변 온도에 대한 설명으로 옳지 <u>않은</u> 것은?

① MJ 방식은 20~25℃ 사이의 온도를 권장하며 냉방 시설은 불필요하다.
② 외부의 온도가 너무 낮거나 높으면 정상적인 출력이 어려울 수 있다.
③ 3D프린터에 따라 외부 공기 흐름을 차단시키고 챔버 내부 온도를 적정 온도로 유지시켜 주기도 한다.
④ 장비 주변 온도도 내부 온도 못지않게 중요하다.

해설
MJ 방식
• 폴리젯(Polyjet) 방식이라고도 하며, 액상 소재를 베드 위에 뿌리고 자외선으로 경화시키면서 성형하는 장비
• 온도, 습도에 민감하기 때문에 에어컨 시설이 필요함
• 보통 20~25℃의 온도에서 사용하고 습도는 약 50% 이하가 권장됨

정답 ①

04

다음 중 세라믹 분말의 특징으로 옳은 것은?

① SLS 방식에서 가장 흔히 사용되는 소재이다.
② 금속과 비금속 원소의 조합으로 이루어져 있다.
③ 소량의 비금속 원소(탄소, 질소 등)가 첨가되는 경우도 있다.
④ 기계 부품 제작에 많이 사용된다.

해설
① 플라스틱 분말에 대한 설명이다.
③·④ 금속 분말에 대한 설명이다.

정답 ②

05

3D프린터의 소재 장착에 대한 설명으로 틀린 것은?

① SLA 방식은 팩이나 케이스에 보관된 재료를 공급 투입구를 통해 투입하여 사용한다.

② MJ 방식은 금속 분말을 사용하므로 재료를 프린터에 부어서 사용한다.

③ FDM 방식은 고체 형식의 필라멘트를 사용한다.

④ SLS 방식은 프린터 내 별도의 분말 저장 공간에 일정량을 부어서 사용한다.

[해설]
MJ 방식은 액상 광경화성 수지를 사용한다.

[정답] ②

02 | 데이터 준비 및 업로드 확인

대표유형

3D프린터 출력 시 STL파일을 불러와서 슬라이서 프로그램에서 출력 조건을 설정 후 출력을 진행할 때 생성되는 코드는?

① Z코드   ② D코드

③ G코드   ④ C코드

해설 G코드의 정의

정답 ③

1. 데이터 업로드란?

- 3D프린터에 소재를 장착한 다음 출력을 위해 출력용 데이터를 3D프린터에 업로드를 해야 한다. 이 업로드된 파일을 출력하면서 소재가 정상 출력이 되는지가 확인되면 80~90%는 출력이 완성될 것이다.
- 3D프린팅 방식에 따라 데이터를 업로드하는 방법에 차이가 있다. FDM 방식의 경우 노즐이 지정된 경로를 따라 압출기가 이동하면서 출력을 진행한다. 보급형의 경우 대부분 G코드를 사용하고, 산업용은 자체적으로 만든 데이터 형식을 업로드한다. SLA 방식은 3D프린터의 기본적인 이동은 G코드를 사용하지만, 출력물 조형에는 각 3D프린터별로 독자적인 방식을 사용하기도 한다. SLS 방식도 마찬가지로 장비의 특성에 맞는 데이터 변환을 통해 구동시키며 대부분 그 형식이나 방법에 대해서는 공개하지 않는다.
- 그럼 출력용 데이터 파일을 3D프린터로 업로드하는 방법을 알아보자.

(1) 데이터 업로드 방법

직접 업로드	• 이동식 저장매체(USB 메모리, SD카드 메모리 등)를 이용하여 출력용 데이터 파일을 컴퓨터에서 3D프린터로 직접 전달함 • 가장 안정적이고 보편적인 방식
유선 업로드	• USB 케이블을 이용하여 컴퓨터와 3D프린터를 직접 연결한 후 데이터를 유선으로 전달하는 방식 • 직접 업로드보다는 유선이 외부 전파의 영향을 받을 수 있기 때문에 출력 품질에 영향을 미치지만 이동식 저장매체가 필요없다는 장점이 있음
무선 업로드	• 단거리 무선통신인 블루투스(Bluetooth), 블루투스보다는 원거리를 사용하는 와이파이(Wi-Fi) 무선통신을 사용해 데이터를 전달하는 방식 • 한때 각광받는 기술이었으나 무선 데이터의 불안정성에 의한 출력 불량 우려가 있음 • 내장 메모리를 가진 3D프린터들이 출시되면서 약점보다는 장점이 부각되고 있음

(2) 3D프린터용 파일로 변환 과정

① 3D모델링 소프트웨어에서 3D 데이터 파일을 완성한 후 출력용 데이터 파일(대표적으로 SLT 파일)로 변환해서 저장함

② 출력용 데이터 파일은 3D프린터가 바로 읽어들이지 못하기 때문에 슬라이싱 소프트웨어를 이용해 3D프린터가 알 수 있는 형태(대표적으로 G코드 파일)로 다시 저장함

2. G코드 파일 업로드

(1) G코드의 예

한 변이 20mm인 정육면체를 CURA를 통해 G코드로 변환한 G코드 파일을 윈도우즈의 메모장으로 열어
본 아래의 그림을 통해 G코드를 좀 더 직관적으로 살펴볼 수 있음

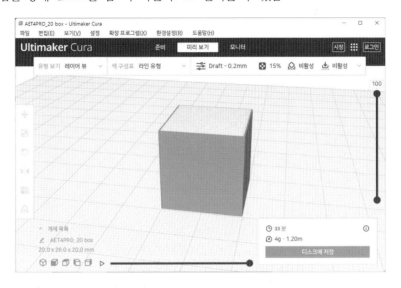

(2) 업로드 확인

① 대부분의 3D프린터에는 출력 설정, 진행상황 확인을 위한 LCD화면이 장착되어 있음

② SD카드, USB 메모리 등에 있는 G코드 불러오기, 필라멘트 교체 기능, 노즐과 히팅베드의 온도 조절 등 3D프린팅 출력에 대한 다양한 기능을 LCD화면에서 확인 · 제어 가능

③ G코드 파일의 업로드가 정상적으로 되었는지도 LCD화면에서 확인 가능

④ 정상적으로 G코드가 업로드되었다면 3D프린터가 인식하여 노즐과 히팅베드의 온도를 먼저 올리고 이후 출력 기능이 시작됨

03 | 장비 출력 설정하기

대표유형

3D프린터의 종류와 사용 소재의 연결이 옳지 <u>않은</u> 것은?

① FDM → 열가소성 수지(고체)

② SLA → 광경화성 수지(액상)

③ SLS → 열가소성 수지(분말)

④ DLP → 열경화성 수지(분말)

해설 소재의 특징
- 열가소성 수지: 열을 이용하여 성형한 뒤에, 다시 열을 가하면 형태를 변형시킬 수 있음
- 열경화성 수지: 열을 가하여 성형한 뒤, 다시 열을 가해도 형태가 변하지 않음
- 광경화성 수지: 액상 소재가 특정 파장을 가진 레이저나 빛을 받으면 경화되는 성질

정답 ④

1. 3D프린팅 방식별 출력 순서와 방법 확인

(1) FDM 방식

1) FDM 방식의 출력

① 가열된 노즐에 필라멘트 형태의 열가소성 수지를 투입하면 투입된 재료가 노즐 내부에서 녹음

② 이때 재료가 고체에서 액체로 바뀌면서 부피가 증가하여 압력이 발생하고, 가압된 재료가 노즐 출구를 통해 토출되는 방식

③ 이런 과정을 압출이라고 하며, 이 과정을 담당하는 부품을 압출기(Extruder)라고 부름

④ 대부분 플라스틱 재료를 녹여 압출하기 때문에 공정 특성상 열가소성 수지만을 사용하여야 함

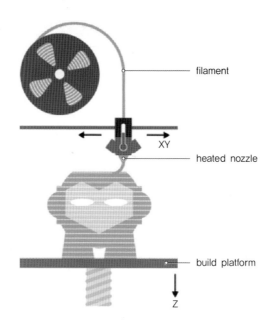

filament

XY

heated nozzle

build platform

Z

2) 재료 압출 부품 및 작동 방법

필라멘트	• 열가소성 수지를 필라멘트 형태로 가공하여 사용하며, 보빈(bobbin) 또는 스풀(spool)에 감겨 있음 • 3D프린터의 종류에 따라 장비 내부나 외부에 장착되어 있음
스테핑 모터와 노즐	• FDM 방식의 핵심부품인 압출기에는 스테핑 모터가 있고 모터의 축에는 기어가 장착되어 있으며, 기어는 톱니를 가지고 있음 • 필라멘트 재료가 압출기에 장착되면 기어 톱니가 재료를 찍어서 노즐 내부로 이송시킴 • 노즐 내부에서는 재료가 가열되어 용융되고 입출이 이루어짐 **TIP** 용융(鎔融) • fusion, melting • 고체에 열을 가했을 때 액체로 되는 현상
히팅베드	• 3D프린터의 종류에 따라 앞·뒤 또는 아래·위로 움직이며 베드(플랫폼) 위에 출력 단면이 만들어짐 • 열가소성 수지는 노즐에서 입출되면 바로 굳지만 주위 온도가 너무 낮으면 굳는 속도가 가속되어 이전 층 위에 접착되지 않는 현상이 발생하기도 하기 때문에 히팅베드를 가열시켜서 온도를 유지시킴 • 출력 후 팽창·수축을 반복하는 재료의 특성으로 출력물 모서리 부분이 들고 일어나는 수축 현상이 발생할 수 있으며, 각 층별 온도의 차이가 많이 날수록 쉽게 발생하기 때문에 히팅베드로 어느 정도 예방 가능

3) 후가공의 방법

① 후가공의 목적

- 현재 거의 모든 3D프린터의 출력물은 후가공(혹은 후처리)이 필요함
- 아무리 정교한 출력물이라도 3D프린팅의 적층가공 방식은 한 층씩 쌓는 방식이기 때문에 계단현상이 나타날 수밖에 없음
- FDM 방식은 특히 정밀도가 떨어지는 편이기 때문에 깔끔한 출력물 마감을 위해 후가공이 필수적

② 서포트 제거
- 출력물 후가공의 첫 작업은 서포트의 제거로, 적층가공의 특성상 공중에 떠있는 형상은 정상적으로 출력할 수 없기 때문에 서포트가 필수적
- FDM 방식의 서포트는 비수용성 서포트, 수용성 서포트로 나뉨

비수용성 서포트	• 수용성이란 물에 녹는 성질을 가지고 있는 물질을 뜻하며, 비(非)수용성 서포트는 물에 녹지 않는 서포트를 말함 • 보통 서포트의 재질이 본체의 재질과 동일하므로 손, 도구를 이용해 제거해야 함 • 사용 도구는 롱노우즈, 니퍼, 커터 칼, 조각도, 아트나이프 등 용도에 따라 다양함 • 수용성 서포트와 달리 제거에 시간이 오래 걸리며 서포트가 접해 있던 표면의 상태도 좋지 않음

수용성 서포트	• 물에 녹는 특성의 저온 열가소성 수지인 폴리비닐 알코올(PVA, Polyvinyl Alcohol) 소재가 대표적
	  – 수용성 섬유로 구성되어 있어 물에 녹으며, 다른 물질에는 반응하지 않음
	  – 단순한 물 세척 또는 담가놓는 것만으로도 제거 가능하고 독성이 없어 안전함
	• HIPS 소재도 서포트 소재로 사용되지만 물에는 반응하지 않고 특수용액인 리모넨(Limonene) 용액에 용해됨

③ 사포
- 서포트 제거 후 진행해야 하는 표면 정리에는 일반적으로 사포를 사용함
- 사포는 거칠기에 따라 번호가 있으며, 번호가 낮을수록 표면이 거칠고 높을수록 고움
- 출력물 표면 정리는 낮은 번호의 사포부터 시작하여 높은 번호의 부드러운 사포로 마무리함
- 스펀지 사포, 천 사포, 종이 사포가 주로 사용됨

스펀지 사포	부드러운 곡면을 다듬는 데 유용함
천 사포	질기기 때문에 오랫동안 사용 가능함
종이 사포	구겨지고 접히는 특성이 있어 출력물의 안쪽을 정리할 때 유용하게 사용함

④ 아세톤 훈증
- 공업용 아세톤을 이용해 출력물을 매끄럽게 만들어 주는 방법
- 밀폐용기에 출력물을 넣고 아세톤을 기화시키면 기화된 아세톤이 표면을 녹여 후처리하는 방법
- ABS 재료에 많이 사용하는 방식이며 PLA는 표면 경도가 강하기 때문에 아세톤보다는 클로로포름 (chloroform), 테트라하이드로퓨란(tetrahydrofuran)과 같은 물질에 훈증 가능
- 대부분의 훈증 용매는 유해물질이기 때문에 위험하고 냄새가 많이 남
- 훈증 후 뾰족한 출력물, 각이 필요한 부분 등의 디테일이 뭉개지는 단점이 있어 출력물의 치수 정확 도에도 영향을 미침
- 훈증 이외에도 붓을 이용하여 용매를 출력물에 바르거나 아예 담가 녹이는 방법도 있으나 훈련이 필 요하고 위험물질이기 때문에 권장되지 않음

(2) SLA 방식

1) SLA 방식의 출력

① SLA 방식에서 사용하는 광경화성 수지는 광중합 개시제(photoinitiator), 단량체(monomer), 중간체(oligomer), 광 억제제(light absorber) 및 기타 첨가제로 구성됨

② **광중합 개시제**: 특정한 파장의 빛을 받으면 반응하여 단량체와 중간제를 고분자로 변환시키는 역할(가교, cross-linking)의 결과로, 액체 상태의 광경화성 수지가 고체로 경화됨

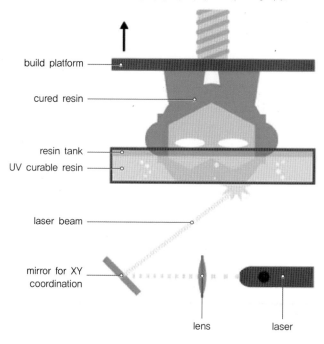

2) 빛 경화 방법 및 구성 부품

레이저	• 파장이 짧을수록 광학계를 이용하면 더 작은 지름의 빛을 만들 수 있기 때문에 자외선 레이저가 주로 사용됨 • 빛의 파장은 전파, 마이크로파, 적외선, 가시광선, 자외선, X선으로 갈수록 짧아지고 에너지는 커짐
렌즈	• 레이저에서 나온 빛을 매우 작은 지름이 되도록 만들어 주는 역할 • 초점을 맞추는 역할
반사 거울	레이저 주사 시 필요한 곳으로 레이저가 움직이면서 주사하는 것이 아니라 고정된 레이저에서 발사된 빛이 반사 거울을 통해 해당 위치로 주사되어 단면이 경화됨
엘리베이터	플랫폼을 위·아래로 이송하기 위해서 Z축 방향으로 엘리베이터에 연결되어 동작함
스윕 암	• 일반적으로 산업용 SLA 방식에서는 큰 출력물을 조형하기 위해 플랫폼이 아래로 내려가면서 성형됨 • 한 층이 완료되면 플랫폼이 아래로 내려가고 광경화 수지가 차오르는 것을 평탄하게 만들어 주는 역할을 함 • 매우 날카로운 칼날 형태이며 대부분 광경화성 수지를 공급할 수 있는 장치를 내부에 가지고 있음

3) 빛의 주사 조건에 따른 구분

자유 액면 방식 (Free Surface Method)	• 베드가 위 → 아래로 내려가는 방식이기 때문에 아래 → 위로 출력되는 규제 액면 방식에 비해 상대적으로 안정적인 성형 가능 • 한 층을 성형한 다음 플랫폼이 아래로 내려가고, 그 위에 광경화성 수지가 채워져야 하기 때문에 정밀한 플랫폼 이송, 재료 보급이 필요하여 광경화성 수지의 높이 제어가 어려움 • 광경화성 수지는 점성이 있어 수지가 고르게 퍼지는 데 시간이 소요되기 때문에 스위퍼 등의 장치를 이용하여 빠르게 평탄화해 주어야 함
규제 액면 방식 (Constrained Surface Method)	• 소재를 담고 있는 수조(Vat)의 바닥이 투명창으로 이루어져 있고 레이저가 아래 → 위로 조사됨 • 한 층이 성형된 후 플랫폼이 위로 이동하기 때문에 광경화성 수지가 채워지는 방식과 평탄화 작업이 자유 액면 방식보다 수월함 • 성형 시 광경화성 수지가 이전에 만들어진 층과 투명 유리 사이에서 경화되기 때문에 새롭게 경화된 층이 투명 유리에 접착될 위험성이 있음 • 레이저의 세기를 조절하거나 투명창 위에 특수한 필름을 붙여서 경화된 수지의 접착을 방지해야 함

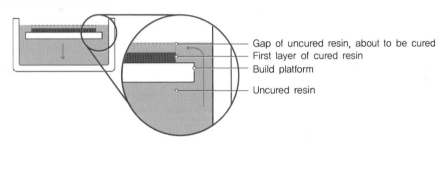

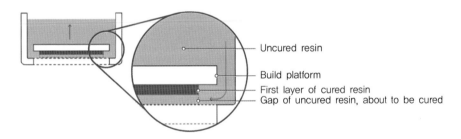

(3) SLS 방식

1) SLS 방식의 출력

① 처음에는 플라스틱 분말 위에 레이저를 스캐닝하여 분말을 소결시킴으로써 시제품을 만들었으나 세라믹, 금속 등 다양한 소재, 열원, 새로운 형태의 분말 융접 기술[레이저 용융(SLM, Selective Laser Melting) 기술 등]이 가능한 형태로 발전함

② 출력 과정 자체가 오버행이 발생되지 않고 분말 위에서 계속 성형되기 때문에 서포트가 필요없다는 장점이 있음

③ 금속 분말의 경우 융접 시 수축, 뒤틀림 등의 변형이 일어날 수 있으므로 별도의 서포트가 필요함

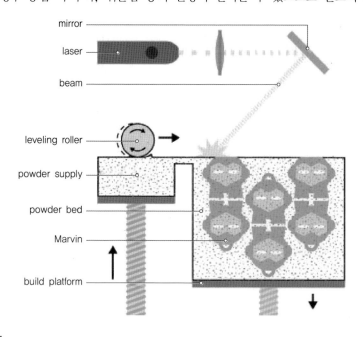

2) 분말의 융접 방법

레이저	• 분말들 사이에 융접을 발생시키기 위해서 하나 또는 다수의 열원을 가짐 • 매우 좁은 범위에 집중적으로 열에너지를 가하는 데 유리한 CO_2 레이저 등의 레이저 열원이 많이 사용됨
X-Y 스캐닝 미러	• 레이저에서 나온 빛은 반사 거울을 이용하여 각 층에서 원하는 부분으로 조사됨 • 여기서 '스캐닝'은 '주사'와 같은 용어로 쓰이며, 레이저를 점 단위로 비추어 성형하는 것을 뜻함
IR 히터	• 분말이 상온으로 있으면 소결, 용융을 위해 레이저의 출력이 아주 강해야 함 • 레이저의 세기를 낮게 유지하기 위해 분말이 채워진 카트리지의 온도를 높이고, 적외선 히터를 사용하여 분말을 녹는점 또는 유리전이점보다 약간 낮은 온도로 유지함 • 고온으로 성형하는 공정이기에 발생하는 불균일한 열팽창에 의한 출력물의 뒤틀림도 일정 방지 가능
회전 롤러	• 분말이 담긴 베드가 한 층 성형 후 아래로 내려가면 다음 층 성형에 필요한 새로운 분말이 필요함 • 회전 롤러는 여분의 분말통에 있는 분말을 추가하거나 표면을 매끄럽게 해주는 장치 • 베드 위에 분말을 고르게 펴주면서 일정한 높이를 갖도록 유지시켜 줌
플랫폼	• 고르게 펴진 분말에 고출력의 레이저를 쏠 때 발생하는 열을 이용하여 분말을 약 0.1mm 이내로 매우 얇게 융접시켜 층을 만듦 • 한 층이 끝나면 플랫폼이 아래로 이동하고, 그 위에 회전 롤러를 이용하여 새로운 분말을 공급함
파우더 용기함	• 플랫폼이 내려가면 그 위에 필요한 새로운 분말을 담고 있는 여분의 분말통 • 회전 롤러 등을 이용해 새 분말을 플랫폼 위로 이동시켜 성형을 계속함

3) 분말 종류에 따른 용접

비금속 분말 용접	• SLS 방식에서 사용되는 플라스틱, 세라믹, 유리 등의 비금속 재료들은 레이저 등의 열원으로 분말의 표면만을 녹여 분말 사이를 메꾸어 성형하는 소결 공정이 일반적 • 금속 용접과 다르게 열에 의한 변형이 크지 않기 때문에 별도의 서포트가 필요하지 않는 방식 • 서포트 제거 시 발생할 수 있는 출력물의 손상에 대한 우려가 없고, 복잡한 내부 형상을 가진 제품 제작 가능
금속 분말 용접	• 스테인리스 스틸, 공구강, 티타늄 합금, 인코넬 합금, 코발드 크롬, 알루미늄 합금 등 매우 다양한 금속들이 SLS 방식의 금속 분말로 사용됨 • 금속 재료는 비금속 분말과는 달리 높은 열이 필요하기 때문에 수축, 뒤틀림 등을 피하기 위한 서포트가 반드시 필요함 • 서포트도 금속이기 때문에 출력이 끝난 후 별로의 기계 가공에 의해 제거됨 • 서포트 제거 후에는 금속의 기계적 물성을 높이거나 거친 표면을 개선하기 위해 숏피닝(Shot peening), 연마, 절삭 가공, 열처리 등의 후처리가 필요한 경우가 많음

그림 숏피닝(Shot peening)

2. 3D프린터의 출력을 위한 사전 준비

온도 조건, 베드 확인, 청결 상태 등을 확인하여 출력하기 용이한 상태로 맞춰 주는 작업이 필요함

(1) 온도 조건 확인

1) 확인 목적

① 온도는 3D프린팅에서 매우 중요한 요소로, 특히 FDM 방식은 소재에 따른 적절한 노즐 온도 조건과 원활한 안착, 수축의 감소 등의 플랫폼 온도 설정이 중요함

② SLA, SLS 방식의 경우에도 출력 전 필수적으로 살펴봐야 하는 조건

2) FDM 방식

① 열에 의해 재료를 녹인 후 압출하는 방식이기 때문에 온도 조절이 필수적

② 챔버 형태의 3D프린터는 챔버 내부 온도 설정도 중요하지만, 핵심적인 온도 조절이 필요한 부분은 노즐과 베드

노즐 온도	• FDM 방식의 핵심적인 요소이며 소재를 녹이는 역할을 함 • 만약 적절한 온도가 공급되지 않는다면 정상적인 압출이 불가능함 • 온도가 너무 낮으면 용융이 되지 않아 소재 공급이 불가능해지고, 너무 높으면 너무 많이, 빠르게 녹아 물처럼 흘러내릴 수 있고 계속되면 소재가 탈 수도 있음 • 출력 전에 필라멘트 소재별 적정 온도를 확인하여 설정에 반영해야 정상적인 출력이 가능함 • 보통 필라멘트가 감겨 있는 스풀에 적정 온도가 표기되어 있으니 참고할 것
히팅베드 온도	• FDM 방식 중에서도 히팅베드가 없는 제품도 있으나 대부분 장착되어 있음 • 노즐 온도와 마찬가지로 베드 온도 또한 소재별로 다르게 설정해야 함 • PLA처럼 굳이 히팅베드가 필요 없는 경우도 있지만, ABS 소재는 온도에 따른 변형이 강하기 때문에 반드시 히팅베드가 필요함 • 소재에 따른 히팅베드의 필요 유무

소재 종류	히팅베드 사용 유무 및 사용 온도
PLA, PVA 소재 등	• 필요 없음 • 사용 시 히팅베드 온도 60℃ 이하로 설정
ABS, HIPS PC 소재 등	• 필수 • 80℃ 이상 온도로 설정

3) SLA 방식

① 레이저를 이용해 액상 소재를 경화시키면서 조형하는 방식이므로 온도 조절에 대한 필요성은 FDM 방식에 비해 낮음

② 광경화성 수지가 적정 온도를 유지하지 못하면 출력 불량이 높아지기 때문에 출력 시 소재 온도를 30℃ 내외로 유지하는 것이 권장됨

4) SLS 방식

① 적외선 레이저에서 발생하는 열을 이용해 분말을 융용시켜 융접하는 방식

② 열이 너무 높으면 분말이 타는 경우가 생길 수 있기 때문에, 분말 소재에 맞는 적정 온도를 위해 레이저의 출력을 조절해야 함

③ 원활한 용융을 위해 베드 주변에 설치된 적외선 히터는 베드와 예비용 분말 모두에 사용됨

5) 장비 외부의 주변 온도

① FDM 방식

• FDM 방식에서 제작한 출력물의 품질에 가장 큰 영향을 미치는 요소 중 하나는 정확한 압출량

• 출력물의 부피, 설정 등에 따라 필요한 압출량이 계산되며 압출 모터의 정확한 스텝 수를 통해 정확한 소재의 양이 투입되고, 원활하게 압출된다면 가장 이상적인 출력 품질을 유지할 수 있지만 실제 3D프린팅 작업 시에는 주위 환경 등의 여러 변수로 인해 정확한 압출량이 나오기가 아주 어려움

• 특히 출력 시 주변 온도의 변화는 노즐 온도, 베드 온도에도 영향을 미치며, 온도 변동에 따른 압출량 변화는 출력 품질에 직접적인 영향을 미치기 때문에 챔버가 있는 3D프린터가 오픈형 3D프린터보다 품질이 우수한 원인 중 하나가 됨

- 오픈형 3D프린터의 경우에도 작은 방에서 외부 공기흐름을 차단시킨 공간이라면, 방 자체가 큰 챔버 역할을 할 수 있기 때문에 출력 시 체크해야 할 요인이 됨
- '환기를 자주 시켜야 한다'는 말은 출력 중에 창문을 열고 환기를 하라는 것이 아니라 출력 후 환기를 통해 유해물질, 초미세먼지 등을 제거하라는 뜻

② MJ 방식
- 아주 훌륭한 출력 품질을 가지고 있지만 꽤 까다로운 환경을 요구함
- 출력실 온도는 20~25℃ 사이에서 동작하는 것이 권장되며, 습도는 50% 정도를 유지해야 하기 때문에 에어컨 시설이 필요함

3. 출력조건 최종 확인

(1) 정밀도 확인

① 3D프린터의 정밀도는 갈수록 발전하고 있으며, 레이어 두께는 마이크로 단위까지 설정 가능할 정도로 정밀해지고 있어 설계한대로 오차가 거의 없이 출력할 수도 있음
② FDM 방식은 다른 방식에 비해 정밀도가 떨어지는 편으로, 특히 열가소성 수지가 고열에 녹아 적층되는 방식이기 때문에 출력된 조형물은 팽창·수축을 반복하게 됨
③ 노즐과 플랫폼과의 거리로 인해 설계보다 얇게 또는 퍼지게 적층되기도 하므로 다음의 사항을 확인해야 함

수평 길이 확인	수평 길이를 10mm로 설계하고 10개 정도를 출력하여 길이를 측정해서 평균값, 오차평균값을 구함
수평 내부 길이 확인	ㄷ자 형태의 내부 폭을 2mm로 설계하고 10개를 출력하여 실제 내부 폭을 측정해 평균값, 오차평균값을 구함
수직 수평 방면 구멍 확인	지름 2mm 크기의 구멍 10개를 뚫은 모델을 설계·출력하여 구멍별로 측정해 평균값, 오차평균값을 구함
공차 확인	조립 모델을 공차 1mm 정도로 설계하고 5개 정도를 출력하여 각각의 공차를 실측한 후 평균값, 오차평균값을 구함

(2) 정밀도 수정

① 수평 길이를 실측하여 나온 표를 통해 평균값, 오차평균값을 알아볼 수 있음
② 10개 출력물의 수평 길이 측정값과 평균값

1	2	3	4	5	6	7	8	9	10	평균	오차 평균
10.22	10.18	10.20	10.20	10.24	10.19	10.24	10.23	10.16	10.21	10.21	0.207

③ 평균값은 10개의 값을 모두 더한 후 10으로 나누어 10.21이 나옴
④ 오차평균값은 평균값에서 기준값을 뺀 값이므로 평균값 10.21에서 기준값 10을 빼면 0.207이란 값이 나옴
⑤ 결론적으로 설계 시 오차평균값을 고려하여 설계해야 정밀도를 유지할 수 있음

(3) Steps per Unit(M92) 설정

1) 출력물의 오차

① 3D프린터는 설계와 출력물의 오차가 적어야 정상적인 제조장비로서의 역할을 할 수 있음

② 평균적으로 FDM 방식의 보급형 3D프린터의 표준 정확도는 ±1%(하한: ±1.0mm)이며, 산업용의 경우 ±0.15%(하한: ±0.2mm)으로 알려져 있음

③ 만약 오차가 크다면 단품 캐릭터 같은 제품은 어느 정도 용인될 수도 있겠지만, 조립품의 경우에는 치명적인 문제가 발생하기 때문에 제조장비로서의 3D프린터는 치명적임

④ 출력물을 실측하여 평균오차값을 찾아낸 후 설계에 반영하는 방법은 오차가 큰 경우에는 적용할 수 없기 때문에 3D프린터의 부품 설정값을 조정하여 수정해야 함

> 예 X축으로 20mm를 출력시키면 20mm로 성형되어야 한다. 하지만 22mm가 나왔다면, 오차가 10%가 났으므로 반드시 수정을 해야 한다. 이런 경우 Steps per Unit, G코드 명령은 M92를 이용해 오차를 줄일 수 있다.

2) AXIS Steps per unit(M92)

① Steps per Unit을 풀어서 해석하면 Steps/mm와 같으며, 각 축으로 1mm를 이동시킬 때 해당 축의 모터 회전수를 결정하는 G코드 명령

② 3D프린터의 모터는 스텝모터(Step Motor)를 사용하며, 한 번에 모터가 계속 회전하는 것이 아니라 전기 신호를 받았을 때 한 step만 움직이기 때문에 계속 회전을 유지하기 위해서는 전기 신호를 잘게 쪼개서 순차적으로 보내주어야 함

③ 스텝모터는 모터를 이동시키기 위한 부품, 즉 모터의 사양, 모터축에 장착된 풀리의 잇수, 풀리에 물려 움직이는 벨트의 사양에 따라 기본 회전수가 정해져 있고 이는 3D프린터의 펌웨어에 저장되어 있음

> 예 M92 X100 Y100 Z400 E80의 값을 가진다고 가정했을 때, 3D프린터의 압출기를 X축이나 Y축으로 1mm 움직일 때는 X축, Y축에 설치한 모터가 100스텝을 이동하게 된다. 마찬가지로 Z축으로 1mm, E축으로 필라멘트를 1mm 이송시키기 위한 모터의 스텝 수가 각각 400스텝과 80스텝을 이동하게 된다. 따라서 출력물 데이터의 기본 치수와 출력물의 결과 치수에 오차가 생긴다는 것은 G코드 M92값인 모터 스텝값이 틀렸다는 것을 알 수 있다. G코드를 활용해 적절한 값으로 바꾸어준다면 정확한 수치의 출력물을 얻을 수 있다.

3) M92의 계산식과 적용 방법

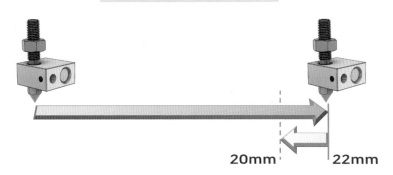

M92 X100 Y100 Z400 E100

20mm   22mm

① 위의 그림은 X축 M92값이 100인 상태에서, 20mm로 이동해야 함에도 22mm로 이동한 결과가 나온 것으로 해결하기 위해 비례식을 사용해 정확한 값을 산출해낼 수 있음

② '100:22 = 수정값:20' 계산식을 사용해야 하며 비례식의 풀이법으로 2000/22 = 90.909090...으로 수정값이 나옴

③ 보통 소수점 3자리에서 반올림한 값을 사용하기 때문에 정확한 수정값은 90.91이며 G코드 M92를 활용해 수정함

④ M92 X90.91이라는 명령어를 이용하면 펌웨어에 기록되어 있는 M92의 X값이 수정되며, 반드시 G코드인 M500으로 저장해야 적용됨

⑤ LCD패널에서 수정하는 것이 가장 간단한 방법

⑥ 펌웨어를 직접 수정할 수도 있지만, EEPROM값을 호스트프로그램을 이용해 수정·저장하는 것이 더 효율적

01

분말 융접 3차원 프린팅에서는 금속뿐만 아니라 다른 종류의 분말들도 이용한다. 다음 중 분말 재료에 압력을 가해서 밀도를 높인 후 여기에 적절한 에너지를 가해서 분말의 표면을 녹여 결합시키는 공정을 통칭하는 것은?

① 소성가공
② 열가소성
③ 소결
④ 분말용융성

해설

① 소성가공: 일반적으로 프레스 가공으로 불리며, 가공물에 형을 대고 눌러서 원하는 형상을 만드는 기술
② 열가소성 수지: 열을 가하면 변형이 되었다가 열을 거두면 변형된 형태를 유지하는 플라스틱, FDM 방식의 소재
④ 분말용융: 녹는점이 다른 이종의 분말을 넣고 열을 가하면 용융점이 낮은 분말이 녹아 남은 분말들 틈으로 들어가 서로 붙이는 방식

정답 ③

02

다음 중 수조 광경화 3D프린터의 공정별 출력 방향과 지지대에 대한 설명으로 거리가 먼 것은?

① 플랫폼의 이송 방향이 위쪽이면 출력물이 성형되는 방향은 아래쪽이다.
② 지지대는 출력물과 동일한 재료이며 제거가 용이하도록 가늘게 만들어진다.
③ 빛이 주사되는 방향으로 플랫폼이 이송되며 층이 성형된다.
④ 액체 상태의 광경화성 수지(photopolymer)에 빛을 주사하여 선택적으로 경화시킨다.

해설

수조 광경화 방식(= 광중합 방식)
대표적으로 SLA 방식이 있으며, 성형 방향의 경우 보급형은 위쪽, 산업용은 아래쪽으로 구분된다.

정답 ①

03

SLS 방식에서 제품에 분말을 추가하거나 분말이 담긴 표면을 매끄럽게 해주는 장치는?

① 레벨링(회전) 롤러
② 레이저 광원
③ 플랫폼
④ X, Y 구동축

해설

SLS 방식은 한 층이 완성되면 베드가 아래로 내려가는 방식이다. 이때 비어버린 1층에 추가로 소재를 공급해 주어야 하는데, 이 작업을 수행하는 부품 또는 장치를 롤러, 스위퍼, 블레이드 등으로 부른다.

정답 ①

04

SLA(stereolithography) 방식에서 일정한 빛을 한 점에 집광시켜 구동기가 움직이며 성형하는 제작 방식의 종류는?

① 전사 방식
② 반사 방식
③ 주사 방식
④ 집광 방식

해설

SLA 방식 3D프린터의 제작 방식은 주사 방식과 전사 방식으로 나뉜다.

주사 방식	• 빛을 한 점에 집광시켜 구동기가 움직이며 성형하는 방식 • 가공성이 용이하지만 속도가 느림
전사 방식	• 빛을 한 면을 전사하여 성형하는 방식 • 주사 방식보다 속도가 빠름

정답 ③

05

3D프린터의 소재 장착 방법 중 별도의 팩, 용기를 직접 프린터에 꽂아서 사용하는 방식은?

① FDM 방식
② SLA 방식
③ SLS 방식
④ MJ 방식

해설

3D프린터의 방식별 소재 장착 방법

MJ	별도의 팩이나 용기를 직접 3D프린터에 꽂아서 사용
FDM	스테핑 모터 축에 연결된 기어의 톱니가 필라멘트를 찍어서 노즐까지 이송시킴
SLA	팩 포장된 재료를 프린터에 부어 넣음
SLS	프린터 내에 플랫폼과 별도의 분말 저장 공간이 있기 때문에 이 공간에 재료를 부어 넣음

정답 ④

PART 06
제품 출력

01 | 출력 과정 확인

대표유형

3D프린터의 출력 방식에 대한 설명으로 옳지 <u>않은</u> 것은?

① DLP 방식은 선택적 레이저 소결 방식으로 소재에 레이저를 주사하여 가공하는 방식이다.

② SLS 방식은 재료 위에 레이저를 스캐닝하여 융접하는 방식이다.

③ FDM 방식은 가열된 노즐에 필라멘트를 투입하여 가압 토출하는 방식이다.

④ SLA 방식은 용기 안에 담긴 재료에 적절한 파장의 빛을 주사하여 선택적으로 경화시키는 방식이다.

해설 DLP(Digital Light Processing, 디지털 광원 처리) 방식
- 액상 광경화성 수지를 사용하며, 모델 형상을 프로젝트의 빛으로 경화시켜 성형
- SLA(레이저), DLP(광원, 빛)

정답 ①

---

1. 출력 중 고정 상태와 지지대의 확인

3D프린터 출력 중 출력물이 플랫폼에 단단히 고정되어 있는지, 지지대가 출력물을 지지해 줄 수 있는지를 확인해야 함

2. 3D프린팅의 플랫폼과 지지대

3D프린팅의 기술과 공정 방식에 따라 출력물이 성형되는 바닥면의 위치, 지지대의 형태가 달라진다. 출력물은 플랫폼에 견고하게 부착되어야 하고, 또한 쉽게 제거할 수 있어야 한다. 그리고 정확한 출력을 위해서는 지지대가 필요할 수도 있다.

(1) 3D프린팅 공정별 분류

- 오늘날 사용되는 3D프린팅 기술에는 7가지 주요 유형과 20개 이상의 하위 유형들이 있다.
- 실제 적층 제조(AM)라고 불리는 3D프린팅은 전혀 다른 장비와 재료를 사용하는 여러 가지 독특한 3D프린팅 프로세스를 아우르는 포괄적인 용어이다.
- 3D프린팅의 분류는 생산하는 소재와 사용하는 재료의 유형에 따라 나눌 수 있으며, 국제표준기구(ISO)에서는 아래처럼 7가지 일반적인 유형으로 나눈다.
- 이 챕터에서는 각 공정별로 출력 방향과 지지대의 형태가 어떤 식으로 구별되는 확인해보도록 한다.

기술	소재	정의	방식	소재 종류
광중합 방식(VPP) Vat Photopolymerization	액체	레이저나 빛을 조사하여 플라스틱 소재의 중합반응을 일으켜 선택적으로 고형화시키는 방식	SLA, DLP	폴리머, 세라믹
재료분사 방식(MJT) Material Jetting		액상 소재를 노즐을 통해 뿌리는 형태로 토출시키고 자외선 등으로 고형화시키는 방식	Polyjet, MJM	폴리머, 왁스
재료압출 방식(MEX) Material Extrusion	고체	고온 가열한 재료를 녹이고 이를 압력을 이용하여 연속적으로 밀어내면서 지정된 경로에 적층시키는 방식	FFF(FDM)	폴리머, 나무, 세라믹 등
분말베드융접 방식(PBF) Powder Bed Fusion	분말	분말 소재 위에 고에너지원(레이저, 전자빔 등)을 조사하여 선택적으로 소재를 결합시키는 방식	DMLS, EBM, SLS	금속, 폴리머, 세라믹
접착제분사 방식(BJT) Binder Jetting		분말 소재 위에 액체 형태의 바인더를 뿌려 분말 간의 결합을 유도하여 고형화시키는 방식	3DP, PP	금속, 폴리머, 세라믹
직접에너지적층 방식(DED) Direct Energy Deposition		고에너지원(레이저, 전자빔 등)으로 소재를 녹여 적층시키는 방식	DMT, LMD	금속(분말), 와이어
시트적층 방식(SHL) Sheet Lamination	시트	얇은 필름 형태의 재료를 열이나 접착제 등으로 붙여가며 적층시키는 방식	LOM, UC	하이브리드, 금속, 세라믹

(2) 3D프린팅 공정별 출력 방향과 지지대의 형태

1) 광중합 방식(VPP, Vat Photopolymerization)

특징		액체 소재를 담을 수 있는 수조(Vat) 안에 광경화성 수지(포토폴리머, photopolymer)에 빛을 주사하여 선택적으로 경화시키면서 성형하는 방식
출력물 성형 방향		빛의 주사 위치에 따라 플랫폼이 위·아래로 동작하는 것으로 나뉨
	자유액면 방식	• 출력물의 무게를 감안해 플랫폼이 위에서 아래로 하락하면서 성형함 • 산업용 3D프린터에서 주로 채용하는 방식
	규제액면 방식	• 출력물의 크기가 작아 가벼운 것은 효과적인 출력을 위해 플랫폼이 아래에서 위로 동작하며 거꾸로 성형이 됨 • 주로 데스크탑용 3D프린터에서 많이 볼 수 있음
지지대		• 액체 소재이기 때문에 지지대가 반드시 필요하며 출력물과 동일한 재료를 사용함 • 3D프린터 중에서 정밀도가 가장 우수한 방식이기 때문에 지지대도 제거가 용이하도록 아주 가늘게 형성됨

2) 재료분사 방식(MJT, Material Jetting)

특징	• 광경화성 수지, 왁스 등의 액체 재료를 미세한 방울로 만든 후 노즐을 통해 선택적으로 분사하여 플랫폼에 도포함 • 노즐에 같이 붙어있는 자외선 광선이 재료를 경화시키면서 성형하는 방식
출력물 성형 방향	출력물과 지지대의 재료는 모두 노즐에서 아래로 분사·도포·경화가 이루어지며 플랫폼이 아래로 이송하면서 성형됨
지지대	• 지지대는 출력물과 다른 재료를 사용할 수 있음 • 고가의 산업용인 경우 7가지 소재를 사용하여 출력물의 강도, 투명도, 컬러, 서포트 등을 조합하여 다양한 제품 제작 가능

3) 재료압출 방식(MEX, Material Extrusion)

특징	압출기에 투입된 고체 소재를 노즐에서 녹인 후 압력을 이용하여 토출(압출)시킨 것을 적층하면서 성형함
출력물 성형 방향	• 구조에 따라 여러 가지 방식으로 구현됨 • 3D프린터는 X, Y, Z의 세 축을 어떻게 조합하는지에 따라 구조가 바뀜 • 아래 그림의 첫 번째 구조는 RepRap 3D프린터의 첫 모델인 다윈(Darwin)과 Core-XY 방식이며, 두 번째 구조는 저가형에서 가장 많이 사용하는 멘델(Mendel)과 프루사(Prusa) 타입의 3D프린터 구조 • 플랫폼의 움직임은 위에서 아래 또는 앞·뒤로 움직이는 것이 일반적이며 출력도 맞춰서 성형됨

지지대	• 대부분의 저가형은 출력물과 지지대의 재료가 동일하기 때문에 출력품질이 떨어지는 주 원인이 되지만, 3D 프린터의 가격이 하락함에 따라 이중압출이 가능한 기종도 나오고 있음 • 이중압출 – 출력물의 재료와 지지대의 재료를 별도로 압출하면서 성형한 후 물이나 특수용액으로 지지대를 녹여 완성하는 것 – 아래 그림처럼 복잡한 형상의 출력 시 이중압출은 안전한 출력과 품질에 도움을 줌 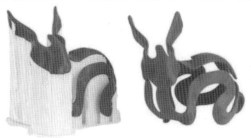

4) 분말베드융접 방식(PBF, Powder Bed Fusion)

특징	수평으로 놓인 분말 위에 열에너지를 발생시키는 레이저를 조사해서 선택적으로 소결·용융시켜 성형하는 방식
출력물 성형 방향	플랫폼이 위에서 아래로 이동하기 때문에 출력물은 아래부터 위로 성형됨
지지대	• 지지대가 필요없다는 것이 가장 큰 특징이자 장점 • 항상 분말 위에서 조형되는 출력 방식이기 때문에 분말이 지지대의 역할을 하여 구멍과 공차가 많은 출력물의 경우에는 완벽한 성형이 가능함 • 예외적으로 금속분말의 경우 지지대를 필요로 함 – PBF 방식은 원활한 소결·용융을 위해 분말을 녹는점 아래까지 가열함 – 올라간 열이 금속분말이 성형될 때 잔류응력에 의한 뒤틀림을 유발하기 때문에 설계 과정에서 지지대를 만들어 대비함 – 구분을 위해 지지대로 표현하지만, 실질적으로는 '뒤틀림 방지용 구조물' 정도로 이해하는 것이 좋음

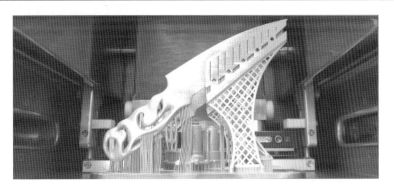

5) 접착제분사 방식(BJT, Binder Jetting)

특징	PBF 방식과 유사한 구조를 가지고 있지만, 열에너지를 조사하는 레이저 대신에 접착제 또는 결합제를 선택적으로 분사하여 분말들 사이에 흘려 넣어 결합시키면서 성형하는 방식
출력물 성형 방향	PBF 방식과 동일하게 플랫폼이 위에서 아래로 이동하기 때문에 출력물은 아래에서부터 위로 성형됨
지지대	PBF 방식과 동일하게 지지대를 사용하지 않음

 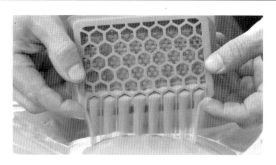

6) 직접에너지적층 방식(DED, Direct Energy Deposition)

특징	• 레이저, 전자빔, 플라즈마 아크 등의 열에너지를 국부적으로 가해서 재료를 녹여 점착시키는 방식 • 기능성 금속제품, 합금제품의 제조 및 금속제품의 수리 · 보수에 유용한 방식
출력물 성형 방향	대부분 플랫폼 위에 성형되며 아래에서 위쪽 방향으로 만들어짐
지지대	일반적인 3축이 아닌 다축(4축 또는 5축)을 사용하기 때문에 대부분의 경우 지지대가 필요하지 않음

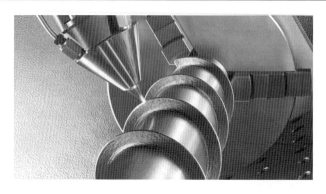

7) 시트적층 방식(SHL, Sheet Lamination)

특징	• 1991년 미국 Helisys Inc.에서 처음 시작되었으며 기술 이름은 LOM(Laminated object manufacturing) 방식 • 얇은 필름 형태의 종이, 박판 수지, 금속을 초음파와 기계적 압력을 이용하여 접합하는 방식(UAM) 또는 열, 접착제 등으로 붙여가며 적층·성형하는 방식(LOM) • 다른 방식에 비해 산업 응용력이 떨어지기 때문에 자주 쓰이지 않음
출력물 성형 방향	대부분 플랫폼 위에 성형되며, 아래에서 위쪽 방향으로 만들어짐
지지대	• PBF 방식의 분말처럼 출력물에 해당하지 않는 나머지 판재 부분이 지지대 역할을 함 • 지지대 제거가 용이하도록 나머지 판재 부분을 격자 모양으로 잘라주기도 함

 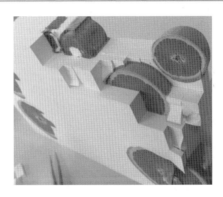

01

3D프린터 출력 시 성형되지 않은 재료가 지지대 (Support) 역할을 하는 프린팅 방식은?

① 재료분사(Material Jetting)
② 재료압출(Material Extrusion)
③ 분말적층용융(Powder Bed Fusion)
④ 광중합(Vat Photo Polymerization)

해설

지지대는 오버행이 발생하는 곳에 안전한 출력을 위해 생성시키는 것인데, 분말적층용융 방식의 경우 항상 분말 위에서 출력하기 때문에 오버행이 생기지 않는다. 소재가 금속인 경우는 '금속 3D프린터'로 별도 구분하기도 하며, 이때는 출력물을 식히는 과정에서 뒤틀림이 발생할 수 있기 때문에 서포트를 설치한다.

정답 ③

02

분말 기반의 재료를 사용하는 방식과 같은 적층 기술은 지지대를 사용하지 않기 때문에 분말만 털어주면 출력물을 얻을 수 있다. 다음 중 해당하는 방식이 바르게 묶인 것은?

① 3DP, SLS
② SLA, 3DP
③ FDM, PBF
④ SLA, SLS

해설

분말 사용 방식

PBF 방식(SLS, EBM, SLM, DMLS), BJ 방식(3DP, PP), DED 방식(DMT, LMD)

정답 ①

02 | 출력 오류 대처하기

대표유형

3D프린터 출력 오류 중 처음부터 재료가 압출되지 않는 경우의 원인으로 거리가 <u>먼</u> 것은?

① 압출기 내부에 재료가 채워져 있지 않은 경우
② 회전하는 기어 톱니가 필라멘트를 밀어내지 못할 경우
③ 가열된 플라스틱 재료가 노즐 내부와 너무 오래 접촉하여 굳어있는 경우
④ 재료를 절약하기 위해 출력물 내부에 빈 공간을 너무 많이 설정한 경우

해설 처음부터 재료가 압출되지 않는 경우의 원인
• 압출기 내부에 재료가 채워져 있지 않은 경우
• 압출기 노즐과 플랫폼 사이의 거리가 너무 가까운 경우
• 필라멘트가 압출기 내부에서 기어 톱니에 깎여 나가 진입이 되지 않는 경우
• 압출기 노즐이 막혔을 경우

정답 ④

1. 3D프린터의 출력 오류의 형태

① 3D프린팅 방식별 장비마다 발생할 수 있는 출력 오류는 다양함
② 현재 가장 대중화되어 있는 재료압출 방식(FDM 방식) 3D프린터에서 발생할 수 있는 대표적인 출력 오류를 알아두어야 함
③ FDM 방식 3D프린터 출력 오류의 형태

출력 오류의 형태	설명
처음부터 재료가 압출되지 않음	3D프린터를 동작시켰으나, 처음부터 플라스틱 재료를 압출하지 않는 경우
출력 도중에 재료가 압출되지 않음	출력물이 출력되다가 더는 재료가 압출 노즐을 통해서 압출되지 않는 경우
재료가 플랫폼에 부착되지 않음	첫 번째 층의 성형을 위해서 압출된 재료가 플랫폼에 견고히 부착되어야 하나, 그렇지 않은 경우
재료의 압출량이 적음	압출 노즐에서 충분한 양의 플라스틱 재료가 압출되지 않아서 출력된 면에 공간이 생기는 경우
재료가 과다하게 압출됨	압출 노즐에서 너무 많은 재료가 압출되어 출력물의 모양이 지저분하게 된 경우
바닥이 말려 올라감	출력물의 바닥이 플랫폼에 부착되어 있지 않고 위쪽으로 말려 올라가는 경우

출력 오류의 형태	설명
출력 도중에 단면이 밀려서 성형됨	출력물의 각 층의 수직 방향 정렬이 맞지 않고 밀려서 성형되는 경우
일부 층이 만들어지지 않음	몇 개의 층이 성형되지 않거나 혹은 층의 일부만 성형되어 출력물의 일부 층이 만들어지지 않은 경우
갈라짐	주로 높이가 높은 출력물에서 옆면의 중간이 갈라지는 경우
얇은 선이 생김	머리카락처럼 얇은 선들이 출력물들 사이에 만들어지는 경우
윗부분에 구멍이 생김	출력물의 윗부분 형상에 구멍이 생기거나 일부 형상이 만들어지지 않은 경우

2. FDM 방식에서 출력 오류의 발생 원인과 대책

(1) 처음부터 재료가 압출되지 않음

위의 사진은 플랫폼 위에 재료의 안착을 위한 마스킹 테이프가 부착되어 있는 상태에서 첫 번째 층이 성형되지 않은 것이다. 정상적인 모양은 필라멘트 색상이 명확히 드러나며, 손가락으로 부착된 라인을 밀었을 때 떨어지지 않게 단단히 붙어 있고, 또한 층 높이만큼 돌출 부분이 느껴져야 한다. 하지만 위 사진에는 필라멘트가 전혀 나오지 않았으며 심지어 마스킹 테이프를 누른 흔적까지 있다. 원인과 대책을 알아보자.

1) 압출기 내부에 재료가 채워져 있지 않을 때

① 원인
- FDM 방식은 출력에 앞서 필라멘트를 녹이기 위해 노즐의 온도를 올려야 하는데, 이때 노즐 속에 있던 필라멘트가 녹아 새어나오는 현상이 발생함
- 노즐 내부에 빈 공간이 생기게 되면서 출력 초기에 나올 재료가 없어 성형이 되지 않음
- 일정 시간이 지나면 정상적으로 압출되지만, 이미 출력물 일부는 성형이 되지 않은 상태로 남게 됨

② 대책
- 해결하기 위해서는 슬라이서의 바닥지지대 설정에서 스커트(Skirt)를 지정함
- 본 출력물의 성형에 들어가기 전에 주위를 도는 스커트를 그리다 보면 처음에는 압출이 되지 않지만 조금 지나면 재료가 나오기 시작함
- 이후 본 출력물을 시작할 때는 정상적인 압출 상태에서 진행하게 됨

2) 압출기 노즐과 플랫폼 사이의 거리가 너무 가까울 때

① 원인
- 노즐과 플랫폼 사이가 너무 가까우면 정해진 양의 압출이 나오기 어려움
- 특히 노즐과 플랫폼이 붙어버릴 정도로 가깝게 있으면 용융된 재료가 나올 공간이 없게 되며, 첫 번째 또는 두 번째 층까지는 압출되지 않다가 세 번째 층 이상에서 제대로 압출이 되기도 함

② 대책
- FDM 방식은 노즐과 플랫폼 사이의 간격 조정이 매우 중요하며 약간의 오차만 발생하더라도 출력이 실패하는 경우가 많음
- 해결 방법은 아래 그림과 같이 두 가지가 있는데, 일반적으로 많이 알고 있는 것이 베드 레벨링(bed leveling)
  - 압출기는 수평이동을 하기 때문에 플랫폼도 압출기의 수평과 평행하게 위치해야 함
  - 플랫폼의 모서리 부분에 있는 볼트와 너트를 조절해 높낮이를 조절하면 됨
  - 오토레벨링 센서를 탑재하고 있는 3D프린터의 경우 이것을 자동으로 맞추어주기도 함
  - 펌웨어의 발전으로 LCD 화면에서 수동으로 레벨링을 맞추는 작업도 할 수 있음
- 두 번째 해결 방법으로는 플랫폼이 고정된 형태 또는 아래·위로 이동이 불가능한 플랫폼인 경우를 대상으로 압출기의 노즐 자체를 아래 또는 위로 맞춰주는 방법이 있음
  - Z 오프셋(Z offset)이라고 하는 방법으로, 노즐의 Z축 원점을 조정하는 것
  - 보통 LCD 모듈에 조정하는 메뉴가 있으며, 펌웨어나 EEPROM에서 해당 값을 직접 조정하는 방법도 있음

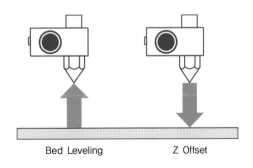

Bed Leveling   Z Offset

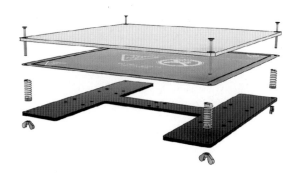

3) 필라멘트 재료가 얇아졌을 때

① 문제상황

- FDM 방식의 필라멘트는 세계적으로 1.75mm 또는 3.0mm 직경을 가진 것을 많이 사용함
- 필라멘트를 노즐로 이송시키는 방법은 모터의 축에 장착된 기어의 톱니가 필라멘트를 찍어서 이송시키는 방식이기 때문에 필라멘트가 얇아지면 재료를 찍을 수 없고, 따라서 이송이 되지 않음

② 원인 및 대책

원인	대책
잦은 리트랙션 (Retraction)	• 리트랙션(Retraction)은 출력 도중 모델의 형태에 따라 압출기가 빈 곳을 지나갈 때 필라멘트를 정해진 양만큼 뒤로 이동시켜 소재의 누수 현상을 줄이는 기능 • 그러나 리트랙션이 너무 자주 발생하면 아래 사진처럼 필라멘트가 갈려나가 패일 수 있음 • 필라멘트를 노즐로 이송시킬 때 찍었던 곳을 리트랙션 시킬 때 다시 찍을 수 있기 때문이며, 특히 창살처럼 좁은 곳을 출력할 때 정방향과 역방향으로 짧게 여러 번 모터 톱니를 사용하면 문제가 발생함 그림 **창살이 너무 붙어있는 형상이어서 정상 압출과 리트랙션이 계속 반복됨** • 슬라이서의 리트랙션 설정에서 속도, 거리를 반 이상 줄이고 문제해결 여부를 확인함

원인	대책
압출 노즐의 온도가 너무 낮을 때	• 필라멘트는 수많은 종류가 있으며, 각각 용융에 필요한 적정 온도가 있기 때문에 재료의 속성에 맞지 않는 온도를 설정하면 압출 불량이 발생하기 쉬움 • 특히 온도가 낮으면 녹는 양과 속도가 떨어지기 때문에 필라멘트 공급량과 필요한 압출량 사이 에 불균형이 발생하게 됨 • 제대로 압출이 되지 못해 노즐 내부에서 병목 현상이 생기면 필라메트 공급이 더욱 어려워짐 • 온도가 맞지 않는 상황에서도 모터 기어의 톱니는 계속 찍어 이송시키려고 동작하기 때문에 필 라멘트가 깎이게 되고, 결론적으로 필라멘트가 얇아지는 결과로 이어질 수 있음 • 문제를 해결하기 위해서는 압출 노즐의 온도를 5~10℃ 정도 증가시켜 노즐 내부에서 녹은 재료 가 좀 더 쉽게 이동할 수 있도록 유도해 주는 것이 좋음
출력 속도가 너무 빠를 때	• 출력 속도가 과하게 빠르면 압출기의 압출 속도가 따라가지 못해 병목현상이 생길 수 있음 • 노즐에서 정체되어 있는 압출량 때문에 필라멘트가 더 들어갈 공간이 없음에도 모터 기어의 톱 니는 계속 동작하기 때문에 필라멘트를 깎아 얇아지게 할 수 있음 • 해결을 위해 출력 속도를 늦추면 기어 톱니의 회전 속도 또한 낮아지게 되므로 필라멘트가 깎이 는 것을 줄일 수 있음

4) 압출 노즐이 막혀있을 때

① 원인

• 압출기의 노즐에 필라멘트의 녹는점보다 높은 물질이 투입되면 노즐 입구를 막아버릴 수 있음
• 용융된 필라멘트가 압출되지 않고 노즐 내부에 너무 오래 접촉해 있으면 서서히 경화되어 버리고 심
지어 타버릴 수도 있음
• 경화되어 버린 필라멘트는 동일한 온도에서는 녹지 않기 때문에 노즐을 막아버리는 결과로 이어질
수 있음

② 대책

• 얇은 철사 또는 3D프린터 제조사에서 제공하는 노즐 바늘 등을 이용해 아래에서부터 노즐에 밀어넣
어 막힌 것을 제거해 볼 수 있음

> **TIP**
>
> 제거 시 녹은 필라멘트가 손 위로 떨어질 수도 있기 때문에 반드시 안전장갑을 착용한 후 작업하도록 한다.

• 노즐 온도를 평소보다 10~20℃ 더 높게 올린 후 수동으로 필라멘트를 강하게 밀어주어 막힌 부분을
뚫어주는 방법도 있음
• 위의 두 방법이 통하지 않는 경우 노즐을 분해하여 청소한 후 다시 결합해 사용하는 것이 가장 좋음

(2) 출력 도중에 재료가 압출되지 않음

위의 사진은 출력이 정상적으로 진행되다 압출이 멈춘 경우이다. 이때는 압출이 멈춘 것과 동시에 압출기도 멈추는 상태와, 압출은 되지 않지만 압출기는 계속 동작하는 상태의 두 가지 경우의 수가 있다. 각각의 조치 방법은 원인이 다르기 때문에 달리 처리되어야 한다.

1) 스풀에 더 이상 필라멘트가 없을 때

① 원인
- 출력 도중에 필라멘트가 소진되어 버리면 더 이상 압출이 불가능함
- 압출기 내부에 필라멘트의 유무를 알 수 있는 센서가 있다면 새 필라멘트를 공급하라는 신호를 보내지만, 센서가 없다면 입출되지 않는 상태로 끝까지 출력이 진행됨

② 대책
- 필라멘트를 교체해 주는 방법으로 쉽게 대처 가능
- 슬라이싱 시 출력예상시간과 함께 필라멘트 소모량도 나오기 때문에 출력 전에 필라멘트 잔량을 체크하여 교체 여부를 확인하면 방지할 수 있음

2) 필라멘트 재료가 앓아졌을 때

처음부터 재료가 압출되지 않는 경우와 동일하게 필라멘트가 깎여나가 압출기의 기어 톱니가 찍을 수 있는 공간이 나오지 않으면 계속 헛도는 현상이 생기고, 결국 필라멘트가 공급되지 않고 출력이 끝까지 진행되는 상황으로 조치방법 또한 같음

3) 압출 노즐이 막혔을 때

- 압출 도중에 노즐이 막히게 되면 당연히 압출이 되지 않기 때문에 출력이 되지 않음
- 노즐이 막혔을 때의 원인과 대책을 참고하여 해결 가능

4) 압출 헤드의 모터가 과열되었을 때

① 원인
- 3D프린터의 동작은 스테핑 모터가 담당하며 출력을 위해서는 지속적인 모터의 동작이 필수적
- 모터 동작으로 인해 모터와 스텝 모터 드라이버에 과열이 발생하고, 3D프린터를 보호하기 위해 동작을 멈추게 됨
- 일반적으로 모터는 열에 상대적으로 강하지만, 모터에 전기신호를 보내주어 동작하게 하는 스텝 모터 드라이버는 열에 상당히 취약함

② 대책
- 3D프린터가 동작을 멈추어 버리는 상황이므로 전원을 끄고 충분히 냉각될 때까지 기다려야 함
- 동일한 문제가 계속 반복되면 스텝 모터 드라이버를 교체하고 추가적인 냉각 장치를 설치하는 것을 고려할 것

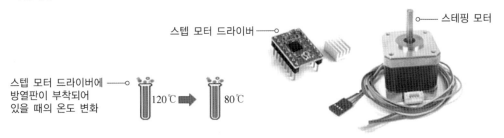

(3) 재료가 플랫폼에 부착되지 않음

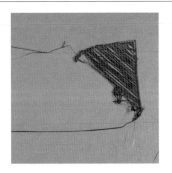

위의 사진처럼 재료가 플랫폼에 정확히 부착되지 않으면 들뜨는 현상이 발생한다. 심한 경우에는 첫 번째 층의 이탈로 인해 적층 자체가 어려워지게 되고, 억지로 적층이 이루어진다 하더라도 약한 부착력 때문에 출력 도중 위치를 벗어나버려 출력에 실패하는 원인이 된다.

1) 플랫폼의 수평이 맞지 않을 때

① 원인
- 3D프린터는 구조적으로 압출기의 수평 이동에 따라 압출이 이루어지는데, 이때 3D프린터의 베드라고 일컫는 플랫폼은 압출기의 수평 이동에 대응해 평행을 유지해야 함
- 여러 가지 이유로 평행이 맞지 않으면 출력이 제대로 될 수가 없음
- 보급형 FDM 방식의 3D프린터 종류 중 델타 프린터 방식은 대부분 플랫폼이 고정되어 있어 평행이 맞지 않으면 정상적인 출력이 어려워지기 때문에 압출기의 Z축 위치를 조정해 주어야 함
- 직교 방식으로도 불리는 카테시안 방식의 경우 플랫폼에 장착되어 있는 볼트 또는 너트를 조정해 플랫폼의 높낮이를 수정할 수 있음

② 대책: 압출기 노즐과 플랫폼 사이의 거리가 너무 가까울 때의 해결 방법을 참조할 것

2) 노즐과 플랫폼 사이의 간격이 너무 클 때

① 원인
- 재료 압출 방식(ME)의 3D프린터는 노즐에서 압출된 재료가 플랫폼 위에 눌려 퍼지면서 부착되게 되는데, 이때 노즐과 플랫폼 사이의 간격이 크면 누르는 정도가 약해지고 부착력이 크게 떨어져 출력물이 들뜨게 됨
- 기본적으로 노즐과 플랫폼 사이의 적절한 간격은 Z축의 좌표가 "0"일 때, 노즐과 플랫폼은 붙어 있어야 함

② 대책
- 레벨링 관련 해결책을 참고할 것
- G코드를 직접 수정해서 Z축의 오프셋 값을 조절하는 방법도 있지만, 전문가가 아니라면 어려움(G코드의 구조를 먼저 이해하고 적용해야 하며, 무엇보다 G코드의 양이 너무 많기 때문에 수동 조치하기가 힘듦)

3) 첫 번째 층이 너무 빠르게 성형될 때

① 원인
- 3D프린터는 적층 가공이기 때문에 첫 번째 층의 성형이 매우 중요한데, 만약 첫 번째 층에 문제가 발생한다면 두 번째 층이 온전히 성형될 수 없어 출력 실패를 가져오게 됨
- 압출된 재료는 플랫폼 위에 눌리면서 부착되어야 안정적이고, 이것을 '안착'이라고 함
- 속도가 지나치게 빠르다면 플랫폼에 부착될 충분한 시간을 갖지 못해 재료의 안착이 불안해짐

② 대책
- 슬라이싱 설정에서 첫 번째 레이어, 즉 1층에 대한 속도가 대부분 기본 속도보다 낮게 설정되어 있는 이유는 속도가 느릴수록 안착이 용이하기 때문
- 속도가 너무 낮으면 부분적으로 과한 압출량이 발생해 출력 품질이 떨어지므로 보통 10mm/s 정도가 이상적
- 출력물의 부착 면적 크기에 따라 또는 1층 조형 시에 복잡한 형상의 존재 여부에 따라 적절히 조절해 주면 해결 가능

4) 온도 설정이 맞지 않은 경우

① 원인
- 첫 레이어가 플랫폼에 온전히 안착되기 위해서는 그만큼의 압출량이 보장되어야 하지만, 온도가 너무 낮으면 재료가 녹지 않거나 너무 천천히 녹아 충분한 압출량이 생성될 수 없어 출력이 실패할 수밖에 없음
- 소재의 종류에 따라 노즐 온도뿐만 아니라 플랫폼에도 온도가 필요한 경우가 있음 예) PLA: 60~70℃, PETG: 70~80℃, ABS: 100~120℃ 등
- FDM 방식의 경우 필라멘트 스풀의 라벨에 노즐, 플랫폼의 적정 온도가 표기되어 있기 때문에 참고할 수 있음

그림 큐비콘 필라멘트 스풀의 라벨

② 대책
- 슬라이서에서 온도 설정만 적절하게 유지한다면 해결 가능
- FDM 방식은 출력물의 품질을 위해 압출기에 냉각팬, 블로우팬이라는 두 가지 종류의 냉각팬이 설치되어 있음
  - 블로우팬은 출력물의 빠른 냉각을 통해 출력물의 품질 향상에 사용되나 첫 레이어에서는 꺼지게 설정되어 있음
  - 1층부터 팬이 동작하여 첫 레이어가 빨리 굳으면 부착력이 떨어지게 되므로, 만약 1층부터 블로우팬이 동작한다면 슬라이서 설정에서 꺼 주는 것이 좋음

5) 플랫폼 표면에 문제가 있는 경우

① 원인
- 플랫폼 표면에는 다양한 소재가 사용되며 좀 더 나은 부착을 위해 특수 코팅을 하는 방법들도 많이 사용하지만, 플랫폼 표면이 뒤틀려 있으면 효과가 없음
- 플랫폼은 소모품이며 오랜 시간 고온에 노출되면 변형이 올 수 있음
- 표면에 이물질이 있거나 미처 제거하지 못한 출력물의 잔해물이 있는 경우, 높이가 일정하지 않음을 뜻하기 때문에 출력을 방해하게 됨

② 대책

- 플랫폼의 표면 청결도가 문제라면 물, 이소프로필알코올 등으로 닦아주면서 먼지, 기름, 출력물 잔해 등을 제거하면 됨
- 출력물의 안착력을 높이기 위해 마스킹 테이프, 캡톤 테이프 등을 부착하는 방법도 있음
- 빌드 서피스(build surface) 제품으로 국내외에서 판매하는 다양한 재료의 시트지를 구매하여 사용할 수도 있음
- 플랫폼이 뒤틀렸다면 메시 베드레벨링(mesh bed leveling)과 같은 펌웨어 수정방법도 있으나, 교체하는 것이 권장됨

6) 출력물과 플랫폼 사이의 부착 면적이 적은 경우

① 원인

- 압출된 재료는 플랫폼에 잘 부착되어야 하는데, 면적이 클수록 안착이 수월함
- 만약 부착 면적이 작으면 초기 출력에는 큰 문제가 없으나 출력이 올라갈수록 3D프린터 장비에 작은 충격이 있거나 출력물에 노즐 등의 접촉이 일어나는 경우 쉽게 넘어지게 돼

② 대책: 슬라이서에서 바닥지지대를 설정함으로써 해결 가능

(4) 재료의 압출량이 적음

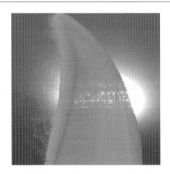

출력물의 품질은 필요한 압출량이 정확하게 압출되었을 때 가장 우수하다. 압출량은 출력물의 품질에 결정적인 역할을 하게 되며 압출량이 적어지면 각 층을 성형하는 필요충분한 양이 부족해지기 때문에 한 층이 비거나 또는 각 층별로 공간이 발생하게 된다.

1) 필라멘트 재료의 지름이 적절하지 않은 경우

① 원인
- 필라멘트의 직경은 1.75mm 또는 3mm 정도를 가장 많이 사용함
- 필라멘트의 지름을 3mm로 설정한 후 실제로는 1.75mm가 들어가는 경우의 결과를 생각해볼 수 있음
  예 100mm 필라멘트를 공급해서 성형이 진행되는데, 지름이 3mm라고 했으니 원기둥의 부피를 구하는 공식 $(V = \pi r^2 \times h)$에 대입하면 706.9mm^{3}이 나와야 함. 하지만 실제로는 1.75mm가 들어가므로 240.5mm^{3}가 압출되어 나옴 → 절대적인 압출량이 부족해지므로 출력 불량이 발생

② 대책
- 슬라이서에서 공급되는 필라멘트의 지름을 정확하게 설정함으로써 해결 가능
- 보급형 3D프린터는 큐라(CURA) 슬라이서를 주로 사용하는데, 큐라는 네덜란드의 얼티메이커 3D 프린터의 전용 슬라이서이기 때문에 2.85mm로 설정되어 있으므로 본인이 사용하는 필라멘트의 직경으로 반드시 수정해야 함
- 일반적으로 사용하는 1.75mm로 설정했음에도 압출량이 불안정한 경우 필라멘트 불량을 의심해 볼 수 있음
- 필라멘트를 1m 정도 뺀 후 3군데 이상을 정밀한 자를 이용해 측정한 후 평균값을 입력해 주면 해결 가능

2) 압출량 설정이 적절하지 않은 경우

① 원인
- 3D프린터에서는 압출량을 모니터링 할 수 있는 방법이 없기 때문에 슬라이싱 설정에서 압출량의 비율을 입력하고, 경우에 따라 변경할 수 있어야 함
- 압출량은 100%가 기본이지만 출력물의 상태, 출력 시 주위상황 등에 따라 약간씩 변경해서 보정 가능
- 특별한 사유없이 압출량을 적게 설정하면 압출량이 줄어들기 때문에 문제가 발생하기 쉬움

② 대책
- 출력물의 표면 상태를 파악하여 압출량의 설정을 적절히 조절함
- 만약 30% 이상 조절하였음에도 같은 불량이 발생하면 다른 원인이 있는 것이므로 점검이 필요함

(5) 재료가 과다하게 압출됨

① 원인
- 압출량이 많아지면 정상 출력이 이루어졌음에도 여분의 용융된 재료가 남아있게 되어 외벽 성형 시 밖으로 흘러나오게 됨
- 위의 사진과 같이 매끈하지 않고 울퉁불퉁한 면이 형성되는 것은 필라멘트가 과하게 녹아 압출량이 많아졌기 때문
② 대책: 압출량과 관련된 해결 방법들을 참조하여 해결 가능

(6) 바닥이 말려 올라감

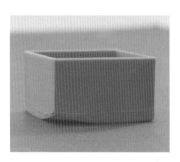

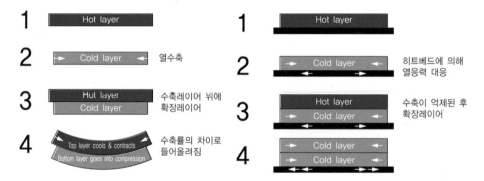

① 원인
- 바닥이 큰 출력물을 성형할 때 처음에는 플랫폼에 붙어서 잘 출력되는 것처럼 보이다가 시간이 지날수록 위의 그림과 같이 바닥의 모서리가 들떠 위로 말리는 현상이 발생하기도 함
- 수축(Warping)이라고 하며, 고온으로 압출된 재료가 플랫폼에 성형될 때 팽창·수축을 반복하면서 각 층의 수축률이 달라져 들어 올려지는 것
- 말려 올라가는 현상이 과도해지면 출력물이 플랫폼에서 이탈하여 출력이 실패할 수도 있음
- 수축 현상은 주로 고온에서 사용되는 ABS 등의 재료를 이용하고, 출력물의 밑면 크기가 크거나 긴 형상을 가질 때 많이 발생함
- 현재까지 완전한 해결은 불가능하나 정도를 줄일 수 있는 방법들은 많이 소개되고 있음

② 대책

가열된 플랫폼 사용	• 수축은 각 층의 온도차가 클수록 강하게 발생하기 때문에 플랫폼을 가열해 좀 더 강하게 안착시킬 수 있음 • 이미 성형된 레이어와 성형될 레이어의 온도차를 줄일 수 있기 때문에 어느 정도는 예방 가능
냉각팬이 동작하지 않도록 설정	• 압출기에 부착된 블로우팬이 1층에서부터 동작하게 되면 필라멘트가 안착되기 전에 굳어버릴 수 있으므로 1층에서는 블로우팬이 꺼져 있도록 기본 설정되어 있음 • 만약 반대로 설정되어 있다면 '꺼짐'으로 수정함으로써 해결 가능
높은 온도가 유지되는 밀폐 환경에서 출력	• 출력물의 품질은 적정 압출량이 보장되어야 하지만, 3D프린터의 외부환경이 개방되어 있고 바람, 에어컨 등으로 온도가 수시로 변하는 경우 압출이 불안정해지므로 챔버를 설치해 내부 온도를 일정하게 유지시켜 주는 것이 이상적 • 만약 오픈형 3D프린터를 보유하고 있다면 좁은 장소에서 창을 모두 닫고 출력하면 큰 챔버 역할을 대신할 수 있지만 완료 후에는 반드시 환기를 시켜야 함
플랫폼 안착을 강하게 하여 수축이 일어나는 것에 저항을 줌	• 노즐과 플랫폼 간의 수평 조절(Bed Leveling)은 기본 • 안착에 도움이 되는 다양한 테이프, 빌드 서피스 등을 활용, 플랫폼에 부착해서 출력하는 것이 좋음 • 슬라이서 설정 중 바닥지지대도 플랫폼에의 안착을 돕는 기능이므로 사용할 수 있음

(7) 출력 도중에 단면이 밀려서 성형됨

3D프린터는 스테핑 모터의 동작으로 모든 이동이 발생한다. 산업용은 모터 시스템에 센서가 달려있어 압출기의 모든 동선을 체크하는 폐루프 제어(closed-loop contro)를 사용하지만, 데스크탑 방식은 원점에서 스테핑 모터의 회전수가 얼마나 되었는가에 따라 압출기의 위치를 파악하기 때문에 실제 위치에 대한 피드백은 없다 [개루프 제어(open-loop control)]. 만약 여러 가지 이유로 위치에 변형이 생기더라도 이를 체크하지 못하기 때문에 엉뚱한 위치에서 출력이 계속되는 경우가 발생한다. 이것을 탈조(Layer Shifting)라고 한다.

1) 헤드가 너무 빨리 움직일 때

① 원인
- 출력이 고속으로 진행되면 스테핑 모터가 출력 속도를 따라가지 못하는 경우가 발생할 수 있음
- 모터가 감당할 수 있는 속도 이상으로 3D프린터를 동작시키면 모터가 오동작을 일으키거나 압출기의 정렬이 틀어지는 경우가 발생함

② 대책: 적정 속도로 슬라이서에서 설정을 조절하면 해결 가능

2) 3D프린터의 기계 혹은 전자 시스템에 문제가 발생할 때

① 원인

타이밍벨트가 늘어난 경우	• 재료 압출(ME) 방식의 3D프린터 대부분은 압출기의 이동 시 타이밍벨트와 타이밍풀리를 사용함 • 타이밍벨트는 고무 재질로 되어 있기 때문에 장시간 사용하다보면 늘어나게 됨 • 벨트가 늘어나면 타이밍풀리와의 유격이 발생하고, 이로 인해 모터는 동작하지만 타이밍풀리와 연결된 타이밍벨트가 움직이지 않는 현상이 발생하여 압출기가 이동하지 못하게 됨
타이밍풀리가 모터의 회전축에 느슨하게 고정되어 있는 경우	모터의 회전 동력이 타이밍풀리에 전달되지 않아 동작이 불안정해짐
스테핑 모터 드라이버 문제	• 적절한 전류가 모터로 전달되지 않으면 회전 운동을 직선 운동으로 제대로 바꿀 수 없기 때문에 오동작이 일어나게 됨 • 모터 드라이버가 과열되면 3D프린터의 안전을 위해 강제로 멈출 수 있기 때문에 문제가 발생할 수 있음

② 대책
- 타이밍벨트나 타이밍풀리의 불량이 문제라면 부품을 교체하는 것으로 해결함
- 조립식 3D프린터의 경우는 교체가 수월하지만 완성형인 경우는 어려울 수도 있으니 제조업체에 문의하도록 함
- 모터 드라이버는 모터의 정확한 동작을 위해 전기신호를 잘게 쪼개 보내주는 핵심적인 부품이기 때문에 여분으로 가지고 있는 것이 좋음
- 모터 드라이버의 고장이 발생하면 교체하기 전까지는 3D프린터를 동작시킬 수 없음

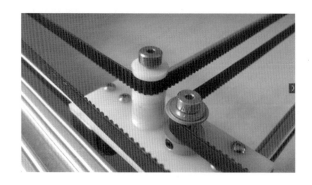

그림 타이밍벨트와 풀리의 체결, 모터 드라이버

(8) 일부 층이 만들어지지 않음

① 원인: 위의 사진과 같이 출력 도중 일부 층이 만들어지지 않고 성형을 마치는 경우는 압출량의 부족 또는 기구적인 문제일 가능성이 높음

② 대책

압출량이 부족하거나 일시적으로 압출이 되지 않은 경우	• 스풀에서 필라멘트를 압출기에서 당겨오지 못하는 경우는 필라멘트가 꼬이거나 무언가에 걸리는 경우가 많음 • 간단한 문제이기 때문에 바로 조치를 취하도록 함 • 만약 일부 층이 아니라 여러 개의 층에서 같은 현상이 발견된다면 압출 불량을 의심해 보아야 함
기구적인 문제	• Z축의 이송을 담당하는 리드스크류, 볼스크류 등의 부품에 문제가 있거나 조립 상태가 완전하지 않은 경우 문제 발생 가능 • 리드스크류의 정렬, 휘어짐, 불순물에 의한 오류 등이 있음 • 불량 부품을 교체하거나 재조립하면 문제 해결 가능

(9) 갈라짐

3D프린팅은 정해진 모델을 한 층씩 쌓아올려 입체로 완성하는 것이다. 그럼 층별로 어떻게 붙는 것인가? 출력물의 품질을 높이려면 한 층이 성형된 후 다음 층이 쌓이기 전에 완전히 식어 굳어있어야 한다. 완전히 굳은 층 위에 새 층이 성형될 때 그 뜨거운 온도로 아래층의 표면을 살짝 녹이고, 두 개의 층이 붙어있는 상태에서 같이 식으면서 완성된다. 층별로 서로 잘 접착되려면 충분한 양의 압출이 필요하다.

1) 층 높이가 너무 높은 경우

① 원인
- 슬라이싱 시 층 높이를 너무 높이면 압출량을 감당할 수 없어 문제가 발생함
- 대부분의 보급형 3D프린터는 0.4~0.5mm의 노즐 직경을 가지고 있는데 레이어 높이를 과하게 설정하면 노즐이 처리할 수 있는 압출량보다 많은 양이 필요하게 되므로 압출량 부족으로 인한 여러 문제가 발생함

② 대책
- 렙랩 홈페이지에서는 '한 층의 높이 설정은 노즐 직경의 80%가 적당하다'라고 권고하고 있음
- 슬라이서에서 설정을 조정하여 해결 가능

2) 3D프린터의 설정 온도가 너무 낮은 경우

① 원인
- 온도가 낮으면 압출이 불가능하거나 압출량이 부족해지므로 층간 접착력이 떨어짐
- 출력 진행 도중 갈라짐 현상이 지속적으로 관찰된다면 온도가 낮은 것이 아닌지를 고려해야 함

② 대책: 소재의 적정 온도를 확인하여 슬라이서 설정에서 수정해 주는 것이 좋음

(10) 얇은 선이 생김

① 원인
- 출력물에 얇은 실처럼 흘러나온 재료가 붙어 있는 것을 관찰할 수 있음
- '스트링(string)'이라고 하는 현상으로, 압출기가 출력을 하기 위해 빈 곳을 지나는 동안 필라멘트가 새어나와 발생함

② 대책

리트랙션의 거리, 속도 조절	• 슬라이서 설정에서 리트랙션의 거리와 속도를 조절하여 해결 가능 • 리트랙션이라는 기능 자체가 압출기에서 흘러나오는 재료를 줄여주는 것이기 때문에 리트랙션이 설정되어 있음에도 스트링이 과하게 발생한다면 세부 설정에서 거리와 속도를 조절해주도록 함 • 출력물의 모양에 따라 달라질 수 있기 때문에 여러 번의 실험을 통해 적정값을 찾아 설정해야 함
노즐의 온도 조절	• 스트링은 노즐 온도가 너무 높은 경우에도 자주 발생하기 때문에 온도를 조금씩 낮춰 출력해보아야 함 • 같은 소재라도 필라멘트 제조사마다 물성이 조금씩 다르기 때문에 아래 사진과 같은 온도타워를 출력해 보고 적정 온도를 찾아볼 수 있음 • 층별로 다른 온도로 출력해서 가장 표면이 깔끔하고 스트링이 적은 온도를 찾아야 함

(11) 윗부분에 구멍이 생김

① 원인
  • 위의 사진과 같이 출력물의 윗부분이 제대로 성형되지 않아 구멍이 발생한 경우로, 필로잉 (pillowing) 현상이라고 함
  • 박스 형태일 경우 제일 윗부분, 즉 뚜껑에 해당하는 부분은 오버행(overhang)이 발생하고 지지대가 없으면 출력이 완성되기 어렵기 때문에 슬라이싱 설정에서 내부 채움(infill)의 양을 조절해 지지대 의 역할을 대신함
  • 사진에서 보이는 정상적으로 성형된 부분이 내부 채움의 위치이며, 나머지 공간 부분에서 미처 채워 지지 않은 부분들이 남아 있는 것
② 대책
  • 슬라이서 설정으로 간단하게 해결 가능
  • 내부 채움(infill)이 100%라면 발생하지 않는 문제이므로 내부 채움의 비율을 높여 해결할 수 있음
  • 탑(top), 바텀(bottom) 설정에서 100% 채움 설정의 높이를 4개 층 또는 5개 층으로 설정히면 개선 되며, 만약 부족하다면 두 설정 모두 조금씩 높여주면 해결할 수 있음

3. SLA 방식에서 출력 오류의 발생 원인과 대책

(1) 아무 것도 출력되지 않음

1) 액상 수지가 너무 차가움

① 원인: SLA, DLP, MSLA(LCD) 3D프린터들이 공통으로 사용하는 광경화성 수지, 즉 액상 레진은 너 무 차가우면 경화될 가능성이 낮거나 일정하지 않게 경화되어 부분적으로 성형되면서 플랫폼과의 부 착력이 떨어짐
② 대책: 액상 레진의 온도가 지나치게 떨어지지 않게 주변 온도를 25~30℃ 정도로 유지시키는 것이 좋음

2) 출력 속도가 너무 빠름

① 원인: 광경화성 수지는 경화가 일어나기 위해서는 적절한 양의 자외선 광선에 노출되어야 하기 때문에 레이저의 이동 속도, 광선의 노출시간이 짧으면 정상적으로 경화되기 어려움

② 대책: FDM 방식과 마찬가지로 재료 종류에 따른 레이저의 속도, 노광 시간에 대한 가이드라인을 참고하여 슬라이서에서 적절하게 설정하는 것이 좋음

3) 저출력 레이저를 사용하고 있음

① 원인: 광경화성 수지를 중합(경화)시키기 위해서는 레이저로부터 충분한 에너지가 필요함

② 대책: 문제 발생 시 레이저의 출력을 한 번에 조금씩 증가시키면서 최적의 레이저 출력을 찾아 슬라이서 설정에 적용함

(2) 일부가 출력되지 않음

1) 출력물이 부분적으로 기울거나 완전히 분리되는 경우

① 원인: SLA 방식보다는 DLP, LCD 방식의 3D프린터에서 자주 발생하는 문제로 플랫폼과 수조의 수평이 맞지 않을 때 발생함

② 대책
- FDM 방식과는 달리 베드레벨링이 매우 간단하며, 약간 풀어놓은 플랫폼을 수조까지 내려 맞물린 상태에서 플랫폼을 고정시키면 됨
- 플랫폼의 질감이 너무 미세하거나 고르지 않아서 안착이 어려운 경우 플랫폼 표면을 중간 크기의 사포로 부드럽게 갈아주면 효과가 있음
- FDM 방식처럼 플랫폼에 붙이는 빌드서피스 제품을 활용하는 것도 방법이 될 수 있음
- 수지가 너무 차가울 때 또는 수조에 광경화성 수지를 채워넣은 후 장시간 경과했을 때도 문제가 생길 수 있기 때문에 주위 온도를 적정 온도로 유지하고, 오래된 광경화성 수지는 잘 저어서 섞은 후 사용함

2) 지지대의 분리 또는 이탈

① 원인

- 출력물과 지지대의 배치가 올바르지 않게 성형된 경우로, 출력물이 너무 무거우면 분리가 될 가능성이 높아짐
- 보통 보급형 액상 레진 3D프린터는 출력사이즈가 작아서 아래에서 위로 플랫폼이 움직이면서 출력되기 때문에 출력물이 플랫폼에 매달려 있는 형상이 되므로, 크기와 무게는 중요한 고려 요소가 됨

② 대책

출력물 무게를 줄이는 방법	• 출력물의 무게를 줄이기 위해 출력물 내부를 비워 가볍게 만든 후 다시 출력하는 방법 • 출력물 내부를 비우는 작업은 슬라이서에서 자체적으로 제공하는 경우도 있고, 그 기능이 없더라도 서프파티 소프트웨어(예 오토데스크의 메시믹서(meshmixer))를 활용하여 해결 가능
지지대를 보완하는 방법	• 지지대를 좀 더 강력하고 많이 추가함으로써 해결 가능 • 출력물을 수평으로 놓고 출력하는 것보다는 30° 정도로 기울인 상태에서 출력하면 지지대의 양과 부착 범위가 증가하기 때문에 분리 · 이탈 현상을 줄일 수 있음 • 지지대의 보완 방법은 슬라이서 설정에서 보정 가능

4. 출력 오류 해결 순서

① 출력 중 3D프린터 관찰
② 오류 발생 시 3D프린터의 동작을 정지
③ 오류의 종류를 확인(앞에서 설명한 11가지 종류 기준)
④ 확인된 출력 오류의 종류에 따라 오류 해결

- 하드웨어적인 문제
- 소프트웨어적인 문제
- 기타 문제

⑤ 재출력하여 문제 해결 여부 확인

01

다음 중 필라멘트 재료가 압출되지 않는 원인이 <u>아닌</u> 것은?

① 노즐과 플랫폼 사이의 간격이 클 때
② 스풀에 필라멘트가 없을 때
③ 압출기 내부에 재료가 채워지지 않을 때
④ 압출 노즐이 막혔을 때

[해설]
베드 레벨링의 오류는 출력물의 안착에 관여하는 것으로 압출 불량과는 상관성이 없다.

[정답] ①

02

3D프린터에서 재료가 플랫폼에 제대로 안착되지 않는 원인으로 옳지 <u>않은</u> 것은?

① 첫 번째 층이 너무 빠르게 성형될 때
② 출력물과 플랫폼 사이의 부착 면적이 작을 때
③ 용융된 재료가 과다하게 압출될 때
④ 노즐 온도 설정이 맞지 않을 때

[해설]
과다 압출은 출력 품질에 나쁜 영향을 주지만, 많은 양의 필라멘트가 바닥과 접촉하기 때문에 1층 안착에는 오히려 더 좋다.

[정답] ③

03

FDM 방식 3D프린터에서 출력 오류의 형태로 볼 수 <u>없는</u> 것은?

① 빛이 새어나가서 경화를 원하지 않는 부분까지 경화되는 현상이 발생했다.
② 3D프린터를 동작시켰으나 처음부터 재료가 압출되지 않는다.
③ 스풀에 더 이상 필라멘트가 없으면 재료가 압출되지 않는다.
④ 모터 드라이버가 과열되면 다시 냉각될 때까지 모터가 멈추기도 한다.

[해설]
빛샘현상은 광경화성 수지를 UV레이저를 이용해 조형하는 SLA, DLP 등에서 발생한다.

[정답] ①

04

SLA 방식 3D프린터에서의 빛샘현상(Light Bleeding)에 대한 설명으로 옳지 <u>않은</u> 것은?

① 광경화성 수지가 어느 정도의 투명도를 가지면 발생한다.
② 경화 부분이 타거나 열을 받아 열 변형을 일으켜 출력물에 뒤틀림 현상이 발생한다.
③ 빛샘현상을 줄이기 위해서는 레진 구성 요소와 경화 시간을 적절히 맞추어야 한다.
④ 빛이 새면 경화를 원하지 않는 부분까지 경화되는 현상이 발생할 수 있다.

[해설]
② 과경화(UV광선을 너무 오래 노출시키는 것)에 대한 설명이다.

[정답] ②

05

출력 중 단면이 밀려서 출력되는 탈조현상의 원인으로 잘못된 것은?

① 적절한 전류가 모터로 전달되지 않는 경우
② 압출기 헤드의 속도가 너무 빠르게 동작할 경우
③ 모터의 타이밍 벨트의 장력에 문제가 있는 경우
④ 스테핑 모터가 과열되어 동작이 정지된 경우

[해설]
④ 모터 과열에 의한 동작 중단은 탈조보다는 필라멘트 공급이
   불가능해지는 경우이다.

[정답] ④

03 | 출력물 회수하기

대표유형

3D프린터에서 출력물 회수 시 전용공구를 이용하여 출력물을 회수하고, 표면을 세척제로 세척 후 출력물을 경화기로 경화시키는 방식은?

① FDM   ② SLA

③ SLS   ④ LOM

해설

② 세척제로 세척한 후 경화기로 경화하는 방식은 광경화성 수지의 대표적인 후가공 방법이다. 광경화성 수지 자체가 유해물질이므로 맨손으로 접촉하지 않도록 하며 세척 후, 출력 직후는 완전 경화가 이루어진 상태가 아니기 때문에 후경화가 필요하다.

④ LOM(Laminated Object Manufacturing): 디자인한 모델의 단면 모양대로 얇은 판재 형태의 종이, 플라스틱, 금속판 등을 자른 후 접착제로 한 층씩 붙여서 조형하는 방식으로, 적층 가공과 절삭 가공을 합쳐놓은 하이브리드 방식

정답 ②

1. 고체 방식의 3D프린터 출력물 회수

(1) 보호장구 착용

① 출력물을 제거할 때 이물질이 튀거나 상처를 입을 수 있으므로 마스크, 장갑, 보안경을 착용함

② 고체 방식은 액체 또는 분말 방식보다는 상대적으로 간단한 장구만으로도 보호 가능

(2) 3D프린터가 동작을 멈춘 것을 확인

① 3D프린터 동작 중에 출력물을 제거하기 위해 손을 넣는 등의 작업은 당연히 위험하며, 특히 노즐의 고온에 의한 화상 위험이 아주 큼

② 3D프린터가 동작을 멈춘 후에도 노즐은 천천히 식기 때문에 제거 중에 손이 노즐에 닿지 않도록 주의해야 함

(3) 3D프린터의 문을 개방

① 일부 3D프린터는 내부 온도 유지 및 안전을 위한 챔버가 설치되어 있음

② 잠금장치가 되어 있는 3D프린터도 있으므로 해제하여 문을 열고 작업함

(4) 출력물을 제거

제거 가능한 플랫폼의 경우	• 플랫폼의 제거가 가능하다면 제거한 상태에서 출력물을 회수함 • 플랫폼을 과도하게 휘는 것과 같은 변형을 주어 제거하지 않도록 함 • 일부 산업용 3D프린터는 제거 가능한 플랫폼을 가지고 있지만, 고정 장치가 있는 경우도 있기 때문에 　플랫폼 고정 장치를 해제한 후 제거하도록 함
고정된 플랫폼의 경우	• 출력이 종료된 후 플랫폼이 3D프린터에 장착되어 있는 상태에서 무리하게 힘을 이용하여 회수하면 　3D프린터 모터 등의 구동부에 손상을 입힐 수 있어 주의해야 함 • 스크레이퍼와 같은 전용 공구를 사용해 분리하는 것이 좋으나 공구의 끝이 날카롭기 때문에 부상에 　유의하도록 함

(5) 플랫폼 표면을 확인한 후 3D프린터에 재설치

① 제거 가능한 플랫폼의 경우, 출력물 회수 후 플랫폼을 재장착하기 전에 플랫폼 표면에 출력물이 남아
　있거나 이물질, 흠집 등이 발생하지 않았는지를 확인함
② 확인 후 이상이 없으면 다시 3D프린터에 장착함

(6) 3D프린터를 다시 대기 상태로 설정

① 일반적으로 플랫폼을 장착하면 출력 대기 상태로 준비가 끝남
② 일부 3D프린터의 경우 설정에서 대기 상태로 변경해야 할 수도 있음

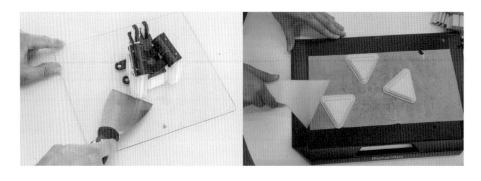

2. 액체 방식의 3D프린터 출력물 회수

(1) 보호장구 착용

① FDM 방식과 마찬가지로 마스크, 장갑, 보안경을 착용함
② 특히 광경화성 수지는 소재 자체가 유해한 경우가 대부분이므로 내화학성이 있는 장갑을 준비함

(2) 3D프린터가 동작을 멈춘 것을 확인

(3) 3D프린터의 문을 개방

(4) 플랫폼을 3D프린터에서 분리

① 대부분의 보급형 액상 레진 3D프린터들은 출력물이 플랫폼에 거꾸로 부착되어 성형됨
② 플랫폼을 고정하고 있는 나사 또는 볼트를 풀면 제거 가능
③ 제거 후 이동 시 출력물과 플랫폼에 묻은 광경화성 수지가 흘러내릴 수 있으니 손에 직접 닿지 않도록
주의함

(5) 플랫폼에서 출력물을 분리

① 전용 공구를 이용해 플랫폼에서 출력물을 분리하며, 공구에 의해 플랫폼 표면에 손상이 가지 않도록
주의해야 함
② 액상 레진이 피부에 직접 닿지 않도록 조심해야 함

(6) 플랫폼 표면의 불순물을 제거

① 출력물 제거 후에도 광경화성 수지, 서포트 부스러기 등의 불순물이 플랫폼에 남아 있음
② 캐미컬 와이퍼 등으로 플랫폼 표면을 깨끗이 닦고 불필요한 요소들을 제거해줌
③ 캐미컬 와이퍼에 이소프로필알코올, 에틸알코올 등을 묻혀 닦아주면 불순물 제거가 수월함

(7) 플랫폼 표면을 확인한 후 3D프린터에 재설치

(8) 출력물에 묻어 있는 광경화성 수지를 제거

전용 세척기를 사용하는 방법과 이소프로필알코올, 에틸알코올 등을 분무기에 담아 뿌리거나 용기에 담가
세척하는 방법도 있음

(9) 서포트 제거

① SLA 방식은 FDM 방식에 비해 매우 정밀하기 때문에 서포트도 얇고 정밀하게 성형되고, 제거 또한
FDM 방식보다 훨씬 수월함
② 니퍼, 커터 칼 등을 사용하여 출력물에서 서포트를 제거함
③ 제거 시 출력물의 표면에 손상이 갈 수 있으므로 주의하여 작업함

(10) 후경화 작업 실시

① 자외선에 의해 경화된 출력물은 출력 직전에는 아직 완전히 굳은 상태가 아니기 때문에 자외선 경화기를 이용하여 2차적으로 완전히 경화시키는 작업이 필요함

② 작업 시 자외선에 사용자의 눈이 노출되지 않도록 보안경을 착용하는 것이 좋음

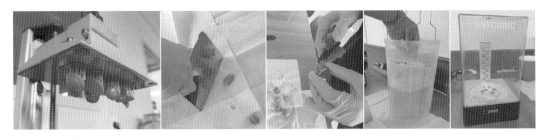

| 출력완료 | 출력물 분리 | 지지대 제거 | 출력물 세척 | 후경화 |

3. 분말 방식의 3D프린터 출력물 회수

(1) 보호장구 착용

① SLS 방식에서 출력물을 회수하기 위해서는 먼저 출력물을 감싸고 있는 분말을 제거해야 함

② 제거 시 분말이 날리기 쉽기 때문에 마스크, 장갑, 보안경을 착용하는 것이 좋음

(2) 3D프린터가 동작을 멈춘 것을 확인

① 분말 방식 중 BJ(binder jetting) 방식은 재료에 접착제를 분사하여 서로 엉겨 붙으면서 성형하는 방식

② 3D프린터가 동작을 멈춰도 곧바로 출력물을 꺼내면 안 되며, 3D프린터 내부에서 냉각하고 건조시킬 시간을 주어야 함

③ 건조과정 없이 출력물 제거 시 부서질 위험성이 있음

　　예 아래 사진의 3D SYSTEMS사 Projet 660pro의 경우 약 1시간 5분 정도의 건조시간이 필요함을 알 수 있음

그림 Projet 660pro 건조시간

(3) 3D프린터의 문을 개방

(4) 플랫폼에서 출력물 회수

① 분말 방식은 출력물이 분말 사이에 잠겨 있기 때문에 먼저 분말을 제거해야 함
② 보통 솔이 장착된 진공흡입기를 사용하며, 솔이 없는 진공흡입기는 출력물의 손상 가능성이 있어 주의
   해야 함
③ 분말이 손에 닿지 않게 장갑을 착용한 상태에서 작업해야 하며, 분말가루의 흡입을 방지하기 위해 마
   스크를 필수 착용하도록 함

(5) 플랫폼 위에 남아있는 분말가루를 제거

① 출력물을 분리하고 나면 플랫폼 위 또는 주변에는 성형에 사용하지 않은 분말가루들이 남아 있음
② 남은 분말가루는 진공흡입기를 이용해 회수하며, 회수된 분말가루는 재사용 가능함

(6) 회수된 출력물에 묻어있는 분말가루를 완전히 제거

① 제거한 출력물에 여전히 남아 있는 분말가루를 완전히 제거한 후 세척함
② 일부 3D프린터에는 세척 공간이 존재함
③ Projet 660pro에도 세척실이 별도 내장되어 있으며 여기에서 분말가루 제거용 붓, 에어건을 이용해
   분말을 제거함

01

다음 〈보기〉에서 SLS 방식 3D프린터의 출력물 회수를 순서대로 나열한 것은?

┤ 보기 ├

ㄱ. 3D프린터 작동 중지
ㄴ. 플랫폼에서 출력물 분리
ㄷ. 보호장구 착용
ㄹ. 3D프린터 문 열기
ㅁ. 플랫폼에 남아 있는 분말가루를 제거
ㅂ. 출력물에 묻어 있는 분말가루를 제거

① ㄱ-ㄷ-ㄹ-ㄴ-ㅂ-ㅁ
② ㄷ-ㄱ-ㄹ-ㄴ-ㅂ-ㅁ
③ ㄱ-ㄷ-ㄹ-ㄴ-ㅁ-ㅂ
④ ㄷ-ㄱ-ㄹ-ㄴ-ㅁ-ㅂ

해설
각 3D프린팅 방식별 출력물 회수 순서를 기억하는 것이 좋다.

정답 ④

02

3D프린터의 출력물 회수에 대한 내용으로 거리가 먼 것은?

① 전용 공구를 사용하여 플랫폼에서 출력물을 분리한다.
② 분말 방식 프린터는 작업이 끝나면 바로 꺼내어 건조시킨다.
③ 액체 방식 프린터는 이소프로필알코올, 에틸알코올 등을 뿌려 표면에 남아 있는 광경화성 수지를 제거한다.
④ 플랫폼에 남은 분말가루는 진공흡입기를 이용하여 제거한다.

해설
② 분말 방식은 출력 시 상당한 고온에서 작업이 이루어지며, 출력이 완료되면 일차적으로 식힌 후 진행해야 한다.

정답 ②

03

고체 방식 3D프린터의 출력물 회수 시 고려해야 할 사항과 거리가 먼 것은?

① 전용 공구를 사용하여 출력물을 분리한다.
② 마스크, 장갑, 보안경을 착용한다.
③ 플랫폼에 이물질이 있으면 전용 솔을 이용해 제거한다.
④ 강한 힘을 주어 출력물을 제거한다.

해설
④ 강한 힘을 이용할 경우 출력물이 손상되거나, 노즐과 플랫폼의 수평이 깨질 수 있다.

정답 ④

memo

PART 07
3D프린팅 안전관리

---

01 | 안전수칙 확인하기

대표유형

오픈소스 기반 FDM 방식의 보급형 3D프린터가 초등학교까지 보급되는 상황에서 학생들의 호기심을 자극하고 있다. 이러한 상황에서 안전을 고려한 3D프린터의 운영으로 가장 거리가 먼 것은?

① 필터를 장착한 장비를 권장하고 필터의 교체주기를 확인하여 관리한다.
② 장비의 내부 동작을 볼 수 있고, 직접 만져볼 수 있는 오픈형 장비의 운영을 고려한다.
③ 베드는 노히팅 방식을 권장하고 스크레퍼를 사용하지 않는 플렉시블 베드를 지원하는 장비의 운영을 고려한다.
④ 소재는 ABS보다 비교적 인체에 유해성이 적은 PLA를 사용한다.

해설

① FDM 방식의 보급형 프린터들은 유해성이 있는 필라멘트가 많이 있다. 안전을 고려해 필터가 있는 3D프린터를 사용하는 것이 좋다.
② 유해물질에 노출되는 빈도는 챔버가 있는 프린터보다는 오픈형 프린터가 더 많다.
③ 출력물 회수 시 스크레퍼 등을 사용하다 상해를 입는 경우가 종종 있고, 히팅베드는 소재의 종류에 따라 화상을 입을 정도로 온도가 올라가니 주의하는 것이 좋다.
④ 유해성이 적은 필라멘트 사용을 권장한다(PLA > ABS).

정답 ②

1. 안전사고 개념과 원인

(1) 안전사고 개념

1) 안전사고의 정의

① 사전적으로 사업장, 작업장 등에서 안전교육의 미비 또는 부주의 따위로 일어나는 사고를 의미함
② 안전이 필요한 관련 활동 중에 발생한 사고로 부주의, 안전인식 부족, 안전규칙 위반 등이 원인이 되어 관련 재산이나 사람에게 피해를 주는 것을 말함

2) 3D프린팅과 안전사고

① 3D프린팅 산업 분야에서도 안전에 대한 필요성이 어느 때보다도 강하게 요구되고 있음

② 3D프린터가 발명된 80년대 후반~90년대 초반에는 산업용 장비로서 큰 기업, 연구소 등에서만 사용했으나 가격이 저렴해지면서 사업장뿐만 아니라 학교, 학원, 공방, 가정에까지 보급되고 있음

③ 보급 범위가 넓어짐에 따라 3D프린팅에서 발생할 수 있는 위험요소, 즉 장비의 사용이나 소재의 관리, 후가공에 필요한 각종 도구나 화학물질 등을 파악하고 안전수칙을 준수해야 사고를 미연에 방지할 수 있음

(2) 안전사고 원인과 방지

> 안전사고의 원인은 다양한 형태로 나타난다. 즉 과실이나 숙련도 부족, 안전인식 부족, 안전장비 미사용 등이 있다. 이를 좀 더 자세히 알아보기 위해 안전 분야에서 유명한 하인리히 법칙(Heinrich's law)을 알아보자. 미국의 트래블러스 보험사의 엔지니어링 및 손실 통계 부서에서 일하던 허버트 윌리엄 하인리히(Herbert William Heinrich, 1885년 10월 6일~1962년 6월 22일)는 1930년대부터 미국 산업안전의 선구자였다. 1931년 "산업재해 예방: 과학적 접근(Industrial Accident Prevention, A Scientific Approach)"이라는 책에서 소개된 법칙을 말한다. 오래된 이론이지만 지금까지 안전교육의 기초로 유용하게 사용되고 있다.

1) 하인리히의 법칙(1:29:300 법칙)

① 하인리히의 법칙(Heinrich's law)은 1번의 큰 사고가 발생하기 전에 비슷한 사고나 징후가 발생한다는 원칙으로, '1:29:300 법칙'이라고도 불림

② 즉 어떤 대형사고가 발생하기 전에 관련된 29번의 경미한 사고와 300번의 징후들이 나타난다는 것을 뜻하는 통계적 법칙을 의미함

③ 하인리히의 법칙(Heinrich's law)

비율	재해 형태
1	• 중대재해(Major Injury) • 중대재해는 330번의 사고 중 첫 번째에 발생될 수도 있음 • 중대재해는 보험회사와 정부에 보고해야 하는 재해
29	• 경미한 재해(Minor Injury) • 좌상, 화상, 찰과상 등 응급처치한 재해를 포함
300	• 아차사고(Near Miss) • 미끄러짐, 떨어짐, 운반하는 도중 걸려 넘어짐, 부딪힐 뻔함, 칼날·톱날 등에 접할 뻔함 등 재해를 유발할 잠재성을 내포한 예비사고로서 중대재해나 경미한 재해를 예방하기 위한 본보기

④ 현장에서 사소한 문제가 발생하더라도 무시하거나 방치하지 말고 관심을 가지고 자세히 살펴보라는 의미

⑤ 원인을 파악하고 잘못된 점을 시정하면 대형사고나 실패를 막을 수 있음을 시사함

• 1963년 연호 침몰사고: 승객과 화물 적재량 초과, 폭풍주의보로 발효된 악천후를 무시하고 항해하다 목포항 부근에서 침몰하여 140명이 사망함
• 1970년 남영호 침몰사고: 제주에서 부산으로 항해하던 중 거문도 동쪽 해상에서 침몰하여 326명이 사망·실종하였으며 승객 정원 초과, 규정량보다 4배 이상 화물 적재, 항해 부주의, 긴급구조 요청 후 신속하지 못한 대응으로 피해가 컸음
• 1993년 서해페리호 침몰사고: 부안군 위도에서 침몰하여 292명의 사망자를 낸 사고로 악천후임에도 안전장치도 제대로 갖추지 않고 항해를 감행하다 침몰됨
• 2014년 세월호 침몰사고: 예견된 사고로, 4월 16일 발생하였으며 승객 304명이 사망·실종된 대형참사로 그간의 선박 침몰사고에 대한 안전불감증과 대한민국 사회의 안전관리 실태가 얼마나 허술한지를 보여준 비극적인 사건
→ 해난사고를 예방하기 위해서는 선박법규의 전반적 개정, 항로와 선박 안정성에 대한 검토, 연안여객선의 선형개량사업 추진 등 법적·제도적 미비점에 대한 보강이 필요함을 매번 지적하였지만 허사에 불과했고, 결국 2014년 세월호 침몰사고에까지 이르러서야 선박규제를 강화하였음

2) 도미노 이론(사고발생 5단계)

① 하인리히는 도미노 이론을 통해 재해발생은 언제나 도미노처럼 사고요인의 연쇄반응의 결과로 발생됨을 주장함

② 사고발생 5단계

1단계 (사회적 환경 및 유전적 요소)	공중도덕이나 준법정신이 결여되었을 때와 게으름, 무모함, 모난 성격 등을 말하고 이러한 요소들이 사고 발생의 원인이 됨
2단계(개인적 결함)	육체적·정신적 장애뿐만 아니라 안전에 대한 지식, 기능, 숙련도 등이 부족한 경우
3단계 (불안전한 상태와 불안전한 행동)	부품이나 안전장치의 결함, 작업절차의 무시 등의 불안전한 상태와 보호구 미착용, 위험장소 접근, 작업장 내 장난, 불안전한 자세 등의 불안전한 행동 때문에 사고가 발생한다는 것
4단계(사고 발생)	사고는 화재, 폭발, 감전 등을 말함
5단계(재해 발생)	1~4단계가 연결되면 사고가 발생하며, 결과적으로 물적·인적 피해가 발생한다는 것

3) 사고방지 5단계

① 하인리히는 도미노 이론 5단계 중 3단계인 불안전한 상태와 불안전한 행동을 직접적인 사고의 원인으로 보고, 이것을 제거하기 위해 사고방지 5단계를 제시함

② 사고방지 5단계

1단계(안전 조직)	• 조직과 관련해 안전관리 조직을 만들어야 함 • 작업장에는 필수적으로 안전관리자가 있어야 하며, 수시로 위험한 곳을 파악·제거해야 함 • 안전에 대한 목표 설정을 분명히 하고 그에 따른 계획을 수립함
2단계(현상 파악)	• 현재의 사실을 발견하고 파악하는 것 • 불완전한 요소, 즉 안전점검이나 사고조사, 안전회의 등을 통해 현재의 상황을 정확하게 파악하는 것이 중요함
3단계(원인 분석)	발견된 문제점을 이용해 원인을 분석하고 평가하여 사고를 발생시킨 직접적인 원인을 찾아 제거하는 것

4단계(대책 수립)	기술적·교육적 개선책 마련과 제도의 개선을 통해 효과적인 대책을 수립하는 단계

5단계(실시)	• 세 가지(3E) 대책을 마련해 적용하는 것을 말함 • 3E 대책	
	기술적(Engineering) 대책	안전설계, 설비개선, 작업기준 마련 등
	교육적(Education) 대책	안전교육을 정기적으로 실시하는 것
	규제적(Enforcement) 대책	안전기준을 설정하고 규칙이나 규정을 준수하는 것

2. 안전보건 표지

「산업안전보건법」 제37조에 따라 위험에 대한 경고, 비상시의 지시, 근로자의 안전 및 보건의식 고취 등을 위해 나타낸 표지를 말하는 것으로, 이 법에 따른 명령의 요지를 상시 각 작업장 내 근로가가 쉽게 볼 수 있는 장소에 게시하거나 갖추어야 한다. 그리고 안전·보건표지는 사업장 내 유해하거나 위험한 시설 및 장소에 대한 경고의 의미와 비상시 조치에 대한 안내 및 안전의식의 고취를 위해 필요한 곳에 부착해야 하며 금지표지, 경고표지, 지시표지, 안내표지 등의 종류 및 형태와 용도에 대해서도 안내되어야 한다.
다음의 안전보건표지의 종류별 용도, 설치·부착 장소는 「산업안전보건법 시행규칙」 제38조 제1항, 제39조 제1항, 제38조 제3항을 참조했다.

(1) 금지 표지

101 출입금지	102 보행금지	103 차량통행금지	104 사용금지	105 탑승금지	106 금연	107 화기금지	108 물체이동금지

종류	용도 및 설치·부착 장소	설치·부착 장소 예시
출입금지	출입을 통제해야 할 장소	조립·해체 작업장 입구
보행금지	사람이 걸어 다녀서는 안 될 장소	중장비 운전 작업장
차량통행금지	제반 운전기기 및 차량의 통행을 금지시켜야 할 장소	집단보행 장소
사용금지	수리 또는 고장 등으로 만지거나 작동시키는 것을 금지해야 할 기계, 기구 및 설비	고장난 기계
탑승금지	엘리베이터 등에 타는 것이나 어떤 장소에 올라가는 것을 금지	고장난 엘리베이터
금연	담배를 피워서는 안 될 장소	
화기금지	화재가 발생할 염려가 있는 장소로서 화기 취급을 금지하는 장소	화학물질 취급 장소
물체이동금지	정리정돈 상태의 물체나 움직여서는 안 될 물체를 보존하기 위하여 필요한 장소	절전스위치 옆

(2) 경고 표지

종류	용도 및 설치·부착 장소	설치·부착 장소 예시
인화성물질 경고	휘발유 등 화기의 취급을 극히 주의해야 하는 물질이 있는 장소	휘발유 저장탱크
산화성물질 경고	가열, 압축하거나 강산, 알칼리 등을 첨가하면 강한 산화성을 띠는 물질이 있는 장소	질산 저장탱크
폭발성물질 경고	폭발성 물질이 있는 장소	폭발물 저장실
급성독성물질 경고	급성독성 물질이 있는 장소	농약 제조, 보관소
부식성물질 경고	신체나 물체를 부식시키는 물질이 있는 장소	황산 저장소
방사성물질 경고	방사능 물질이 있는 장소	방사성 동위원소 사용실
고압전기 경고	발전소나 고전압이 흐르는 장소	감전 우려지역 입구
매달린 물체 경고	머리 위에 크레인 등과 같이 매달린 물체가 있는 장소	크레인이 있는 작업장 입구
낙하물 경고	돌 및 블록 등 떨어질 우려가 있는 물체가 있는 장소	비계 설치 장소 입구
고온 경고	고도의 열을 발하는 물체 또는 온도가 아주 높은 장소	주물작업장 입구
저온 경고	아주 차가운 물체 또는 온도가 아주 낮은 장소	냉동작업장 입구
몸균형 상실 경고	미끄러운 장소 등 넘어지기 쉬운 장소	경사진 통로 입구
레이저광선 경고	레이저광선에 노출될 우려가 있는 장소	레이저실험실 입구
발암성, 변이원성, 생식독성, 전신독성, 호흡기과민성 물질 경고	발암성, 변이원성, 생식독성, 전신독성, 호흡기과민성 물질이 있는 장소	납 분진 발생 장소
위험장소 경고	그 밖에 위험한 물체 또는 그 물체가 있는 장소	맨홀 앞, 고열 금속찌꺼기 폐기장소

(3) 지시 표지

301	302	303	304	305	306	307	308	309
보안경 착용	방독마스크 착용	방진마스크 착용	보안면 착용	안전모 착용	귀마개 착용	안전화 착용	안전장갑 착용	안전복 착용

종류	용도 및 설치 · 부착 장소	설치 · 부착 장소 예시
보안경 착용	보안경을 착용해야만 작업 또는 출입을 할 수 있는 장소	그라인더작업장 입구
방독마스크 착용	방독마스크를 착용해야만 작업 또는 출입을 할 수 있는 장소	유해물질작업장 입구
방진마스크 착용	방진마스크를 착용해야만 작업 또는 출입을 할 수 있는 장소	분진이 많은 곳
보안면 착용	보안면을 착용해야만 작업 또는 출입을 할 수 있는 장소	용접실 입구
안전모 착용	헬멧 등 안전모를 착용해야만 작업 또는 출입을 할 수 있는 장소	갱도의 입구
귀마개 착용	소음장소 등 귀마개를 착용해야만 작업 또는 출입을 할 수 있는 장소	판금작업장 입구
안전화 착용	안전화를 착용해야만 작업 또는 출입을 할 수 있는 장소	채탄작업장 입구
안전장갑 착용	안전장갑을 착용해야만 작업 또는 출입을 할 수 있는 장소	고온 및 저온물 취급작업장 입구
안전복 착용	방열복 및 방한복 등의 안전복을 착용해야만 작업 또는 출입을 할 수 있는 장소	단조작업장 입구

(4) 안내 표지

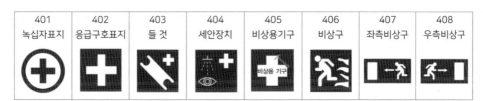

401	402	403	404	405	406	407	408
녹십자표지	응급구호표지	들 것	세안장치	비상용기구	비상구	좌측비상구	우측비상구

종류	용도 및 설치 · 부착 장소	설치 · 부착 장소 예시
녹십자표지	안전의식을 북돋우기 위하여 필요한 장소	공사장 등 사람들이 많이 볼 수 있는 장소
응급구호표지	응급구호설비가 있는 장소	위생구호실 앞
들 것	구호를 위한 들것이 있는 장소	위생구호실 앞
세안장치	세안장치가 있는 장소	위생구호실 앞
비상용기구	비상용기구가 있는 장소	비상용기구 설치장소 앞
비상구	비상출입구	위생구호실 앞
좌측비상구	비상구가 좌측에 있음을 알려야 하는 장소	위생구호실 앞
우측비상구	비상구가 우측에 있음을 알려야 하는 장소	위생구호실 앞

(5) 관계자외 출입금지

501	502	503
허가대상물질 작업장	석면취급/해체 작업장	금지대상물질의 취급 실험실 등
관계자외 출입금지 (허가물질 명칭) 제조/사용/보관 중 보호구/보호복 착용 흡연 및 음식물 섭취 금지	**관계자외 출입금지** 석면 취급/해체 중 보호구/보호복 착용 흡연 및 음식물 섭취 금지	**관계자외 출입금지** 발암물질 취급 중 보호구/보호복 착용 흡연 및 음식물 섭취 금지

종류	용도 및 설치 · 부착 장소	설치 · 부착 장소 예시
허가대상 유해물질 취급	허가대상 유해물질 제조 · 사용 작업장	출입구[단]
석면취급 및 해체, 제거	석면 제조 · 사용 · 해체 · 제거 작업장	출입구[단]
금지유해물질 취급	금지유해물질 제조 · 사용설비가 설치된 장소	출입구[단]

(6) 안전보건 표지의 색도 기준 및 용도

색채	색도 기준	용도	사용례
빨간색	7.5R 4/14	금지	정지신호, 소화설비 및 그 장소, 유해행위의 금지
		경고	화학물질 취급장소에서의 유해 · 위험 경고
노란색	5Y 8.5/12	경고	화학물질 취급장소에서의 유해 · 위험경고 이외의 위험경고, 주의표지 또는 기계방호물
파란색	2.5PB 4/10	지시	특정 행위의 지시 및 사실의 고지
녹색	2.5G 4/10	안내	비상구 및 피난소, 사람 또는 차량의 통행표지
흰색	N9.5		파란색 또는 녹색에 대한 보조색
검은색	N0.5		문자 및 빨간색 또는 노란색에 대한 보조색

참고

1. 허용 오차 범위 H = ±2, V = ±0.3, C = ±1(H는 색상, V는 명도, C는 채도를 말한다)
2. 위의 색도기준은 한국산업규격(KS)에 따른 색의 3속성에 의한 표시방법(KSA 0062 기술표준원 고시 제2008−0759)에 따른다.

01

다음 중 KS 규격에 의한 안전색과 용도가 바르게 연결되지 **않은** 것은?

① 빨강 – 금지, 위험
② 노랑 – 안전, 피난
③ 파랑 – 지시
④ 자주 – 방사능

해설

안전색의 일반적인 의미
- 빨강: 방화, 금지, 정지, 고도 위험
- 주황: 위험, 항해·항공 보안시설
- 노랑: 주의
- 녹색: 안전, 피난, 위생, 구호, 보호
- 파랑: 지시, 의무적 행동
- 자주: 방사능

정답 ②

02

산업안전보건법령상 안전보건표지의 종류 중 경고표지에 해당하지 **않는** 것은?

① 레이저광선 경고
② 급성독성물질 경고
③ 매달린 물체 경고
④ 차량통행 경고

해설

차량통행에 관한 안전보건표지는 '차량통행금지' 표지이다.

정답 ④

03

하인리히의 재해구성비율 '1:29:300'에서 '29'에 해당되는 사고발생 비율은?

① 8.8%   ② 9.8%
③ 10.8%   ④ 11.8%

해설

- 하인리히 법칙에 따르면 산업재해가 발생하여 중상자가 1명 나오면 그 전에 같은 원인으로 발생한 경상자가 29명, 같은 원인으로 부상을 당할 뻔한 잠재적 부상자가 300명이 있었다고 말한다. 큰 재해와 작은 재해 그리고 사소한 사고의 비율이 '1:29:300'이라는 것이다.
- 사고발생비율: $29/(1+29+300) =$ 약 8.8%

정답 ①

04

산업안전보건법령상 안전보건표지의 종류 중 다음 〈보기〉 표지의 명칭은? (단, 마름모 테두리는 빨간색이며, 안전의 내용은 검은색이다.)

┤ 보기 ├

① 폭발성물질 경고
② 산화성물질 경고
③ 부식성물질 경고
④ 급성독성물질 경고

해설

〈보기〉의 그림은 급성독성물질 경고 표지이다.

정답 ④

02 | 3D프린팅 안전관리

대표유형

다음 〈보기〉와 같은 구조를 가지고 있는 방진 마스크의 종류는?

┤ 보기 ├

여과재 − 연결관 − 흡기변 − 마스크 − 배기변

① 격리식　　　　　　　　　　② 직결식
③ 혼합식　　　　　　　　　　④ 병렬식

해설 방진 마스크 종류 − 격리식과 직결식의 차이점
• 격리식: 여과재 − 연결관 − 흡기변
• 직결식: 여과재 − X − 흡기변

정답 ①

---

1. 3D프린터 사용 안전 수칙

(1) 3D프린터 사용자 안전 행동요령(과학기술정보통신부 「3D프린터 안전 이용 가이드」)

1) 환기 관리

① 3D프린터 사용 중에는 창문과 환기 장치를 이용하여 환기를 시켜주고, 사용 전·후에는 창문을 통해 1시간 이상 환기를 하는 것이 좋음
② 2020년 Chemical Insights에 따르면 환풍기를 비롯한 환기 장치를 사용한 결과 나노입자(Nanoparticle, Ultra fine particle 등)와 휘발성 유기화합물(VOC, Volatile Organic Compounds) 등의 유해물질 농도가 낮아졌음

그림 창문을 통한 환기

2) 안전 관리

① 3D프린터 사용 시 가급적 사용 공간에 머무르지 않는 것이 바람직하고, 특히 FDM 방식의 3D프린터를 사용할 때는 얼굴 부위(호흡기 부위)를 노즐로부터 멀리하는 것이 좋음

② 2018년 발간된 산업안전보건연구원의 3D프린터 사용자에 대한 초미세입자 노출평가 자료에 따르면 3D프린터 작업 중 나노입자의 방출 수준을 연구한 결과, 노즐과 플랫폼을 예열하는 과정에서 나노입자가 급격히 증가하는 것으로 나타났으며, 작업 종료 시점으로 갈수록 농도가 낮아졌음

3) 노즐 온도 관리

① 노즐 온도는 3D프린터 및 소재별 권장 온도보다 높게 설정하지 않는 것이 좋음

② 노즐 온도가 높을수록 유해물질이 더 많이 나온다는 연구결과가 있음

③ 일반적으로 FDM 방식 3D프린터에서 가장 많이 사용하는 필라멘트 중 PLA는 190~230℃, ABS는 215~250℃의 권장 노즐 온도를 가지고 있음

4) 사용 공간 관리

① 3D프린터, 안전장비, 3D프린터 주변 및 바닥 등의 사용 공간은 주기적으로 청소를 해야 함

② 특히 청소기 같은 경우는 헤파필터가 부착된 것을 사용하는 것을 권장함

5) 보호장비 관리

① 3D프린터 사용 시 개인보호장비의 착용이 필요함

② 안전보호구: 사용자의 신체 일부 또는 전체에 작용해 외부의 유해·위험요인을 차단하거나 그 영향을 감소시켜 산업재해를 예방하거나 피해의 정도와 크기를 줄여주는 기구

③ FDM 방식의 3D프린터는 노즐과 베드에서 높은 열을 발생시키기 때문에 화상을 예방하기 위한 안전장갑을 착용하고, 유해물질이 입과 코를 통해 흡입되지 않도록 방진 마스크를 착용하고 작업하는 것이 좋음

(2) 안전장갑, 마스크

절연장갑

고압 감전 방지 및 방수를 겸함

내화학성 안전장갑

유기용제와 산·알칼리성 화학물질
접촉 위험에서 손을 보호하고
내수성, 내화학성을 겸함

그림 안전장갑의 종류

1) 안전장갑

① 내전압용 안전장갑(절연장갑)
- 전기에 의한 감전을 방지하기 위한 안전장갑
- 재료로는 적당한 정도의 유연성 및 탄력성이 있는 양질의 고무를 사용하여야 함
- 다듬질이 양호하며 흠, 기포, 안구멍 및 기타 사용상 유해한 결함이 없고, 이은 자국이 없는 고른 것이어야 함
- 여러 색상의 층들로 제조된 합성 절연장갑이 마모되는 경우에는 그 아래의 다른 색상의 층이 나타나야 함
- 절연장갑의 등급

등급	최대 사용 전압		등급별 색상
	교류(V, 실효값)	직류(V)	
00	500	750	갈색
0	1,000	1,500	빨강색
1	7,500	11,250	흰색
2	17,000	25,500	노랑색
3	26,500	39,750	녹색
4	36,000	54,000	등색

② 유기화합물용 안전장갑(내화학성 안전장갑)
- 액체 상태의 유기화합물이 피부를 통하여 인체에 흡수되는 것을 방지하기 위하여 사용하는 안전장갑
- 내화학성 안전장갑은 1~6의 성능 수준이 있으며, 숫자가 클수록 보호시간이 길고 성능이 우수함
- 보호장갑에 사용되는 재료와 부품은 착용자에게 해로운 영향을 주지 않아야 하며 착용·조작이 용이하고, 착용 상태에서 작업을 행하는 데 지장이 없어야 함
- 이은 자국이 없고 육안을 통해 검사한 결과 찢어진 곳, 터진 곳, 구멍난 곳이 없어야 함

2) 마스크

① 방진 마스크(dustproof mask)
- 분진 등의 입자상 물질을 걸러내 호흡기를 보호함
- 3D프린터에서는 작업 중 방출되는 나노입자, 휘발성 유기화합물, 출력물의 연마작업에서 주로 사용함

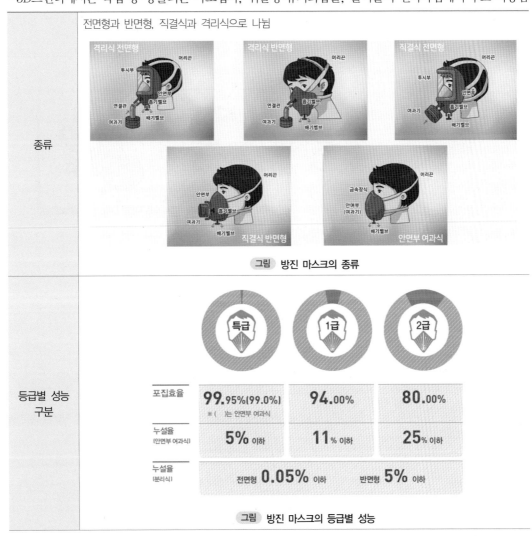

종류	전면형과 반면형, 직결식과 격리식으로 나뉨

그림 방진 마스크의 종류

그림 방진 마스크의 등급별 성능

사용방법 및 관리	• 사용 전에 흡 · 배기 밸브의 기능과 공기 누설 여부를 점검함 • 필터를 수시로 확인해 습하거나 흡 · 배기 저항이 크면 교체함 • 흡 · 배기 밸브를 청결하게 유지함 • 면체는 중성세제로 흐르는 물에 씻어 그늘에서 말림 • 면체는 기름이나 유기용제, 직사광선을 피함 • 사용 전에 점검 · 장착 · 사용법을 교육 · 훈련함 • 면체 접안부에 손수건 등을 덧대 사용하지 않음 • 문제가 있는 경우에 부품을 교환하거나 폐기함

② 방독 마스크(gas mask)

• 유기용제, 산과 알칼리성 화학물질의 가스와 증기 독성을 제거해 호흡기를 보호하고 유해화학물질의 중독을 방지함

• 등급은 고농도(가스 또는 증기 농도가 2%, 암모니아는 3% 이하인 대기 중), 중농도(가스 또는 증기 농도가 1%, 암모니아는 1.5% 이하인 대기 중), 저농도 및 최저농도(가스 또는 증기 농도가 0.1%, 암모니아는 0.1% 이하인 대기 중, 긴급용은 아님) 등 3단계로 나뉨

종류	방진 마스크와 마찬가지로 전면형과 반면형, 직결식과 격리식으로 나뉨 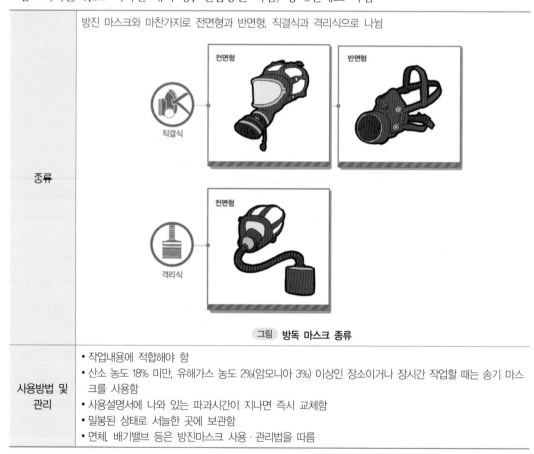 그림 방독 마스크 종류
사용방법 및 관리	• 작업내용에 적합해야 함 • 산소 농도 18% 미만, 유해가스 농도 2%(암모니아 3%) 이상인 장소이거나 장시간 작업할 때는 송기 마스크를 사용함 • 사용설명서에 나와 있는 파과시간이 지나면 즉시 교체함 • 밀봉된 상태로 서늘한 곳에 보관함 • 면체, 배기밸브 등은 방진마스크 사용 · 관리법을 따름

③ 송기 마스크(air supplied respiratork)
- 산소 농도가 18% 미만이거나 유해물질 농도가 2%(암모니아 3%) 이상인 장소에서 작업할 때 착용
- 종류로는 호스 마스크(폐력흡인형, 송풍기형), 에어라인 마스크(일정유량형, 디맨드형 및 압력디맨드형), 복합식 에어라인 마스크(디맨드형 및 압력디맨드형) 등 여러 가지가 있음

그림 송기 마스크의 예시

사용 대상 작업	• 산소가 결핍되거나 농도를 모르는 장소 • 쇼트작업 같이 고농도 분진이나 유해물질의 증기, 가스가 발생하는 장소 • 강도가 높거나 장시간 하는 작업 • 유해물질의 종류나 농도가 불분명한 장소 • 방진 · 방독 마스크 착용이 부적절한 장소
선정 시 유의사항	• 격리되거나 행동반경이 크고 공기 공급원에서 멀리 떨어진 장소에서 작업할 때는 공기호흡기를 지급하고 기능을 점검함 • 공기가 오염된 곳에서는 폐력흡인형 · 수동형은 사용하지 않음 • 위험도가 높은 곳에서는 폐력흡인형 사용을 피함 • 화재 폭발 위험지역에서는 방폭형을 사용함
사용방법 및 관리	• 여과장치로 기름, 분진, 유해물질을 걸러 신선한 공기를 공급함 • 공급 공기의 압력은 $1.75\,kg/cm^2$ 이하가 좋으며, 여러 명이 동시에 사용할 때는 압력을 조절함 • 실린더 내 공기 잔량을 점검해 알맞게 대처함 • 수동 송풍기형은 장시간 작업할 때 2명 이상이 교대함 • 작업 전에 도구 점검, 착용법 지도, 착용 상태 확인을 함 • 작업 전에 산소 농도를 측정함 • 작업 중 송풍량 감소, 가스나 기름 냄새 발생, 호흡 공기의 온도 상승, 호흡 공기에 수분이 섞임, 기타 이상상태가 발생하면 즉시 대비함

2. 3D프린터 소재 선택 및 사용

> FDM 방식 3D프린터 중 보급형의 경우 많이 사용되는 소재는 PLA, ABS 필라멘트이다. PLA(PolyLactic Acid)는 옥수수 전분을 주원료로 하여 생분해성을 가지는 소재로 식품용기, 의료용품 제작에 많이 사용된다. ABS(Acrylonitrile Butadiene Styrene)는 석유물질을 주원료로 하며, 내충격성과 내열성이 강해 장난감, 자동차 내·외장재, 가전제품 등 일상용품에 많이 쓰인다.

(1) 3D프린터 사용 시 발생하는 유해물질

1) FDM 방식 3D프린터

① 주요 유해위험요인

화재 및 폭발	인화성 물질의 사용·방출로 화재의 위험이 있음	
나노입자, 휘발성 유기화합물 방출	연소성 소재의 사용으로 인해 나노입자 및 휘발성 유기화합물 방출로 호흡기질환 등의 질병 발생 위험이 존재함	
	나노입자 (Nanoparticle, Ultra fine particle 등)	• 머리카락 굵기의 10만분의 1 정도의 입자로 지름이 0.1미크론보다 작은 미세입자를 의미하며, 초미세먼지(2.5미크론)보다 작은 입자 • 3D프린터 사용 시 다양한 크기의 미세입자가 방출되는데, 나노입자의 비중이 가장 많은 것으로 알려져 있음 • 호흡할 때 신체 깊숙한 곳까지 들어가 다양한 이상을 유발시킬 수 있다고 알려져 있어 주의가 필요함
	휘발성 유기화합물 (Volatile Organic Compounds)	• 대기 중으로 쉽게 증발되는 액체 또는 기체상 유기화합물의 총칭(벤젠, 톨루엔, 에틸벤젠, 자일렌, 스티렌 등) • 일반적으로 화합물 자체로서도 환경·인체에 직접적으로 유해하거나 대기중에서 광화학반응에 반응해 광화학산화물 등 2차 오염물질을 생성하기도 함 • 주로 호흡기를 통해 인체에 노출되며 피부, 눈 및 목 등을 자극하고, 두통, 현기증, 피로, 평형장애 등을 일으킴 • 고농도에 노출될 경우 마비상태에 빠지고 의식을 상실할 수도 있고 악취도 발생시키는 물질
끼임 및 화상	• 출력 시 출력불량을 해소하기 위해 동작 중인 장비에 신체를 집어넣으면 끼임사고가 발생할 수 있음 • 큰 부상으로 이어지진 않지만 순간적으로 놀라 노즐에 접촉하게 되면 곧 화상으로 연결될 수 있음	
감전	• 초기 저가형 3D프린터들은 컨트롤러, 각종 전선들이 노출되어 있어 감전사고의 위험이 있었지만 최근 많이 보완되어 출시되고 있으므로 위험성이 상당히 줄어들고 있음 • 특히 3D프린터 수리 시 전원을 연결한 채로 작업할 경우 위험하므로 반드시 전원을 끄고 진행함	

② 공정별 안전관리 사항

작동 전 단계	• 장비사용법, 안전수칙을 확인하고 필라멘트 투입 · 교체 시 예열이 필요하며 이때 화상에 주의함 • 개방형 장비는 작동 중 이물질이 들어가면 발화 위험이 있으므로 이용 전에 주변을 정리함
작동 중 단계	• 필라멘트가 압출되는 압출기 주위는 높은 열이 발생하기 때문에 절대 접촉하지 말아야 함 • 소재가 녹는 과정에서 유해물질이 발생할 수 있으므로 산업용 방진 마스크를 착용함 • 초기 출력 실패로 인한 사고위험이 있으므로 출력 시작 후 2층 정도까지는 안정적으로 출력되고 있는지를 확인 후 다른 작업으로 이동함
작동 종료 후	출력이 끝난 후 출력물 회수 시 노즐과 베드의 온도가 충분히 내려갔는지 확인한 후에 내열장갑을 착용하고 작업함
후처리 작업 중	• 지지대 제거 시 파편이 얼굴에 튀거나 니퍼, 칼 등 날카로운 공구에 손을 베일 수 있기 때문에 보안경과 보호장갑을 착용함 • 도색, 훈증 등에 사용되는 화학물질은 중독 증상이나 유해성을 유발할 수 있으므로 산업용 방진 마스크나 방독 마스크를 착용하고, 반드시 환풍기 및 환기장치를 사용하면서 작업함

③ 소재별 배출 물질

소재	함유 물질	배출 유해물질
ABS	• 아크릴로니트릴 • 1,3-부타디엔 • 스티렌	• 초미세먼지 • 방향성 VOCs • 카본 모노사이드 • 하이드로젠 샤나이드
PLA	• 락티드	• 초미세먼지 • 알데하이드 • 카본 모노신/다이옥신 • 메탄 • 메틸케톤
Polypropylene	• 프로필렌	• 초미세먼지 • 알데하이드 • 펜탄, 프로판, 부탄 • 디메틸헵탄 • 메틸펜탄 • 알켄
Nylon	• 록탐 • 산/아민	• 초미세먼지 • 카프로탐 • 니트릴, 방향성 VOCs • 암모니아 • 하이드로젠 샤나이드
Polycarbonate	• 비스페놀A	• 초미세먼지 • 비스페놀A • 페록사이드 • 알데하이드 • 케톤 • 하이드로카본 • 페놀

2) SLA 방식 3D프린터

① 주요 유해위험요인

소재 흡입 및 접촉	광경화성 수지는 소재 자체가 발암물질이 함유된 광중합 개시제와 20여개 이상의 화학물을 포함하고 있기 때문에 접촉, 출력 시 방출되는 유해물질의 증기 흡입 등으로 인한 질병 발생 위험이 있음
화재	• 출력 시 인화성 증기가 실내에 차 있는 경우 스파크, 정전기 등을 점화원으로 화재가 발생할 수 있음 • 회수된 출력물의 표면에는 소재가 묻어있기 때문에 IPA(이소프로필알코올) 등으로 세척을 해주어야 하는데, 세척제 또한 인화성이 있는 물질이므로 화재의 위험이 있음
눈이나 피부의 손상	• 광경화성 수지를 경화시키는 자외선(UV) 레이저를 직접 접촉하게 되면 눈이나 피부에 손상을 입을 수 있음 • SLA에서 사용하는 레이저는 Class 3b 등급으로 아주 위험함
출력물의 유해성	논란의 여지는 있지만 출력물의 경우, 액상 레진은 식품·음료의 안정성이 검증된 소재가 아니므로 식품용기, 어린이용품 등으로 활용되면 사용자의 유해물질 접촉 위험이 있을 수 있음

② 공정별 안전관리 사항

출력 전 단계	출력 시 발생하는 유해가스 누출로 인한 질식, 호흡기 위험이 있으므로 유해가스 제거시설을 설치·관리해야 함
작동 중 단계	출력 준비나 출력 도중에 3D프린터를 건드리면서 장비가 넘어져 소재에 불필요하게 접촉하거나 소재가 쏟아지는 등의 안전사고 발생에 유의해야 함

출력물 세척	• 액상 레진을 사용하는 방식은 출력 완료 후 출력물에 묻은 레진을 세척해야 함
	• 주로 이소프로필알코올(IPA, isopropyl alcohol)을 사용함
	  – IPA는 얼룩을 남기지 않고 쉽게 증발하는 특징 때문에 반도체, LCD 등 IT 부품 세정액으로 많이 활용됨
	  – 페인트, 잉크, 용매 등의 용제로도 사용되는 물질
	  – 독성물질이나 발암물질로 규정되어 있지는 않지만 장시간 피부에 노출되면 신경계에 영향을 미칠 수도 있기 때문에 반드시 내화학성 장갑, 안전마스크를 착용하고 작업해야 함
	  – 인화성이 높기 때문에 화재 등의 위험도 주의해야 함

지지대 제거	• 세척 후 지지대 제거 시 제거된 지지대를 하수구, 쓰레기통에 무단으로 버릴 경우 환경오염의 주범이 될 수 있으므로 「폐기물 관리법」에 따라야 함 • 제거에 사용되는 니퍼, 커터 등에 의한 상해를 예방하기 위해 안전장갑, 보호의, 안경 등을 착용하고 환기가 잘 되는 곳에서 작업함
후경화, 후가공 단계	• 출력물이 완전히 경화된 상태가 아니기 때문에 자외선 경화기를 이용해 후경화를 진행해야 함 • 자외선 광원에 의한 눈 손상 위험이 있으니 조심해야 함 • 완전히 경화된 후 후가공 표면처리 과정에서는 사포로 표면을 정리할 때 유해성분이 함유된 분진이 발생할 수 있기 때문에 안전마스크를 착용해야 함

③ 소재의 유해성

- 광경화성 수지는 아크릴레이트 및 메타크릴레이트계 화합물로 이루어져 있어 유기체에 급성·만성 독성을 가지고 있다고 알려져 있음
- 피부자극, 알레르기성 피부반응, 눈과 호흡기계에 강한 자극, 장기간 반복 노출 시 신체 장기에 손상을 일으킬 가능성 등의 위험요인 발생 가능
- 절대 먹으면 안 되고, 피부에 접촉 시 다량의 비누와 물로 씻어내야 하며 출력 부산물이나 남은 소재는 「폐기물 관리법」에 따라 내용물과 용기를 폐기해야 함

3) SLS 방식 3D프린터

① 주요 유해위험요인

소재에 의한 화재 및 분진 폭발	• 공기 중에 퍼져있는 농도 짙은 분진이 에너지를 받아 열과 압력이 발생하면 갑자기 연소되거나 폭발하는 경우가 있음 • 미세한 금속분말이 대량으로 있는 경우, 공기 중의 습기와 접촉하면 산화 발열하여 점차 온도가 상승하고 이로 인한 자연발화가 일어날 수 있음 • 대표적 소재: 알루미늄, 마그네슘 등
분진 흡입 및 노출	• 대부분의 3D프린팅에서 사용하는 금속분말의 입자 크기는 10∼70μm • 이 크기의 분말은 사람의 호흡기에 영향을 주어 폐에 해를 끼칠 수 있는 것으로 알려져 있고, 신체적 접촉·자극으로 잠재적인 피부염을 일으킬 수 있으므로 물리적인 직접 접촉은 가능한 피하는 것이 좋음
불활성 가스에 의한 질식위험	• 금속 3D프린터의 장비 내부의 산소량 변화는 타타늄, 알루미늄 같은 분말의 기계적·화학적 특성을 손상시킬 수 있으므로 내부에 불활성 가스를 주입해 출력의 안정성을 도모함 • 불활성 가스(Inert Gas)란 3D프린팅 시 금속분말의 반응성을 줄이기 위해 금속 3D프린터에 사용되는 질소 또는 아르곤 가스를 뜻함 • 좁은 공간에 질소, 아르곤 가스가 누출되면 산소가 희박해지기 때문에 질식 위험이 커짐
레이저에 의한 눈 및 피부 손상	• SLS 방식의 레이저는 Class 4등급의 강력한 CO_2 레이저를 주로 사용함 • Class 4등급의 레이저는 눈, 피부에 심한 위해를 유발하며 망막, 피부에 화상을 입힐 수 있음 • 거울, 유리 및 반짝이는 표면의 반사는 직접 레이저에 노출되는 것과 같은 위험이 있음

② 레이저 등급표

등급	정의
1등급	광학기기뿐만 아니라 장기간 직접 보아도 안전한 레이저 제품
1M등급	장시간 노출에는 안전하지만 광학기기를 통해 노출될 경우 위험한 레이저 제품
1C등급	피부 또는 신체조직에 치료 및 미용 시술을 위한 레이저 제품
2등급	순간 노출에는 안전하지만 고의로 응시하면 위험한 400∼700nm 파장의 레이저 제품
2M등급	짧은 시간의 노출에 안전하지만 광학기기를 통해 노출될 경우 위험한 가시광선 레이저 제품
3R등급	대부분의 경우 부상의 위험이 상대적으로 낮지만 의도적으로 직접 노출되는 경우 위험한 레이저 제품
3B등급	짧은 시간 노출을 포함하여 일반적으로 위험한 레이저 제품
4등급	직접 빔에 의한 노출 및 반사된 빔에도 위험한 레이저 제품

③ 공정별 안전관리 사항

열처리 과정	• 분말 출력물은 소결·용융 과정에서 내부가 완전히 채워지지 않는 경우 강도에 문제가 발생함 • 특히 금속 분말은 출력물 내에 존재하는 잔류응력을 제거하기 위해 열처리 과정을 거치는데, 이때 작업자의 화상이나 예상치 못한 안전사고 발생 가능성이 있기 때문에 주의해야 함
출력물 분리	• 분말을 사용하는 3D프린팅 방식은 지지대가 필요없지만 금속 3D프린터는 내부 잔류응력과 분말을 균일하고 평형하게 만들어 주는 리코터 블레이드(recoater blade)의 파워, 열전도율 때문에 지지대가 필요함 • 지지대를 분리하기 위해 거치는 커팅 과정에서 와이어 커팅, 기타 커팅 공구의 사용에 의한 안전사고에 주의해야 함
분말 소재의 처리	• 3D프린팅 공정에 사용된 분말은 일부 재사용하며, 나머지는 폐기물로 분류됨 • 심각한 위험물질로 간주되지는 않지만 금속분말이 포함된 폐기물은 매립지와 지하수를 오염시킬 위험이 있어 「폐기물 처리법」에 의해 관리되어야 함

④ 소재의 관리
- 분말 소재는 일반적으로 용기에 담겨 보관되는데 인화성이 있는 물질이므로 안전한 곳에 보관해야 함
- 특히 반응성 금속 합금 분말은 인화성이 매우 강하기 때문에 캐비닛과 같은 장소에 보관하는 것이 필수적
- 자연발화가 발생했을 경우 일반적인 소화기는 기능을 하지 못하기 때문에 금속화재 등급의 D급 소화기를 항상 비치해야 함

(2) 물질안전보건자료(MSDS)를 확인할 수 있는 소재를 사용

① 물질안전보건자료(MSDS, Materials Safety Data Sheet): 전 세계에서 시판되고 있는 화학물질의 특성과 여러 가지 정보를 담은 자료
② 화학물질의 화학적 특성, 취급·저장법, 유해위험성, 응급조치요령 등 16가지 항목 정보를 제공하고 있음
③ 안전보건공단 홈페이지(www.kosha.or.kr)에서 확인 가능하며, 해당 물질을 사용하는 작업장에 비치해야 함
④ MSDS 16가지 항목

NO	항목	구성 사항
1	화학제품과 회사에 대한 정보	• 제품명/제품의 권고 용도와 사용상의 제한 • 공급자 정보(회사명, 주소, 긴급전화번호)
2	유해성·위험성	• 유해성·위험성 분류 • 예방조치 문구를 포함한 경고 표지 항목 • 유해성·위험성 분류기준에 포함되지 않는 기타 유해성·위험성 예 분진폭발 위험성
3	구성성분의 명칭 및 함유량	화학물질명, 관용명 및 이명(다른 이름), CAS번호 또는 식별번호 함유량(%)

NO	항목	구성 사항
4	응급조치 요령	• 눈에 들어갔을 때 • 피부에 접촉했을 때 • 흡입했을 때 • 먹었을 때 • 기타 의사의 주의사항
5	폭발 · 화재 시 대처방법	• 적절한(및 부적절한) 소화제 • 화학물질로부터 생기는 특성 유해성 예 연소 시 발생 유해물질 • 화재 진압 시 착용할 보호구 및 예방조치
6	누출 사고 시 대처방법	• 인체를 보호하기 위해 필요한 조치사항 및 보호구 • 환경을 보호하기 위해 필요한 조치사항 • 정화 또는 제거 방법
7	취급 및 저장 방법	• 안전취급요령 • 안전한 저장 방법(피해야 할 조건을 포함)
8	노출방지 및 개인보호구	• 화학물질의 노출기준, 생물학적 노출기준 등 • 적절한 공학적 관리 • 개인보호구
9	물리 · 화학적 특성	• 외관(물리적 상태, 색 등) • 냄새 • 냄새 역치 • PH • 녹는점 · 어는 점 • 초기 끓는점과 끓는점 범위 • 증발 속도 • 인화성(고체, 기체) • 인화 또는 폭발 범위의 상한 · 하한 • 증기압 • 용해도 • 증기밀도 • 비중 • n 옥탄올 · 물 분배 계수 • 자연발화 온도 • 분해 온도 • 점도, 분자량
10	안정성 및 반응성	• 화학적 안정성 및 유해 반응의 가능성 • 피해야 할 조건(정전기 방전, 충격, 진동 등) • 피해야 할 물질 • 분해 시 생성되는 유해물질
11	독성에 관한 정보	• 가능성이 높은 노출 경로에 관한 정보 • 건강 유해성 정보
12	환경에 미치는 영향	• 생태독성 • 잔류성 및 분해성 • 생물 농축성 • 토양 이동성 • 기타 유해 영향

NO	항목	구성 사항
13	폐기 시 주의사항	• 폐기방법 • 폐기 시 주의사항(오염된 용기 및 포장의 폐기 방법을 포함)
14	운송에 필요한 정보	• 유엔 번호 • 유엔 적정 선적명 • 운송에서의 위험성 등급 • 용기 등급(해당되는 경우) • 해양오염물질(해당 또는 비해당으로 표기) • 사용자가 운송 또는 운송수단에 관련해 알 필요가 있거나 필요한 특별한 안전 대칙
15	법적 규제 현황	산업안전보건법 · 화학물질관리법 · 위험물 안전관리법 · 폐기물관리법 · 기타 국내 및 외국법에 의한 규제
16	그 밖의 참고사항	• 자료의 출처 • 최초 작성일자 • 개정 횟수 및 최종 개정일자 • 기타

⑤ 일반적으로 필라멘트는 PLA, ABS 성분의 원재료에 품질, 색상, 강도 등 출력물에 부여할 특성에 따라 가소재, 색소와 같은 다양한 첨가물이 들어가기 때문에 물질안전보건자료를 통해 주성분의 함유량을 확인해야 함

⑥ 첨가물이 들어가면 3D프린팅 작업 시 유해물질이 더 많이 방출된다는 연구결과가 있으므로, 필요한 경우가 아니라면 첨가물이 적게 들어간 소재를 쓰는 것이 보다 안전함

⑦ PLA 필라멘트 함유량

성분	CAS No.	함유량
Poly(lactic) acid	9051-89-2	90%
내충격보완제	–	10%
Total		100%

(3) 학교 · 학원 · 가정에서 실습용으로는 PLA 소재를 사용

① 대부분의 연구 결과에 따르면 ABS보다 PLA가 유해물질이 더 적게 나온다고 함

② 품질, 강도, 내열성 등의 특정 목적을 위해 ABS가 꼭 필요한 경우가 아니라면 PLA 사용이 바람직함

3. 3D프린터 선택 및 사용

(1) 헤파필터와 카본필터가 있는 3D프린터를 선택·사용

개방형 3D프린터

밀폐형 3D프린터

그림 개방형과 밀폐형 3D프린터 예시

① FDM 방식 3D프린터는 구동부가 외부에 노출되어 있는 개방형과 내부가 챔버로 밀폐되어 있는 밀폐형으로 구분됨

② 개방형과 밀폐형

개방형	유해물질이 외부로 직접 방출되기 때문에 환기가 매우 중요함
밀폐형	• 1차적으로 챔버에서 외부로 나오는 유해물질을 차단하고 필터까지 내장하고 있는 경우가 많아 개방형보다는 안전성이 높음 • 밀폐형이라고 하더라도 출력물을 회수할 때 축적된 유해물질이 한꺼번에 방출될 수 있으므로 주의를 요함 • 필터가 없는 제품도 있기 때문에 가급적 필터 내장형이 유리함 • 밀폐만 되어도 나노입자 방출이 줄어드는 효과가 있지만, 필터가 없으면 나노입자를 충분히 줄이기 어렵고 휘발성 유기화합물은 거의 줄어들지 않는다는 연구 결과가 있음 • 출력이 끝난 후 챔버 내 공기를 정화시키기 위해 전원을 바로 끄지 않는 것이 권장됨

③ 헤파필터와 카본필터

헤파필터 (HEPA, High Efficiency Particulate Air Filter)	• 미국 원자력위원회에서 미크론 이하의 나노입자(초미세입자)를 제거하기 위해 개발된 필터 • 사람의 머리카락이 10미크론, 초미세먼지가 2.5미크론이며 필터 등급은 0.3μm 크기 입자를 99.97% 제거하는 H13, H14 필터를 사용함
카본(활성탄)필터 (Carbon, 탄소)	• 공기나 물 중의 불순물을 제거하기 위해 활성탄을 사용하는 필터 • 화학적인 흡착과 표면적인 면적을 활용하는 원리 • 3D프린터에서 나오는 휘발성 유기화합물을 저감해 주고 냄새도 차단시켜 줌

> **TIP** 미크론(Micron)
>
> • 길이 단위, 음향이나 전기의 파장, 분자와 분자 사이의 거리, 미생물의 크기 따위를 잴 때 사용함
> • 1미크론(μm) = 100만분의 1미터 = 0.001mm

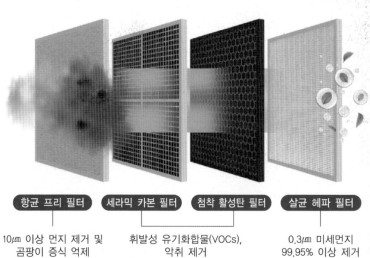

| 항균 프리 필터 | 세라믹 카본 필터 | 첨착 활성탄 필터 | 살균 헤파 필터 |

10㎛ 이상 먼지 제거 및
곰팡이 증식 억제

휘발성 유기화합물(VOCs),
악취 제거

0.3㎛ 미세먼지
99.95% 이상 제거

그림 일반적인 필터 구조

(2) 개방형(오픈형)과 필터가 없는 밀폐형(챔버형) 3D프린터 사용 시 안전조치가 필요함

① 안정성이 확보된 3D프린터를 사용하는 것이 바람직하지만, 프린터의 교체가 어렵다면 유해물질 방출을 막는 안전부스나 포위식 국소배기장치를 활용해야 함

② 안전부스, 포위식 국소배기장치

안전부스	3D프린터를 격리하고 내부 순환을 통해 안전부스 외부로 방출되는 유해물질을 최소화하는 장비
포위식 국소배기장치	• 덕트를 통하여 유해물질을 빨아들이고 공기정화장치로 정화한 뒤 정화된 공기를 외부로 배출하는 장치 • 유해물질이 방출되는 곳을 포위하여 흡수하는 방식, 3D프린터를 챔버로 격리 후 챔버에 덕트를 연결하여 유해물질을 차단하는 방식 등이 있음 • 작업공간, 3D프린터의 수, 작업량 등을 고려하여 충분한 배기가 될 수 있도록 설치함

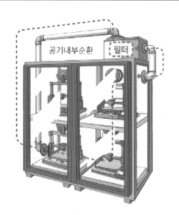

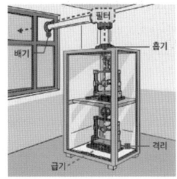

그림 안전부스와 국소배기장치 사례

4. 3D프린터 설치 및 환기

(1) 3D프린터 사용을 위한 별도 공간 마련

① 3D프린터는 여러 위험성을 선조치하기 위해 별도의 전용 작업실을 마련하여 설치하는 것이 바람직함

② 별도의 공간 마련이 어려운 경우는 창고 등 사용자가 상주하지 않는 공간에 설치하며, 창문 등 환기시설이 있어야 함

③ 환기시설조차 구비가 어려운 경우 3D프린터의 사용 중·후에 충분한 환기를 하기 전까지는 작동을 중지하는 것이 좋음

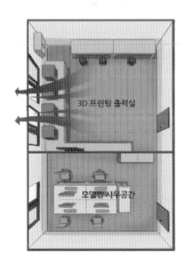

3D프린팅 작업공간 분리   격벽으로 분리된 3D프린터 전용 장소

그림 3D프린터 사용 공간 예시

(2) 환기를 고려한 3D프린터의 공간배치

① 내부 공기가 원활히 빠져나가는 창문 근처에 설치하고 공기 흐름이 사용자의 호흡기를 보호하도록 공간배치가 필요함

② 3D프린터에서 방출되는 유해물질이 작업공간에 쌓이지 않도록 창문을 통한 전체 환기를 해야 하며, 자연환기만으로 공기 유입이 충분하지 않은 경우 또는 출력 품질을 위해 자연환기가 어려운 경우에는 환풍기, 공조장치를 활용함

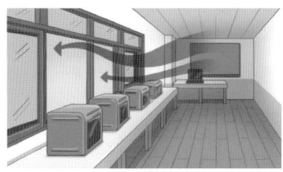

그림 3D프린터 사용 공간배치 예시

01

다음 중 3D프린팅과 관련된 안전 보호구와 거리가 먼 것은?

① 차광 보안경
② 방음 보호구
③ 호흡 보호구
④ 작업용 면장갑

해설

안전 보호구
• 재해나 건강 장해를 방지하고자 작업자가 착용한 후 작업을 하는 기구나 장치
• 차광 보안경, 방음 보호구(귀마개, 귀덮개), 호흡 보호구(방진, 방독, 송기 마스크) 등이 있음
• 안전장갑의 경우 면장갑보다는 전기용 안전장갑, 화학용 안전장갑, 열에 견디는 안전장갑 등이 필요함

정답 ④

02

전기절연장갑에 대한 설명으로 옳지 않은 것은?

① 내전압용 절연장갑은 00등급부터 4등급까지 6단계가 있으며 숫자가 작을수록 절연성이 높다.
② 사용 전에 공기를 불어 넣어 구멍이 있는지 확인하고, 구멍이 있으면 교체한다.
③ 고무는 열, 빛 등에 쉽게 노화되므로 열이나 직사광선을 피해 보관해야 한다.
④ 6개월마다 1회씩 규정된 방법으로 절연 성능을 점검하고 그 결과를 기록해야 한다.

해설

• 절연장갑 등급(교류 기준)

00	500V(갈색)	2	17000V(노랑)
0	1000V(빨강)	3	26500V(녹색)
1	7500V(흰색)	4	36000V(등색)

• 전기용 안전장갑의 구비조건 및 사용
  - 이음새가 없고 균질한 것일 것
  - 사용 시 안전장갑의 사용 범위를 확인할 것
  - 전기용 안전장갑이 작업 시 쉽게 파손되지 않도록 외측에 가죽장갑을 착용할 것
  - 사용 전 필히 공기 테스트를 통하여 점검을 실시할 것
  - 고무는 열, 빛 등에 의해 쉽게 노화되므로 열, 직사광선을 피하여 보관할 것
  - 6개월마다 1회씩 규정된 방법으로 절연 성능을 점검하고 그 결과를 기록할 것
  - 내전압용 절연장갑은 00등급부터 4등급까지 있으며 숫자가 클수록 절연성이 높음

정답 ①

03

전기 작업에 사용하는 절연장갑의 등급과 색상이 맞지 않는 것은?

① 0등급(빨강색)
② 1등급(흰색)
③ 2등급(노란색)
④ 3등급(갈색)

해설

• 3등급: 녹색
• 00등급: 갈색

정답 ④

04

다음 중 송기 마스크 사용에 대한 내용으로 거리가 <u>먼</u> 것은?

① 강도가 매우 높은 작업을 할 때 사용된다.
② 가격이 저렴하고 사용이 간편하여 널리 사용된다.
③ 유해물질의 종류와 농도가 불분명한 장소에서 사용한다.
④ 방진·방독 마스크 착용이 부적절한 장소에서 사용한다.

[해설]

송기식 마스크
• 호흡용 보호구 중에서 공기호스 등으로 호흡용 공기를 공급할 수 있도록 만들어진 호흡용 보호구
• 공기 공급용 마스크는 외부로부터 신선한 공기를 공급받는 경우이므로 가격이 비싼 편
• 사용 대상 작업
  - 산소가 결핍되거나 농도를 모르는 장소
  - 쇼트작업과 같이 고농도 분진이나 유해물질의 증기, 가스가 발생하는 장소
  - 강도가 높거나 장시간 하는 작업
  - 유해물질의 종류나 농도가 불분명한 장소
  - 방진·방독 마스크 착용이 부적절한 장소

[정답] ②

03 | 안전사고 사후 대처

대표유형

작업 현장에서 감전 사고가 발생했을 때 하면 안 되는 조치 방법은?

① 감전된 사람 주변의 위험물을 제거한다.
② 감전된 사람을 몸에 접촉되어 있는 전원으로부터 제거한다.
③ 감전된 사람의 의식을 확인한다.
④ 감전된 사람의 신체를 흔들어 깨운다.

해설
응급처치 시행자가 위험하다면 재해자에게 접근하지 말고, 도울 수 있는 다른 방법을 선택하거나 보호장비를 갖춘 후에 접근해야 한다.

정답 ④

1. 안전사고 종류와 행동 지침

(1) 화상

1) 3D프린팅과 화상

① FDM 방식의 재료인 플라스틱을 용융하기 위해서는 최소 160℃ 이상의 고열이 발생하기 때문에 노즐에서 필라멘트를 제거하거나 압출기의 부품 교체 시 접촉에 의한 화상 위험이 아주 높음
② 베드 온도 또한 재료에 따라 100℃ 이상 발생할 수 있으므로 주의해야 함
③ 3D프린터의 발열 부위(노즐히터, 베드히터, 스텝모터, 보드 방열판) 수리 시에는 반드시 전원을 끄고 냉각 후 작업해야 하며 아이들, 반려동물은 특히 주의가 필요함

그림 화상 상처와 3D프린터의 압출기 부분

2) 화상 대처방법

① 화상 발생 시 환부를 차가운 수돗물, 생리식염수로 20~40분 정도 식힘

② 소주, 간장, 된장 등을 바르는 민간요법은 감염 노출 위험이 있으므로 피하는 것이 좋음

③ 가벼운 화상은 바셀린, 아연화 연고 등을 바른 후 거즈 또는 붕대로 처치만 해도 3일 이내 회복 가능

④ 2도 화상으로 물집이 생긴 경우 터뜨리지 않도록 하며, 터지더라도 세균에 감염되지 않도록 청결 상태를 유지해야 함

⑤ 3도 이상의 화상일 경우 청결한 헝겊으로 환부를 감싸고 즉시 병원으로 이동해야 함

(2) 화재

1) 3D프린팅과 화재

① 압출기 노즐의 온도를 올리는 부품인 히트 카트리지(Heat Cartridge)는 스펙상 800℃까지 온도가 상승함

② 보급형 3D프린터의 펌웨어는 기구적 문제로 275~285℃ 정도에서 전원이 차단되어 화재 발생을 방지하도록 구성되어 있기 때문에 히트블럭의 온도 센서(Thermistor, 서미스터)가 제대로 장착·동작하는지 수시로 확인해야 함

③ 노출된 전선의 피복이 상하여 합선이 발생하지 않도록 유의하며, 장비 주변에 인화물질이 있으면 발화 가능성이 있음을 주의해야 함

그림 FDM 방식 3D프린터의 핵심 부품인 압출기 부품 중 핫앤드(히트 카트리지와 온도센서가 부착되어 있음)

2) 화재 대처방법(화재 발생 시 국민행동요령)

① 불을 발견하면 '불이야' 하고 큰소리로 전파하고 화재경보 비상벨을 누른다.

② 엘리베이터 대신 계단을 이용하되 아래층으로 대피가 불가능한 때에는 옥상으로 대피한다.

③ 불길 속을 통과할 때에는 물에 적신 담요나 수건 등으로 몸과 얼굴을 감싼다.

④ 연기가 많을 때는 한 손으로는 코와 입을 젖은 수건 등으로 막고 낮은 자세로 이동한다.

⑤ 방문을 열기 전에 문손잡이를 만져 보았을 때 뜨겁지 않으면 문을 조심스럽게 열고 밖으로 나간다.

⑥ 출구가 없으면 연기가 방안으로 들어오지 못하도록 물을 적셔 문틈을 옷이나 이불로 막고 구조를 기다린다.

3) 소화기 사용방법

① 보관되어 있는 소화기를 가져온다.

② 안전핀을 뽑는다.

③ 바람을 등지고 호스를 불쪽으로 향하게 잡는다.

④ 불을 향해 분사하고 빗자루로 쓸 듯이 뿌린다.

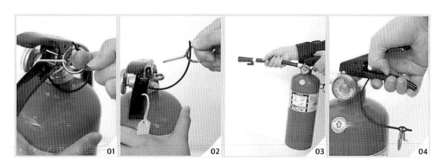

그림 소화기 사용 방법

(3) 감전

1) 3D프린팅과 감전

① 감전사고는 다른 안전사고에 비하여 발생율이 낮지만 발생 시 화상, 피부조직 파괴를 유발하며 근육 수축 및 심정지를 일으킬 수 있음

② 떨어짐, 넘어짐 등의 2차 사고까지 발생할 우려가 높은 것이 특징적

③ 사람 체내의 일부 또는 대부분에 전기가 흘렀기 때문에 충격을 받으며 상해를 입지 않는 경우도 있으나, 상해를 입은 경우 사망률이 높아 매우 위험함

④ FDM 방식 3D프린터는 보통 12~24V를 사용하며 전류는 노즐에 5A, 베드에 5~15A가 흐름

⑤ 프린터 배선 부근, 특히 플러그가 전원공급 장치에 연결되는 곳 근처에서 작업하는 경우 조심해야 함

⑥ 보급형 3D프린터의 각종 전선들이 노출되어 있으므로 피복이 벗겨지지 않도록 유의하고 덮개를 설치하는 것이 좋음

⑦ 3D프린터 수리 시 최대 220V에 노출될 수 있으므로 전원을 차단한 상태에서 실행하는 것이 안전함

2) 감전사고의 특징

전격 (전류에 의한 인체의 충격)	• 맥박이 점점 빨라졌다가 급격히 약해지는 현상이 있음 • 피부가 거칠어지고 윤기가 없어짐
심실세동 (심장박동이 비정상적인 상태)	• 심장 수축기능 소실 • 체내 혈액공급 저하 • 급격한 혈압감소 및 실신을 동반함

3) 감전사고의 위험요소

통전전류	• 일반적으로 도체를 통해 흐르는 전류를 뜻함 • 감전이 되면 인체에 통전전류가 흐르면서 회로를 형성하고, 인체의 신체조건 및 환경에 따라 저항값이 달라지기 때문에 통전전류에 영향을 줌 • 통전전류의 크기에 따른 증상

통전전류의 크기	증상
1mA	• 약간 느낄 정도 • 최소감지전류
7~8mA	• 경련 유발 • 고통한계전류
10~15mA	• 통증 유발 • 이탈전류(가수전류): 남자 9mA, 여자 6mA
20~50mA	• 강렬한 경련 초래 • 이탈불능전류(불수전류)
50~100mA	• 사망 • 심실세동전류(치사전류)

통전시간	• 오랜 시간 전기에 노출되면 적은 전류에서도 심실세동으로 사망할 수 있음 • 통전시간에 따른 한계전류

통전시간(초)	0.05	0.10	0.20	1.00	2.00	5.00
한계전류(mA)	518	367	260	116	82	52

통전경로	• 같은 양의 전류라 하더라도 인체의 어느 부위를 타고 전류가 흘렀느냐에 따라서 위험도가 달라짐 • 심장 부위에 흐르면 심실세동으로 인한 위험이 커지게 됨 예 왼손에서 가슴으로 흐를 때 가장 위험하고, 오른손에서 등으로 흐르면 덜 위험함

4) 감전사고의 응급조치

① 감전사고 발생 시 의식을 잃고 호흡이 끊어지는 경우 혈액 중의 산소함유량이 약 1분 이내에 감소하기 시작하여 산소결핍현상이 나타나기 시작함

② 단시간(1분) 내에 인공호흡 등 응급조치를 실시할 경우 감전사망자의 95% 이상을 소생시킬 수 있음

③ 호흡이 멈춘 후 인공호흡이 시작되기까지의 시간에 따른 소생률: 3분 내(75%), 5분 내(25%), 6분 내(10%)

④ 응급조치 순서

> 재해자가 아직 전기 위험에 노출되어 있을지도 모르니 재해자를 직접 만지지 않는다. ⇨ 전원을 차단하거나, 전기가 통하지 않는 물질(플라스틱, 나무 등)로 재해자와 전기 위험과의 연결을 끊는다. ⇨ 재해자가 의식이 있는지를 살피고 구조호흡 또는 심폐소생술을 시행한다. ⇨ 심폐소생술은 전문 구급요원이 올 때까지 시행하며, 환자가 소생하면 음료(물)는 절대로 주지 않는다.

2. 응급처치 방법

(1) 인공호흡과 심폐소생술

① 인공호흡과 심폐소생술은 응급상황에서 생명을 구하는 데 도움을 주는 중요한 의학적 조치이지만 목적, 방법에서 차이가 있음
② 두 가지 기술은 응급상황에서 서로 보완적으로 사용되어 환자의 생명을 구하는 데 도움을 줌
③ 정확한 처치 방법은 훈련 및 응급상황의 상황에 따라 다를 수 있으므로, 응급상황에서는 신속한 대응이 더 중요함

(2) 인공호흡(Artificial Respiration)

1) 사용 원리

① 인공호흡은 흡기와 내기 단계로 나뉨

흡기	환자의 입으로 공기를 공급하는 것
내기	환자의 폐로 공기를 밀어 넣는 것

② 주로 호흡기능을 잃은 환자에게 사용됨
③ 환자는 의식이 있는 상태일 수 있으며, 호흡이 불규칙하거나 없을 때 인공호흡이 필요함

2) 사용 방법

① 환자의 머리를 젖히고, 턱을 들어 올려 환자의 기도를 개방시킨다.
② 머리를 젖혔던 손의 엄지와 검지로 환자의 코를 잡아서 막고, 입을 크게 벌려 환자의 입을 완전히 막은 후 가슴이 올라올 정도로 1초에 걸쳐서 숨을 불어넣는다.
③ 숨을 불어넣을 때에는 환자의 가슴이 부풀어 오르는지 눈으로 확인한다.
④ 숨을 불어넣은 후에는 입을 떼고 코도 놓아주어서 공기가 배출되도록 한다.
⑤ 인공호흡 방법을 모르거나, 꺼려지는 경우에는 인공호흡을 제외하고 지속적으로 가슴압박만을 시행한다 (가슴압박 소생술).

(3) 심폐소생술(CPR, Cardiopulmonary Resuscitation)

1) 사용 원리

① 심폐소생술은 심장마비와 호흡 중단 상황에서 사용됨

② 환자의 심장을 압박하여 혈액을 순환시키고, 동시에 인공호흡을 통해 폐의 기능을 대신함

③ 주로 의식이 없거나 심장마비 상태에 있는 환자에게 시행됨

④ 심장과 폐의 활동이 멈추게 되었을 때 4분 경과 후 생존율이 50% 미만으로 떨어지기 때문에 5분 이내에 실시하는 것이 무엇보다 중요함

2) 사용 방법

① 심폐소생술은 가슴 압박과 인공호흡을 번갈아 가면서 수행됨

② 기본적인 CPR는 30번의 가슴 압박 + 2번의 인공호흡으로 구성됨

③ 인공호흡은 주로 호흡에 문제가 있는 환자에게 사용되고, 심폐소생술은 심장마비와 호흡 중단 상황에서 사용됨

(4) 자동제세동기(AED, Automated External Defibrillator)

1) 사용 원리

자동심장충격기(AED)란 심실세동(심장의 박동에 의해서 심실의 각 부분이 불규칙적으로 수축하는 상태) 환자들에게 극히 짧은 순간에 강한 전류를 심장에 통과시켜서 대부분의 심근에 활동전위를 유발하여 심실세동이 유지될 수 없도록 함으로써 심실세동을 종료시키고, 심장이 다시 정상적인 전기활동을 할 수 있도록 유도하는 것

2) 사용 방법

① 자동제세동기 도착: 심폐소생술 시행 중에 자동제세동기가 도착하면 바로 적용함

② 전원 켜기: 심폐소생술에 방해되지 않는 위치에 놓은 뒤 전원 버튼을 누름

③ 두 개의 패드 부착: 패드 1(오른쪽 빗장뼈 바로 아래), 패드 2(왼쪽 젖꼭지 앞 겨드랑이)

④ 심장리듬 분석

⑤ 제세동 실시: 제세동이 필요한 경우에만 제세동 버튼이 깜박이기 시작하며, 깜박일 때 제세동 버튼을 눌러 제세동을 시행함

⑥ 즉시 심폐소생술 다시 시행: 제세동 실시 후 즉시 가슴압박과 인공호흡을 30:2 비율로 심폐소생술을 다시 시작함

⑦ 2분마다 심장리듬 분석 후 반복 시행

01

다음 〈보기〉에서 설명하는 응급처치 시행자의 행동 수칙은?

| 보기 |

현장 응급처치 시행자에 의한 1차 처치가 4분 이내에 이루어지고, 전문가에 의한 처치가 8분 이내에 이루어질 수 있도록 의료기관이나 119 구조대에 연락하고 신속하게 처치해야 한다.

① 신속한 판단과 처치
② 신속한 연락과 처치
③ 신속한 예방과 처치
④ 신속한 연락과 상황 파악

해설

응급처치 시행자의 행동 수칙

신속한 연락과 처치	현장 응급처치 시행자에 의한 1차 처치가 4분 이내에 이루어지고 전문가에 의한 처치가 8분 이내에 이루어질 수 있도록 의료기관이나 119 구조대에 연락하고 신속하게 처리해야 함
응급처치에 대한 허락	• 재해자가 의식이 있으면 재해자에게 자기소개를 하고 응급처치를 시행해도 좋다는 허락을 받아야 함 • 의식이 없는 경우에는 동행인에게 허락을 받고, 동행인이 없으면 허락을 받은 것으로 간주함
추가 손상의 방지	더 이상의 손상을 방지하기 위해 의식이 없는 재해자 및 경추(목뼈) 척추 손상이 의심되는 재해자의 이송·처치 시에 경추 보호대와 전신 부목으로 고정하여 보호해야 함

정답 ②

02

전문가가 호흡이 없거나 이상호흡이 감지되는 재해자의 맥박 확인 결과 맥박이 있을 때 실시하며, 성인은 일반적으로 1분간 10~12회의 속도로 실시하는 응급처치는?

① 심폐소생술
② 인공호흡
③ 호흡 확인
④ 보온 조치

해설

흉부 압박을 하지 않고 인공호흡만을 시행하는 것은 전문가에 한해 실시한다.

정답 ②

03

다음 〈보기〉에서 설명하는 통전전류에 의한 영향으로 적절한 전류범위는?

┤ 보기 ├

• 전류를 감지하는 상태에서 자발적으로 이탈이 불가능하게 된 상태
• 근육 경련이 심해지고 신경이 마비되어 운동이 자유롭지 않게 되는 상태

① 25mA 이하   ② 25~80mA
③ 80~3,000mA   ④ 3,000mA 이상

해설

통전전류에 의한 영향

최소 감지전류	교류[상용주파수 60(Hz)]에서 이 값은 2(mA) 이하로서 이 정도의 전류로서는 위험이 없음
고통 한계전류	• 전류의 흐름에 따른 고통을 참을 수 있는 한계 전류 • 교류[상용주파수 60(Hz)]에서 성인남자의 경우 대략 7~8(mA)
이탈 전류와 교착 전류(마비 한계전류)	• 통전전류가 증가하면 통전경로의 근육 경련이 심해지고 신경이 마비되어 운동이 자유롭지 않게 되는 한계의 전류를 교착 전류, 운동의 자유를 잃지 않는 최대한도의 전류를 이탈 전류라고 함 • 교류[상용주파수60(Hz)]에서 이 값은 대개 10~15(mA)
심실세동 전류	• 심장의 맥동에 영향을 주어 혈액순환이 곤란하게 되고 끝내는 심장 기능을 잃게 되는 현상을 일반적으로 심실세동이라 함 • 심실세동을 일으킬 때 그대로 방치하면 수분 이내에 사망하게 되므로 즉시 인공호흡을 실시하여야 함

정답 ①

memo

PART 08
실전 모의고사

01

적층가공은 기존 가공방식에 비해 다양한 특징과 장점이 있다. 적층가공에 대한 설명으로 옳지 <u>않은</u> 것은?

① 디자인 자유도가 높아 기하학적 형태까지도 가공이 가능하다.
② 정밀도는 뛰어나지 않으나 후가공, 후처리를 통해 개선할 수 있다.
③ 각 재료의 고유 물성을 그대로 유지할 수 있으며, 내구성이 뛰어나다.
④ 대량생산보다는 맞춤형 다품종 소량생산에 유리하다.

[해설]
재료의 물성 유지는 비교적 강하지만 내구성은 적층 방향으로 상당히 취약하다.

02

다음 중 패턴 이미지 기반의 스캐너에 대한 설명으로 옳지 <u>않은</u> 것은?

① 휴대용으로 개발하기 용이하다.
② 삼각측량법으로 좌표를 계산한다.
③ 측정 대상물의 외관이 투명할 때도 측정이 가능하다.
④ 광 패턴을 이용하기 때문에 한꺼번에 넓은 영역을 빠르게 측정 가능하다.

[해설]
광학 스캐닝 방식
• 광 패턴 방식(백색광 스캐너) vs 주파수 변이 방식(변조광 스캐너)
• 광선이 투과하거나 난반사가 일어나는 대상물은 측정이 곤란하다.

03

다음 중 스캔 데이터를 보정하여 노이즈를 제거하는 것은?

① 노이즈 캔슬
② 노이즈 클리닝
③ 데이터 캔슬
④ 데이터 클리닝

[해설]
스캔 데이터 보정

클리닝	불필요한 노이즈(점군 데이터)를 제거
필터링	중첩된 점의 개수를 줄여 데이터 처리를 쉽게 할 수 있음
스무딩	측정 오류로 주변 점들에 비해 불규칙적으로 생성된 점들을 매끄럽게 처리
페어링	불필요한 점을 제거하고 다양한 오류를 바로잡는 과정

04

스캐닝 측정 범위 설정에서 측정 대상물이 클 경우 측정 영역을 미리 설정할 필요가 있다. 다음 중 관련이 있는 것은?

① 측정 후 최종적으로 정합 및 병합을 수행한다.
② 측정 시간을 단축할 수 있다.
③ 이동 속도를 고려하여 측정할 수 있다.
④ 측정 방향의 시작과 끝을 정할 수 있다.

스캐닝 측정 범위 설정
- 측정 대상물이 클 경우 측정 영역을 미리 설정할 필요가 있음 → 측정 시간 단축
- 측정 대상물에 큰 단차가 있는 경우 카메라의 초점이 심도 밖에 위치 → 측정 방향을 시작과 끝점, 레이저광 진행 방향으로 초점 심도를 고려
- 저가형 스캐너의 경우 로터리테이블을 사용하여 자동으로 전면 측정이 이루어짐
- 이동식 스캐너의 경우 별다른 측정 영역이 필요 없음 → 원하는 영역을 이동 속도를 고려하여 측정 가능

05

3D모델링에서 스케치면으로 선택할 수 없는 것은?

① 솔리드 곡면
② 가상면
③ 작업 평면
④ 솔리드 평면

[해설]
- 스케치를 할 수 있는 곳: 2D스케치, 3D솔리드의 평면, 작업 평면(Plane), 가상면(가상 평면을 임의의 공간에 만든 것)
- 곡면에는 스케치를 그릴 수 없음

06

넙스 모델링 방식에 대한 설명으로 옳지 않은 것은?

① 부드러운 곡면에 유리하며 STEP 파일 등과 호환이 가능하다.
② 면의 기본 단위는 삼각형이며, 이 삼각형을 연결해 모델링을 완성한다.
③ 폴리곤 모델링보다 치수적으로 정확하다.
④ 수학 함수를 이용하여 부드러운 곡면의 형태를 생성한다.

[해설]
넙스 모델링의 특징
② 폴리곤 모델링의 특징이다.

07

조립 시 수축과 팽창으로 치수가 달라지는 문제점을 해결하는 방법은?

① 채우기
② 크기
③ 공차
④ 서포트

[해설]
공차
- 근삿값에 대한 오차(誤差)의 한계나 범위
- 3D프린터에서 모델링 치수와 실제 치수 사이의 오차범위를 말한다.
- 모델링 시 부품과 부품 간의 거리나 틈이 필요한 경우 공차 값으로 처리한다.

08

3D모델링에 대한 설명으로 옳지 않은 것은?

① 조립품의 부품 치수를 측정하여 설계 의도를 점검할 수 있다.
② 서피스 모델링에서 기준 평면이 아닌 가상 평면을 형성하여 스케치를 그릴 수 있다.
③ 3D 파트 모델링 시 내부 구조를 파악하기 위해 특정 부분의 내부 단면을 확인할 수 있다.
④ 스케치를 끝내고 3D 객체로 완성한 후에는 치수 변경이 불가능하다.

[해설]
3D모델링 개요 문제

09

도면의 제도 방법에 대한 설명으로 옳지 않은 것은?

① 도형의 중심선은 가는 2점 쇄선이다.
② 물체의 보이지 않는 부분을 나타내는 것은 숨은 선이라 한다.
③ 물체에 대한 정보를 가장 많이 주는 투상도를 정면도로 사용한다.
④ 도면의 단위는 mm이며, 일반적으로 도면에 단위는 표시하지 않는다.

해설

제도선의 종류 문제
① 가는 1점 쇄선(중심선), 가는 2점 쇄선(가상선)

구분		용도에 의한 명칭	용도
종류	모양		
실선	굵은 실선 ———	외형선	물체의 보이는 부분의 모양을 나타내는 데 사용
	가는 실선 ———	치수선	치수를 기입하는 데 사용
		치수보조선	치수를 나타내기 위해 도형에서 끌어내는 데 사용
		지시선	가공법, 기호 등을 표시하기 위해 끌어내는 데 사용
	////////	해칭	물체의 절단면을 표시하는 데 사용
	∿∿	파단선	부분 생략 또는 부분 단면의 경계를 표시하는 데 사용
파선	굵은 파선 가는 파선 - - - - -	숨은선	물체의 보이지 않는 부분의 모양을 표시하는 데 사용
1점 쇄선	가는 1쇄선 —·—·—	중심선	도형의 중심을 표시하는 데 사용
2점 쇄선	가는 2쇄선 —··—··—	가상선	움직인 물체의 상태를 가상하여 나타내는 데 사용

10

다음 〈보기〉에서 설명하는 3D모델링 방식은?

┤ 보기 ├

이것은 3D프린터에서 3차원 형상을 표현하는데 기하곡면을 처리하는 모델링 기법으로, 형상 표면 데이터만 존재하며 산업디자인 분야에서 사용한다.

① 폴리곤 모델링　　② 솔리드 모델링
③ 넙스 모델링　　④ 서브디비전 모델링

해설

3D모델링 개요 문제

11

KS규격에서 가공 방법 기호 중 버핑에 해당하는 것은?

① SH　　② FF
③ SPBF　　④ SB

해설

CAD 프로그램의 가공 기호
• 버핑(buffing): 입자를 사용한 표면 가공법의 일종

가공 방법	약호	가공 방법	약호
선반가공	L	호닝가공	GH
드릴가공	D	액체호닝가공	SPLH
보링머신가공	B	배럴연마가공	SPBR
밀링가공	M	버프다듬질	SPBF
평삭가공	P	블라스트다듬질	SB
형상가공	SH	랩다듬질	GL
브로칭가공	BR	줄다듬질	FF
리머가공	SR	스크레이퍼다듬질	FS
연삭가공	G	페이퍼다듬질	FCA
벨트연삭가공	GBL	정밀주조	CP

12

부품 파트를 모델링하고, 이것을 이용해서 조립품을 구성하는 방식은?

① 상향식
② 하향식
③ 분할식
④ 조립식

[해설]
- 상향식(BOTTOM–UP): 부품 → 조립품
- 하향식(TOP–DOWN): 조립품 → 부품

14

도면에 치수를 기입할 때의 원칙에 대한 설명으로 옳지 않은 것은?

① 치수는 가공자가 계산해서 구할 수 있어야 한다.
② 치수는 주 투상도에 집중한다.
③ 치수는 필요에 따라 기준으로 하는 점, 선, 면을 기준으로 기입한다.
④ 치수는 대상물의 크기, 자세 및 위치를 가장 명확하게 표시할 수 있도록 기입한다.

[해설]
치수기입의 원칙(KS B 0001)
1. 치수는 되도록 주 투상도(정면도)에 기입한다.
2. 작업자가 혼동되지 않도록 도면에 기입한다.
3. 작업자가 계산해서 구할 필요가 없도록 기입한다.
4. 기능상 필요한 치수는 허용 한계를 기입한다.
5. 중복되지 않게 기입한다.
6. 필요에 따라 기준이 되는 점이나 선 또는 면을 기준으로 기입한다.
7. 각 투상도 간의 비교와 대조가 용이하게 기입한다.
8. 관련된 치수는 되도록 모아서 한 곳에 보기 쉽게 기입한다.
9. 반드시 전체 길이, 높이, 폭에 대한 치수는 기입해야 한다.
10. 치수는 되도록 공정별로 배열하고 분리하여 기입한다.
11. ( )치수는 참고 치수이다.

13

선택한 원호와 선, 원호와 원호를 서로 접하게 만드는 구속조건으로 옳은 것은?

① 동심(concentric)
② 일치(coincident)
③ 접선(tangent)
④ 평행(parallel)

[해설]
구속조건
문제는 접선(tangent, 탄젠트) 구속조건에 대한 설명이다.

15

다음 중 DfAM(Design for Additive Manufacturing)에 대한 설명으로 가장 거리가 먼 것은?

① 기존의 설계와 제조 과정에서 마주치는 공정상의 제약들을 극복하는 해법을 제공할 수 있다.
② 기존의 DfM(Design for Manufacturing)에서 적층이 적용된 진보된 개념이다.
③ DfAM 기술을 적용하면 자동차 부품 모듈의 복잡한 조립 공정 속도를 줄일 수 있다.
④ DfAM 기술을 적용하면 고강성, 저진동, 경량 차량 부품 설계 및 제작을 통해 에너지 효율을 개선할 수 있다.

[해설]

DfAM(Design for Additive Manufacturing)

기존의 DfM(Design for Manufacturing)에서 진보된 개념으로, 기존의 설계와 제조 과정에서 마주치는 공정상의 제약들을 극복하는 해법을 제공할 수 있다는 점에서 큰 의미가 있다. DfAM 기술을 사용하면 자동차, 수송기기, 의료장비 등 복잡한 기능과 형상의 부품 모듈을 별도의 조립공정 없이 일체형으로 제작 가능하다. 또한 내부 구조가 복잡한 고강성, 저진동, 경량 차량 부품 설계 및 제작을 통해 에너지 효율을 높일 수도 있다.

16

다음 중 오류 검출 프로그램이 아닌 것은?

① Netfabb
② Meshmixer
③ AMF
④ MeshLab

[해설]

AMF는 출력용 데이터 포맷 파일의 이름이다.

17

출력용 파일로 변환하는 과정에 대한 설명으로 틀린 것은?

① 2차원 단면 생성 시 윤곽 데이터의 폐루프끼리 교차하면 안 된다.
② 대부분 적층 두께를 일정하게 슬라이싱한다.
③ 3차원을 2차원으로 슬라이싱하여 분해 뒤 적층하여 3차원 형상을 얻는다.
④ 2차원 단면 생성 시 윤곽의 경계 데이터가 연결되지 않는다.

[해설]

윤곽 데이터의 경계는 교차해서도 안 되고, 연결이 끊어져도 오류가 발생한다.

18

출력용 파일의 오류 종류 중 실제 존재할 수 없는 구조로 3D프린팅, 부울 작업, 유체 분석 등에 오류가 생길 수 있는 것은?

① 반전 면
② 오픈 매쉬
③ 클로즈 매쉬
④ 비(非)매니폴드 형상

[해설]

매니폴드(출력 가능한 정상 형상) vs 비(非)매니폴드(형상 오류)

19

AMF(Additive Manufacturing File) 파일의 특징이 <u>아닌</u> 것은?

① XML에 기반해 STL의 단점을 다소 보완한 파일 포맷이다.
② 매 프레임에 하나의 파일이 필요하고 많은 용량이 필요하다.
③ STL 포맷은 표면 메시에 대한 정보만을 포함하지만, AMF 포맷은 색상과 질감, 표면 윤곽이 반영된 면을 포함한다.
④ 색상 단계를 포함하여 각 재료 체적의 색과 메시의 각 삼각형의 색상을 지정할 수 있다.

[해설]
② OBJ 파일 포맷에 대한 설명이다

STL 포맷	• 최초의 3D프린터와 함께 나온 파일 형식 • 업계에서 표준처럼 사용되고 있음
OBJ 포맷	• 애니메이션 프로그램용으로 개발 • 호환성이 좋아 거의 모든 3D프로그램에서 사용
3MF 포맷	색상, 재질 등의 정보가 없고 용량이 크고 무거운 STL의 단점을 해결하기 위해 마이크로소프트 주도로 거대 3D프린팅 기업들과 CAD 프로그램 기업들이 참가해서 개발

20

다음 중 플랫폼과 출력물을 견고하게 접착시키는 지지대의 종류는?

① Overhang   ② Island
③ Raft   ④ Unstable

[해설]
• 지지대 구조물(Support structures)의 종류

Overhang	새로 생성되는 층이 받쳐지지 않아 아래로 휘는 경우
Ceiling	양단이 지지되지만 사이 공간이 너무 크면 아래로 휘게 됨
Island	다른 단면과 연결이 끊어져 허공에 떠 있는 상태로 성형 불가
Unstable	지지대가 필요한 면은 없지만 자체 무게에 의해 스스로 붕괴되는 경우
Base	진동이나 충격으로 이동이나 붕괴를 방지
Raft	바닥지지대의 일종으로 강한 접착력 제공

• Sagging: 지지대 성형 결함으로 하중으로 인해 처지는 현상
• Warping: 소재가 경화되면서 수축으로 인한 뒤틀림 현상

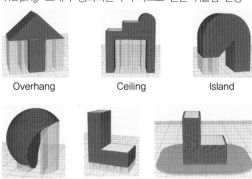

Overhang   Ceiling   Island

Unstable   Base   Raft

21

다음 〈보기〉를 작업순서에 따라 가장 적절하게 나열한 것은?

보기
ㄱ. STL 포맷 변환
ㄴ. 3D모델링
ㄷ. STL 파일 오류 검사
ㄹ. G코드 생성

① ㄱ-ㄴ-ㄷ-ㄹ   ② ㄴ-ㄱ-ㄷ-ㄹ
③ ㄴ-ㄱ-ㄹ-ㄷ   ④ ㄴ-ㄷ-ㄹ-ㄱ

[해설]
3D모델링 → 출력용 데이터 포맷인 STL 파일로 저장 → STL 파일에 오류가 있는지 검사(변환 과정에서 오류가 발생하기도 한다) → G코드 저장

22

FDM 방식 3D프린터의 압출기 노즐의 직경이 0.5mm일 때 레이어 두께로 적당하지 <u>않은</u> 것은?

① 0.2mm

② 0.25mm

③ 0.3mm

④ 0.5mm

해설

• 노즐 직경과 레이어의 두께는 상관관계가 있다.

• RepRap에 의하면, 노즐의 직경이 0.5mm이면 일반적인 레이어의 두께는 0.1~0.4mm 정도를 사용한다.

• 최소 두께는 프린터의 Z축의 정밀도와 영향이 있으며, 최대 두께는 노즐 직경의 80% 정도로 본다.

23

FDM 방식 3D프린터의 출력에 대한 설명으로 가장 거리가 먼 것은?

① 3차원 모델의 벽두께는 노즐 직경보다 얇으면 출력이 되지 않는다.

② 3차원 모델의 면과 면 사이가 전부 막혀있지 않은 상태라면 출력이 되지 않는다.

③ 여러 개의 출력물을 한 번에 출력하고자 할 때 모델 사이에 0.1mm 이상의 공간을 두어서는 안 된다.

④ 출력물 설계 시 사용하는 3D프린터의 출력 범위에 맞게 설계하는 것이 좋다.

해설

여러 개의 출력물을 출력할 경우, 출력물끼리 너무 가까이 있으면 붙어버릴 위험성이 있다.

24

출력 도중 압출되면 안 되는 구간을 이동 시 모터를 역회전시켜 필라멘트를 뒤로 빼는 기능으로, 소재가 불필요하게 흘러내리지 않도록 하는 설정은?

① 오토 레벨링
② 스트링
③ 핫엔드
④ 리트렉션

해설

re(뒤로)traction(끌기)

• 필라멘트를 일시적으로 뒤로 빼는 설정

• 압출기가 빈 곳을 지날 때 필라멘트가 새는 것을 방지하기 위한 기능

25

다음 중 지지대의 형상과 명칭이 서로 일치하지 <u>않는</u> 것은?

① Overhang

② Ceiling

③ Base

④ Unstable

해설

unstable → island로 명칭을 바꾸어야 한다.

26

다음 〈보기〉와 같이 제품 출력 시 진동이나 충격에 의한 출력물의 붕괴 또는 이동을 방지하기 위한 지지대의 종류는?

┌ 보기 ┐

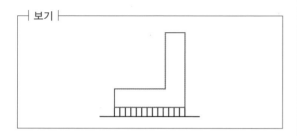

① Ceiling   ② Island
③ Raft   ④ Base

해설

문제는 지지대의 종류 중 Base에 대한 설명이다.

27

다음 중 지지대(Support)에 대한 내용으로 적절한 것은?

① 제품을 출력할 때 아랫면이 작으면 형상의 뒤틀림이 존재하기 때문에 필요하다.
② 지지대를 과도하게 생성할 경우 출력 품질이 좋아진다.
③ 3D프린터는 적층 가공 방식으로 표면에 레이어 자국이 남게 되고, 출력 후에 생성된 지지대를 제거하는 후가공이 필요하다.
④ 디자인에 따라 아래쪽이 넓고 위쪽이 좁은 출력물이라면, 서포트 설정을 통한 지지대가 필요하다.

해설

① 뒤틀림이 아닌 접착 불량으로 플랫폼에서 이탈하기 쉽다.
② 지지대를 과도하게 설정하면 표면 품질이 떨어진다.
④ 아래가 넓고 오버행이 생기지 않는 형상이라면 지지대가 필요 없다.

28

출력 중 층간의 온도차와 팽창·수축에 의해 모서리가 들리는 현상은?

① Island
② Warping
③ Ceiling
④ Base

해설

수축에 대한 설명이다.

29

슬라이싱 프로그램을 통해 출력될 모델을 미리 볼 수 있는 가상적층 기능에서 확인해야 할 사항이 <u>아닌</u> 것은?

① 3D프린터의 헤드가 움직이는 경로
② 실제로 출력 시 소비되는 재료의 양
③ 지지대의 종류와 생성 유무
④ 플랫폼 위에 생성되는 래프트 또는 브림의 모양

해설

가상적층(출력 시뮬레이션)과 재료 소비량은 관계가 없다.

30

다음 중 M코드의 용도에 대한 설명으로 옳지 <u>않은</u> 것은?

① 스테핑 모터 비활성화
② 압출기 온도를 지정된 온도로 설정
③ 지정된 좌표로 직선 이동하며 필라멘트를 지정한 길이만큼 이송시켜 압출
④ 압출기 온도를 설정하고 해당 온도에 도달할 때까지 다른 명령들은 대기

[해설]

M코드 종류
① M18: 스테핑 모터 전원 차단, M17: 스테핑 모터 전원 공급
② M104: 압출기 온도 설정, M104 S200: 압출기의 온도를 200도로 설정하라
③ G1 X20 Y20 E20: 헤드를 가로 20mm, 세로 20mm로 이송시키고, 이때 필라멘트는 20mm 압출기로 이송시켜라
④ M109: 압출기 온도 설정(다른 명령들은 온도가 도달할 때까지 대기)

31

G코드에서 좌표 지령의 방법은 절대 지령과 증분 지령으로 구분된다. 절대 지령은 G90, 증분 지령은 G91을 사용한다. 두 지령이 해당하는 그룹은?

① 모달 그룹 1   ② 모달 그룹 2
③ 모달 그룹 3   ④ 모달 그룹 4

[해설]

모달 그룹(Modal group) → CNC용 G코드
• 원샷 G코드(One Shot G Code): 지령된 블록(Block)에서만 유효한 G코드(일회성 유효 G코드)
  – 비모달(그룹00): G04(그룹00):일시정지
• 모달 G코드(Modal G Code): 동일 그룹의 다른 G코드가 지령될 때까지 계속적으로 유효한 G코드(연속성 유효 G코드)
  – 동작(그룹01), 평면선택(그룹02), 거리모드(그룹03), 이송량모드(그룹05)~동적 공작물 오프셋(그룹23)
  – G00(그룹01): 급속이동 / G01(그룹01): 압출이송 / G02(그룹01): 시계방향 원호이동

32

다음 중 〈보기〉의 빈칸에 들어가야 하는 용어가 순서대로 나열된 것은?

┤ 보기 ├

좌표 지령의 방법은 절대(Absolute) 지령과 증분(Incremental) 지령으로 구분된다. 두 지령이 모두 모달 그룹3에 해당되며, 절대 지령은 (　)을 사용하고, 증분 지령은 (　)을 사용한다.

① G91, G90
② G00, G10
③ G90, G91
④ G10, G00

[해설]

• G00: 노즐의 빠른 이송
• G10: 여러 종류의 데이터 등록(CNC용 G코드)

33

SLA 방식 3D프린터에서 사용하는 소재로, 특정한 빛을 받아 반응하는 물질은?

① 광억제제
② 단량체
③ 중간제
④ 광개시제

[해설]

광경화성 수지의 구성
• 광경화성 수지 = 광개시제(photoinitiator) + 단량체(monomer) + 중간제(oligomer) + 광억제제(light absorber) + 기타 첨가제
• 광개시제: 특정한 파장의 빛을 받으면 반응하여 단량체와 중간체를 고분자로 변화시키는 역할을 하며, 액체가 고체로 상변화를 일으킨다.

34

용기(vat) 안에 담긴 액체 상태의 포토폴리머에 빛을 주사하여 선택적으로 경화시키는 3D프린팅 방식은?

① 수조 광경화 방식
② 재료 분사 방식
③ 재료 압출 방식
④ 분말 융접 방식

해설

방식별 3D프린팅 기술 종류

수조 광경화 방식	SLA, DLP, LCD
재료 분사 방식	Polyjet, MJM, MJP
재료 압출 방식	FDM, FFF
분말 융접 방식	SLS, DMLS, EBM, SLM

35

ISO에서 규정하고 있는 적층제조(AM) 방식 중 석고, 수지, 세라믹 등 파우더 형태의 분말재료에 바인더(결합제)를 선택적으로 분사하여 경화시키는 기술은?

① 광중합 방식
② 재료분사 방식
③ 분말적층용융 방식
④ 접착제분사 방식

해설

방식별 3D프린팅 기술 종류

광중합 방식(Vat Photopolymerization)	레이저나 빛을 조사하여 플라스틱 소재의 중합반응을 일으켜 선택적으로 고형화시키는 방식
재료분사 방식(Binder Jetting)	분말 소재 위에 액체 형태의 바인더를 뿌려 분말 간의 결합을 유도하여 고형화시키는 방식
분말적층용융 방식(Powder Bed Fusion)	분말 위에 고에너지원(레이저, 전자빔 등)을 조사하여 선택적으로 소재를 결합시키는 방식

36

다음 〈보기〉에서 설명하는 3D프린터의 소재로 옳은 것은?

┤ 보기 ├

- 유독가스를 제거한 석유 추출물을 이용해 만든 재료이다.
- 충격에 강하고 오래 가면서 열에도 상대적으로 강한 편이다.
- 출력 시 휨 현상이 있어 설계 시 유의해야 한다.
- 출력 시 환기가 필요하다.

① PLA
② ABS
③ PVA
④ TPU

해설

〈보기〉는 ABS 소재에 대한 설명이다.

37

다음 중 소결에 대한 설명으로 틀린 것은?

① 압축된 금속 분말에 열에너지를 가해 입자들의 표면을 녹인다.
② 금속 입자를 접합시켜 금속 구조물의 강도와 경도를 높이는 공정이다.
③ 압력이 가해지면 분말 사이의 간격이 좁아져 밀도가 좁아진다.
④ 레이저, 전자빔 또는 플라즈마 아크 등의 열에너지를 국부적으로 가해서 재료를 녹여 침착시킨다.

해설

④ 직접 용해 방식(DMT: Laser-aided Direct Metal Tooling, DED: Direct Energy Deposition)에 대한 설명이다. 용접 방식으로 이해하면 쉽다.

38

다음 〈보기〉에서 설명하는 3D프린터 소재의 종류는?

┤ 보기 ├

- 금속과 비금속 원소의 조합으로 이루어져 있다.
- 알루미나(Al_2O_3), 실리카(SiO_2) 등이 대표적이다.
- 플라스틱에 비해 강도가 높으며, 내열성이나 내화성이 탁월하다.
- 보통 산소와 금속이 결합된 산화물, 질소와 금속이 결합된 질화물, 탄화물 등이 있다.

① 금속 분말 소재
② 세라믹 분말 소재
③ 나일론 분말 소재
④ TPU 분말 소재

해설
〈보기〉는 세라믹 분말 소재의 특징이다.

39

3D프린터 출력 시 온도 조건은 매우 중요하다. 다음 중 온도 조건에 대한 설명으로 옳지 <u>않은</u> 것은?

① 노즐 온도는 사용되는 필라멘트 재질에 따라 달라진다.
② PLA 소재는 히팅베드를 사용하지 않고도 출력이 가능하다.
③ 히팅베드 온도는 소재별로 다르게 설정하지 않고 일정하다.
④ SLS 방식에서는 레이저(CO_2 레이저)를 많이 사용한다.

해설
히팅베드는 소재의 안착과 수축 경감을 위해 사용하며, 소재별로 차이가 있기 때문에 설정값을 잘 살펴보아야 한다.

40

FDM 방식 3D프린터에서 출력물의 표면 품질에 영향을 주는 원인으로 옳지 <u>않은</u> 것은?

① 압출량 설정이 적절하지 않은 경우
② 타이밍 벨트의 장력이 높은 경우
③ 노즐 설정 온도가 너무 낮은 경우
④ 첫 번째 층이 너무 빠르게 성형될 경우

해설
출력물의 표면 품질은 압출량과 밀접한 관계가 있다.
① · ② · ③ 압출량과 연관이 있는 원인
④ 초기 플랫폼 부착에 연관이 있는 원인

41

고분자 화합물로 폴리아세트산비닐을 가수 분해하여 얻어지는 무색 가루이며, 물에는 녹고 일반 유기 용매에는 녹지 않는 특성을 가져 주로 서포트용으로 이용되는 소재는?

① PVA 소재
② HIPS 소재
③ PC 소재
④ TPU 소재

해설
문제는 PVA 소재에 대한 설명이다.

42

출력 방식에 따른 서포트 설정으로 옳지 <u>않은</u> 것은?

① 소결 방식: 별도의 지지대가 필요 없다.
② 압출 방식: 서포트와 출력물의 재료가 다를 수 있다.
③ 광경화 방식: 서포트 소재와 동일하며 서포트를 얇게 생성할 수 있다.
④ 재료분사 방식: 출력 소재와 서포트 소재가 동일하다.

[해설]

재료분사 방식의 소재 특징

출력물과 지지대는 다른 재료를 사용하며, 서포트용은 대부분 물에 녹거나 가열하면 녹는 재료를 사용해 쉽게 제거한다.

43

분할 출력 후 두 부품을 붙일 때 접합선이 두드러지게 나오게 되고, 이것을 해결하기 위해 후가공 시 퍼티를 주로 사용한다. 다음 중 경화제가 없고, 작고 미세한 작업에 적합한 퍼티는?

① 우레탄
② 1액형
③ 에폭시
④ 폴리에스터

[해설]

퍼티의 종류

1액형(퍼티만 있음)	베이직 퍼티
2액형(퍼티 + 경화제)	폴리에스터 퍼티, 에폭시 퍼티, 우레탄 퍼티

44

FDM 방식 3D프린터의 출력물을 베드에 잘 밀착시키는 방법이 <u>아닌</u> 것은?

① 노즐과 베드 간격을 노즐 직경 이상으로 조절
② 베드 온도를 적절하게 유지
③ 스프레이, 마스킹테이프 등 사용
④ 슬라이서 설정 중 Raft를 사용

[해설]

노즐과 베드의 간격은 Z축의 좌표가 0일 때, 노즐과 베드는 딱 붙어있게 된다. 그리고 출력 시작 시 설정한 레이어 높이만큼 노즐을 상승시켜 출력을 시작한다. 노즐과 베드 간격의 유지에 노즐 직경은 상관성이 없다.

45

액체 방식 3D프린터의 출력물 회수방법으로 적당하지 <u>않은</u> 것은?

① 마스크, 장갑, 보안경 등 안전보호구를 착용한다.
② 3D프린터가 출력을 종료한 후 장비의 동작이 완전히 멈춘 것을 확인한다.
③ 광경화성 수지가 피부에 닿았을 때는 즉시 비누로 씻어 준다.
④ 출력물의 후경화 없이 바로 사용이 가능하다.

[해설]

광경화성 수지는 대부분 유해물질이므로 안전보호구를 착용하고 출력물 세척, 후경화 등의 작업을 진행한다.

46

FDM 방식의 노즐 막힘 현상에 대한 해결방법으로 옳지 않은 것은?

① 얇은 철사 등을 노즐 내부에 밀어 넣어 막힌 것을 제거한다.
② 노즐을 분해하여 토치로 강하게 달궈 노즐 내부를 완전 연소시킨다.
③ 토치로 노즐을 가열한 뒤 물에 담가 놓는다.
④ 노즐의 온도를 실제 사용 온도보다 조금 더 높인 후 막힌 물질을 녹이고 밀어낸다.

[해설]
토치로 내부를 모두 태운 뒤 물이 아닌 공업용 아세톤에 담가 놓는다.

47

다음 중 압출기의 노즐과 플랫폼 사이의 거리가 너무 가까울 때 발생하는 현상과 거리가 먼 것은?

① 노즐의 구멍이 플랫폼에 의해 막혀 압출이 안 될 수도 있다.
② 녹은 플라스틱 재료가 제대로 압출되기 어렵다.
③ 출력물의 면을 구성하는 선과 선 사이에 빈 공간이 생긴다.
④ 처음에는 재료가 압출되지 않다가 3, 4층부터 제대로 압출되기도 한다.

[해설]
③ 노즐과 베드의 간격이 너무 가까우면 필라멘트가 과다 압출되기 때문에, 빈 공간이 생기지 않고 도리어 떡지는 현상이 발생한다.
④ 노즐과 플랫폼이 가깝지만 압출량은 정해진 양이 나오기 때문에 과다압출 현상이 발생한다. 노즐과 플랫폼이 거의 붙어 있다면 압출할 수 있는 공간이 없기 때문에 압출불가 상태가 되고, 노즐 속 녹은 필라멘트의 병목현상이 생긴다. 출력 실패로 이어질 수도 있고, 층이 올라가면 공간이 나오기 때문에 서서히 정상압출이 진행될 수도 있다.

48

3D프린터로 제품 제작 시 프린팅 방식에 따른 형상 설계 오류의 고려사항으로 가장 거리가 먼 것은?

① FDM 방식 3D프린터는 최대 정밀도가 0.1mm 정도로 정밀도가 좋지 않다.
② SLA, DLP 방식은 광경화 수지를 사용하여 제품을 아주 디테일하게 만들 수 있다.
③ FDM 방식으로 설계 시 정밀도보다 작은 치수 표현은 불가능하다.
④ 광경화성 수지의 성질을 이해하지 못하여도 형상 설계 후 출력하면 제품의 뒤틀림이 발생하지 않는다.

[해설]
모든 3D프린팅 방식의 소재는 수축과 뒤틀림 현상이 있다. 소재에 따라 정도가 다르게 발생하기 때문에 차이가 있을 뿐이다.

49

3D프린팅 시의 문제점 중에서 공차에 대한 설명으로 옳지 않은 것은?

① 결합 부분의 치수대로 만들어도 출력과정에서 수축과 팽창으로 치수가 달라질 수 있다.
② 출력물이 다른 부품과 결합 또는 조립을 필요로 할 때는 공차를 고려해야 한다.
③ 다른 3D프린터로 출력하더라도 수치가 달라지는 값이 일정하므로 문제될 것이 없다.
④ 출력 전에 미리 변화되는 값을 확인하고 수정해서 출력함으로써 문제를 해결할 수 있다.

[해설]
같은 출력물이라도 다른 3D프린터를 사용하면, 치수 공차 이외에도 장비 공차가 있기 때문에 조립이 어려울 수도 있다.

50

FDM 방식 3D프린터에서 출력 도중에 재료가 압출되지 않는 경우와 거리가 <u>먼</u> 것은?

① 압출기 내부에 재료가 채워져 있지 않을 때
② 스풀에 더 이상 필라멘트가 없을 때
③ 압출 헤드의 모터가 충분히 냉각되지 못하고 과열되었을 때
④ 필라멘트 재료가 얇아졌을 때

해설

압출기 내부에 재료가 없으면 출력 도중이 아니라 처음부터 압출되지 않는다. 출력 도중의 압출불량은 ②~④ 외에도 플랫폼과 노즐의 수평이 맞지 않을 때, 압출기 헤드의 온도가 맞지 않을 때 등이 있다.

51

3D프린팅 출력 중에 단면이 밀려서 성형되는 원인으로 가장 거리가 <u>먼</u> 것은?

① 적절한 전류의 모터로 전달되지 않은 경우
② 프린터 헤드의 속도가 너무 느리게 움직이는 경우
③ 타이밍 벨트의 장력이 낮은 경우
④ 모터가 과열되어 회전이 멈춘 경우

해설

단면이 밀려서 성형되는 것(탈조)의 발생 원인
• 3D프린터의 헤드가 너무 빨리 움직일 때
• 고무 재질의 타이밍 벨트가 시간이 지남에 따라 늘어났을 때
• 타이밍 풀리와 모터와의 결합 상태가 느슨할 때
• 모터 드라이버의 과열로 인해 식을 때까지 일시적으로 모터가 멈추게 될 때

52

FDM 방식의 출력물 후가공 처리 중 아세톤 훈증에 대한 설명으로 옳지 <u>않은</u> 것은?

① 붓을 이용해 출력물에 발라도 되고 상온에서 훈증하거나 중탕하는 방법도 있다.
② 아세톤은 무색의 휘발성 액체로, 밀폐된 공간에 부어 놓기만 해도 증발되어 훈증 효과를 볼 수 있다.
③ 냄새가 많이 나지 않고 디테일한 부분을 잘 표현할 수 있다.
④ 밀폐된 용기 안에 출력물을 넣고 아세톤을 기화시켜 표면을 녹이는 방법으로 매끈한 표면을 얻을 수 있다.

해설

아세톤 훈증의 단점으로 냄새가 많이 나고 디테일한 부분이 뭉개지는 것이 있다.

53

3D프린터의 소재 장착에 대한 설명으로 <u>틀린</u> 것은?

① SLA 방식은 팩이나 케이스에 담긴 재료를 프린터의 공급 투입구를 통해 재료를 투입해 사용한다.
② MJ 방식은 금속 분말을 사용하므로 재료를 프린터에 부어 사용한다.
③ FDM 방식은 고체 형식의 필라멘트를 사용한다.
④ SLS 방식은 프린터 내 별도의 분말 저장 공간에 일정량을 부어 사용한다.

해설

MJ(Material Jetting, 재료분사) 방식은 광경화성 수지(액체) 소재를 사용한다.

54

필라멘트 재료가 기어 톱니에 의해서 깎이게 되는 원인으로 볼 수 없는 것은?

① 리트렉션(Retraction) 속도가 너무 빠를 때
② 압출 노즐의 온도가 너무 낮을 때
③ 필라멘트 재료를 너무 많이 뒤로 빼줄 때
④ 출력 속도가 너무 낮을 때

해설

필라멘트가 갈리는 원인
• 출력을 위해 빈 곳을 이동할 때 재료가 흘러내리는 것을 방지하는 리트렉션의 설정(거리, 속도)이 과다할 때
• 노즐의 온도가 너무 낮거나 출력 속도가 과도하게 빠를 때

55

3D프린팅 공정별 출력에서 지지대에 대한 설명으로 옳지 않은 것은?

① 수조 광경화: 지지대는 출력물과 동일한 재료이다.
② 재료 분사: 지지대는 출력물과 다른 재료가 사용된다.
③ 재료 압출: 지지대와 출력물이 같은 재료인 경우와 다른 재료인 경우의 두 가지 방식이 있다.
④ 분말 융접: 지지대가 만들어지는 경우에는 출력물과 다른 재료로 만들어진다.

해설

일반적으로 분말 방식의 경우 금속 분말을 제외하면 지지대가 필요하지 않다. 금속 분말의 지지대 재료는 금속으로 동일하다.

56

다음 중 분말 방식 3D프린터 플랫폼에서 출력물을 분리할 때의 설명으로 옳지 않은 것은?

① 진공 흡입기를 이용하여 출력물 주위의 성형되지 않은 분말들을 제거한다.
② 출력물에 붙어 있는 분말 가루들도 솔이 장착된 진공 흡입기로 제거한다.
③ 출력물을 회수하기 위해서는 장갑을 착용한 상태에서 작업해야 한다.
④ 보안경을 착용하여 자외선 빛을 직접 보지 않도록 주의해야 한다.

해설

액체 방식 3D프린터의 출력물 회수 방법
• 전용 공구를 사용하여 플랫폼에서 출력물을 분리한다.
• 경화되지 않은 광경화성 수지가 피부에 닿지 않도록 주의해야 한다.
• 보안경을 착용하여 자외선 빛을 직접 보지 않도록 주의해야 한다.

57

안전점검의 종류 중에서 기계와 기구 설비를 신설하거나 현장 고장 수리 시 실시하는 부정기적 점검을 뜻하는 것은?

① 특별점검
② 정기점검
③ 일상점검
④ 임시점검

안전점검

- 안전점검의 목적
  - 기계, 기구 설비의 안전성 확보(결함이나 불안전 조건의 제거)
  - 설비의 안전한 상태 유지 및 본래의 성능 유지
  - 근로자의 안전한 행동상태의 유지
  - 작업안전 확보 및 생산성 향상
- 안전점검의 종류

일상점검	작업 전, 작업 중 또는 종료 후에 수시로 실시하는 점검으로 기계기구 및 설비, 작업장 등 전반적인 사항에 대해 그 정상 여부를 확인
정기점검	일정한 기간을 정하여 대상 기계기구 및 설비를 점검하여 주요 부분의 마모, 부식, 손상 등 상태변화의 이상 유무를 기계를 정지시킨 상태에서 점검
특별점검	기계, 기구, 설비의 신설, 이동 교체 시 기계설비의 이상 유무를 점검
임시점검	기계설비의 갑작스런 이상 발견 시 실시

58

다음 중 방진 마스크의 선정 기준으로 적합하지 않은 것은?

① 배기 저항이 낮을 것
② 흡기 저항이 낮을 것
③ 사용 면적이 클 것
④ 시야 확보가 넓을 것

방진 마스크 선정 기준

- 분진포집효율은 높고 흡기 · 배기저항이 낮은 것
- 중량이 가볍고 시야가 넓은 것
- 안면 밀착성이 좋아 기밀이 잘 유지되는 것
- 마스크 내부에 호흡에 의한 습기가 발생하지 않는 것
- 안면 접촉 부위가 땀을 흡수할 수 있는 재질을 사용한 것
- 작업의 내용에 적합한 방진 마스크 종류 선정

59

사람이 감전되어 의식을 잃고 쓰러졌을 때 취해야 하는 응급처치 방법으로 옳지 않은 것은?

① 회로 차단기로 전원을 내려서 바로 전원을 차단한다.
② 최대한 신속하게 감전된 사람을 손을 이용해 전원으로부터 구출한다.
③ 구출 후 환자를 편안한 자세로 눕히고 의식을 확인한다.
④ 구출 후 의식이 없다면 즉시 심폐소생술을 실시한다.

전원 차단이 힘든 경우 고무장갑, 마른 장화, 두꺼운 면 양말, 마른 나무막대 등 전류가 흐르지 않는 것을 이용하여 감전된 사람을 구출한다.

60

다음 3D프린터 관련 안전표지 중 금지 표시의 표지와
설명이 일치하지 <u>않는</u> 것은?

① 작업 중 불피움 금지

② 작업 중 방해 금지

③ 작업 중 자리이탈 금지

④ 손대지 말 것

해설

구분	안전표지 형태		
금지표시	면장갑 착용 금지	맨손으로 만지지 말 것	손대지 말 것
	작업 반경 접근 금지	작업 중 방해 금지	작업 중 자리이탈 금지

구분	안전표지 형태		
경고/주의 표시	작동 중 접촉 금지	유해물질 주의	인화성재료 주의
	날아오는 파편 주의	냄새 주의	레이저 주의
	미끄러짐 주의	찔림 주의	베임 주의
	회전날 베임 주의	파편 주의	절단 주의
지시표시	작동법 숙지	재료 확인	머리 묶기
	귀마개 착용	마스크 착용	보안경 착용
	보호복 착용	장갑 착용	배기장치/ 집진기 작동
	환기 실시	작업 완료 후 건조시간 대기	작업 후 정리

02 │ 제2회 실전 모의고사

01

다음 중 3D프린팅의 장점에 대한 설명으로 가장 거리가 먼 것은?

① 복잡한 형상을 손쉽게 구현할 수 있다.
② 맞춤형 제품을 빠르고 쉽게 만들 수 있다.
③ 3차 산업혁명을 이끌 기술로 주목받고 있다.
④ 아이디어 기반의 맞춤형 제품 생산이 가능하다.

[해설]
3차 산업혁명이 아닌 4차 산업혁명이다.

02

다음 중 3D프린팅 제작 방식과 가장 관련이 깊은 것은?

① 첨가식 가공
② 절삭식 가공
③ 소품종 대량생산
④ 금형기반 가공

[해설]
3D프린팅의 제작 방식과 관련된 다양한 용어를 익힐 필요가 있다.

03

다음 중 비접촉 스캐닝 방식에 해당하지 않는 것은?

① CT 방식
② 삼각측량 방식
③ TOF 방식
④ CMM 방식

[해설]
CMM 방식
• Coordinate Measuring Machine(좌표측정기)이며 접촉식 스캐닝의 대표적인 방식
• 터치 프로브(Touch Probe, 탐촉자)를 이용해 측정대상물의 표면을 이동하면서 좌표값을 읽어내어 데이터를 생성함

04

비접촉 3차원 스캐닝 중에서 측정 속도가 가장 빠른 스캐너는?

① 백색광(White Light) 방식 스캐너
② 핸드헬드(Handheld) 방식 스캐너
③ 패턴 이미지 기반의 삼각측량 3차원 스캐너
④ TOF(Time-of-Flight) 방식 레이저 스캐너

[해설]
스캐닝 속도
CMM(수백 hertz) < 레이저 스캐너(10~500kHz) < 백색광 스캐너(3MHz)

05

개별 스캐닝 작업에서 얻어진 점 데이터들이 합쳐지는 과정을 일컫는 단어는?

① 정합(Registration)
② 병합(Merging)
③ 필터링(Filtering)
④ 스무딩(Smoothing)

[해설]

정합에 대한 정의

서로 다른 데이터를 변형해 하나의 좌표계로 나타내는 작업 또는 점 데이터를 합치는 과정

06

비접촉 3차원 스캐닝 방식 중에서 측정 거리가 먼 방식부터 나열한 것으로 옳은 것은?

① TOF 방식 레이저 스캐너 → 변조광 방식 스캐너 → 레이저 기반 삼각측량 스캐너
② 변조광 방식 스캐너 → TOF 방식 레이저 스캐너 → 레이저 기반 삼각측량 스캐너
③ TOF 방식 레이저 스캐너 → 레이저 기반 삼각측량 스캐너 → 변조광 방식 스캐너
④ 변조광 방식 스캐너 → 레이저 기반 삼각측량 스캐너 → TOF 방식 레이저 스캐너

[해설]

측정 거리

TOF(장거리) → 변조광(중거리) → 레이저 삼각측량(단거리)

07

다음 중 틈새 또는 죔새가 생기는 끼워맞춤은?

① 억지 끼워맞춤
② 헐거운 끼워맞춤
③ 중간 끼워맞춤
④ 조립 끼워맞춤

[해설]

치수공차 문제로 틈새와 죔새에 모두 적용할 수 있는 것은 중간 끼워맞춤이다.

• 끼워 맞춤: 구멍과 축의 조립 전, 양 부품의 치수 차이 때문에 발생하는 관계
• 틈새(Clearance): 구멍의 치수가 축의 치수보다 큰 경우의 치수 차(구멍 > 축)
• 죔새(Interference): 구멍의 치수가 축의 치수보다 작은 경우의 치수 차(구멍 < 축)

최소 틈새	구멍의 최대 실측 치수 – 축의 최대 실측 치수
최대 틈새	구멍의 최소 실측 치수 – 축의 최소 실측 치수
최소 죔새	억지 끼워맞춤에서 조립 전 축의 최소 허용치수와 구멍의 최대 허용치수와의 차
최대 죔새	억지 끼워맞춤에서 조립 전 축의 최대 허용치수와 구멍의 최소 허용치수와의 차

• 종류: 헐거운 끼워맞춤(구멍 > 축), 억지 끼워맞춤(구멍 < 축), 중간 끼워맞춤(양쪽 모두), 상용 끼워맞춤

08

넙스 모델링 방식에 사용되지 않는 것은?

① 합집합
② 차집합
③ 교집합
④ 공집합

[해설]

3D모델링 시 겹친 형상의 처리 방법 = 부울 또는 불린 법칙

• 합집합(Boolean Union), 차집합(Boolean Difference), 교집합(Boolean Intersection)
• FUSION 360에서는 Join, Cut, Intersect가 동일한 개념

09

다음 치수보조기호 중 모따기 기호는?

① R   ② C
③ □   ④ Ø

해설

치수보조기호 문제

종류	기호	사용법	예
지름	Ø (파이)	지름 치수 앞에 쓴다.	Ø30
반지름	R (아르)	반지름 치수 앞에 쓴다.	R15
정사각형의 변	□ (사각)	정사각형 한 변의 치수 앞에 쓴다.	□20
구의 반지름	SR (에스아르)	구의 반지름 치수 앞에 쓴다.	SR40
구의 지름	SØ (에스파이)	구의 지름 치수 앞에 쓴다.	SØ20
판의 두께	t (티)	판의 두께 치수 앞에 쓴다.	t5
원호의 길이	⌒ (원호)	원호의 길이 치수 앞 또는 위에 붙인다.	⌒10
45° 모따기	C (시)	45° 모따기 치수 앞에 붙인다.	C5
참고 치수	( ) (괄호)	치수 보조 기호를 포함한 참고 치수에 괄호를 친다.	(Ø30)

10

엔지니어링 모델링 방식에서 조립품이 조립되는 부위에서 고려해야 하는 사항은?

① 두께   ② 체적
③ 공차   ④ 부피

해설

조립 공차 문제
모델링 시 부품과 부품 간의 거리나 틈이 필요한 경우 공차 값으로 처리한다.

11

3D 엔지니어링 모델링 소프트웨어에서 3차원 형상의 표면뿐만 아니라 내부의 질량이나 체적, 부피 등 여러 가지 정보를 담고 있는 모델링 방식은?

① 폴리곤 모델링   ② 솔리드 모델링
③ 서피스 모델링   ④ 하이브리드 모델링

해설

솔리드 모델링의 정의

12

모델을 생성하는 데 있어서 단면 곡선과 가이드 곡선이라는 2개의 스케치가 필요한 모델링은?

① 돌출(extrude) 모델링
② 필렛(fillet) 모델링
③ 쉘(shell) 모델링
④ 스윕(sweep) 모델링

해설

스윕 명령어에 대한 설명이다.

13

3D모델링에서 스케치의 선이나 객체의 면을 일정한 간격으로 띄워 생성하는 명령은?

① Trim   ② Offset
③ Extend   ④ Mirror

해설

① 지우기
② 간격띄우기
③ 연장
④ 대칭

14

2D 스케치 없이 3D 객체를 생성할 수도 있는데, 합집합, 차집합, 교집합을 적용하여 만드는 방식을 부르는 명칭은?

① 폴리곤 방식
② 서피스 방식
③ 와이어프레임 방식
④ CSG 방식

해설

CSG(Constructive Solid Geometry) 방식
구조적 입체 기하학을 사용하면 모델러가 부울 연산자를 사용하여 개체를 결합하여 복잡한 표면이나 개체를 만들 수 있다.

15

3D모델링 방식의 종류 중에서 넙스 방식에 대한 설명으로 옳지 않은 것은?

① 수학 함수를 이용하여 곡면을 표현한다.
② 재질의 비중을 측정하여 무게 등을 계산해 낼 수 있다.
③ 부드러운 곡선을 이용한 모델링에 주로 사용된다.
④ 자동차나 비행기와 같이 부드러운 표면을 설계할 때 효과적이다.

해설

② 솔리드 모델링으로, 엔지니어링 소프트웨어에서 주로 사용한다.

16

다음 기하 공차의 기호 중 모양 공차인 진원도 공차를 나타내는 기호는?

① ∠
② —
③ ○
④ ◎

해설

① 경사도 공차/자세 공차
② 진직도 공차/모양 공차
④ 동심도 공차/위치 공차

17

스케치의 구속조건 중 서로 크기가 다른 두 개의 원에 적용할 수 없는 것은?

① 동심(concentric)
② 접선(tangent)
③ 동일(equal)
④ 평행(parallel)

해설

평행은 두 직선에만 적용된다.

18

다음 중 3D프린터를 이용하여 출력물 제작 시 가공시간이 가장 짧은 것은?

① 내부채움 50%, 속도 50mm/s
② 내부채움 50%, 속도 70mm/s
③ 내부채움 100%, 속도 40mm/s
④ 내부채움 100%, 속도 60mm/s

해설
• 내부채움이 클수록 시간은 길어지고, 속도가 빠를수록 시간은 짧아진다.
• 가공시간(속도/내부채움): 50/0.5＝100, 70/0.5＝140, 40/1＝40, 60/1＝60

19

슬라이싱 프로그램의 가상적층 보기 기능에 대한 설명으로 옳지 않은 것은?

① 서포트의 종류는 확인할 수 없다.
② Brim이나 Raft의 모양을 확인할 수 있다.
③ 출력 실패의 경우를 줄여준다.
④ 헤드의 경로를 알 수 있다.

해설
서포트의 종류, 생성 유무와 위치 등을 확인할 수 있다.

20

다음 〈보기〉와 같은 형태의 출력물을 FDM 방식의 3D 프린터로 출력 시 슬라이싱 옵션 설정에 해당하지 <u>않는</u> 것은?

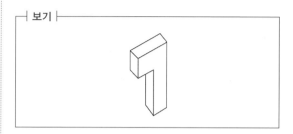

① 채우기
② 서포트 없음
③ 브림
④ 부분 서포트

해설
서포트 생성에서 오버행(overhang)에 해당하는 형상으로 서포트가 없으면 출력이 불가능하다.

21

FDM 방식 3D프린터에서 출력물의 안정적인 안착 효과와 플랫폼과의 접착력 증대를 위해 사용하지만, 소재 낭비 및 출력시간 증대로 이어지는 슬라이싱 소프트웨어에서 사용할 수 있는 설정은?

① 래프트(Raft)
② 브림(Brim)
③ 스커트(Skirt)
④ 서포트(Support)

해설
문제는 Raft에 대한 설명이다.

22

FDM 방식 3D프린터를 사용하여 한 변의 길이가 50mm인 정육면체 형상을 출력하기 위해 한 층의 높이 값을 0.25mm로 설정하여 슬라이싱하였다. 이때 생성된 전체의 layer의 층수는?

① 40개
② 80개
③ 120개
④ 200개

[해설]
50/0.25 = 200

23

슬라이싱 프로그램에서 설정하는 리트렉션(Retraction)에 대한 설명으로 옳은 것은?

① 스테핑 모터의 축이 제대로 회전하지 않을 때 설정한다.
② 노즐과 플랫폼 사이의 간격을 조정한다.
③ 스테핑 모터에 장착된 기어의 톱니가 필라멘트를 뒤로 빼주는 기능이다.
④ 출력 속도가 너무 높을 때 설정한다.

[해설]
고체 소재(필라멘트)의 경우, 압출을 하지 않고 지나가는 구간에도 필라멘트가 새어나와 출력물에 영향을 미친다. 이것을 완화하기 위한 설정이 리트렉션이다.

24

3D 데이터를 레이어 단위로 분리하고, 분리된 단면의 경로를 생성한 후 G코드로 변환·저장하는 프로그램은?

① 형상 분석 프로그램
② 슬라이싱 프로그램
③ 모델링 프로그램
④ 형상 수정 프로그램

[해설]
문제는 슬라이싱 소프트웨어의 일반적인 설명이다.

25

다음 〈보기〉와 같이 특별한 지지대가 필요하지 않지만, 출력 도중 자중에 의한 붕괴를 방지하는 지지대의 형태는?

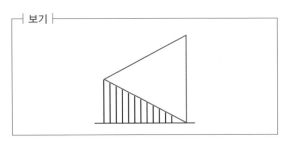

① Ceiling
② Overhang
③ Unstable
④ Island

[해설]
• 자중: 스스로의 무게
• 문제는 Unstable에 대한 설명이다.

22 ④ 23 ③ 24 ② 25 ③ [정답]

26

슬라이싱 프로그램의 지지대(Support) 설정 중 모든 곳 (Everywhere)에 대한 설명으로 적절한 것은?

① 플랫폼에서 출력물이 떨어지지 않게 지지해 주는 서포트
② 지지대가 필요한 모든 곳에 지지대를 설치하는 설정
③ 플랫폼에서 생성되는 지지대만 설치하는 설정
④ 출력물의 수축을 완화해주며 플랫폼에서 이탈되지 않게 설치하는 설정

해설

지지대 종류에 대한 설명
① Brim
③ Touching buildplate
④ Raft

27

기계를 제어 · 조정하는 보조기능인 M코드 중에서 압출기 온도를 지정된 온도로 설정하는 것은?

① M104
② M103
③ M109
④ M18

해설

M코드

M101	압출기 전원 ON(정방향)
M102	압출기 전원 ON(역방향)
M103	압출기 전원 OFF (렙랩펌웨어)
M104	압출기 온도 설정(다른 명령 가능. 백그라운드 실행)
M109	압출기 온도 설정(설정온도에 도달할 때까지 다른 명령들은 대기)
M17	모든 스테핑 모터에 전원 공급
M18	모든 스테핑 모터에 전원 차단

28

현재의 좌표값이 X100 Y130일 때, 이동할 좌표값을 X200 Y180으로 지정해서 헤드를 지정한 위치로 이송시킨다면 어떤 좌표 방식을 사용한 것인가?

① 증분 좌표 방식
② X, Y 좌표 방식
③ 평면 좌표 방식
④ 절대 좌표 방식

해설

좌표 방식의 이해
• G90(절대 좌표 방식): 이미 플랫폼엔 좌표들이 지정되어 있고, 그 위치로 이송시킨다.
• G91(증분 좌표 방식): 현재 위치를 (0,0)으로 바꾼 후 지정한 좌표값으로 이송시킨다.

29

다음 중 G코드 명령어에 대한 설명으로 옳지 않은 것은?

① G1: 현재 위치에서 지정된 위치까지 헤드나 플랫폼을 직선으로 이송한다.
② G28: 3D프린터의 각 축을 원점으로 이송시킨다.
③ G90: 지정된 값이 현재 값이 되며 3D프린터가 동작하는 것은 아니다.
④ G91: 지정된 이후의 모든 좌표값은 현재 위치에 대한 상대좌표값으로 설정된다.

해설

③ G92에 대한 내용이다.
G90: 절대좌표 설정

30

다음 중 출력 오류에 해당하지 <u>않는</u> 것은?

① 재료가 압출되지 않는다.
② 서포트가 두껍게 형성되었다.
③ 바닥이 말려 올라갔다.
④ 플랫폼에 부착되지 않았다.

[해설]

서포트의 생성은 사용자가 슬라이싱 프로그램에서 조절하는 것
으로, 출력 오류에 해당되지 않는다.

31

STL 포맷에서 꼭짓점의 개수가 220개일 때 모서리의
개수는?

① 104개
② 112개
③ 654개
④ 662개

[해설]

• 모서리 수 = (꼭짓점 수 × 3) − 6 = 654개
• 아래의 공식을 먼저 외워야 한다.
  − 꼭짓점 수 = (총 삼각형의 수 / 2) + 2
  − 모서리 수 = (꼭짓점 수 × 3) − 6
  − 폴리곤 수 = (꼭짓점 수 − 2) × 2

32

삼각형 메시 생성 법칙은 점과 점 사이의 법칙(vertex
to vertex)으로, 삼각형들은 꼭짓점을 항상 공유해야 한
다. 이 법칙을 위배하는 경우로 옳지 <u>않은</u> 것은?

① 삼각형이 있는 부분, 즉 구멍이 생길 수 없는 부분
② 삼각형끼리 서로 겹치는 경우
③ 꼭짓점 연결이 안 되는 경우
④ 공간상에서 삼각형이 서로 교차하는 경우

[해설]

삼각형 메시 생성 법칙
• 삼각형(폴리곤)으로 구성된 포맷
• 오른손 법칙: Normal Vector(방향을 지닌 선)를 축으로 반시계
  방향으로 삼각형의 세 꼭짓점이 배치된다.
• 꼭짓점 법칙: 각 꼭짓점은 인접한 모든 삼각형의 꼭짓점이어야
  한다. 삼각형들이 연결될 때 두 개의 꼭짓점을 공유해야 한다.

33

다음 중 STL파일의 오류가 <u>아닌</u> 것은?

① 오픈 메시
② 반전 면
③ 매니폴드 형상
④ 메시가 떨어져 있는 경우

[해설]

STL파일의 오류 종류
• 모든 메시는 연결되어 있어야 한다. 구멍이 나거나 메시들이
  떨어져 있으면 안 된다.
• 삼각형 메시는 내부가 비어있는 형태이므로 내부와 외부의 면
  이 구분되어 있다. 하나라도 뒤집힌 메시가 있으면 안 된다.
• 모든 메시는 삼각형으로 이루어져야 한다. 3D프린터는 삼각형
  메시만을 사용한다.

34

다음 중 3D프린터 데이터를 저장하기 위한 3D모델링 파일 형식은?

① DXF
② GIF
③ PDF
④ STL

해설
① DXF: AutoCAD에서 만들어지는 2D CAD 파일 포맷
② GIF(Fraphics Interchange Format): 다중프레임 애니메이션 파일
③ PDF: Acrobat Reader에서 사용되는 파일 포맷

35

FDM 방식 3D프린터의 재료를 노즐에 공급하는 모터의 힘이 부족할 때 발생하는 현상은?

① 공급되는 재료의 양이 많아진다.
② 노즐 온도가 급격히 올라간다.
③ 노즐과 베드 사이의 간격이 좁아진다.
④ 필라멘트 공급이 줄어 출력물의 표면 품질이 떨어진다.

해설
스테핑 모터의 힘이 부족하면 필라멘트 공급량이 부족해져 압출량이 줄어든다.
① 공급량은 줄어든다.
②·③ 노즐 온도와 노즐과 베드 사이의 간격은 아무런 상관관계가 없다.

36

다음 중 작업지시서에 포함되어야 하는 항목이 <u>아닌</u> 것은?

① 제작 물품명   ② 제작 방법
③ 제작 기간   ④ 제작 비용

해설
작업지시서

제작 개요	• 제작 물품명 • 제작 방법 • 제작 기간 • 제작 수량
디자인 요구사항	• 모델링 방법 • 제작 시 주의사항과 요구사항 작성 • 출력할 3D프린터 사양과 출력범위 확인
정보 도출	전체 영역과 부분 영역, 각 부분의 길이, 두께, 각도에 대한 정보 도출
도면 작성	• 정면도, 평면도, 우측면도, 등각투상도, 투시도 등을 작성 • 각 도면에 대한 정확한 영역과 길이, 두께, 각도 등에 대한 정보 표기

37

3D프린터의 사전 준비에 대한 설명으로 옳은 것은?

① 노즐 속 잔여 소재는 예열 전 제거한다.
② SLA 방식은 FDM 방식에 비해 온도 유지가 중요하다.
③ 소재의 종류에 따라 노즐 온도를 조절해야 한다.
④ 장비 외부 온도에 따른 품질 변화는 없다.

해설
3D프린터 출력 전 사전 준비
① 노즐 속 잔여 소재를 제거할 때는 반드시 노즐 온도를 올려 소재와 노즐을 분리한 후 시행한다.
② SLA 방식보다는 FDM 방식이 온도 유지가 중요하다. 온도에 따라 압출량의 변화가 발생하고, 이것 때문에 출력 불량이 발생할 수도 있다.
④ ②에서 설명한 것처럼 일정한 온도 유지는 외부 환경의 변화에도 영향을 받는다.

38

FDM 방식 3D프린터에 사용되는 재료의 형태는?

① 액상
② 기체
③ 파우더
④ 고체

[해설]

3D프린터 소재별 방식

고체	FDM, FFF, LOM
액체	SLA, DLP, Polyjet
분말(파우더)	SLS, EBM, DMLS

39

3D프린팅 방식에서 출력물의 소재와 서포트의 소재가 서로 다른 공정은?

① 수조광경화(Vat Photopolynerization)
② 접착제분사(Binder Jetting)
③ 분말융접(Powder Bed Fusion)
④ 재료분사(Material Jetting)

[해설]

재료분사 방식의 서포트는 수용성 재료를 사용해서 녹일 수 있다.

40

ABS 소재의 필라멘트를 사용하여 장시간 작업을 할 경우 주의해야 할 사항은?

① 융점이 기타 재질에 비해 매우 높으므로 냉방기를 가동하여 작업을 한다.
② 옥수수 전분 기반의 생분해성 재질이므로 특별히 주의해야 할 사항은 없다.
③ 작업 시 냄새가 심하므로 작업장 환기를 적절히 실시한다.
④ 물에 용해되는 재질이므로 수분이 닿지 않도록 주의해야 한다.

[해설]

② PLA에 대한 설명이다.
④ PVA에 대한 설명이다.

41

일반적인 FDM 방식에서 재료를 노즐로 이송시키는 역할을 하는 장치는?

① 서보 모터
② 기어드 모터
③ 스테핑 모터
④ 유압 모터

[해설]

FDM 방식 3D프린터는 일반적으로 스테핑 모터(스텝 모터)를 사용한다. 일부 고급 모델이나 산업용에서는 서보 모터를 사용하는 경우도 있다.

42

다음 〈보기〉에서 설명하는 소재로 옳은 것은?

┌─ 보기 ├─
- 가열하면 가공하기 쉽고 냉각하면 굳어지는 합성 수지이다.
- 상온에서는 탄성을 지니며 변형하기 어려우나, 가열하면 유동성을 가지게 되어 여러 가지 모양으로 가공할 수 있다.
- 나일론, 폴리에틸렌, 폴리스티렌, 폴리염화비닐 등이 있다.

① 세라믹   ② 열가소성 수지
③ 알루미늄   ④ 실리카

해설
열가소성 수지의 정의

43

SLS 방식 3D프린터에서 세라믹 분말에 대한 특징으로 옳지 않은 것은?

① 금속과 비금속 원소의 조합으로 이루어져 있다.
② 점토, 시멘트, 유리 등도 세라믹의 종류이다.
③ 알루미나, 실리카 등이 대표적이다.
④ SLS 방식에서 가장 흔히 사용되는 소재이다.

해설
- 세라믹(ceramics): 고온에서 구워 만든 비금속 무기질 고체 재료이다. 유리, 도자기, 시멘트, 내화물 등을 통틀어 말한다.
- SLS 방식에서 가장 많이 사용하는 소재는 폴리아미드이다.
- 내화물: 높은 온도에서 견디는 비금속 재료의 통칭

44

액체 기반 3D프린터의 사용 용도와 거리가 먼 것은?

① 액세서리나 피규어 제작에 활용된다.
② 산업 전반에 걸쳐 폭넓게 활용될 수 있다.
③ 3D프린터를 처음 접하는 사람이나 가정용으로 적당하다.
④ 의료, 치가공, 전자제품 등 정밀한 형상을 제작할 때 사용한다.

해설
③ FDM 방식에 대한 설명이다.

45

ABS 소재 출력 시 노즐 온도로 가장 적절한 것은?

① 220℃
② 260℃
③ 305℃
④ 175℃

해설
소재별 노즐 온도

PLA	180~230℃	ABS	220~250℃
나일론	240~260℃	PC	250~305℃
PVA	220~230℃	HIPS	215~250℃
WOOD	175~250℃	TPU	210~230℃

46

다음 중 3D프린터 방식과 재료에 따른 지지대 제거 방식으로 옳지 <u>않은</u> 것은?

① 액상 기반의 재료를 사용하는 SLA, DLP 방식은 광경화성 수지를 사용하므로 모델과 지지대의 재료가 같다.
② 보통 지지대는 자동으로 생성하지만 소프트웨어를 통해 지지대 생성을 하지 않을 수도 있다.
③ 분말 기반의 재료를 사용하는 SLS, 3DP 방식과 같은 기술은 지지대를 사용하지 않기 때문에 분말만 털어주면 된다.
④ 액상 기반의 재료를 사용하는 SLA, DLP 방식의 경우 지지대가 출력물에서 쉽게 떨어지지 않는다.

[해설]
광경화성 수지를 사용하는 방식은 정밀도가 뛰어나고 지지대도 얇게 생성되기 때문에 제거가 용이하다.

47

FDM 방식 3D프린터에서 출력 시 출력 오류를 최소화하기 위해 점검해야 할 내용과 거리가 <u>먼</u> 것은?

① 노즐과 히팅 베드와의 수평 확인
② 빛샘현상(Light Bleeding) 확인
③ 스테핑 모터의 압력 부족 확인
④ 노즐의 직경과 레이어 두께 확인

[해설]
빛샘현상은 광경화성 수지를 UV레이저를 이용해 조형하는 SLA, DLP 등에서 발생한다.

48

압출기 노즐과 플랫폼 사이의 거리가 너무 가까울 때 발생하는 출력의 문제점과 거리가 <u>먼</u> 것은?

① 노즐의 구멍이 막힐 수 있다.
② 녹은 플라스틱 재료가 제대로 압출되기 어렵다.
③ 처음에는 압출되지 않다가 3, 4번째 층부터 압출이 되기도 한다.
④ 재료의 일부가 흘러내리는 현상이 생긴다.

[해설]
④ 노즐과 플랫폼과의 거리가 멀 경우 발생하는 문제점이다.

49

3D프린터의 출력물 회수에 대한 내용으로 거리가 <u>먼</u> 것은?

① 전용 공구를 사용하여 플랫폼에서 출력물을 분리한다.
② 분말 방식 프린터는 작업이 끝나면 바로 꺼내어 건조시킨다.
③ 액체 방식 프린터는 이소프로필알코올, 에틸알코올 등을 뿌려 표면에 남아 있는 광경화성 수지를 제거한다.
④ 플랫폼에 남은 분말가루는 진공 흡입기를 이용하여 제거한다.

[해설]
분말 방식은 출력 시 상당한 고온에서 작업이 이루어지며, 출력이 완료되면 일차적으로 식힌 후 진행한다.

46 ④ 47 ② 48 ④ 49 ② 정답

50

3D프린터 출력 중 단면이 밀려서 성형되는 경우와 관련이 없는 것은?

① 플랫폼의 상하 방향 움직임이 일시적으로 멈추는 경우
② 헤드가 너무 빨리 움직이는 경우
③ 초기부터 타이밍 벨트의 장력이 너무 높게 또는 느슨하게 설정되어 있는 경우
④ 스테핑 모터의 축이 제대로 회전하지 않는 경우

해설

• 단면이 밀려서 성형되는 것을 탈조라고 한다.
• 탈조의 발생 원인
  – 3D프린터의 헤드가 너무 빨리 움직일 때
  – 고무 재질의 타이밍 벨트가 시간이 지남에 따라 늘어났을 때
  – 타이밍 풀리와 모터와의 결합 상태가 느슨할 때
  – 모터 드라이버의 과열로 인해 식을 때까지 일시적으로 모터가 멈추게 될 때

51

소재가 경화하면서 수축에 의해 뒤틀림이 발생하게 되는데, 이런 현상을 일컫는 용어는?

① Island
② Sagging
③ Ceiling
④ Warping

해설

문제는 수축(Warping)에 대한 설명이다.
② Sagging: 지지대의 성형 결함으로 출력 중 아래로 처지는 현상

52

다음 〈보기〉의 ㉠~㉢에 들어갈 내용이 순서대로 바르게 나열된 것은?

┤ 보기 ├

• 타이밍 벨트의 장력이 너무 (㉠) 설정되어 있는 경우, 베어링에 과도한 마찰이 발생하여 (㉡)의 원활한 회전을 방해한다.
• 타이밍 벨트의 장력이 (㉢) 설정되어 있는 경우, 타이밍 벨트의 이빨이 타이밍 풀리의 이빨을 타고 넘는 현상이 발생하고, 이는 헤드의 정렬에 영향을 주게 된다.

① ㉠ 높게, ㉡ 모터, ㉢ 낮게
② ㉠ 낮게, ㉡ 풀리, ㉢ 높게
③ ㉠ 낮게, ㉡ 모터, ㉢ 높게
④ ㉠ 높게, ㉡ 풀리, ㉢ 낮게

해설

〈보기〉는 탈조(단면이 밀려서 성형되는 경우)의 원인에 대한 설명이다.

53

FDM 방식 3D프린터의 특성상 제대로 출력되지 않는 경우에 대한 원인으로 알맞은 것은?

① 간격이 넓은 부품 요소
② 모델링 형상 외벽 두께가 노즐 크기보다 작을 경우
③ 구멍이나 축의 지름이 2mm 이하인 경우
④ 부품 중에서 하나에만 공차를 적용한 경우

해설

FDM 방식은 아주 작은 구멍이나 간격이 좁은 부품은 붙어서 출력되는 경우가 많다. 구멍이 지름 1mm 이하면 출력이 어려울 수 있으며, 축은 지름 1mm 이하에서는 출력이 완성되기 어렵다. 모델링 형상의 외벽 두께가 노즐 크기보다 작으면 출력되지 않을 수 있다.

54

3D프린터에서 재료가 플랫폼에 안착되지 않는 원인으로 옳지 <u>않은</u> 것은?

① 첫 번째 층이 너무 빠르게 성형이 될 경우
② 출력물과 플랫폼 사이의 부착 면적이 적을 경우
③ 용융된 재료가 과다하게 압출될 경우
④ 노즐의 온도 설정이 맞지 않은 경우

해설

녹은 소재가 과다하게 압출되면 바닥에는 단단하게 붙지만 제거가 어렵고, 출력 품질도 떨어진다.

55

다음 중 소결(sintering)에 대한 설명으로 <u>틀린</u> 것은?

① 압력이 가해지면 분말 사이의 간격이 좁아져 밀도가 높아진다.
② 압축된 금속 분말에 열에너지를 가해 입자들의 표면을 녹인다.
③ 금속 입자를 접합시켜 금속 구조물의 강도와 경도를 높이는 공정이다.
④ 금속 용융점보다 높은 열을 가하면 금속 입자들의 표면이 달라붙어 소결이 이루어진다.

해설

소결(燒結, sintering)
• 화학 가루나 또는 가루를 어떤 형상으로 압축한 것을 녹는 점 이하의 온도로 가열하였을 때, 가루가 녹으면서 서로 밀착하여 고결함 또는 그런 현상
• 각종 요업 제품이나 세라믹의 제조에 응용된다.

56

3D프린터에서 출력물 프린팅 시 실패하지 않기 위해 고려해야 할 사항이 <u>아닌</u> 것은?

① 출력물이 완성되는 시간
② 지지대의 생성 유무
③ 소재의 종류에 따른 노즐 온도 파악
④ 출력 시 적층 높이

해설

출력 시간은 출력 실패를 방지하기 위한 고려사항과는 거리가 있다.

57

3D프린터 운용 중 감전이 발생했을 때의 조치로 적절하지 <u>않은</u> 것은?

① 목격한 즉시 자세한 관찰을 위해 신체를 흔들어 의식을 확인한다.
② 전기위험을 제거한 후 심폐소생술을 실시한다.
③ 전원을 차단하여 추가 위험을 제거한다.
④ 응급구조기관에 연락한다.

해설

감전의 원인을 제거한 후에 전기가 통하지 않는 물질을 이용해 감전자를 떼어내야 한다.

58

화학물질용 개인보호장구 중 보호장갑의 사용 전에 고려해야 할 사항으로 옳지 않은 것은?

① 사용 전 반드시 마모되거나 구멍난 곳이 없는지 점검한다.
② 모든 복합화학물질을 취급하는 작업에도 사용 가능하다.
③ 유해화학물질과 접촉된 보호장갑은 2차 오염을 유발할 수 있으므로 처리에 주의한다.
④ 침투율을 고려하여 적합한 재질의 보호장갑을 선택한다.

[해설]
② 개별 시험화학물질에 대해서 성능 수준을 갖는 안전장갑은 복합화학물질을 취급하는 작업에는 사용할 수 없다.

59

3D프린팅 안전수칙 중에서 작동 종류 후에 발생할 수 있는 상황이 아닌 것은?

① 나노 물질에 노출되면 호흡기에 염증성 반응을 유발할 수 있다.
② 후가공에 사용되는 용제 등은 중추신경계에 영향을 줄 수 있다.
③ 광경화성 수지로 만든 출력물은 연삭작업 이전에 완전히 경화된 상태여야 한다.
④ 출력물의 표면을 처리하는 작업 시에는 다양한 화학물질에 노출될 수 있다.

[해설]
'나노 물질에 노출되면 호흡기에 염증성 반응을 유발할 수 있다'는 것은 재료 압출 단계에서 발생 가능한 안전수칙이다.

60

다음 중 KS 규격에 의한 안전색과 사용 용도가 잘못 연결된 것은?

① 녹색 − 구호, 구급, 피난
② 파랑 − 진행, 안정
③ 빨강 − 방화, 금지, 위험, 정지
④ 노랑 − 주의, 조심

[해설]
② 파랑은 주의, 지시, 수리 중을 나타내는 용도로 사용된다.

03 | 제3회 실전 모의고사

01

3D프린터의 개념과 특징에 대한 설명으로 옳지 <u>않은</u> 것은?

① 다양한 소재 사용이 가능하고, 적층 방식으로 3차원 물체를 만드는 제조 기술이다.
② 컴퓨터 수치제어로 제어되므로 아주 복잡한 형상도 만들어 낼 수 있다.
③ 1980년대부터 개발된 기술로, 최근 들어 관련 특허의 만료와 더불어 보편화되기 시작했다.
④ NC가공과 같은 G코드를 사용하므로 제작 속도가 매우 빠르다.

[해설]
절삭가공에서 사용하고 있는 G코드를 채용했지만 동일하게 사용하지는 않고 있으며, 3D프린터의 최대 단점은 느린 속도와 출력 품질이 떨어진다는 점이다.

02

렙랩 프로젝트로 다양한 보급형 3D프린터가 활성화되면서 만든 방식으로, 기존의 방식과 동일하지만 상표권 때문에 사용하지 못하고 만든 새로운 이름은?

① FFF
② FDM
③ LCD
④ DLP

[해설]
RepRap 3D프린터(FFF)
다양하고 종류가 많아 설명하기 어렵지만 대표적인 것을 꼽으라면 카테시안, 델타, 스카라, 폴라 정도가 있다.

03

광 패턴 이미지 기반의 3D스캐너에 대한 설명으로 옳지 <u>않은</u> 것은?

① 대상물에 변형된 패턴을 카메라에서 측정하고 모서리 부분들에 대한 삼각측량법으로 3차원 좌표를 계산한다.
② 광 패턴을 이용하기 때문에 한꺼번에 넓은 영역을 빠르게 측정할 수 있다.
③ 휴대용으로 개발하기가 용이하다.
④ 먼 거리의 대형 구조물의 측정에 적당하다.

[해설]
광 패턴 이미지 기반 3D스캐너의 특징
④ 대형 구조물의 측정에는 TOF 방식이 적절하다.

04

다음 중 3D스캐닝 방식에 대한 설명으로 옳지 <u>않은</u> 것은?

① 표면 코팅이 불가능할 경우에는 비접촉식 측정 방식을 사용한다.
② 측정 대상물이 쉽게 변형되는 경우에는 비접촉식 측정 방식을 사용한다.
③ 원거리에 있는 대상물을 측정할 경우에는 TOF 방식이 유리하다.
④ 큰 측정 대상물의 일부분을 스캔하는 경우에는 이동식 스캐너를 사용하는 것이 좋으나 정밀도가 떨어질 수 있다.

[해설]
3D스캐닝 방식에 따른 특징

05

스캐닝 준비 단계에서 적용 분야별 스캐너에 대한 설명으로 옳지 <u>않은</u> 것은?

① 산업용은 매우 높은 수준의 정밀도를 요구한다.
② 산업용은 피측정물의 표면 코팅을 통해 난반사를 미리 제거할 수 있다.
③ 일반용은 3차원 프린팅용으로 높은 수준의 정밀도가 요구된다.
④ 일반용은 난반사를 위한 코팅이 필요하지 않을 수도 있다.

해설
3D프린팅용은 저가형 스캐너의 낮은 수준의 정밀도를 프로그램으로 보정해서 사용한다.

06

비접촉식과 비교하였을 때 접촉식 스캐너의 특징으로 올바른 것은?

① 거울과 같이 전반사가 일어나는 경우에 적합하다.
② 측정 대상물이 투명한 경우에 많이 사용한다.
③ 터치 프로브를 이용하여 좌표를 읽어낸다.
④ 먼 거리의 대형 구조물을 측정하는 데 용이하다.

해설
접촉식(CMM)과 비접촉식(레이저, 광학 방식) 비교

07

2D 스케치의 기하학적인 형상을 구속시키는 기능으로, 3D 객체들 간의 위치를 잡아주고 차후 디자인의 변경·수정 시 편리하고 직관적인 작업 수행에 필요한 것은?

① 형상조건
② 구속조건
③ 편집조건
④ 구성조건

해설
구속조건의 개념

08

〈보기〉의 그림 (A)를 그림 (B)처럼 수정할 때 필요한 스케치 명령어는?

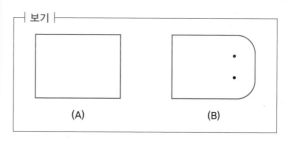

보기

(A)   (B)

① Fillet
② Chamfer
③ Arc
④ Trim

해설
• Fillet(모깎기): 모서리를 둥글게 처리
• Chamfer(모따기): 모서리를 사선으로 처리

09

일반적으로 치수 정밀도보다는 공작물 표면의 녹을 제거하거나 광을 내기 위해 시행하는 버프 가공에 해당하는 기호는?

① BR
② FB
③ FCA
④ B

[해설]
① BR(브로치 가공)
③ FCA(페이프 다듬질)
④ B(보링 머신 가공)

10

조립품 설계 방식 중에서 모델링된 부품을 현재 조립품 상태로 배치해야 하는 방식은?

① 솔리드 방식
② 상향식 방식
③ 하향식 방식
④ 중단식 방식

[해설]
• 상향식: 부품을 각각 작성하고 조립 공간을 만들고 이곳으로 모두 불러모아 저장
• 하향식: 조립 모델을 한꺼번에 작성하고 조립품별로 각각 저장

11

기하 공차의 필요성에 대한 설명으로 잘못된 것은?

① 제품을 경제적이고 효율적으로 생산할 수 있다.
② 검사를 용이하게 하는 데 그 목적이 있다.
③ 모든 치수에 적용한다.
④ 제품 제작과 검사의 일관성을 두기 위해 참조 기준이 필요할 때 주로 사용한다.

[해설]
기계 부품을 제작하거나 조립할 때 정밀한 제작과 정확한 조립을 위해서는 치수 공차, 끼워 맞춤과 함께 모양, 자세, 위치, 흔들림 등에 대해 정밀도를 지시할 필요가 있다. 모든 치수에 적용되는 치수 공차와는 다르게 기하 공차는 기하학적 정밀도가 요구되는 부분에만 적용된다.

12

도면에 표시된 "N.S" 기호가 뜻하는 것은?

① 배척
② 현척
③ 축척
④ 비례가 아님

[해설]
척도 관련 문제
• 척도: 대상물의 실제 치수에 대한 도면에 표시한 대상물의 비율(규격: KS A 0110)
• 척도 표기법: A:B(도면에서 그려진 크기:대상물의 실제 크기)

현척(=실척)	• 실물과 동일 • 항상 1:1
축척	• 실물보다 축소 • 1:2(실제 크기는 2인데, 도면에서의 크기는 1이다), 1:X로 표시
배척	• 실물보다 확대 • 2:1(실제 크기는 1인데, 도면에서의 크기는 2이다), X:1로 표시
N.S(Not to Scale)	• 비례척이 아닌 임의의 척도 • 한글로 표시할 경우 "비례가 아님"이라고 적으면 된다.

• 척도의 기입 방법
  – 척도는 표제란에 기입한다.
  – 표제란이 없는 경우, 도명이나 품번 가까이에 기입한다.
  – 한 장의 도면에 서로 다른 척도의 사용이 필요한 경우, 주요 척도를 표제란에 기입하고 그 외의 척도는 부품번호 또는 상세도(또는 단면도)의 참조 문자 부근에 기입한다.
  – 비례척이 아닐 경우, 치수 밑에 밑줄을 긋거나 "N.S" 또는 "비례가 아님"이라고 표기한다..

13

도면 작성 시 척도에 대한 설명으로 옳지 <u>않은</u> 것은?

① 실물보다 확대하여 그리는 것은 배척이다.
② 척도는 표제란 가까이에 기입한다.
③ 같은 도면에 다른 척도를 사용할 때에는 그 도면 옆에 기입한다.
④ 1:1로 그리는 것을 현척 또는 실척이라고 한다.

해설

척도는 표제란 안에 기입한다.

14

어셈블리 공간에서 파트를 만들고 조립하면서 모델링하는 방식은?

① 상향식 모델링
② 하향식 모델링
③ 조립식 모델링
④ 분할식 모델링

해설

• 상향식: 부품을 각각 작성하고 조립 공간을 만들고 이곳으로 모두 불러모아 저장
• 하향식: 조립 모델을 한꺼번에 작성하고 조립품별로 각각 저장

15

치수 보조기호가 나타내는 의미와 치수 보조기호가 <u>잘못</u> 연결된 것은?

① 지름: ø 10
② 참고치수: (30)
③ 구의 지름: S ø 40
④ 판의 두께: □ 4

해설

④ □는 정사각형의 한 변의 길이를 뜻한다. 판의 두께는 "t"를 사용한다.

16

3D 객체의 형상화 명령 중 모델 면에 일정한 두께를 부여하여 속을 비우는 기능은?

① 돌출(Extrude)
② 쉘(Shell)
③ 회전(Revolve)
④ 스윕(Sweep)

해설

모델링 소프트웨어의 객체 생성과 수정 기능은 외워두는 것이 좋다.

17

3D모델링의 객체 표현기법 중 가장 진보된 방식으로, 서피스들을 완전히 닫아 입체가 만들어지는 상태로 속이 꽉 찬 모델링 방식으로 모델의 내부를 공학적으로 분석 가능하기 때문에 가공 전에 가공상태 예측이나 부피, 무게 등의 정보를 제공하는 것은?

① 와이어 프레임
② 서피스
③ 솔리드
④ 폴리곤

해설

솔리드 모델링의 특징

18

다음 중 〈보기〉의 문제점을 해결하는 방법으로 적합한 것은?

┤ 보기 ├

조립 시 수축과 팽창으로 치수가 달라질 수 있다.

① 채우기
② 크기
③ 서포트
④ 공차

해설

• 공차(公差) 또는 허용 오차(tolerance)는 이상적인 치수 또는 자세와 실제의 차이를 규격에서 허용하는 범위를 뜻한다.
• 출력 시 수축과 팽창으로 모델링 치수와 차이가 발생할 수 있기 때문에 조립품은 반드시 공차를 주어야 한다.

19

FDM 방식 3D프린터의 슬라이싱 프로그램에서 불러올 수 있는 파일 형식으로 올바른 것은?

① STL, OBJ
② STL, EMF
③ STL, IGES
④ STL, STEP

해설

일반적인 경우 STL, OBJ, 3MF, AMF, PLY 등이 있다.

20

FDM 방식 3D프린터로 출력 시 한 층의 높이를 0.2mm에서 0.1mm로 변경할 때 발생할 수 있는 현상으로 옳은 것은? (단, 소재는 ABS를 사용한다.)

① 노즐온도는 190℃이며, 품질이 좋아진다.
② 노즐온도는 240℃이며, 품질이 떨어진다.
③ 노즐온도는 190℃이며, 출력 시간이 빨라진다.
④ 노즐온도는 240℃이며, 출력 시간이 느려진다.

해설

• FDM 방식은 평균 레이어 높이를 0.2mm를 사용하고, 두께가 얇아지면 출력 시간은 보통 2배로 늘어나며, 품질은 좋아진다.
• 190℃(PLA), 240℃(ABS)

21

3D프린터에서 출력 시 지지대의 안정적인 설정을 위해 고려해야 할 항목으로 가장 적합한 것은?

① 지지대의 모양
② 지지대의 적용 각도
③ 지지대의 크기
④ 지지대의 적용 소재

[해설]

일반적인 3D프린팅에서의 지지대 각도는 45°이지만, 슬라이서들은 보통 60° 정도를 사용한다. 그리고 적용 각도에 따라 지지대의 생성량이 결정되기 때문에 중요한 사항이다.

22

지지대의 종류 중 출력 시 하중으로 인해 아래로 처지는 현상을 무엇이라 하는가?

① Overhang
② Warping
③ Unstable
④ Sagging

[해설]

Sagging

지지대와 관련된 성형 결함으로, 제작 중 하중으로 인해 아래로 처지는 현상을 말한다.

23

FDM 방식 3D프린터용 슬라이싱 소프트웨어의 서포트 (Support) 설정에 대한 효과로 옳지 <u>않은</u> 것은?

① 출력 형상의 처짐, 흘러내림 등을 줄일 수 있다.
② 서포트가 많이 생기면 출력물의 오차가 커진다.
③ 서포트가 많으면 출력 시간이 단축된다.
④ 출력물에 뒤틀림이 생기는 것을 줄여 준다.

[해설]

서포트가 많아지면 출력할 곳이 늘어나므로 출력 시간이 늘어난다.

24

지지대 구조물인 래프트(Raft)에 대한 설명으로 거리가 먼 것은?

① 새로 생성하는 층이 아래로 휘는 것을 잡아준다.
② 성형 중에 플랫폼에 대한 접착력을 제공한다.
③ 성형 후 부품에 손상 없이 분리하기 위한 지지대의 일종이다.
④ 플랫폼에 처음으로 만들어지는 구조물이다.

[해설]

지지대의 종류

• 지지대는 오버행(overhang)처럼 공중에 떠 있는 모델을 출력하기 위해 1층부터 올라가는 것과 플랫폼에 모델이 출력되기 전 바닥에 설치하는 바닥지지대가 있다.
• Raft는 바닥지지대 중 가장 강력한 것으로, 출력물과 플랫폼의 강한 접착력을 제공하고 성형 후에는 부품에 손상 없이 분리하기 위한 설정이다.

25

다음 중 형상설계의 오류에 대한 설명으로 옳지 <u>않은</u> 것은?

① 3D프린터로 제품 제작을 할 때 3D프린터에 따른 형상설계 오류를 고려해야 한다.
② SLA 방식은 정밀도가 마이크로미터 단위로 매우 좋은 정밀도를 가진다.
③ 3D프린팅 방식에 따라 제품의 제작 오류 또한 달라질 수 있다.
④ FDM 방식의 3D프린터는 설계 정밀도보다 작은 치수를 표현하는 것이 가능하다.

[해설]

형상설계 오류
• 3D프린팅 방식의 특성에 따라 형상설계 오류도 다름

FDM	• 정밀도 떨어짐 • 정밀도보다 작은 치수 불가
SLA	• 정밀도 우수 • 소재 특성으로 뒤틀림 • 오차 고려

• 베이스 면의 특성: 가공 방향이 달라지기 때문에 고려

26

지지대에 대한 설명 중 틀린 것은?

① 3D프린터로 제품 제작을 할 때 3D프린터에 따른 형상설계 오류를 고려해야 한다.
② SLA의 경우 광경화성 수지를 사용하기 때문에 쉽게 떨어지지 않는다.
③ 지지대는 대부분 자동 생성기능과 수동 생성기능이 있다.
④ 지지대를 제거할 때 지지대를 제거한 표면이 거칠어지거나 손상이 갈 수 있다.

[해설]

SLA는 광경화성 수지를 사용하며, 지지대가 정밀하고 얇게 형성되기 때문에 제거가 용이하다.

27

기계를 제어 · 조정하는 보조기능인 M코드 중에서 압출기 온도를 지정된 온도로 설정하는 것은?

① M104
② M103
③ M109
④ M18

[해설]

M코드

M101	압출기 전원 ON(정방향)
M102	압출기 전원 ON(역방향)
M103	압출기 전원 OFF(렙랩펌웨어)
M104	압출기 온도 설정(다른 명령 가능, 백그라운드 실행)
M109	압출기 온도 설정(설정온도에 도달할 때까지 다른 명령들은 대기)
M17	모든 스테핑 모터에 전원 공급
M18	모든 스테핑 모터에 전원 차단

28

현재의 좌표값이 X100 Y130이고 이동한 좌표 값이 X180 Y200일 때, 이동할 좌표로 지정한 값이 X180 Y200이라면 다음 중 어떤 좌표 방식을 사용한 것인가?

① 증분 좌표 방식
② XY 좌표 방식
③ 평면 좌표 방식
④ 절대 좌표 방식

[해설]

노즐의 현재 위치와 상관없이 기입한 좌표로 이동하는 방식이 절대 좌표 방식이다.

29

노즐이 토출 없이 가로 100mm, 세로 150mm 이동할 때 G코드로 옳은 것은?

① G0 A100 B150
② G0 X100 Y150
③ G1 A100 B150
④ G1 X100 Y150

해설

• G0: 토출 없이 급속(빠르게)이송
• G1: 토출하면서 직선으로 이송

30

3D프린터의 출력용 데이터를 수정해야 하는 경우가 아닌 것은?

① 조립성을 위한 분할 출력
② 서포트 최소 분할
③ 3D프린터의 해상도보다 작은 크기
④ 최대 출력 사이즈보다 작은 경우

해설

3D프린터의 최대 출력 사이즈보다 큰 경우 분할 출력이 필요하지만, 작은 경우는 아무 문제가 없다.

31

다음 〈보기〉의 내용을 작업순서에 따라 바르게 나열한 것은?

┤ 보기 ├

ㄱ. STL 포맷 변환
ㄴ. 3D모델링
ㄷ. STL 파일 오류검사
ㄹ. G코드 생성

① ㄱ - ㄴ - ㄷ - ㄹ
② ㄴ - ㄱ - ㄷ - ㄹ
③ ㄴ - ㄱ - ㄹ - ㄷ
④ ㄴ - ㄷ - ㄹ - ㄱ

해설

작업 순서를 외워야 한다.

32

다음 중 오류 검출 프로그램이 아닌 것은?

① Netfabb
② Cura
③ Meshmixer
④ MeshLab

해설

Cura는 대표적인 슬라이싱 프로그램이다.

33

비매니폴드에 대한 설명으로 옳은 것은?

① 실제 존재할 수 없는 구조이다.
② 하나의 모서리를 2개의 면이 공유한다.
③ 오픈 메시가 없는 클로즈 메시로 구성되어 있다.
④ 불 작업, 유체 분석 등을 했을 때 오류가 생기지 않는다.

[해설]
비매니폴드와 매니폴드의 설명

34

다음 중 3D모델링 형상을 분할하여 출력할 때의 장점이 아닌 것은?

① 지지대 생성을 최소화할 수 있다.
② 지지대를 쉽게 제거할 수 있다.
③ 출력물의 강도를 높일 수 있다.
④ 표면을 깨끗하게 유지한 상태로 출력할 수 있다.

[해설]
분할 출력은 출력물의 강도와는 큰 영향이 없다.

35

다음 중 FDM 방식 3D프린터의 소재로 가장 거리가 먼 것은?

① 시멘트
② Soft-PLA 소재
③ 플라스틱 분말
④ PVC 소재

[해설]
FDM 방식의 소재는 고체 형태의 필라멘트를 사용한다.

36

압축된 금속분말에 열에너지를 가해 입자들의 표면을 녹이고 접합시켜 금속 구조물의 강도와 경도를 높이는 공정은?

① 분말 융접
② 경화
③ 소결
④ 합금

[해설]
소결(sintering)
압축된 분말을 녹는점 이하의 온도로 가열했을 때, 표면이 녹으면서 분말 사이를 채우면서 고결하는 현상

33 ① 34 ③ 35 ③ 36 ③ [정답]

37

3D프린터 방식에서 사용하는 소재의 연결이 <u>틀린</u> 것은?

① MJ 방식: 고체 상태의 플라스틱 분말
② FDM 방식: 열가소성 플라스틱 수지
③ SLA 방식: 액체 상태의 광경화성 수지
④ SLS 방식: 고체 분말

해설
MJ 방식은 액체 상태의 광경화성 수지를 사용한다.

38

FDM 방식 3D프린터에서 필라멘트 재료를 선택할 때의 고려사항이 <u>아닌</u> 것은?

① 강도와 내구성
② 소재의 비중
③ 소재의 녹는점
④ 열 변형에 의한 수축성

해설
재료 선택 시 소재의 비중은 고려 대상이 아니다.

39

다음 〈보기〉에서 설명하는 소재로 적합한 것은?

┌ 보기 ┐
• 고분자 화합물로 폴리아세트산비닐을 가수분해하여 얻어지는 무색 가루
• 물에는 녹고 일반 유기용매에는 녹지 않는 특성을 가진다.
• 출력 후 물에 담그면 서포트는 녹고 원하는 형상만 남아 다양한 형상 제작에 용이하다.

① HIPS
② PVA
③ TPU
④ PC

해설
PVA 소재의 특징

40

3D프린터별 출력을 위한 사전 준비에 대한 설명으로 가장 거리가 <u>먼</u> 것은?

① FDM 방식에서 히팅베드 온도는 소재와 상관없이 일정하게 설정해야 한다.
② SLA 방식은 FDM 방식에 비해 온도 조절 필요성이 덜하다.
③ SLS 방식은 소재에 맞는 적정 온도를 설정해야 한다.
④ SLA 방식에서 수지를 보관하는 플랫폼의 용기가 일정한 온도로 유지되도록 해야 한다.

해설
FDM 방식에서 히팅베드의 온도는 소재별로 다르게 설정해야 한다.

41

분말 기반의 재료를 사용하는 (   ) 방식과 같은 적층 기술은 지지대를 사용하지 않기 때문에 출력 후 남은 분말을 제거하면 출력물을 얻을 수 있다. 빈칸에 들어갈 수 있는 방식으로 옳게 짝지어진 것은?

① 3DP, SLS
② SLA, 3DP
③ FDM, PBF
④ SLA, SLS

[해설]
분말 방식으로만 묶인 것은 3DP, SLS 방식이다.

42

FDM 방식 3D프린터의 소재 장착 시 특성에 대한 설명으로 거리가 먼 것은?

① 팩으로 포장된 재료를 프린터에 삽입하여 사용한다.
② 재료의 보관이 용이하고 상온에서 보관할 수 있다는 장점이 있다.
③ 재료를 만들 때 다른 첨가물을 삽입하기 용이하다.
④ 온도와 속도 등이 맞지 않으면 출력물이 중간에 끊어지거나 중단될 수 있다.

[해설]
① SLA 방식에 대한 설명이다.

43

다음 중 UV 레진에 관한 설명으로 옳지 않은 것은?

① SLA 방식 3D프린터에서 가장 많이 사용되는 재료이다.
② 가시광선 레진보다 3D프린터 재료로 이용하기 쉽다.
③ 구조물 제작 시 실내의 빛에 노출되어도 경화되지 않는다.
④ 강도가 낮은 편이라 시제품 제작에 주로 사용된다.

[해설]
가시광선 레진
• UV 파장대를 제외한 빛의 파장에 경화된다.
• 구조물을 제작할 때 별도의 암막이나 빛 차단 장치가 있어야 제작이 원활하다.
• UV 레진보다 3D프린터 재료로 활용하기 쉽다.

44

3D프린팅은 제작 방식에 따라 오차 및 오류가 존재하는데, 이러한 오류를 제거하기 위해 지지대를 사용한다. 다음 중 지지대가 필요한 이유로 가장 거리가 먼 것은?

① 지지대가 있으면 형상 제작에 들어가는 재료를 절약할 수 있다.
② 지지대를 이용하면 형상 제작의 오차를 줄일 수 있다.
③ 제품을 제작할 때 윗면이 크면 제품 형상의 뒤틀림이 발생할 수도 있다.
④ SLA 방식으로 제작할 때 지지대의 유무에 따라 형상의 오차 및 처짐 등이 발생할 수 있다.

[해설]
지지대가 있으면 당연히 지지대도 출력해야 하기 때문에 재료가 더 많이 소모된다.

45

3D프린터에서 출력물을 회수하는 방법으로 옳지 <u>않은</u> 것은?

① 3D프린터에서 출력물을 제거할 때는 마스크, 장갑 및 보안경을 착용하고 실시한다.
② 분말 방식 3D프린터는 작업이 마무리되면 출력물을 바로 꺼내어 건조해야 한다.
③ 프린터가 출력을 종료한 것을 확인한 후 3D프린터의 문을 개방한다.
④ 전용 공구를 사용하여 플랫폼에서 출력물을 분리한다.

[해설]
분말 방식은 출력 시 상당한 고온에서 작업이 이루어기 때문에 출력이 완료되면 일차적으로 식힌 후 다음 작업으로 진행한다.

46

3D프린터에 따른 형상 설계 오류에 관한 설명으로 거리가 <u>먼</u> 것은?

① 3D프린터로 제품을 제작할 때는 3D프린터에 따른 형상 설계 오류를 고려해야 한다.
② FDM 방식의 3D프린터는 최대 $10{\sim}15\mu m$으로 매우 우수한 정밀도를 가진다.
③ 광중합 방식에서 광경화성 수지의 성질을 이해하지 못하면 출력 시 뒤틀림, 오차 등이 발생한다.
④ FDM 방식으로 설계 시 정밀도보다 작은 치수 표현은 불가능하다.

[해설]
3D프린터에 따른 형상 설계 오류
• 3D프린터로 제품을 제작할 때 3D프린터에 따른 형상 설계 오류를 고려해야 한다.
• FDM 방식은 최대 정밀도가 0.1mm 정도로 정밀도가 다른 방식에 비해 떨어진다.
• FDM 방식으로 설계 시 3D프린터의 정밀도보다 작은 치수 표현은 출력이 불가능하다.

• SLA, DLP 방식은 최대 정밀도가 $1{\sim}5\mu m$로 매우 좋은 정밀도를 가진다.
• SLA, DLP 방식은 아주 우수한 정밀도를 가지고 있지만, 광경화성 수지의 성질을 이해하지 못하면 제품의 뒤틀림, 오차 등이 발생한다.

47

FDM 방식 3D프린터에서 노즐과 플랫폼 사이의 간격이 너무 가까울 때 발생하는 문제가 <u>아닌</u> 것은?

① 적층면을 구성하는 선 사이에 빈 공간이 생길 수 있다.
② 재료가 끊긴 형태로 나올 수 있다.
③ 플랫폼에 의해서 노즐 구멍이 막힐 수도 있다.
④ 재료가 제대로 압출되기 어렵다.

[해설]
노즐과 플랫폼의 거리가 멀 때 압출량의 부족으로 벽 사이에 공간이 발생할 수 있다.

48

분말 방식 3D프린터의 출력물 회수 순서로 옳은 것은?

① 3D프린터 작동 중지 → 보호구 착용 → 3D프린터 문 열기 → 출력물 분리
② 보호구 착용 → 3D프린터 문 열기 → 출력물에 묻어있는 분말 제거 → 출력물 분리
③ 보호구 착용 → 3D프린터 작동 중지 → 3D프린터 문 열기 → 출력물 분리
④ 3D프린터 문 열기 → 보호구 착용 → 출력물에 묻어있는 분말 제거 → 출력물 분리

[해설]
출력물 회수 순서를 기억하도록 한다.

49

다음 중 제품 제작 시 반영해야 할 정보를 정리한 작업지시서의 내용이 <u>아닌</u> 것은?

① 디자인 작업자
② 제작 개요
③ 디자인 요구사항
④ 디자인 정보

[해설]

작업지시서는 제작 개요, 디자인 요구사항, 디자인 정보 등을 작성한다.

50

3D프린터에서 출력물 회수 시 전용공구를 이용하여 출력물을 회수하고 표면을 세척제로 세척 후 출력물을 경화기로 경화시키는 방식은?

① SLA
② FDM
③ SLS
④ LOM

[해설]

광경화성 수지는 유해물질을 함유하고 있고 신체에 직접 접촉하면 안 된다. 따라서 출력물 회수 시 전용공구를 이용하고, 세척제로 표면에 묻어있는 소재를 씻은 후 강도를 높이기 위해 한 번 더 경화시키는 과정을 거친다.

51

SLA 방식 3D프린터에서 발생하는 빛샘 현상(Light Bleeding)에 대한 설명으로 옳지 <u>않은</u> 것은?

① 광경화성 수지가 어느 정도의 투명도를 가지면 발생한다.
② 경화 부분이 타거나 열을 받아 열 변형을 일으켜 출력물의 뒤틀림 현상이 발생한다.
③ 빛샘 현상을 줄이기 위해서는 레진 구성요소와 경화 시간을 적절히 맞춰야 한다.
④ 빛이 새면 경화를 원하지 않는 부분까지 경화되는 현상이 발생할 수 있다.

[해설]

② 빛 조절(광량)의 실패에서 비롯된 현상이다.

52

압출기 노즐과 플랫폼 사이의 거리가 너무 가까울 때 발생하는 현상이 <u>아닌</u> 것은?

① 노즐의 구멍이 플랫폼에 의해서 막힐 수 있다.
② 녹은 플라스틱 재료가 제대로 압출되기 어렵다.
③ 출력물의 면을 구성하는 선과 선 사이에 빈 공간이 생긴다.
④ 처음에는 재료가 압출되지 않다가 3, 4번째 층부터 제대로 압출되기도 한다.

[해설]

노즐과 플랫폼이 너무 떨어져 있으면 베드 안착이 어렵고 쉽게 떨어지며, 출력하는 벽이 얇게 성형되어 벽 사이에 공간이 발생한다.

53

3D프린터 출력 전 장비 외부 주변온도에 대한 설명으로 옳지 <u>않은</u> 것은?

① MJ 방식은 20~25℃ 사이의 온도를 권장하지만 냉방 시설은 불필요하다.
② 3D프린터에 따라 외부 공기 흐름을 차단시켜 챔버 내부 온도를 올려 출력에 맞는 적정 온도를 유지시켜 주기도 한다.
③ 외부의 온도가 너무 낮거나 높으면 정상적인 출력이 어려울 수 있다.
④ 장비 외부 온도도 내부 온도 조건 못지않게 중요하다.

[해설]
MJ 방식은 산업용밖에 없으며, 온도와 습도에 민감하기 때문에 냉방 시설이 필수이다.

54

다음의 G코드 중 X-Y 평면을 지정하는 것은?

① G17
② G18
③ G19
④ G90

[해설]
① G17: X-Y평면 지정
② G18: Z-X평면 지정
③ G19: Y-Z평면 지정
④ G90: 절대좌표계 사용

55

3D프린터가 구동될 때 헤드가 항상 일정한 위치로 복귀하게 되는 기준점이 있는데, 이 기준점을 좌표축의 원점으로 사용하는 좌표계를 무엇이라 하는가?

① 공작물 좌표계
② 기계 좌표계
③ 로컬 좌표계
④ 절대 좌표계

[해설]
기계 좌표계의 설명

56

SLA 방식 3D프린터의 출력 시 아무 것도 출력되지 않는 오류 발생의 원인으로 볼 수 <u>없는</u> 것은?

① 액상 수지가 너무 차가운 경우
② 저가형 소재를 사용한 경우
③ 출력 속도가 너무 빠른 경우
④ 저출력 레이저를 사용하는 경우

[해설]
SLA 방식 3D프린터 사용 시의 오류 발생 원인에 저가형 소재를 사용한 경우는 해당되지 않는다.

57

다음 중 안전 보호 장갑에 대한 설명으로 옳지 않은 것은?

① 내전압용 절연장갑은 00등급에서 4등급까지 있다.
② 내전압용 절연장갑은 숫자가 클수록 두꺼워 절연성이 높다.
③ 화학물질용 안전장갑은 1~6 class로 성능 수준이 나뉜다.
④ 화학물질용 안전장갑은 숫자가 작을수록 보호 시간이 길고 성능이 우수하다.

[해설]
화학물질용 안전장갑은 숫자가 클수록 보호 시간이 길고 성능이 우수하다.

58

다음 중 방진 마스크를 선정할 때의 기준으로 가장 거리가 먼 것은?

① 안면 밀착성이 좋아 기밀이 잘 유지되는 것
② 안면 접촉 부위에 땀을 흡수할 수 있는 재질을 사용한 것
③ 분진 포집 효율이 낮고 흡기·배기 저항이 높은 것
④ 마스크 내부에 호흡에 의한 습기가 발생하지 않는 것

[해설]
방진 마스크 선정 기준
• 분진 포집 효율은 높고 흡기·배기 저항이 낮은 것
• 중량이 가볍고 시야가 넓은 것
• 안면 밀착성이 좋아 기밀이 잘 유지되는 것
• 마스크 내부에 호흡에 의한 습기가 발생하지 않는 것
• 안면 접촉 부위가 땀을 흡수할 수 있는 재질을 사용한 것
• 작업의 내용에 적합한 방진마스크 종류 선정

59

화학물질의 특성과 정보를 담은 자료로, 3D프린팅 시 작업장마다 비치해야 하는 것은?

① 물질안전보건자료(MSDS)
② 화학물질정보시스템(NCIS)
③ 카스등록번호
④ 안전관리계획서

[해설]
물질안전보건자료(Material Safety Data Sheet)에 대한 설명

60

다음의 3D프린터 관련 경고 또는 주의 표시 중 표지와 설명이 일치하지 <u>않는</u> 것은?

① 유해물질 주의

② 찔림 주의

③ 레이저 주의

④ 냄새 주의

[해설]

3D프린터 안전수칙 리스트

구분	안전표지 형태		
금지표시	면장갑 착용 금지	맨손으로 만지지 말 것	손대지 말 것
	작업 반경 접근 금지	작업 중 방해 금지	작업 중 자리이탈 금지

구분	안전표지 형태		
경고/주의 표시	작동 중 접촉 금지	유해물질 주의	인화성재료 주의
	날아오는 파편 주의	냄새 주의	레이저 주의
	미끄러짐 주의	찔림 주의	베임 주의
	회전날 베임 주의	파편 주의	절단 주의
지시표시	작동법 숙지	재료 확인	머리 묶기
	귀마개 착용	마스크 착용	보안경 착용
	보호복 착용	장갑 착용	배기장치/ 집진기 작동
	환기 실시	작업 완료 후 건조시간 대기	작업 후 정리

04 | 공개 기출문제

01

3D프린터의 개념 및 특징에 관한 내용으로 옳지 <u>않은</u> 것은?

① 컴퓨터로 제어되기 때문에 만들 수 있는 형태가 다양하다.
② 제작 속도가 매우 빠르며, 절삭 가공하므로 표현이 매끄럽다.
③ 재료를 연속적으로 한층, 한층 쌓으면서 3차원 물체를 만들어내는 제조 기술이다.
④ 기존 잉크젯 프린터에서 쓰이는 것과 유사한 적층 방식으로 입체물을 제작하는 방식도 있다.

해설
• 3D프린팅: AM(Additive Manufacturing)
  – 적층 가공
  – 복잡·정교하고 다양한 종류의 제품 제작에 유리
• 3D프린팅의 대표적인 약점 2가지
  – 제작 속도가 느리다.
  – 출력물 품질이 떨어진다.

02

다음 〈보기〉의 설명에 해당되는 데이터 포맷은?

보기
• 최초의 3D호환 표준 포맷
• 형상 데이터를 나타내는 엔터티(entity)로 이루어져 있다.
• 점, 선, 원, 자유곡선, 자유곡면 등 3차원 모델의 거의 모든 정보를 포함한다.

① XYZ
② IGES
③ STEP
④ STL

해설
• 3D 데이터 포맷

특징	• 3D 모델에 대한 정보를 저장하는 데 사용 • 3D 모델의 기하학적 모양, 재질, 장면 및 애니메이션 등을 인코딩
저장 방식	Binary, ASCII
저장 형태	폴리곤, 넙스(Nurbs), 엔지니어링(Solid)
저장 종류	독점, 상호 호환

• 3D호환 표준 포맷

IGES (아이제스)	최초의 3D호환 표준 포맷
STEP (스텝)	• 가장 최근에 ISO에서 개발된 국제 표준(ISO 10303) • 초기 IGES 파일의 단점을 극복한 새로운 표준
STL	• 최초의 3D프린터 'SLA-1'에서 사용 시작 • 산업계에서 표준처럼 사용 중
엔터티	• 독립체, 개체라는 뜻 • CAD에서 선이나 원호(arc), 형상(shape) 등과 같은 도형 요소 기준으로, 하나의 단위로서 보관되고 조작될 수 있는 것

03

여러 부분을 나누어 스캔할 때 스캔 데이터를 정합하기 위해 사용되는 도구는?

① 정합용 마커
② 정합용 스캐너
③ 정합용 광원
④ 정합용 레이저

해설
• 3D스캐닝 공정: 점군, 정합, 병합
• 정합: 여러 위치, 방향에서 측정된 데이터들을 합쳐 하나의 좌표계로 나타내는 작업

저가형	• 점군 데이터 이용 • 접합 부분의 유사성
고가형	• 정합용 마커 · 볼 사용 • 정교한 접합

04

측정 대상물에 대한 표면 처리 등의 준비, 스캐닝 가능 여부에 대한 대체 스캐너 선정 등의 작업을 수행하는 단계는?

① 역설계 ② 스캐닝 보정
③ 스캐닝 준비 ④ 스캔데이터 정합

해설

• 스캐닝 준비
 – 측정 대상물의 표면 상태, 크기, 적용 분야 검토
 – 스캐닝 방식 선택
• 스캐닝 보정
 – 스캐너 보정: 조도에 따른 카메라 보정, 이송장치의 원점 보정 등
 – 스캔 데이터 보정: 클리닝, 필터링, 스무딩, 페어링

05

다음 〈보기〉 설명에 해당되는 3D스캐너 타입은?

─┤ 보기 ├─

물체 표면에 지속적으로 주파수가 다른 빛을 쏘고 수신광부에서 이 빛을 받을 때 주파수의 차이를 검출해 거리 값을 구해내는 방식

① 핸드헬드 스캐너
② 변조광 방식의 3D스캐너
③ 백색광 방식의 3D스캐너
④ 광 삼각법 3D 레이저 스캐너

해설

• 3D스캐너 타입
 – 고정식 vs 이동식 방식
 – 접촉식 vs 비 접촉식
• CMM

레이저 방식	• TOF 방식 • 레이저 기반 삼각측량 방식
광학식 스캐닝 방식	• 변조광(주파수) 방식 • 구조광(백색광, 패턴) 방식

06

모델을 생성하는 데 있어서 단면 곡선과 가이드 곡선이라는 2개의 스케치가 필요한 모델링은?

① 돌출(extrude) 모델링
② 필렛(fillet) 모델링
③ 쉘(shell) 모델링
④ 스윕(sweep) 모델링

해설

• 3D모델링에서 객체 생성 기본 기능

Extrude	스케치 프로파일
Revolve	스케치 프로파일 + 축(Axis)
Sweep	스케치 프로파일 + 경로(Path)
Loft	스케치 프로파일(2개 이상, 공간 분리) + 가이드 레일, 센터라인

• 객체 생성 후 편집 기능

Fillet	모서리를 둥글게 반지름 크기만큼 깎아내는 기능(모깎기)
Shell	선택한 면을 없애고 나머지 면들을 일정한 두께로 생성하는 기능

07

3D프린터 출력용 모델링 데이터를 수정해야 하는 이유로 거리가 먼 것은?

① 모델링 데이터상에 출력할 3D프린터의 해상도보다 작은 크기의 형상이 있다.
② 모델링 데이터의 전체 사이즈가 3D프린터의 최대 출력 사이즈보다 작다.
③ 제품의 조립성을 위하여 각 부품을 분할 출력하기 위해 모델링 데이터를 분할한다.
④ 3D프린터 과정에서 서포터를 최소한으로 생성시키기 위해 모델링 데이터를 분할 및 수정한다.

출력용 모델링 데이터 수정
① 장비의 해상도보다 작은 크기는 표현을 할 수 없기 때문에 크기를 조정해야 한다.
② 모델링 데이터의 사이즈는 최대 출력 사이즈보다 무조건 작아야 한다.
③ 분할 출력을 위해 데이터 분할이 필요할 수도 있다.
④ 서포트를 최소한으로 생성시키는 방법 중 분할 출력이 있다

08

그림의 구속조건 중 도형의 평행(Parallel) 조건을 부여하는 것은?

①   ②

③   ④

해설
구속조건
① 두 원의 원점을 일치시키는 동심원 구속조건
② 두 라인을 직각으로 만들어주는 직각 구속조건
③ 두 라인을 평행하게 만들어주는 평행 구속조건
④ 라인과 라인을 부드럽게 연결해 주는 탄젠트 구속조건

09

2D도면 작성 시 가는 실선이 적용되는 것이 아닌 것은?

① 치수선 ② 외형선
③ 해칭선 ④ 치수 보조선

해설
도면 작성 시 선의 종류
• 실선: 굵은 실선, 가는 실선
• 파선: 굵은 파선, 가는 파선
• 쇄선: 1점 쇄선, 2점 쇄선

구분			용도에 의한 명칭
종류		모양	
실선	굵은 실선	——	외형선
	가는 실선	——	치수선
			치수 보조선
			지시선
		/////	해칭
		∿	파단선
파선	굵은 파선 가는 파선	------	숨은선
1점 쇄선	가는 1쇄선	—·—·—	중심선
2점 쇄선	가는 2쇄선	—··—··—	가상선

10

다음 〈보기〉의 그림 기호에 해당하는 투상도법은?

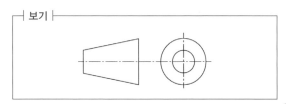

보기

① 제1각법 ② 제2각법
③ 제3각법 ④ 제4각법

해설

정투상도의 종류와 특징

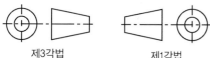

제3각법	제3각법	• 눈(시점) – 화면 – 물체 • 가장 많이 사용 • 우리나라 제도 통칙 • 미국에서도 사용
제1각법	• 눈(시점) – 물체 – 화면 • 토목, 선박 제도 등에 사용 • 유럽과 일본에서 사용

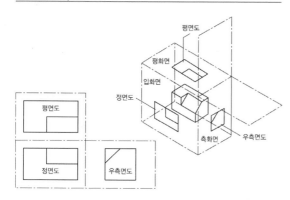

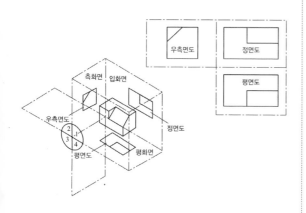

11

기존에 생성된 솔리드 모델에서 프로파일 모양으로 홈을 파거나 뚫을 때 사용하는 기능으로서 돌출 명령어의 진행과정과 옵션은 동일하나 돌출 형상으로 제거하는 명령어를 뜻하는 것은?

① 합치기(합집합)　　② 교차하기(교집합)
③ 빼기(차집합)　　　④ 생성하기(신규생성)

해설

불리언 연산 법칙

합집합	두 객체를 합쳐서 하나의 객체로 만드는 것
차집합	한 객체에서 다른 한 객체를 빼서 형태를 변형시키는 것
교집합	두 객체의 겹치는 부분만 남기는 것

12

3D프린터의 출력공차를 고려한 파트 수정에 대한 설명으로 옳은 것은?

① 조립되는 부분은 출력공차를 고려하여 부품 형상을 모델링하거나 필요한 경우에는 수정해야 한다.
② 조립 부품을 수정할 때에는 반드시 두 개의 부품을 모두 수정해야 한다.
③ 출력공차를 고려할 시 출력 노즐의 크기는 고려할 필요가 없다.
④ 공차를 고려할 사항으로는 소재 수축률, 기계공차, 도료 색상 등이 있다.

해설

출력용 데이터 수정(출력공차 적용)
① 출력공차를 고려하지 않고 모델링을 했을 시 부품들이 서로 붙어서 분리 불가
② 한 쪽 부품에만 공차를 적용해도 문제가 없음
③ 노즐의 크기는 모델링과 출력에 아주 큰 영향 → 노즐 크기는 출력 시 벽을 형성할 때 기준이 되는 값으로, 노즐 크기보다 얇은 벽 사이즈는 출력이 불가능
④ 소재 수축률이나 기계공차는 고려되어야 하지만, 도료 색상은 무관

13

물체의 보이지 않는 안쪽 모양을 명확하게 나타날 때 사용되며 일반적으로 45°의 가는 실선을 단면부 면적에 일정한 간격의 경사선으로 나타내어 절단되었다는 것을 표시해주는 것은?

① 해칭   ② 스머징
③ 커팅   ④ 트리밍

해설

기계제도기능사 도면 문제
① 해칭: 45° 각도로 일정한 간격의 가는 실선으로 채워 절단면을 표시
② 스머징: 단면을 해칭하는 대신, 도면의 윤곽에 연필 또는 먹물 등으로 흐리게 칠함

14

엔지니어링 모델링에서 사용되는 상향식(Bottom–up) 방식에 대한 설명으로 옳지 <u>않은</u> 것은?

① 파트를 모델링 해 놓은 상태에서 조립품을 구성하는 것이다.
② 기존에 생성된 단품을 불러오거나 배치할 수 있다.
③ 자동차나 로봇 모형(프라모델) 분야에서 사용되며 기존 데이터를 참고하여 작업하는 방식이다.
④ 제품의 조립 관계를 고려하여 배치 및 조립을 한다.

해설

상향식 방식 vs 하향식 방식
• 조립품: 어셈블리
• 부품: 파트 → 상향식
• 파트 → 어셈블리 → 하향식
• 어셈블리 → 파트

15

스케치 요소 중 두 개의 원에 적용할 수 <u>없는</u> 구속조건은?

① 동심   ② 동일
③ 평행   ④ 탄젠트

해설

구속 조건
① 동심: 원이나 호의 중심점을 일치, 라인을 이용
② 동일: 원이나 호의 중심점을 일치, 포인트를 이용
③ 평행: 라인과 라인을 평행하게 배치시킴
④ 탄젠트: 직선과 곡선 또는 곡선과 곡선을 부드럽게 연결
→ 여기서 곡선이라는 것은 자유곡선이 아닌 중심점을 가지고 있는 원과 호를 뜻함

16

다음 〈보기〉 도면의 치수 중 A 위치에 기입될 치수의 표현으로 가장 정확한 것은? (단, 도면 전체에 치수편차 ±0.1을 적용한다.)

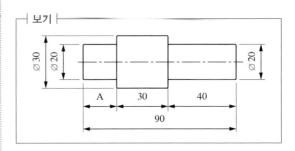

① □ 20   ② (20)
③ 20   ④ SR20

해설

도면의 치수 기입방법
① 정사각형의 변: 정사각형 한 변의 치수 앞에 쓴다.
② 참고 치수: 치수 보조 기호를 포함한, 참고 치수에 괄호를 친다(치수 변경 불가능).
③ 일반적인 치수 기입(치수 변경 가능)
④ 구의 반지름: 구의 반지름 치수 앞에 쓴다.

17

FDM 방식 3D프린팅 작업을 위해 3D형상 데이터를 분할하는 경우 고려해야 할 항목으로 가장 거리가 먼 것은?

① 3D프린터 출력 범위
② 서포터 생성 유무
③ 출력물의 품질
④ 익스트루더의 크기

[해설]

분할 출력

- 크기: 출력물 형상이 3D프린터의 출력 범위를 벗어날 경우
- 서포트: 서포트가 너무 많이 생성되는 형태

18

다음 중 3D프린팅 작업을 위해 3D모델링에서 고려해야 할 항목으로 가장 거리가 먼 것은?

① 1회 적층 높이
② 서포터 유무
③ 출력 프린터 제작 크기
④ 출력 소재 및 수축률

[해설]

3D모델링 시 고려사항

① 슬라이싱 할 때, 한 층의 높이를 어떻게 결정할 것인가?
② 오버행이 생기는 형상은 서포트 생성이 필수, 가급적 오버행이 생기지 않도록 모델링
③ 모델링 시 출력 가능 범위를 고려해서 치수를 결정
④ 수축이 생길 가능성이 있는 형상은 모델링에서 적절하게 변형

19

3D모델링 방식의 종류 중 넙스(NURBS) 방식에 대한 설명으로 옳은 것은?

① 삼각형을 기본 단위로 하여 모델링을 할 수 있는 방식이다.
② 폴리곤 방식에 비해 많은 계산이 필요하다.
③ 폴리곤 방식보다는 비교적 모델링 형상이 명확하지 않다.
④ 도형의 외곽선을 와이어프레임만으로 나타낸 형상이다.

[해설]

NURBS

- 곡선 · 곡면을 뜻하는 단어로, 단순한 곡선이 아니라 수학적 공식을 이용해 만들어진 곡선
- 폴리곤 모델링보다 부드럽고 정교한 표현이 가능한 모델링 기법
① 폴리곤 모델링에 대한 설명이다.
② 넙스 곡선은 수학적 공식으로 만든 곡선이기 때문에 많은 계산이 필요하다.
③ 폴리곤:넙스 = 비트맵:벡터
④ 와이어프레임은 곡면을 만들어내지 못한다.

20

차수 보조기호를 나타내는 의미와 차수 보조기호가 <u>잘못된</u> 것은?

① 지름: Φ10
② 참고치수: (30)
③ 구의 지름: SΦ40
④ 판의 두께: □ 4

[해설]

치수 보조기호

종류	기호	사용법	예
지름	Ø (파이)	지름 치수 앞에 쓴다.	Ø30
반지름	R (아르)	반지름 치수 앞에 쓴다.	R15
정사각형의 변	□ (사각)	정사각형 한 변의 치수 앞에 쓴다.	□20
구의 반지름	SR (에스아르)	구의 반지름 치수 앞에 쓴다.	SR40
구의 지름	SØ (에스파이)	구의 지름 치수 앞에 쓴다.	SØ20
판의 두께	t (티)	판의 두께 치수 앞에 쓴다.	t5
원호의 길이	⌒ (원호)	원호의 길이 치수 앞 또는 위에 붙인다.	⌒10
45° 모따기	C (시)	45° 모따기 치수 앞에 붙인다.	C5
참고 치수	( ) (괄호)	치수 보조기호를 포함한 참고 치수에 괄호를 친다.	(Ø30)

21

내마모성이 우수하고, 고무와 플라스틱의 특징을 가지고 있어 휴대폰 케이스의 말랑한 소재나 장난감, 타이어 등으로 프린팅해서 바로 사용이 가능한 소재는?

① TPU
② ABS
③ PVA
④ PLA

[해설]

FDM 방식의 소재

① 플렉시블 필라멘트인 TPE의 한 종류로, 유연하고 말랑한 소재
② 유독가스를 제거한 석유추출물을 이용해 만든 소재로 강도와 내열성 우수, 수축이 심해 히팅베드가 필요하며, 유해물질 방출로 환기 필수
③ 물에 녹는 성질이 있어 서포트용으로 많이 사용
④ 옥수수 전분을 이용해 만든 무독성, 친환경적 재료로 보급형 FDM 방식에서 가장 많이 사용하며, 출력난이도가 낮음

22

FDM 방식 3D프린터로 출력하기 위해 확인해야 할 점검사항으로 볼 수 <u>없는</u> 것은?

① 장비 매뉴얼을 숙지한다.
② 테스트용 형상을 출력하여 프린터 성능을 점검한다.
③ 프린터의 베드(bed) 레벨링 상태를 확인 및 조정한다.
④ 진동·충격을 방지하기 위해 프린터가 연질매트 위에 설치되었는지 확인한다.

[해설]

출력 전, 3D프린터 점검사항

① FDM 방식의 3D프린터는 간단한 구조이지만 정확한 사용을 위해 매뉴얼 숙지 중요
② 문제점 파악을 위한 테스트용 파일 출력으로 평면과 곡면 표현, 서포트 없이 출력 가능한 각도, 적절한 브리징 길이 등 점검 가능
③ 3D프린터의 노즐은 수평으로 이동하기 때문에 레벨링이 맞지 않으면 출력 어려움
④ 안정적인 출력을 위해 평평하고 견고하며 진동을 막아줄 수 있는 바닥 필요

23

라프트(Raft) 값 설정과 관련이 <u>없는</u> 것은?

① Base line width는 라프트의 맨 아래층 라인의 폭을 설정하는 옵션이다.
② Line spacing은 라프트의 맨 아래층 라인의 간격을 설정하는 옵션이다.
③ Surface layer는 라프트의 맨 위층의 적층 횟수를 설정하는 옵션이다.
④ Infill speed는 내부 채움 시 속도를 별도로 지정하는 옵션이다.

[해설]

Raft 설정

Base   Interface   Surface   1st Layer

- 출력 중 출력물이 베드에서 분리되지 않도록 잡아주는 역할
- 레벨링이 부족한 베드의 수평을 보조해 주는 역할
- 수축을 대신 감당해 주는 역할

24

FDM 델타 방식 프린터에서 높이가 258mm일 때 원점 좌표로 옳은 것은?

① (258, 0, 0)   ② (0, 258, 0)
③ (0, 0, 258)   ④ (0, 0, 0)

[해설]

3D프린터의 좌표 설정
- 원점 좌표
  - X0, Y0, Z0(0, 0, 0)로 표기
  - 렙랩 3D프린터는 각 축에 설치되어 있는 Endstop 스위치를 접촉하고 멈추어 있는 위치
- Endstop 스위치의 위치에 따라 원점 좌표가 달라짐
  - 카테시안: (0, 0, 0)
  - 델타: (0, 0, max)

25

3D프린팅에 적합하지 <u>않은</u> 3D데이터 포맷은?

① STL
② OBJ
③ MPEG
④ AMF

[해설]

3D 데이터 포맷
① STL: 최초의 3D프린터와 함께 나온 파일 형식으로, 업계에서 거의 표준처럼 사용
② OBJ: 애니메이션 프로그램용으로 개발되었으며, 호환성이 좋아 거의 모든 3D프로그램에서 사용
③ MPEG: 오디오, 비디오 규격에서 세계적으로 가장 널리 사용되는 형식 중 하나
④ AMF: STL의 단점을 보완하였으며, 색상과 재질 등의 추가 정보를 저장할 수 있는 파일 형식으로 미국 ASTM(재료시험협회)에서 만들어 표준화하고자 했으나 잠잠함

26

출력 보조물인 지지대(Support)에 대한 효과로 볼 수 <u>없는</u> 것은?

① 출력 오차를 줄일 수 있다.
② 지지대를 많이 사용할 시 후가공 시간이 단축된다.
③ 지지대는 출력물의 수축에 의한 뒤틀림이나 변형을 방지할 수 있다.
④ 진동이나 충격이 가해졌을 때 출력물의 이동이나 붕괴를 방지할 수 있다.

[해설]

지지대(= 서포트 = 부가출력물)
① 필요한 곳에 지지대가 없다면, 출력물에 변형이 발생하고 이에 따라 오차 발생
② 지지대가 많이 사용될수록 제거시간 및 떨어진 출력품질로 인한 후가공 시간이 늘어남
③ 바닥지지대 중 Raft가 이 기능을 수행
④ 바닥지지대의 종류: Skirt, Brim, Raft

27

다음 〈보기〉 설명에 해당되는 코드는?

┌─ 보기 ├─────────────────────────
• 기계를 제어 및 조정해주는 코드
• 보조기능의 코드
• 프로그램을 제어하거나 기계의 보조장치들을 ON/OFF
  해주는 역할
└──────────────────────────────

① G코드   ② M코드
③ C코드   ④ QR코드

해설

• G코드: 3D프린터를 동작시키는 프로그래밍 언어
  − 3D프린터 동작의 모든 작업들은 컴퓨터에서 제어
  − 컴퓨터에서 명령을 내리면 3D프린터가 수행
  − 이때, 3D프린터의 컴퓨터에서 내리는 명령의 형식＝G코드
• G코드 명령의 종류

G코드	3D프린터의 일반적인 동작 제어
M코드	G코드를 도와주는 보조기능을 수행

28

FDM 방식 3D프린터 출력 전 생성된 G코드에 직접적으로 포함되지 않는 정보는?

① 헤드 이송속도   ② 헤드 동작시간
③ 헤드 온도   ④ 헤드 좌표

해설

G코드 명령어
① 헤드 이송속도: 'Feed rate'＝F3000 3000mm/m 속도로 이동하라
② 헤드 동작시간: 동작시간은 G코드를 실행한 결과로 나타나는 부수적인 정보
③ 헤드 온도: M104 S210 → 노즐의 온도를 210℃ 올려라

④ 헤드 좌표

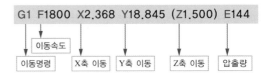

29

슬라이서 소프트웨어 설정 중 내부 채우기의 정도를 뜻하는 것으로, 0~100%까지 채우기가 가능하며 채우기 정도가 높아질수록 출력시간이 오래 걸리는 단점이 있는 것은?

① Infill
② Raft
③ Support
④ Resolution

해설

슬라이싱 설정: 내부 채우기＝Infill
• 출력물의 강도를 높이기 위해 내부를 채우는 기능
• 내부에서 지지대 역할도 대신함

30

FDM 방식 3D프린터를 사용하여 한 변의 길이가 50mm인 정육면체 형상을 출력하기 위해 한 층의 높이 값을 0.25mm로 설정하여 슬라이싱 하였다. 이때 생성된 전체의 layer의 층수는?

① 40개   ② 80개
③ 120개   ④ 200개

해설

슬라이싱 설정: Additive Manufacturing, 적층 가공
• 한 층씩 쌓아서 입체 성형
• 높이 50mm＝레이어 높이 0.25 × ??
• 50÷0.25＝200

31

3D프린팅은 3D모델의 형상을 분석하여 모델의 이상 유무와 형상을 고려하여 배치한다. 다음 그림과 같은 형태로 출력할 때 출력시간이 가장 긴 것은? (단, 아랫면이 베드에 부착되는 면이다.)

①

②

③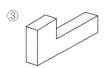

④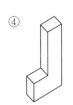

해설

슬라이싱 응용 문제

→ 보기의 형상을 비교해서 부피가 제일 큰 모델을 찾아라.

→ 보기 ①번의 형상이 지지대를 추가해야 하기 때문에 출력시간이 길어진다.

32

3D프린터의 종류와 사용 소재의 연결이 옳지 않은 것은?

① FDM → 열가소성 수지(고체)
② SLA → 광경화성 수지(액상)
③ SLS → 열가소성 수지(분말)
④ DLP → 열경화성 수지(분말)

해설

3D프린터 종류별 사용 소재

• 소재(기술 방식): 고체(FDM), 액체(SLA), 분말(SLS)

• 소재의 특징

열가소성 수지	열을 이용하여 성형한 뒤에, 다시 열을 가하면 형태를 변형시킬 수 있음
열경화성 수지	열을 가하여 성형한 뒤, 다시 열을 가해도 형태가 변하지 않음
광경화성 수지	액상 소재가 특정 파장을 가진 레이저나 빛을 받으면 경화되는 성질

33

FDM 방식 3D프린팅을 위한 설정 값 중 레이어(Layer) 두께에 대한 설명으로 틀린 것은?

① 레이어 두께는 프린팅 품질을 좌우하는 핵심적인 치수이다.
② 일반적으로 레이어 두께를 절반으로 줄이면 프린팅 시간은 2배로 늘어난다.
③ 레이어가 얇을수록 측면의 품질뿐만 아니라 사선부의 표면이나 둥근 부분의 품질도 좋아진다.
④ 맨 처음 적층되는 레이어는 베드에 잘 부착이 되도록 가능한 얇게 설정하는 것이 좋다.

[해설]
슬라이싱의 층 두께
① Layer height는 출력 품질의 가장 핵심적인 설정이다.
② 층 높이가 절반으로 줄어들면 출력할 층수가 두 배로 늘어나기 때문에, 출력시간이 배로 증가한다.
③ 레이어가 두꺼우면 직각으로 올라가는 형상은 문제없으나, 둥글게 올라가는 부분은 등고선 현상이 두드러지게 나타나 출력 품질이 떨어진다.
④ 1층 안착을 위해서는 레이어가 너무 얇지 않게 조절해야 한다. 너무 얇으면 바닥에 붙이기가 어려워진다.

34

3D모델링을 다음 〈보기〉 그림과 같이 배치하여 출력할 때 안정적인 출력을 위해 가장 기본적으로 필요한 것은? (단, FDM 방식 3D프린터에서 출력한다고 가정한다.)

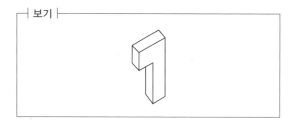
보기

① 서포터
② 브림
③ 루프
④ 스커트

[해설]
오버행 서포트

35

다음 중 3D프린터 출력물의 외형강도에 가장 크게 영향을 미치는 설정 값은?

① Raft
② Brim
③ Speed
④ Number of shells

[해설]
슬라이싱 설정
출력물의 외형강도 = 출력물의 벽의 강도

36

G코드 중에서 홈(원점)으로 이동하는 명령어는?

① G28
② G92
③ M106
④ M113

[해설]
G코드
① G28: 원점, 즉 (0, 0, 0)으로 이동하라
② G92: Set position, 현재의 좌표값을 지정된 값으로 임시적으로 대체하는 명령
③ M106: 팬을 켜라 예 M106 S255 → 255(100%) 속도로 팬을 기동하라
④ M113: 익스트루더의 PWM 값 설정 예 M113 S0.7 → 모터 전력을 70%로 설정하라

37

다음 〈보기〉 설명에 해당하는 소재는?

┌─ 보기 ─
│ • 전기 절연성, 치수 안전성이 좋고 내충격성도 뛰
│   어난 편이라 전기 부품 제작에 가장 많이 사용되
│   는 재료이다.
│ • 연속적인 힘이 가해지는 부품에 부적당하지만 일
│   회성으로 강한 충격을 받는 제품에 주로 쓰인다.
└─

① ABS   ② PLA
③ Nylon   ④ PC

[해설]

FDM 방식 3D프린터의 소재
• 나일론
  – 옷을 만들 때도 쓰일 만큼 충격 내구성과 유연성이 좋다.
  – 기계 부품, RC 부품 등 높은 강도와 내마모성이 필요한 제
    품에 적당하다.
• PC(polycarbonate, 폴리카보네이트)
  – 전기 부품 제작에 사용된다.

38

분말을 용융하는 분말융접(Powder Bed Fusion) 방식
의 3D프린터에서 고형화를 위해 주로 사용되는 것은?

① 레이저   ② 황산
③ 산소   ④ 글루

[해설]

PBF(Powder Bed Fusion, 분말융접 방식)
• 열가소성 수지 분말을 소재로, 강력한 열을 생성시키는 CO_2 레
  이저를 조사해서 분말을 녹여 붙이는 방식
• 대표 기술: SLS, DMLS, SLM, EBM 등

39

노즐에서 재료를 토출하면서 가로 100mm, 세로 200mm
위치로 이동하라는 G코드 명령어에 해당하는 것은?

① G1 X100 Y200
② G0 X100 Y200
③ G1 A100 B200
④ G2 X100 Y 200

[해설]

직선 이동 G코드

G0	압출을 하지 않고 신속하게 이동
G1	압출을 하면서 이동
G2	호를 시계 방향으로 그리면서 이동

40

3D프린터의 출력 방식에 대한 설명으로 옳지 않은 것은?

① DLP 방식은 선택적 레이저 소결 방식으로 소재
   에 레이저를 주사하여 가공하는 방식이다.
② SLS 방식은 재료 위에 레이저를 스캐닝하여 융
   접하는 방식이다.
③ FDM 방식은 가열된 노즐에 필라멘트를 투입하
   여 가압 토출하는 방식이다.
④ SLA 방식은 용기 안에 담긴 재료에 적절한 파장의
   빛을 주사하여 선택적으로 경화시키는 방식이다.

[해설]

3D프린터의 표준 기술 방식
• DLP(Digital Light Processing, 디지털 광원 처리) 방식
• 액상 광경화성 수지를 사용하며, 모델 형상을 프로젝트의 빛으
  로 경화시켜 성형
• SLA(레이저), DLP(광원, 빛)

41

3D프린터의 정밀도를 확인 후 장비를 교정하려 한다. 출력물 내부 폭을 2mm로 지정하여 10개의 출력물을 뽑아서 내부 폭의 측정값을 토대로 구한 평균값(A)과 오차 평균값(B)으로 옳은 것은?

출력회차	1	2	3	4	5
측정값	1.58	1.72	1.63	1.66	1.62
출력회차	6	7	8	9	10
측정값	1.65	1.72	1.78	1.80	1.65

① A: 1.665, B: −0.335
② A: 1.672, B: −0.328
③ A: 1.678, B: −0.322
④ A: 1.681, B: −0.319

[해설]

평균값, 오차 평균값 공식
• 평균값: 16.81 ÷ 10 = 1.681
• 오차 평균값(평균값 − 기준값): 1.681 − 2 = 0.319

42

3D프린터 출력을 하기 위한 오브젝트의 수정 및 오류검출에 관한 설명으로 옳지 않은 것은?

① 출력용 STL파일의 사이즈는 슬라이서 프로그램에서 조정이 가능하다.
② 오브젝트의 위상을 바꾸어 출력하기 위해서는 반드시 모델링 프로그램에서 수정할 필요는 없다.
③ 같은 모양의 오브젝트를 멀티로 출력할 때는 반드시 모델링 프로그램에서 수량을 늘려주어야 한다.
④ 오브젝트의 위치를 바꾸기 위한 반전 및 회전은 슬라이서 프로그램에서 조정 가능하다.

[해설]

출력용 데이터 파일의 수정과 슬라이싱 프로그램
① 슬라이서에서 출력용 파일의 크기를 조절하는 것이 가능하다. 너무 작게 줄여서 출력물의 벽 두께가 노즐 직경보다 작아지면 출력이 불가능하다.

② 위상이란 어떤 사물이 다른 사물과의 관계 속에서 가지는 위치나 상태를 뜻한다. 슬라이서에는 이동과 회전 명령이 있기 때문에 굳이 모델링에서 수정할 필요가 없다.
③ 한 오브젝트를 멀티로 출력하고 싶은 때는 슬라이서의 명령을 이용해 간단히 해결한다.
④ 슬라이서에서는 이동, 회전, 반전, 크기 조절 등이 모두 가능하다.

43

3D프린터 출력 시 STL파일을 불러와서 슬라이서 프로그램에서 출력 조건을 설정 후 출력을 진행할 때 생성되는 코드는?

① Z코드
② D코드
③ G코드
④ C코드

[해설]

G코드의 정의

44

3D프린터용 슬라이서 프로그램이 인식할 수 있는 파일의 종류로 올바르게 나열된 것은?

① STL, OBJ, IGES
② DWG, STL, AMF
③ STL, OBJ, AMF
④ DWG, IGES, STL

[해설]

• 출력용 데이터 파일 종류: STL, OBJ, AMF
• 다른 형식의 파일

IGES	최초의 3D호환 표준 포맷
DWG	• 2차원 또는 3차원 도면 정보를 저장하는 데 사용되는 파일 형식 • AutoCAD

45

3D프린터에서 출력물 회수 시 전용공구를 이용하여 출력물을 회수하고 표면을 세척제로 세척 후 출력물을 경화기로 경화시키는 방식은?

① FDM
② SLA
③ SLS
④ LOM

해설

3D프린팅 방식
• 세척제로 세척, 경화기로 경화
  – 광경화성 수지의 대표적인 후가공 방법
  – 광경화성 수지 자체가 유해물질이므로 맨손으로 접촉하면 안 됨
  – 출력 직후는 완전 경화가 이루어진 상태가 아니기 때문에 후경화가 필요
• LOM(Laminated Object Manufacturing)
  – 디자인한 모델의 단면 모양대로, 얇은 판재 형태의 종이나 플라스틱, 금속판 등을 자른 후 접착제로 한 층씩 붙여서 조형하는 방식
  – 적층 가공과 절삭 가공을 합쳐 놓은 하이브리드 방식

46

3D프린터 출력 오류 중 처음부터 재료가 압출되지 않는 경우의 원인으로 거리가 먼 것은?

① 압출기 내부에 재료가 채워져 있지 않을 때
② 회전하는 기어 톱니가 필라멘트를 밀어내지 못할 경우
③ 가열된 플라스틱 재료가 노즐 내부와 너무 오래 접촉하여 굳어있는 경우
④ 재료를 절약하기 위해 출력물 내부에 빈 공간을 너무 많이 설정할 경우

해설

처음부터 재료가 압출되지 않는 경우의 원인
• 압출기 내부에 재료가 채워져 있지 않은 경우
• 압출기 노즐과 플랫폼 사이의 거리가 너무 가까운 경우
• 필라멘트 압출기 내부에서 기어 톱니에 깎여 나가 진입이 안 됨
• 압출기 노즐이 막혔을 경우

47

3D프린터 출력물에 용융된 재료가 흘러나와 얇은 선이 생겼을 경우 이러한 출력오류를 해결하는 방법으로 옳지 않은 것은?

① 온도 설정을 변경한다.
② 리트랙션(retraction) 거리를 조절한다.
③ 리트랙션(retraction) 속도를 조절한다.
④ 압출 헤드가 긴 거리를 이송하도록 조정한다.

해설

String
• 원인: 출력 시 빈 공간을 움직일 때 필라멘트가 조금씩 새어나오기 때문에
• 해결방법: 온도 조절, 리트렉션 조절
• 스트링을 방지하기 위해 모터를 역회전: 빈 공간의 거리를 짧게 모델링

48

출력용 파일의 오류 종류 중 실제 존재할 수 없는 구조로 3D프린팅, 부울 작업, 유체 분석 등에 오류가 생길 수 있는 것은?

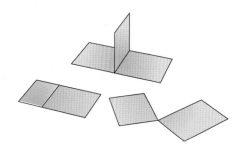

① 반전 면
② 오픈 메쉬
③ 클로즈 메쉬
④ 비(非)매니폴드 형상

[해설]

출력용 파일의 오류 종류
- 오픈(open) 메시
- 비 매니폴드 형상: 실제로는 존재할 수 없는 구조
- 반전 면
- 메시가 떨어져 있는 경우

49

문제점 리스트를 작성하고 오류 수정을 거쳐 출력용 데이터를 저장하는 과정이다. A, B, C에 들어갈 내용이 모두 옳은 것은?

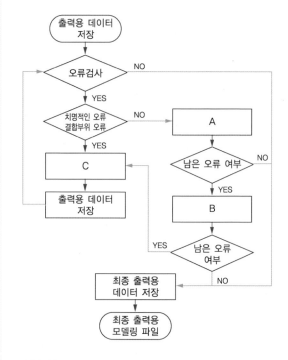

┤ 보기 ├

ㄱ. 수동 오류 수정
ㄴ. 자동 오류 수정
ㄷ. 모델링 소프트웨어 수정

① A: ㄱ, B: ㄴ, C: ㄷ
② A: ㄴ, B: ㄱ, C: ㄷ
③ A: ㄴ, B: ㄷ, C: ㄱ
④ A: ㄷ, B: ㄴ, C: ㄱ

[해설]

문제점 리스트
- 치명적인 오류 & 결합부위 오류 O: 모델링에서 수정
- 치명적인 오류 & 결합부위 오류 X: 자동 오류 수정 → 수동 오류 수정

50

FDM 방식 3D프린터 출력 시 첫 번째 레이어의 바닥 안착이 중요하다. 바닥에 출력물이 잘 고정되게 하기 위한 방법으로 적절하지 <u>않은</u> 것은?

① Skirt 라인을 1줄로 설정하여 오브젝트를 출력한다.
② 열 수축현상이 많은 재료로 출력을 하거나 출력물의 바닥이 평평하지 않을 때 Raft를 설정하여 출력한다.
③ 출력물이 플랫폼과 잘 붙도록 출력물의 바닥 주변에 Brim을 설정한다.
④ 소재에 따라 Bed를 적절한 온도로 가열하여 출력물의 바닥이 수축되지 않도록 한다.

[해설]
첫 레이어의 바닥 안착
① 바닥지지대의 한 종류, 1층에서 출력물과 일정 간격을 두고 바닥에 출력
　→ 초기 압출 불량을 대비하기 위해 정확한 압출량이 나올 때까지 미리 출력시키는 것
　→ 베드 레벨링 상태를 스커트가 깔리는 동안 파악하고, 수동으로 조절할 기회를 주는 것
② Raft는 바닥 안착을 도와주지만, 열 수축현상이 많은 재료는 수축으로 인해 출력물의 모서리가 들뜨기 때문에 베드에서 분리될 위험성이 커짐
③ Brim은 출력물이 넘어지지 않게 지지해 주는 역할과 바닥 안착을 도와주는 기능
④ 베드에 열을 주는 것은 수축으로 인한 출력물의 분리가능성을 줄여주는 좋은 방법

51

3D프린터 제품 출력 시 제품 고정 상태와 서포터에 관한 설명으로 옳지 <u>않은</u> 것은?

① 허공에 떠 있는 부분은 서포터 생성을 설정해 준다.
② 출력물이 베드에 닿는 면적이 작은 경우 라프트(Raft)와 서포터를 별도로 설정한다.
③ 3D프린팅의 공정에 따라 제품이 성형되는 바닥면의 위치와 서포터의 형태는 같다.
④ 각 3D프린팅 공정에 따라 출력물이 성형되는 방향과 서포터는 프린터의 종류에 따라 다르다.

[해설]
제품 고정 상태와 서포트
① 허공에 떠 있는 부분(오버행)은 반드시 서포트 생성이 필요하다.
② 바닥지지대와 일반지지대는 성격이 다르다. 바닥지지대는 베드에서 분리되는 것을 방지하는 것이 주 목적이며, 일반지지대는 오버행을 지지해 주는 용도로 사용한다.
③ 3D프린팅 공정별로 제품이 조형되는 바닥면의 위치와 서포트의 형태는 다르다.
④ SLA의 경우 산업용은 위에서 아래 방향으로, 보급형은 아래에서 위로 성형된다.

52

FDM 방식 3D프린터에서 재료를 교체하는 방법으로 옳은 것은?

① 프린터가 작동 중인 상태에서 교체한다.
② 재료가 모두 소진되었을 때만 교체한다.
③ 프린터가 정지한 후 익스트루더가 완전히 식은 상태에서 교체한다.
④ 프린터가 정지한 상태에서 익스트루더의 온도를 소재별 적정 온도로 유지한 후 교체한다.

[해설]
FDM 방식에서 재료 교체 방법
재료 교체 순서: 프린터 작동을 중지한다. → 출력 온도를 유지한 상태에서 필라멘트를 밀어 넣는다. → 필라멘트의 뭉친 부분을 빼낸 후 제거한다.

53

3D프린터로 제품을 출력할 때 재료가 베드(Bed)에 잘 부착되지 않는 이유로 볼 수 <u>없는</u> 것은?

① 온도 설정이 맞지 않은 경우
② 플랫폼 표면에 문제가 있는 경우
③ 첫 번째 층의 출력속도가 너무 빠른 경우
④ 출력물 아랫부분의 부착 면적이 넓은 경우

[해설]

베드 안착

① 출력 시 온도는 필라멘트의 압출량과 관련이 많다. → 온도가 낮아 압출량이 줄어들면, 베드에 부착되는 면적이 줄어들기 때문에 떨어질 가능성이 커진다.
② 베드 표면이 평평하지 않거나 이물질이 있는 등의 경우에는 다행히 안착이 되었다 하더라도 출력 중에 분리될 가능성이 높다.
③ 출력속도는 순간 압출량에 영향을 미치기 때문에 너무 빠른 경우 압출량이 줄어드는 효과가 나오며, 이는 안착을 어렵게 한다.
④ 3D프린팅에서 가장 출력하기 좋은 형상은 아랫부분이 넓고 윗부분이 좁은 모델이다.

54

3D프린터 출력 시 성형되지 않은 재료가 지지대 (Support) 역할을 하는 프린팅 방식은?

① 재료분사(Material Jetting)
② 재료압출(Material Extrusion)
③ 분말적층용융(Powder Bed Fusion)
④ 광중합(Vat Photo Polymerization)

[해설]

3D프린팅 방식

① 재료분사 방식: 액상 광경화성 수지를 사용하며, 물이나 열에 녹는 지지대 생성
② 재료압출 방식: 열가소성 수지를 사용하고, 형상에 따라 지지대의 유무가 결정
③ 분말적층용융 방식: 성형되지 않은 분말이 지지대 역할
④ 광중합 방식: 액상 광경화성 수지를 사용하며, 얇은 형태로 지지대 생성

55

3D프린터로 한 변의 길이가 25mm인 정육면체를 출력하였더니 X축 방향 길이가 26.9mm가 되었다. 이때 X축 모터 구동을 위한 G코드 중 M92(steps per unit) 명령상 설정된 스텝 수가 85라면 치수를 보정하기 위해 설정해야 할 스텝 값은? (단, 소수점은 반올림한다.)

① 79
② 92
③ 113
④ 162

[해설]

M92, Steps per unit

• Step = motor
  – 3D프린터에 사용되는 모터는 정밀한 위치 이동을 위해 Stepping Motor를 사용
  – 전류가 들어가면 한 번에 돌아가는 것이 아니라, 스텝을 밟으면서 이동
• Steps per unit = Steps/mm: 1mm당 필요한 스텝 수
• 비례식으로 정확한 스텝 수를 찾을 수 있다.
  – 스텝 수(50), 기대값(20), 실제값(26.9)
  – 85 : 26.9 = X : 20
  – X = 78.99628⋯ → 79

내항
A : B = C : D → AD = BC
외항

56

FDM 방식 3D프린터 가동 중 필라멘트 공급 장치가 작동을 멈췄을 때 정비에 필요한 도구로 거리가 먼 것은?

① 망치
② 롱노우즈
③ 육각 렌치
④ +, − 드라이버

[해설]

장비 수리 도구
- 필라멘트 공급장치 = 익스트루더(Extruder)
- 익스트루더를 수리할 때는 부품들이 모두 작기 때문에 공구도 사이즈가 작다.

57

오픈소스 기반 FDM 방식의 보급형 3D프린터가 초등학교까지 보급되는 상황에서 학생들의 호기심을 자극하고 있다. 이러한 상황에서 안전을 고려한 3D프린터의 운영으로 가장 거리가 먼 것은?

① 필터를 장착한 장비를 권장하고 필터의 교체주기를 확인하여 관리한다.
② 장비의 내부 동작을 볼 수 있고, 직접 만져볼 수 있는 오픈형 장비의 운영을 고려한다.
③ 베드는 노히팅 방식을 권장하고 스크레퍼를 사용하지 않는 플렉시블 베드를 지원하는 장비의 운영을 고려한다.
④ 소재는 ABS보다 비교적 인체에 유해성이 적은 PLA를 사용한다.

[해설]

3D프린터 안전관리
① FDM 방식의 보급형 프린터들은 유해성이 있는 필라멘트가 많이 있다. 안전을 고려해 필터가 있는 3D프린터를 사용하는 것이 좋다.
② 유해물질에 노출되는 빈도는 챔버가 있는 프린터보다는 오픈형 프린터가 더 많다.
③ 출력물 회수 시 스크레퍼 등을 사용하다 상해를 입는 경우가 종종 있고, 히팅베드는 소재의 종류에 따라 화상을 입을 정도로 온도가 올라가니 주의하는 것이 좋다.
④ 유해성이 적은 필라멘트 사용을 권장한다(PLA > ABS).

58

다음 〈보기〉와 같은 구조를 가지는 방진 마스크의 종류는?

보기
여과제 → 연결관 → 흡기변 → 마스크 → 배기변

① 격리식
② 직결식
③ 혼합식
④ 병렬식

[해설]

방진 마스크의 종류
- 격리식과 직결식의 차이점

격리식	여과제 → 연결관 → 흡기변
직결식	여과제 → X → 흡기변

59

ABS 소재의 필라멘트를 사용하여 장시간 작업할 경우 주의해야 할 사항은?

① 융점이 기타 재질에 비해 매우 높으므로 냉방기를 가동하여 작업한다.
② 옥수수 전분 기반 생분해성 재질이므로 특별히 주의해야 할 사항은 없다.
③ 작업 시 냄새가 심하므로 작업장의 환기를 적절히 실시한다.
④ 물에 용해되는 재질이므로 수분이 닿지 않도록 주의해야 한다.

[해설]

ABS 필라멘트 특징

① 융점이 매우 높은 재질로는 나일론과 PC 등이 있으며, 온도와 습도 조절이 중요하다.
② PLA에 대한 설명이다.
③ ABS에 대한 설명이다.
④ PVA에 대한 설명이다.

60

SLA 방식 3D프린터 운용 시 주의해야 할 사항으로 옳지 <u>않은</u> 것은?

① UV 레이저를 조사하는 방식이므로 보안경을 착용하여 운용한다.
② 레진은 보관이 까다롭고 악취가 심하기 때문에 환기가 잘되는 곳에서 운용한다.
③ 레진은 어두운 장소에서 경화반응을 일으키므로 햇빛이 잘 드는 곳에서 보관, 운용한다.
④ 출력물 표면에 남은 레진은 유해성분이 있기에 방독 마스크와 니트릴 보호장갑을 착용해야 한다.

[해설]

SLA 3D프린터

소재는 광경화성 수지를 사용하며, 특히 가시광선에서 경화되는 소재도 있기 때문에 암실 같은 어두운 곳이 필요할 수도 있다.

memo

PART 09
3D프린터운용기능사
실기시험 정보

01 | 실기시험 작업 순서

분류	내용	순서
시험 1 (1시간)	3D모델링 작업	3D모델링 → 어셈블리 → 슬라이싱
시험 2 (2시간)	3D프린팅 작업	3D프린터 세팅 → 3D프린팅 → 후처리

[공개]
국가기술자격 실기시험문제

자격종목	3D프린터운용기능사	[시험 1] 과제명	3D모델링작업

※ 문제지는 시험종료 후 본인이 가져갈 수 있습니다.

비번호		시험일시		시험장명	

※ 시험시간 : [시험 1] 1시간

1. 요구사항

※ 지급된 재료 및 시설을 사용하여 아래 작업을 완성하시오.

※ 작업순서는 가. 3D모델링 → 나. 어셈블리 → 다. 슬라이싱 순서로 작업하시오.

가. 3D모델링
1) 주어진 도면의 부품①, 부품②을 1:1척도로 3D모델링한 후, 각각의 파일로 저장하시오.
   (단, 각 파일명을 비번호_01, 비번호_02와 같이 저장하시오.
   예시) 비번호가 01인 경우 01_01.***, 01_02.*** 입니다.)
2) 상호 움직임이 발생하는 부위의 치수 A, B는 수험자가 결정하여 3D모델링하시오.
   (단, 해당부위의 기준치수와 차이를 ±1mm 이하로 하시오.)
3) 도면과 같이 지정된 위치에 부여받은 비번호를 모델링에 각인하시오.
   (단, 글자체, 글자 크기, 글자 깊이 등은 별도의 정보가 없으므로 도면과 유사한 모양 및 크기로 작업하시오.
   예시) 비번호가 02인 경우 02로 각인하시오.)
4) 완성된 3D모델링 파일은 '수험자가 사용하는 모델링 소프트웨어의 기본 확장자' 및 'STP(STEP) 확장자' 2가지로 저장하시오.
   (단, STP 확장자 저장 시 버전이 여러 가지일 경우 상위 버전으로 저장하시오.)

나. 어셈블리
1) 완성된 각 3D모델링 부품을 도면과 같이 1:1척도 및 조립된 상태로 어셈블리하고, 별도의 파일로 저장하시오.
   (단, 각 파일명을 비번호_03과 같이 저장하시오.
   예시) 비번호가 01인 경우 01_03.*** 입니다.)
2) 어셈블리 파일은 '수험자가 사용하는 모델링 소프트웨어의 기본 확장자', 'STP(STEP) 확장자' 2가지로 저장하시오.
   (단, 어셈블리 파일 저장 시 조립된 형태의 하나의 파일로 저장하시오.)
3) 도면과 같이 지정된 위치에 부여받은 비번호를 어셈블리에 각인하시오.

HRDK 3 - 1

[공개]
국가기술자격 실기시험문제

자격종목	3D프린터운용기능사	[시험 2] 과제명	3D프린팅작업

※ 문제지는 시험종료 후 본인이 가져갈 수 있습니다.

비번호		시험일시		시험장명	

※ 시험시간 : [시험 2] 2시간

1. 요구사항

※ 지급된 재료 및 시설을 사용하여 아래 작업을 완성하시오.

※ 작업순서는 가. 3D프린터 세팅 → 나. 3D프린팅 → 다. 후처리 순서로 작업시간의 구분 없이 작업하시오.

가. 3D프린터 세팅
1) 노즐, 베드 등에 이물질을 제거하여 출력 시 방해요소가 없도록 세팅하시오.
2) PLA 필라멘트 장착 여부 등 소재의 이상여부를 점검하고 정상 작동하도록 세팅하시오.
3) 베드 레벨링 기능 등을 활용하여 베드 위치를 세팅하시오.
   ※ 별도의 샘플 프로그램을 작성하여 출력테스트를 할 수 있습니다.

나. 3D프린팅
1) 출력용 파일을 3D프린터로 수험자가 직접 입력하시오.
   (단, 무선 네트워크를 이용한 데이터 전송 기능은 사용할 수 없습니다.)
2) 3D프린터의 장비 설정값을 수험자가 결정하시오.
3) 설정작업이 완료되면 3D모델링 어셈블리 형상을 1:1척도 및 조립된 상태로 출력하시오.

다. 후처리
1) 출력을 완료한 후 서포트 및 거스러미를 제거하여 제출하시오.
2) 출력 후 노즐 및 베드 등 사용한 3D프린터를 시험 전 상태와 같이 정리하고 감독위원에게 확인받으시오.

HRDK 2 - 1

그림 | 시험장에서 사용하는 실제 시험지, https://www.q-net.or.kr/ 에서 다운로드 가능

CHAPTER

02 | 작업 순서에 따른 특징과 주의할 점

1. 시험 1 (1시간): 3D모델링 → 어셈블리 → 슬라이싱

(1) 3D모델링

① 주어진 도면의 부품①, 부품②를 1:1척도로 3D모델링 하시오.
② 상호 움직임이 발생하는 부위의 치수 A, B는 수험자가 결정하시오. (단, 해당 부위의 기준치수와 차이를 ±1 mm 이하로 하시오.)
③ 도면과 같이 지정된 위치에 부여받은 비번호를 모델링에 음각으로 각인하시오. (단, 글자체, 글자 크기, 글자 깊이 등은 별도의 정보가 없으므로 도면과 유사한 모양 및 크기로 작업하시오. 예시) 비번호 2번을 부여받은 경우 2 또는 02와 같이 각인하시오.)

(2) 어셈블리

① 각 부품을 도면과 같이 1:1척도 및 조립된 상태로 어셈블리 하시오. (단, 도면과 같이 지정된 위치에 부여받은 비번호가 각인되어 있어야 합니다.)
② 어셈블리 파일은 하나의 조립된 형태로 다음과 같이 저장하시오.
  – '수험자가 사용하는 소프트웨어의 기본 확장자' 및 'STP(STEP) 확장자' 2가지로 저장하시오. (단, STP 확장자 저장 시 버전이 여러 가지일 경우 상위 버전으로 저장하시오.)
  – 슬라이싱 작업을 위하여 STL 확장자로 저장하시오. (단, 어셈블리 형상의 움직이는 부분은 출력을 고려하여 움직임 범위 내에서 임의로 이동시킬 수 있습니다.)
  – 파일명은 부여받은 비번호로 저장하시오.

(3) 슬라이싱

① 어셈블리 형상을 1:1척도 및 조립된 상태로 출력할 수 있도록 슬라이싱 하시오.
② 작업 전 반드시 수험자가 직접 출력할 3D프린터 기종을 확인한 후 슬라이서 소프트웨어의 설정값을 수험자가 결정하여 작업하시오. (단, 3D프린터의 사양을 고려하여 슬라이서 소프트웨어에서 3D프린팅 출력시간이 1시간 20분 이내가 되도록 설정값을 결정하시오.)

③ 슬라이싱 작업 파일은 다음과 같이 저장하시오.

구분	작업명	파일명(비번호02인 경우)	비고
1	어셈블리	02.***	확장자: 수험자 사용 소프트웨어 규격
2		02.STP	채점용(※ 비번호 각인 확인)
3		02.STL	슬라이서 소프트웨어 작업용
4	슬라이싱	02.***	3D프린터 출력용 확장자: 수험자 사용 소프트웨어 규격

④ 슬라이서 소프트웨어상 출력예상시간을 시험감독위원에게 확인받고, 최종 제출파일을 지급된 저장매체(USB 또는 SD-card)에 저장하여 제출하시오.

⑤ 모델링 채점 시 STP확장자 파일을 기준으로 평가하오니, 이를 유의하여 변환하시오. (단, 시험감독위원이 정확한 평가를 위해 최종 제출파일 목록 외의 수험자가 작업한 다른 파일을 요구할 수 있습니다.)

(4) 유의사항(실격)

① 시설·장비의 조작 또는 재료의 취급이 미숙하여 위해를 일으킬 것으로 시험감독위원 전원이 합의하여 판단한 경우
② 시험 중 봉인을 훼손하거나 저장매체를 주고받는 행위를 할 경우
③ 시험 중 휴대폰을 소지/사용하거나 인터넷 및 네트워크 환경을 이용할 경우
④ 3D프린터운용기능사 실기시험 3D모델링작업, 3D프린팅작업 중 하나라도 0점인 과제가 있는 경우
⑤ 시험감독위원의 정당한 지시에 불응한 경우
⑥ 시험시간 내에 작품을 제출하지 못한 경우
⑦ 요구사항의 최종 제출파일 목록(어셈블리, 슬라이싱)을 1가지라도 제출하지 않은 경우
⑧ 슬라이서 설정상 출력 예상시간이 1시간 20분을 초과하는 경우
⑨ 어셈블리 STP파일에 비번호 각인을 누락하거나 다른 비번호를 각인한 경우
⑩ 어셈블리 STP파일에 비번호 각인을 지정된 위치에 하지 않거나 음각으로 각인하지 않은 경우
⑪ 채점용 어셈블리 형상을 1:1척도로 제출하지 않은 경우
⑫ 채점용 어셈블리 형상을 조립된 상태로 제출하지 않은 경우
⑬ 모델링 형상 치수가 1개소라도 ±2mm를 초과하도록 작업한 경우

2. 시험 2 (2시간): 3D프린터 세팅 → 3D프린팅 → 후처리

(1) 3D프린터 세팅

① 노즐, 베드 등에 이물질을 제거하여 출력 시 방해요소가 없도록 세팅하시오.
② PLA 필라멘트 장착 여부 등 소재의 이상여부를 점검하고 정상 작동하도록 세팅하시오.
③ 베드 레벨링 기능 등을 활용하여 베드 위치를 세팅하시오.
※ 별도의 샘플 프로그램을 작성하여 출력테스트를 할 수 없습니다.

(2) 3D프린팅

① 출력용 파일을 3D프린터로 수험자가 직접 입력하시오. (단, 무선 네트워크를 이용한 데이터 전송 기능은 사용할 수 없습니다.)

② 3D프린터의 장비 설정값을 수험자가 결정하시오.

③ 설정작업이 완료되면 3D모델링 형상을 도면치수와 같이 1:1척도 및 조립된 상태로 출력하시오.

(3) 후처리

① 출력 완료 후 서포트 및 거스러미를 제거하여 제출하시오.

② 출력 후 노즐 및 베드 등 사용한 3D프린터를 시험 전 상태와 같이 정리하고 시험감독위원에게 확인받으시오.

(4) 유의사항(실격)

① 시설·장비의 조작 또는 재료의 취급이 미숙하여 위해를 일으킬 것으로 시험감독위원 전원이 합의하여 판단한 경우

② 시험 중 봉인을 훼손하거나 저장매체를 주고받는 행위를 할 경우

③ 시험 중 휴대폰을 소지/사용하거나 인터넷 및 네트워크 환경을 이용할 경우

④ 수험자가 직접 3D프린터 세팅을 하지 못하는 경우

⑤ 수험자의 확인 미숙으로 3D프린터 설정조건 및 프로그램으로 3D프린팅이 되지 않는 경우

⑥ 서포트를 제거하지 않고 제출한 경우

⑦ 3D프린터운용기능사 실기시험 3D모델링작업, 3D프린팅작업 중 하나라도 0점인 과제가 있는 경우

⑧ 시험감독위원의 정당한 지시에 불응한 경우

⑨ 시험시간 내에 작품을 제출하지 못한 경우

⑩ 도면에 제시된 동작범위를 100% 만족하지 못하거나, 제시된 동작범위를 초과하여 움직이는 경우

⑪ 일부 형상이 누락되었거나, 없는 형상이 포함되어 도면과 상이한 작품

⑫ 형상이 불완전하여 시험감독위원이 합의하여 채점 대상에서 제외된 작품

⑬ 서포트 제거 등 후처리 과정에서 파손된 작품

⑭ 3D모델링 어셈블리 형상을 1:1척도 및 조립된 상태로 출력하지 않은 작품

⑮ 출력물에 비번호 각인을 누락하거나 다른 비번호를 각인한 작품

PART 10
3D모델링

01 | 4 STEPS 도면분석 공식

1. 공개도면 3D모델링 방법

조립품의 모델링 방법은 단독아이템의 모델링 방식과는 약간의 차이가 있다. 3D모델링을 어느 정도 경험해 본 수험자는 조립품이든 단독아이템이든 상관없이 그려낼 수 있지만 초보자들은 쉽지 않다. 첫 번째 관문은 도면을 읽어내야 한다는 것이다. 이 챕터에서는 그런 초보자의 고민을 해결하고자 자체개발한 4단계의 도면분석 공식을 알아보고자 한다.

실제 공개도면 1번을 대상으로 공식을 익히고, 다음 챕터에서 나머지 문제들도 모두 확인해 보겠다. 3D모델링 프로그램은 Autodesk사의 Fusion 360을 사용한다.

아래 보이는 그림이 실제 문제지이다. 이 문제지를 받고 3D모델링을 하기 위해서 '4 STEPS 도면분석 공식'을 어떻게 적용하는지 확인해 보도록 하자.

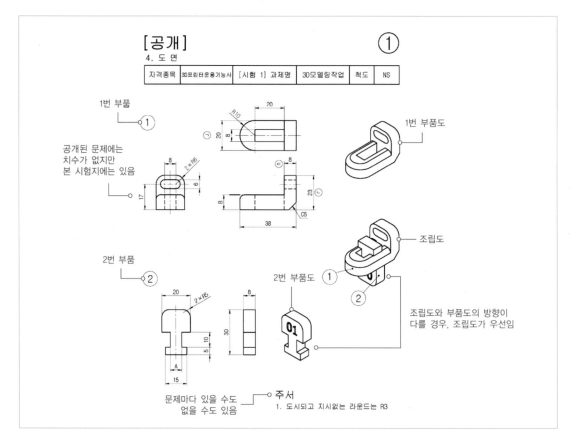

2. 4 STEPS 도면분석 공식 확인

(1) 공개도면 1번

STEP 1   스케치할 도면 선택

먼저 스케치에 필요한 투상도를 선택할 수 있어야 하며, 보통은 평면도, 정면도, 그리고 우측면도 중 하나가 된다. 잘못 선택하면 3D 객체를 만드는 방향이 달라지기 때문에 수정하기도 힘들고, 조립 위치를 맞추기가 매우 번거롭다.

또한 Fusion 360에서 스케치를 시작할 때 선택해야 하는 스케치 평면과도 아주 밀접한 관계를 가지고 있기 때문에 평면도는 XY평면, 정면도는 XZ평면, 우측면도는 YZ평면을 이용해서 작업해야 한다. 초보자들이 좀 더 직관적으로 선택할 수 있는 방법으로는 뷰큐브(View Cube)의 TOP, FRONT, RIGHT 면을 먼저 선택하여 평면 위치를 잡은 후 해당 평면을 선택해서 스케치하는 것이 도움이 될 것이다.

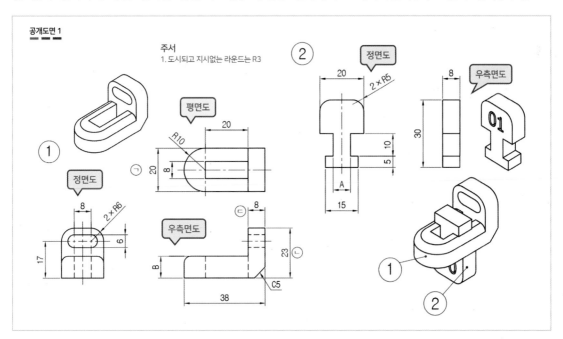

위 도면과 이후 소개하는 도면은 강의용으로 배치를 조금 바꾼 것으로, 치수와 내용은 실제 문제와 동일하다. 부품 ①번은 우측면도를 선택해 스케치한다. 부품 ②번은 보통 부품 ①번을 따라가지만 이번에는 정면도를 선택해서 모델링한다. 최대한 부품들을 움직이지 않고 조립품 모델링을 마치기 위함이다.

스케치 원점 파악

3D모델링 소프트웨어를 실행시키면 컴퓨터상의 가상공간에서 작업을 시작하게 되는데 이때 기준점이 되는 것이 Origin(원점)이다. 그리고 스케치를 그릴 때 이 원점에서 시작하는 것이 가장 좋다. 공개도면에 따라 약간씩 차이는 있지만 문제가 조립형이기 때문에 부품이 동작하는 지점을 스케치 원점으로 선택하는 것이 일반적이다.

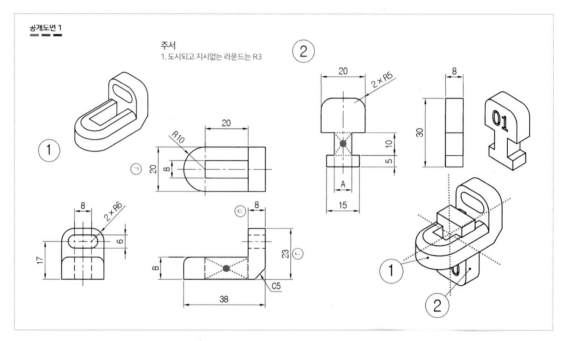

위 도면을 보면 조립도에 나와 있는 빨간선을 중심으로 이동하는 형태이다. 따라서 각 부품의 어떤 부분이 이동 부위에 있는지 파악하고, 그것부터 스케치를 시작하면 된다. 위 그림의 빨간점이 그것에 해당한다.

부품 ①번은 가운데 사각형을 [Center Diameter Circle]을 이용해 그린다. 조립의 중심점이 필요하기 때문이다. 부품 ②번도 마찬가지로 가운데 사각형의 중심을 스케치 원점으로 삼는다. 위 그림의 빨간점에서 스케치를 시작하면 된다.

공차 치수 확정

3D프린터는 모델링이 끝나면 형상 그대로 출력이 된다. 그렇기 때문에 조립품의 경우 부품을 조립할 부분의 치수는 반드시 조립공차를 생각해서 만들어야 한다. 보통 A, B로 문제지에 표기되어 있으며, 조립되는 상대 부품의 치수를 확인하고 그에 맞는 치수를 정해 스케치한다.

시험에서 용인하는 허용공차는 ±1mm이기 때문에 그 안에서 결정하면 된다. 시험의 목적은 합격이기 때문에 출력물의 품질보다는 합격 당락에 영향을 미치는 사항을 정확히 알고 대처하는 것이 중요하다. 출력물이 흘러내리는 것은 괜찮지만, 공차를 너무 적게 설정해서 출력 후 부품들이 붙어버려 이동하지 않는다면 바로 탈락하게 된다. 따라서 공차는 ±1mm로 최대한 적용해서 모델링한다.

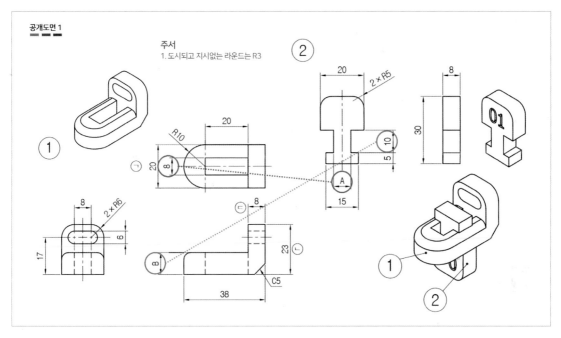

공차 A는 8mm보다 작아야 동작을 할 수 있으므로 7mm로 하고, 공차 B 또한 10mm보다 작아야 하기 때문에 9mm로 준다.

도면분석에서 가장 어려운 부분이고, 다양한 방법이 존재하기 때문에 본인만의 노하우를 따로 만들 수도 있는 단계이다. 도면을 그릴 때 쉽게 접근하는 방법은 기본 도형으로 쪼개는 것이다. 도면은 도형들의 집합이기 때문에 어떤 도형들이 어떻게 조립되어 있는지를 찾으면 그리는 것이 수월해진다.

팁 2가지를 더 알려준다면 첫 번째, 모깎기(Fillet)와 모따기(Chamfer)를 스케치 작성 시 생략하는 것이다. 3D 객체 편집에도 동일한 모깎기와 모따기 기능이 있고, 이것을 사용하는 것이 훨씬 쉽고 정확하다. 두 번째, 예쁘게 그리기 위해서 트림(Trim)으로 불필요한 라인을 지우지 않는 것이다. 스케치에서의 라인은 나중에 수정할 때 꼭 필요하기 때문에 문제와 똑같이 그리기 위해 필요 없는 선들을 일일이 지우는 것은 시간 낭비일 뿐이다. 실제 필요한 것은 스케치가 아닌 3D 객체이다.

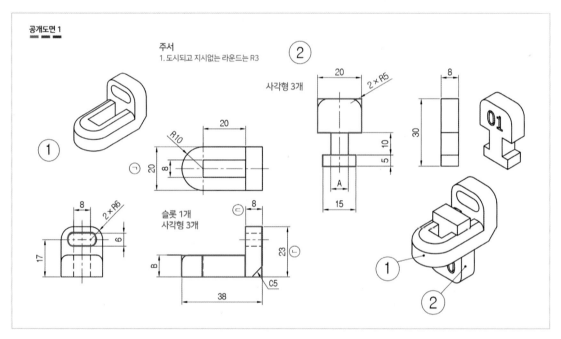

부품 ①번의 도형은 사각형 3개와 정면도에서 필요한 슬롯 1개만 있으면 된다. 부품 ②번은 더 간단하다. 사각형 3개를 그리고, 크기 구속과 위치 구속을 [Sketch Dimensions]와 [Contraints] 기능을 이용해 각 도형들을 조립하면 된다.
부품 ②번의 도면이 조립도와 부품도가 상하 반전 형태이다. 이런 경우 조립도가 중심이기 때문에 뒤집어서 스케치하는 것이 좋다.

02 | 공개도면 공식 적용 해설

1. 공개도면 26개에 대한 4 STEPS 도면분석 공식 적용

(1) 공개도면 2번

STEP 1 스케치할 도면 선택

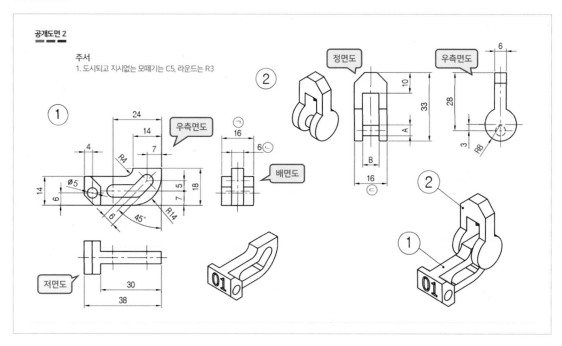

부품 ①번은 우측면도를 선택해 스케치하는 것이 좋다. 그린 스케치를 평면도의 가운데에 끼운 상태에서 양쪽으로 돌출시키면 쉽게 만들 수 있다. 부품 ②번도 우측면도를 스케치하고 정면도의 가운데에 위치시 킨 후 돌출 명령으로 완성한다.

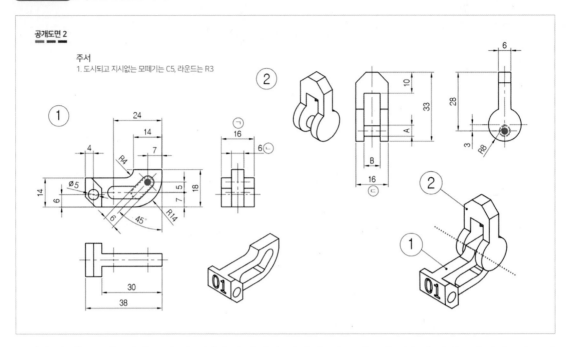

공개도면 2

주서
1. 도시되고 지시없는 모떼기는 C5, 라운드는 R3

스케치 원점은 조립도에서 조립 부분(빨간색 점선)을 찾아서, 각 투상도에 대응해 정해주면 된다. 위 그림 처럼 부품 ①번은 슬롯의 상단 원점에, 부품 ②번은 작은 원의 원점을 이용한다.

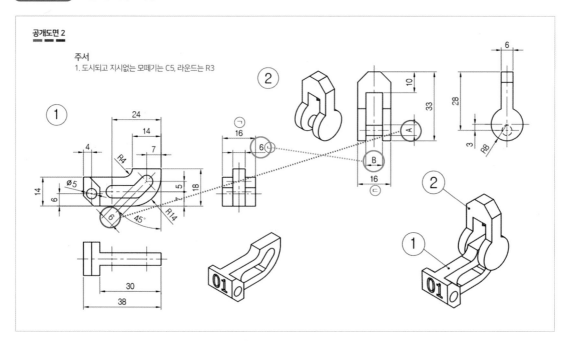

공개도면 2

주서
1. 도시되고 지시없는 모떼기는 C5, 라운드는 R3

공차 A는 6mm보다 작아야 되니 ø5mm로 하고, B는 6mm보다 커야 원활한 동작이 가능하므로 7mm로 정하면 된다.

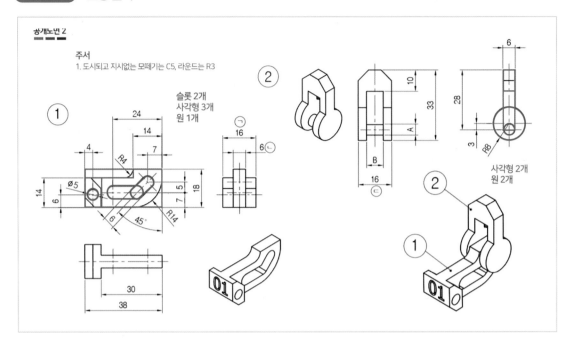

스케치의 기본인 크기 구속, 위치 구속을 Sketch Dimensions와 Contraints 기능을 이용해 각 도형들을 조립하면 된다. 이때 Fillet(모깎기), Chamfer(모따기)는 스케치에서는 생략한다. 투상도는 기본 도형들의 조립(집합)임을 기억하자.

(2) 공개도면 3번

스케치할 도면 선택

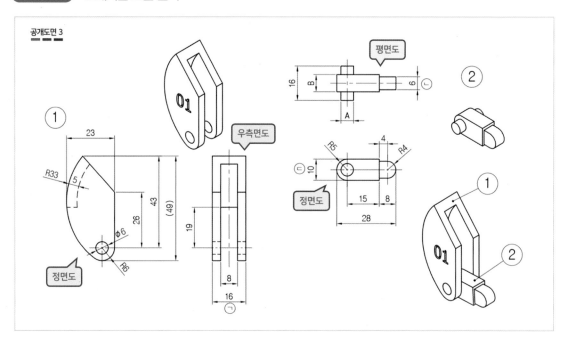

부품 ①번, ②번 모두 정면도를 그리는 것이 좋다. 스케치할 도면 고르기에 정답이 있는 것은 아니다. 다년간의 경험에 의해 더 편한 도면을 제안하는 것이니, 본인의 판단과 다르다고 해서 걱정할 필요는 없으며 참고해서 그려보면 좋을 것이다.

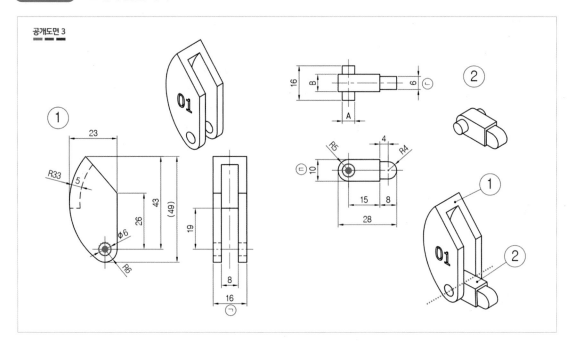

공개도면 3

스케치 원점은 두 부품의 조립부를 잘 살펴보면 답이 나온다. 부품 ①번은 원점, 부품 ②번도 원점을 이용한다.

STEP 3 공차 치수 확정

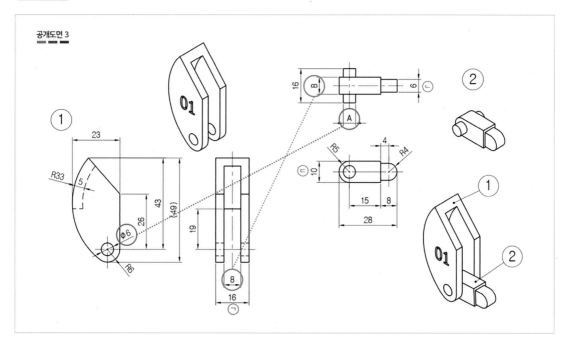

공개도면 3

공차 A는 ø6mm보다 작아야 하니 1mm 작은 ø5mm, 공차 B는 8mm보다 작아야 내부에서 회전을 할 수 있기 때문에 7mm로 주면 된다. 문제지를 받아본 후 공차를 계산해서 미리 적어놓고 스케치 작업을 하는 것이 좋다.

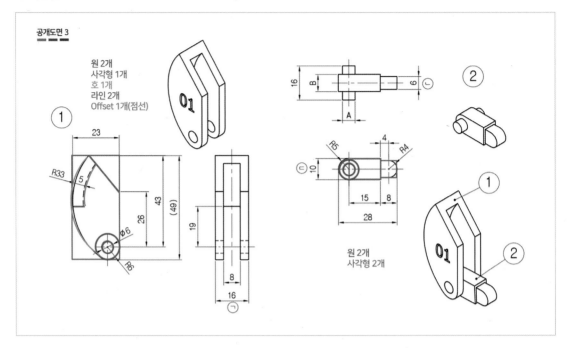

공개도면 3

원 2개
사각형 1개
호 1개
라인 2개
Offset 1개(점선)

원 2개
사각형 2개

부품 ①번은 여러 도형이 포함되어 있으니 주의한다. 처음에는 분석에 시간이 걸리겠지만, 여러 공개도면을 풀다보면 패턴을 읽을 수 있어 익숙해질 것이다. 대신 부품 ②번은 원과 사각형 구성으로 아주 단순하다. 보통 원과 원점을 공유하고 있는 호는 원으로 스케치해주는 것이 작업하기 편하다.

(3) 공개도면 4번

스케치할 도면 선택

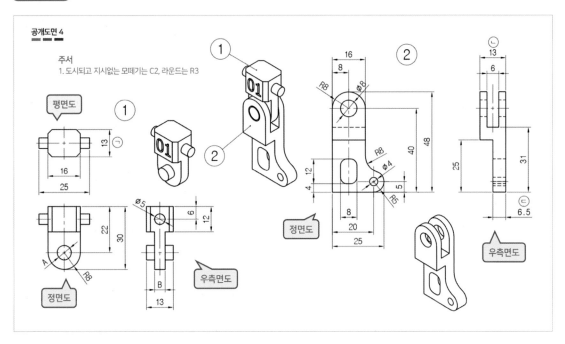

부품 ①번, ②번 모두 정면도가 좋다. 대부분의 공개도면에서 부품 ①번과 ②번의 스케치 도면 선택은 동일하게 진행된다. 예를 들어 ①번을 정면도로 그리면 ②번 부품도 정면도를 그리는 것이 좋다. 특이한 경우 달라질 수도 있는데, 공개도면 1번이 그 경우이다. ②번 부품은 대칭이 아닌 것처럼 보이지만 대칭 형태로 모델링이 가능하다.

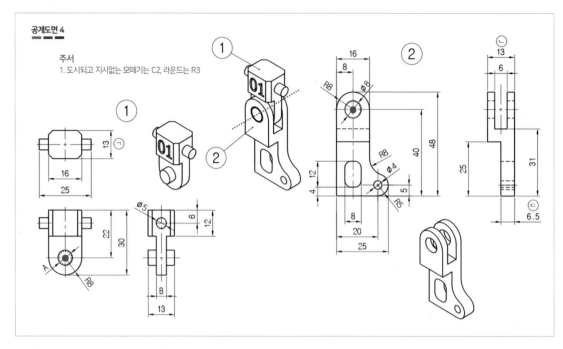

공개도면 4

주서
1. 도시되고 지시없는 모떼기는 C2, 라운드는 R3

어디서부터 스케치를 할지 정하는 것이 기본이다. X축과 Y축의 교차점, 즉 중심에서 스케치를 시작해야 나머지 부품과의 조립이 수월해진다. 그리고 중심점에서 스케치를 시작하는 중요한 이유 중 하나는 위치 구속이 자동으로 걸리기 때문이다.

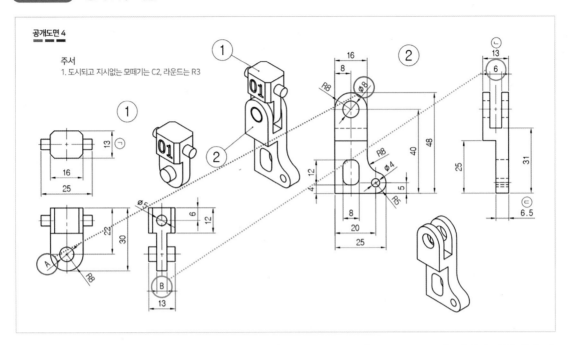

공개도면 4

주서
1. 도시되고 지시없는 모떼기는 C2, 라운드는 R3

공차 A는 ø8mm 내에서 동작해야 하므로 1mm 작은 ø7mm, 공차 B도 6mm보다 작아야 내부에서 회전을 할 수 있기 때문에 5mm로 주면 된다. 공차를 미리 계산해서 문제지에 적어놓고 스케치 작업을 하는 것을 추천한다.

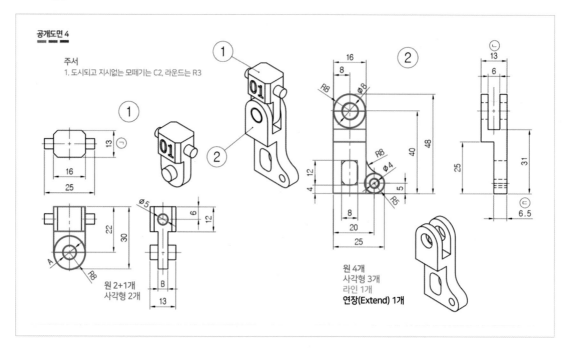

부품 ①번은 간단한 도형(원과 사각형)의 조합이다. 그리고 이 교재는 초보자용이기 때문에 3D 객체를 생성할 때 오로지 돌출(Extrude) 기능만 사용한다. 따라서 정면도에서 조립 기둥은 그리지 않고 1차적으로 모델링한 후 우측면에서 원을 그리고 돌출시킨다. ②번 부품은 좀 더 복잡한 형태이다. 특히 아래 R8싸리 모깎기 내문에 스케치가 어려워진다. 앞서 언급했듯이 스케치는 최내한 단순하고 정확하게 그리기 위해 Fillet(모깎기), Chamfer(모따기)는 그리지 않는다. 해설 동영상을 보면 간단히 이해할 수 있으니 참고하도록 한다.

(4) 공개도면 5번

스케치할 도면 선택

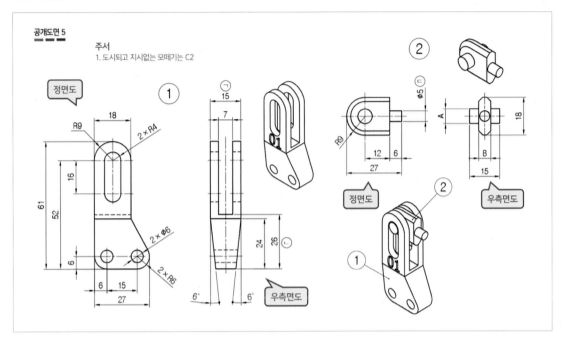

부품 ①번, ②번 모두 정면도를 선택한다. 정면도를 그린 후 각 우측면도 중간에 스케치를 끼워 돌출을 대칭으로 주면 쉽게 완성할 수 있다. 계속 반복해서 나오는 패턴이기 때문에 정확히 알고 사용한다.

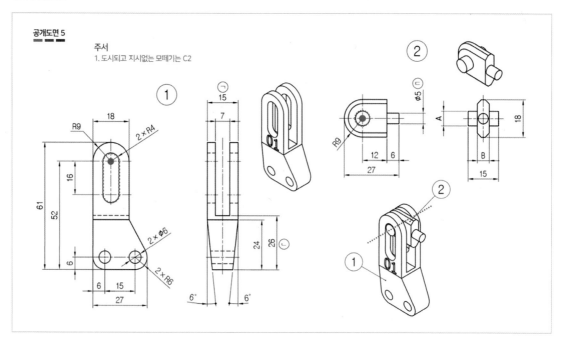

스케치 원점을 찾는 방법은 우선 조립 부분이 어디인지를 확인하는 것이다. 거의 대부분 조립 라인이 지나가는 도형의 중심 부분이 스케치 원점이 된다. 따라서 위 그림처럼 스케치 원점을 찾을 수 있을 것이다. 부품 ①번은 슬롯의 위 중심점, 부품 ②번은 조립되는 원기둥의 원점을 스케치 원점에서 시작하면 된다.

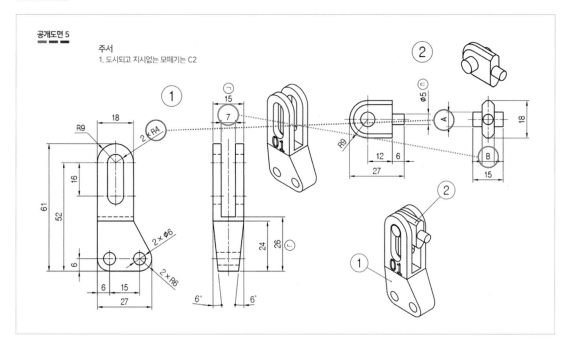

공개도면 5

주서
1. 도시되고 지시없는 모떼기는 C2

공차 A는 반지름이 R4mm이므로 지름은 ø8mm, 이 치수 내에서 동작해야 하므로 1mm 작은 ø7mm로 정한다. 공차 B도 7mm보다 작아야 내부에서 회전을 할 수 있기 때문에 6mm로 주면 된다.

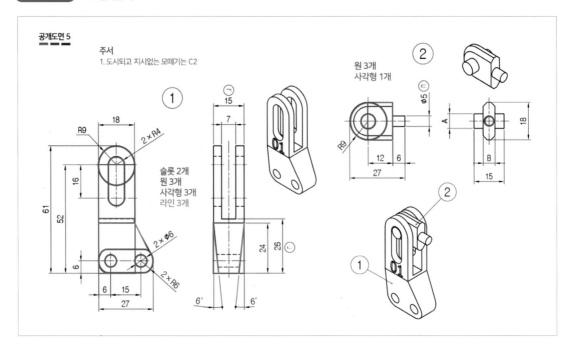

공개도면 5

주서
1. 도시되고 지시없는 모떼기는 C2

부품 ①번은 조금 복잡한 형태로, 두 군데 투상도를 이용해 모델링을 해야 한다. 정면도는 물론이고 우측면도를 보면 아랫부분이 6° 정도 깎여있기 때문에 둘 다 필요한 도형을 파악해야 한다. 따라서 정면도는 원 3개, 슬롯 2개, 사각형 2개, 라인 1개로 구성되어 있으며, 우측면도는 사각형 1개에 라인 2개로 그릴 수 있다. 부품 ②번도 정면도와 더불어 우측면도에서도 작업이 필요하다. 그리고 이 교재는 초보자용이기 때문에 3D 객체로 생성할 때 오로지 돌출(Extrude) 기능과 수정 기능으로 Fillet(모깎기), Chamfer(모따기)만 사용한다.

(5) 공개도면 6번

STEP 1 스케치할 도면 선택

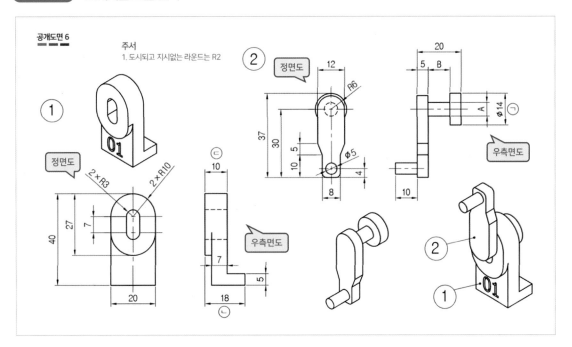

처음으로 비대칭 문제가 나왔다. 이런 경우는 돌출 명령의 대칭 기능이 제한되기 때문에 좀 더 신경써서 정투상도를 선택해야 한다. 부품 ①번, ②번 모두 정면도를 그리는 것이 완성하기 더 쉬워 보인다.

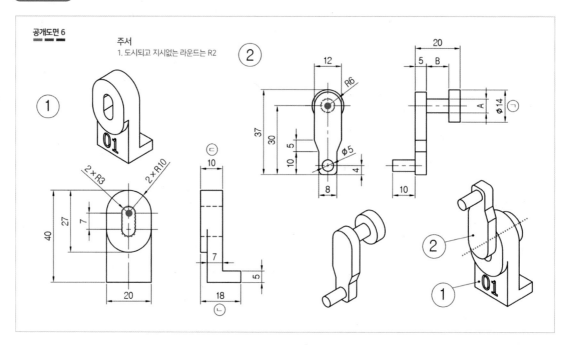

공개도면 6

주서
1. 도시되고 지시없는 라운드는 R2

조립 부분을 확인 후 부품 ①번과 부품 ②번의 스케치 중심점을 잡는다. 부품 ①번은 슬롯의 상단 중심점이며, 부품 ②번은 조립되는 부분(원기둥)의 원점을 사용한다.

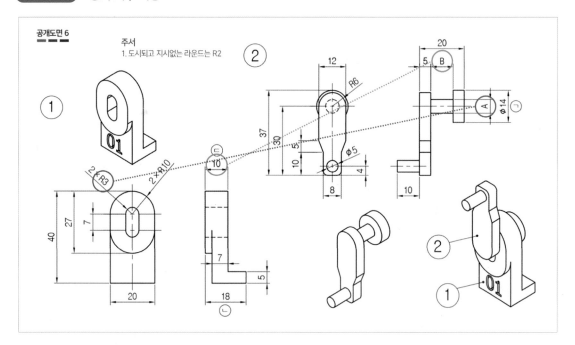

공차 A는 슬롯의 반지름이 R3mm이므로 지름은 ø6mm, 이 치수 내에서 동작해야 하므로 1mm 작은 ø5mm로 정한다. 그리고 공차 B는 부품 ②번의 조립 부분의 폭인 10mm보다 커야만 회전이 가능하기 때문에 11mm로 그리면 되겠다.

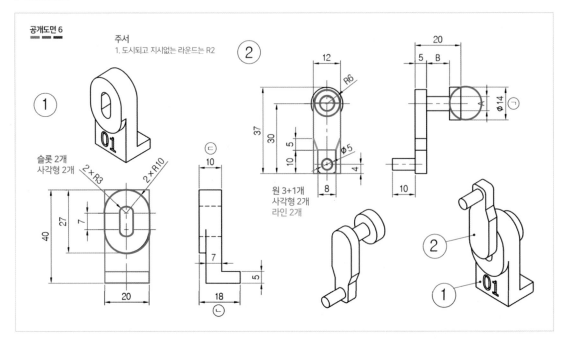

공개도면 6

주서
1. 도시되고 지시없는 라운드는 R2

슬롯 2개
사각형 2개

원 3+1개
사각형 2개
라인 2개

부품 ①번은 슬롯 2개와 사각형 2개 정도만 필요한 쉬운 도형들의 집합이다. 반면 부품 ②번은 정면도에서 1차로 모델링을 하고, 좌측면도에 보는 것과 같이 원을 추가해 돌출시킨다. 이 교재는 초보자용이기 때문에 3D 객체를 생성할 때 오로지 돌출(Extrude) 기능과 수정 기능인 Fillet(모깎기), Chamfer(모따기)만 사용한다. 숙련자가 보기에는 비효율적일 수 있겠지만, 초보자들은 꼭 필요한 몇 가지 기능만 가지고 반복·숙달시키는 것이 더욱 중요하다.

(6) 공개도면 7번

STEP 1 스케치할 도면 선택

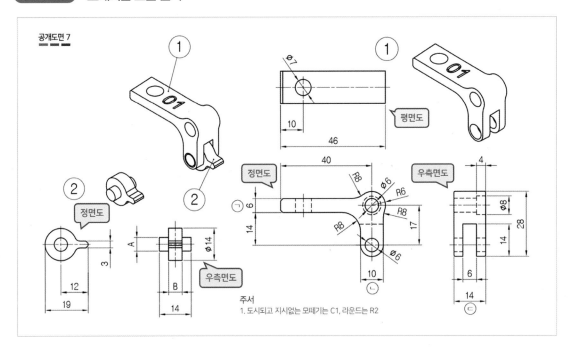

부품 ①번은 완벽한 대칭이고, ②번은 일부 추가 작업이 필요하지만 대칭 형태이다. 둘 다 정면도를 그린 후 각 우측면도 중간에 끼워 3D 객체 생성 시 돌출 명령의 대칭 기능을 이용하면 아주 쉽게 완성할 수 있다.

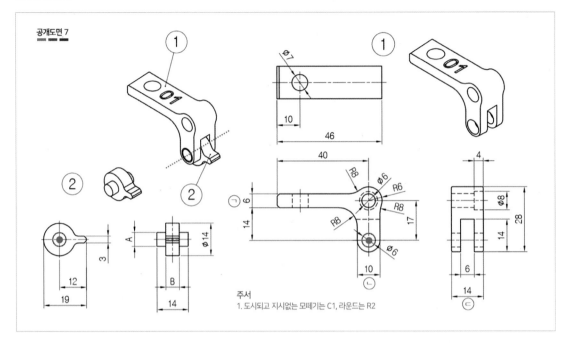

앞서 말한 것처럼, 스케치 원점을 찾기 위해서는 우선 조립 부분이 어디인지를 확인한다. 거의 대부분 조립 라인이 지나가는 도형의 중심 부분이 스케치 원점이 된다. 부품 ①번, ②번 모두 조립부에 필요한 원의 원점을 이용하면 되겠다.

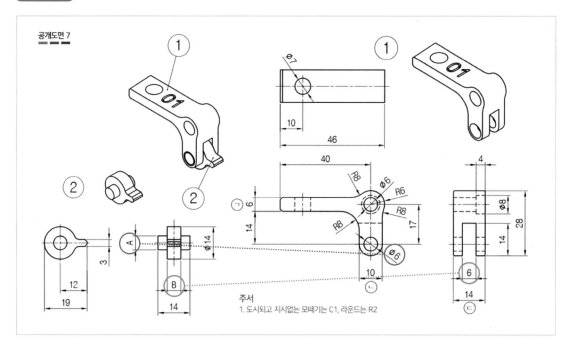

공개도면 7

주서
1. 도시되고 지시없는 모떼기는 C1, 라운드는 R2

공차 A는 부품 ①번의 참고 지름이 ø6mm이기 때문에 1mm 작은 ø5mm로 모델링하면 된다. 공차 B는 참고 공간의 크기인 6mm보다 작아야 내부에서 회전을 할 수 있으므로 5mm로 스케치하면 된다.

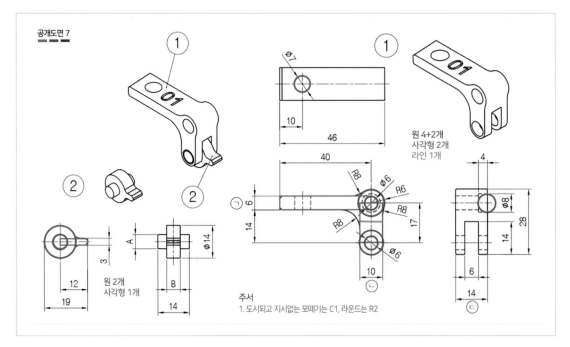

부품 ①번은 조금 복잡한 형태이다. 하지만 "스케치 작성 시 Fillet(모깎기)과 Chamfer(모따기)는 그리지 않는다"라는 원칙을 적용하면 어려운 도형들이 아님을 알 수 있다. 원 6개, 사각형 2개, 라인 1개를 그리고 조합하면 된다. 원이 6개가 들어가는 이유는 본체 4개의 원 완료 후 두 가지 추가 작업에 원이 필요하기 때문이다. 부품 ②번도 Fillet(모깎기)과 Chamfer(모따기)를 빼면 단순하다. 주서를 잘 참고해서 3D 객체 생성 시 Fillet(모깎기)과 Chamfer(모따기)를 적용해주면 되겠다.

(7) 공개도면 8번

스케치할 도면 선택

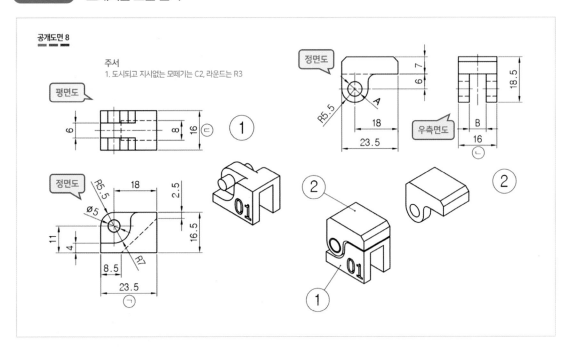

부품 ①번, ②번 모두 정면도를 선택하면 완성이 더 쉬워진다. 모두 대칭 형태이기 때문에 정면도를 그리고, 평면도와 우측면도 가운데에 위치시켜서 돌출(Extrude) 명령과 돌출의 대칭 기능을 사용하면 수월하게 해결할 수 있다.

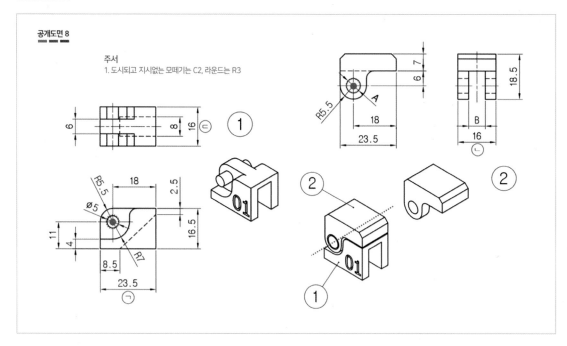

조립도에서 조립 부분이 어디인지 확인한다. 미리 알아둔 정면도에서 조립부를 스케치 중심점으로 찾아
스케치하면 된다. 따라서 위 그림처럼 스케치 원점을 찾을 수 있다.

공차 치수 확정

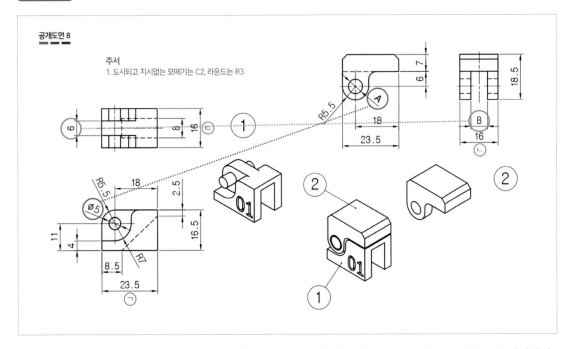

공개도면 8

주서
1. 도시되고 지시없는 모떼기는 C2, 라운드는 R3

공차 A는 대응하는 원기둥보다 커야 하고, 부품 ①번의 지름은 ø5mm이기 때문에 ø6mm로 결정한다. 공차 B도 6mm보다 커야 내부에서 회전을 할 수 있으므로 7mm로 주면 된다. 많은 공개도면들이 이러한 패턴이기 때문에 반복 학습하면 익숙해질 것이다.

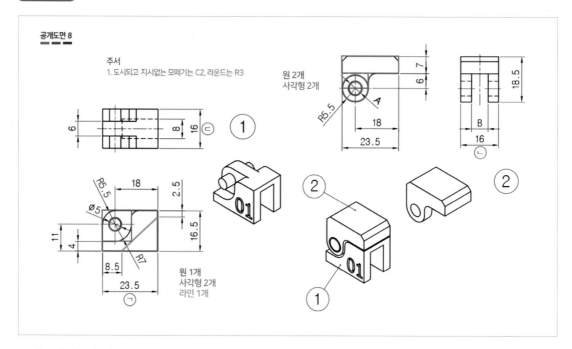

공개도면 8번의 형태는 다른 도면과 비교했을 때 단순해 보이지만, Fillet(모깎기)과 Chamfer(모따기)가 많아 그리는 데 어려움을 겪는 대표적인 도면이다. 다시 한 번 말하지만 스케치 작성 시 Fillet(모깎기)과 Chamfer(모따기)를 제외하고 도형을 찾으면 의외로 간단하다. 특히 부품 ①번은 3가지의 각기 다른 치수의 Fillet(모깎기)이 존재하지만, 이것을 빼면 원 1개, 사각형 2개, 라인 1개를 이용해 간단하게 그릴 수 있다. 부품 ②번도 모깎기(Fillet)와 모따기(Chamfer)를 무시하면 단순하다. 원 2개와 사각형 2개로 해결할 수 있다.

(8) 공개도면 9번

STEP 1 스케치할 도면 선택

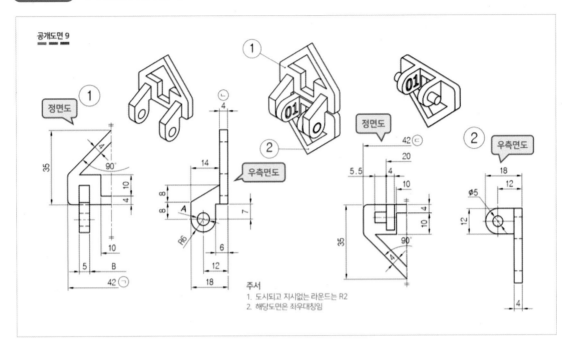

공개도면 9번은 난이도가 꽤 높아 수험자들에게 상당한 고민을 안겨줬던 도면이다. 직관적으로는 정면도를 그리게 되는데, 완성 후 추가 작업이 필요한 부분이 있어 부품 ①번, ②번 모두 우측면도를 선택하는 것이 좋다. 어떤 투상도가 더 좋다는 것은 개인별 모델링 성향의 차이이기 때문에 크게 신경 쓸 필요는 없고, 참고 정도로 접근하는 것을 추천한다. 그리고 이 도면은 스케치를 한 번에 끝낼 수 없기 때문에 두 번에 나누어서 그려야 한다.

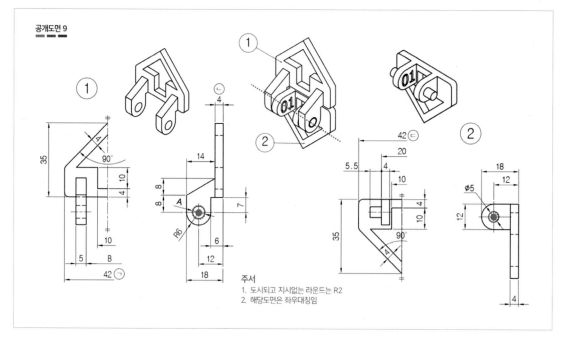

공개도면 9

주서
1. 도시되고 지시없는 라운드는 R2
2. 해당도면은 좌우대칭임

조립 부분을 확인하고 위의 그림처럼 원을 중심으로 스케치를 진행한다.

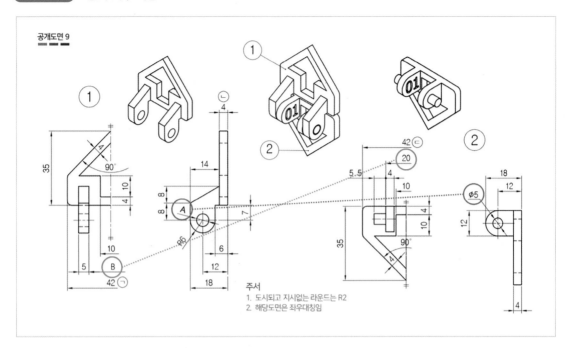

공차 A는 대응하는 원기둥보다 커야 회전이 가능하므로 부품 ②번의 지름이 ø5mm이기 때문에 ø6mm
로 결정한다. 공차 B도 20mm보다 커야 내부에서 회전을 할 수 있기 때문에 21mm로 주면 되는데, 대칭
형상의 반만 그릴 것이기 때문에 10.5mm 기준으로 스케치를 작성하면 된다. 여태까지 그렸던 것과는 다
른 패턴이니 여러 번 연습하는 것이 필요하다.

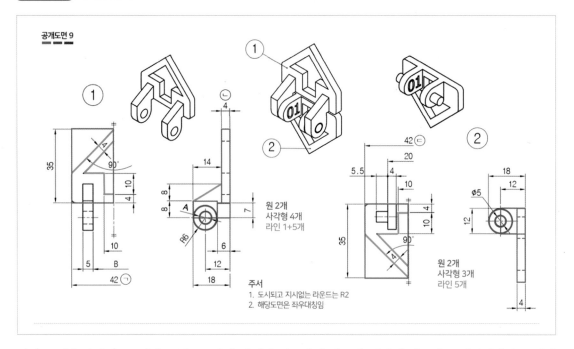

공개도면 9

원 2개
사각형 4개
라인 1+5개

주서
1. 도시되고 지시없는 라운드는 R2
2. 해당도면은 좌우대칭임

원 2개
사각형 3개
라인 5개

이번 도면은 우측면도, 정면도 등 두 번의 작업이 필요하기 때문에 하나씩 차근차근 만들어나가는 것이 중요하다. 각각의 도형들의 위치와 크기를 확인하면서 스케치 작성을 끝낸다. 3D 객체로 생성 시 돌출 명령의 새로운 기능들을 사용해야 하기 때문에 해설 동영상을 잘 살펴보는 것이 좋겠다.

(9) 공개도면 10번

STEP 1 스케치할 도면 선택

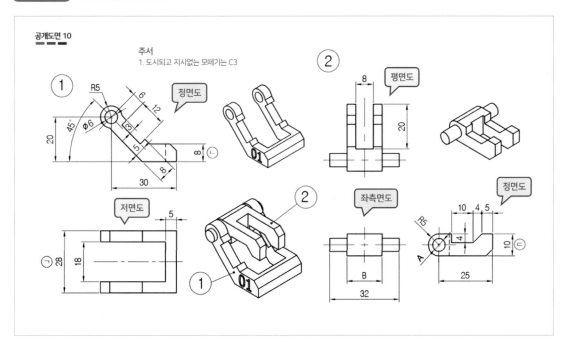

이번 도면도 스케치 난이도가 조금 높다. 그리고 부품 ②번을 보면 부품도와 조립도의 방향이 다른 것을 알 수 있다. 문제에서 요구하는 것은 조립도가 중심이기 때문에 부품도는 참고삼아 보면 된다. 둘 다 정면도를 선택하는 것이 좋겠다.

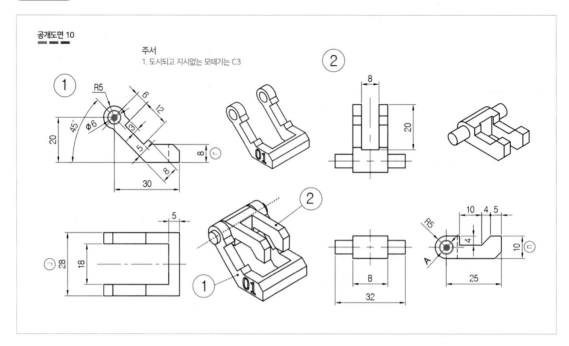

조립 부분을 확인하면 부품 ①번과 ②번 모두 회전축에 필요한 원이 중심이 된다. 위 그림의 빨간색 표시를 스케치 원점에서 그리면 되겠다.

STEP 3 공차 치수 확정

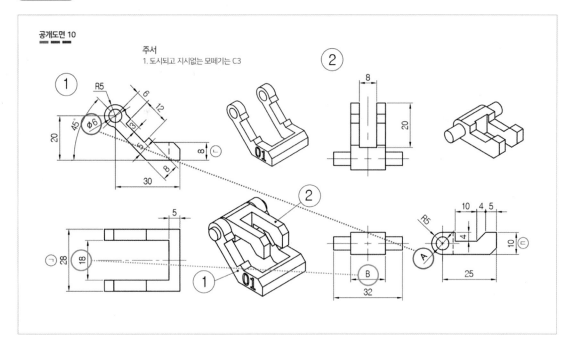

공차 A는 부품 ①번의 ø6mm보다 작아야 회전이 가능하므로 ø5mm로 모델링한다. 공차 B도 부품 ①번의 18mm보다 작아야 하기 때문에 17mm로 주면 된다.

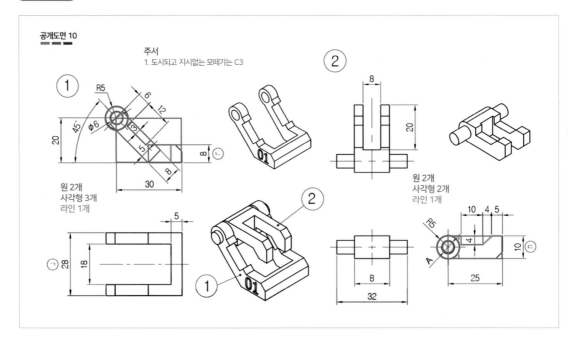

이 도면의 스케치가 어렵게 느껴지는 것은 부품 ①번에 45°로 기울어진 사각형이 있기 때문이다. 이때는 3-Point Rectangle이 필요하다. 부품 ②번의 경우 위에서도 언급한 것처럼 조립도와 부품도가 다르기 때문에 어떤 것을 기준으로 할지 선택해야 한다. 조립도 기준으로는 아래위를 뒤집어서 그려야 하지만, 부품도 기준으로는 그대로 스케치하면 된다. 부품도를 기준으로 작업했을 때는 완성 후 회전을 통해 조립도처럼 배치해 완성할 수 있기 때문에 조립도 기준을 추천한다.

(10) 공개도면 11번

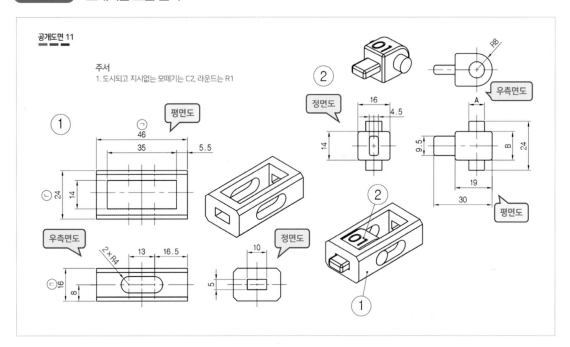

공개도면 11번, 12번, 13번은 형태가 비슷한 도면이다. 이번 11번 도면은 부품 ①번, ②번 모두 조립도를 고려해서 우측면도를 선택하여 스케치를 그린다.

STEP 2   스케치 원점 파악

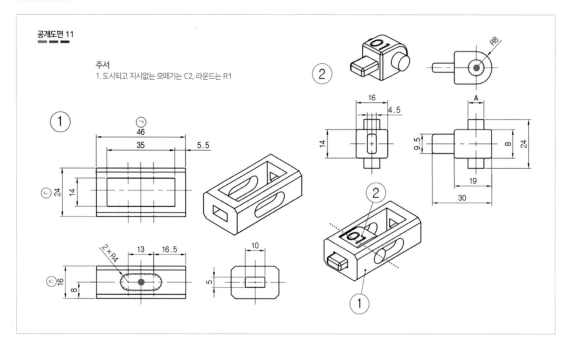

이 도면의 스케치 원점은 조립 부분을 참조하되, 3D 객체 생성 시 작업의 편의성을 위해 약간의 조정이 있다. 조립 위치를 보면 부품 ①번의 스케치 원점은 슬롯의 왼쪽 중심점이지만, 좀 더 쉽게 그리기 위해 슬롯의 중심을 스케치 원점으로 잡고 3D 객체로 완성한 후 이동을 통해 조립도와 같은 위치로 조정한다 (해설 동영상 참고). 부품 ②번은 늘 하던 대로 위 그림처럼 원의 중심점을 기준으로 스케치 작성을 한다.

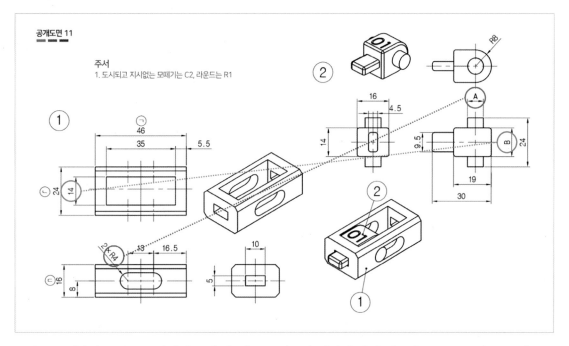

공개도면 11

주서
1. 도시되고 지시없는 모떼기는 C2, 라운드는 R1

공차 A는 대응하는 부품 ①번의 슬롯의 지름(ø8mm)보다 작아야 하기 때문에 ø7mm로 잡고, 공차 B도 부품 ①번의 14mm보다 작아야 이동할 수 있으므로 13mm로 작성하면 된다.

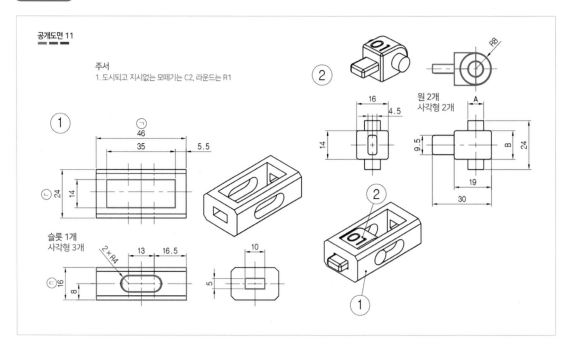

공개도면 11번은 기준이 되는 우측면도뿐만 아니라 정면도와 평면도까지, 총 3면에서 스케치하는 것이 필요하기 때문에 복잡해 보인다. 하지만 단순 도형들의 집합이기 때문에 실제로 그려보면 쉽다는 걸 알게될 것이다. 또한 도면을 잘 분석해 보면 슬롯과 사각형들이 상하좌우 대칭 형태이기 때문에 특히 사각형을 그릴 때는 중심 사각형(Center Rectangle)으로 그리면 치수 및 위치 고정이 아주 쉽게 된다. 따라서 부품 ①번은 슬롯 1개와 사각형 3개로 작성이 가능하고, 부품 ②번은 원 2개와 사각형 2개가 사용됨을 알 수 있다.

(11) 공개도면 12번

STEP 1 스케치할 도면 선택

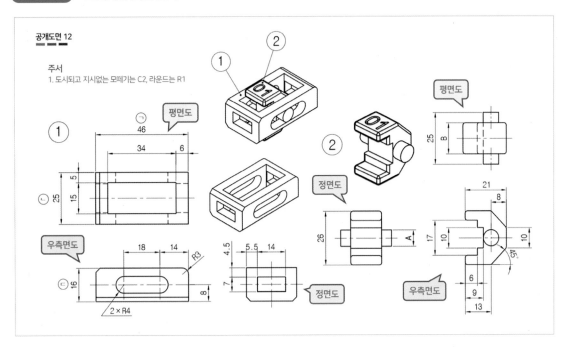

앞서 언급했듯 11번, 12번, 13번은 거의 같은 형태의 문제들이다. 부품 ①번은 거의 같고, 내부에서 동작을 하는 부품 ②번의 모양들이 제각각이다. 3가지 공개도면 모두 우측면도를 기준으로 그리면 편하게 모델링할 수 있다.

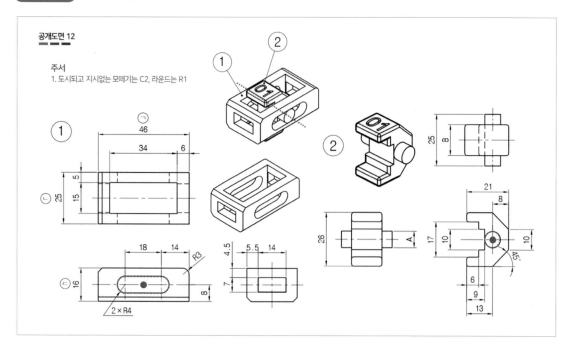

조립도에 나와 있는 빨간 점선(조립 부분)을 참조한다. 결과적으로 부품 ①번은 슬롯의 중심점, 부품 ②번은 회전축의 중심점이 스케치 원점이 되겠다. 스케치 원점에서 도형을 그렸다면 다음 도형을 그리기 전에 완전 구속을 시켜주는 것이 필수는 아니지만 좋다.

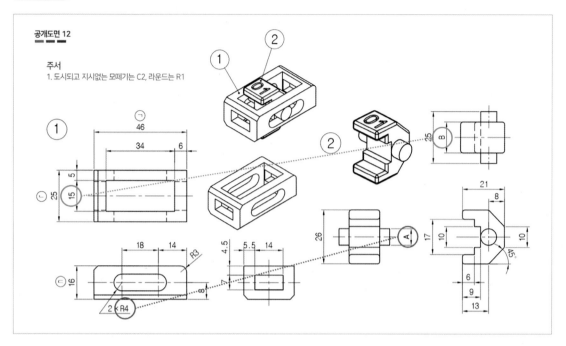

공개도면 12

주서
1. 도시되고 지시없는 모떼기는 C2, 라운드는 R1

공차 A는 부품 ①번의 슬롯 내부에서 동작해야 하기 때문에 1mm 작은 ø7mm로 준다. 공차 B도 부품 ①번의 15mm보다 작아야 회전 또는 이동을 할 수 있기에 14mm로 정하고 스케치하면 된다.

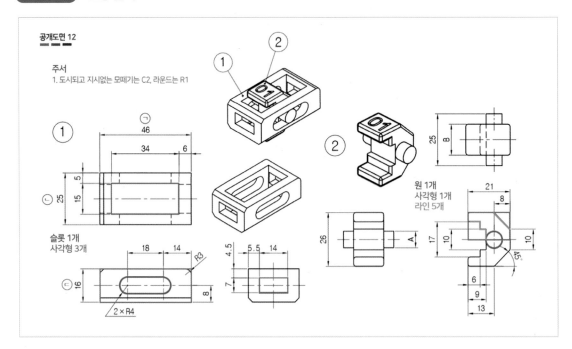

공개도면 12

주서
1. 도시되고 지시없는 모떼기는 C2, 라운드는 R1

부품 ①번은 3번의 스케치 작업이 필요하다. 우측면도에서 모든 스케치를 한 번에 작성한 후 3D 객체로 만들 수도 있지만, 초보자들이 쉽고 편하게 그리기를 우선하기 때문에 각각 나누어서 작업한다. 슬롯 1개와 사각형 3개, 이때 사각형은 모두 Center Rectangle로 작성하면 좀 더 쉽게 그릴 수 있다. 부품 ②번은 조금 까다로운 형태이다. 그러나 윗부분을 먼저 완성하고 대칭으로 아랫부분을 만들면 되기 때문에 Mirror 기능을 알고 있으면 크게 어렵지 않다. 원 1개와 사각형 1개, 라인 5개로 완성된다.

(12) 공개도면 13번

스케치할 도면 선택

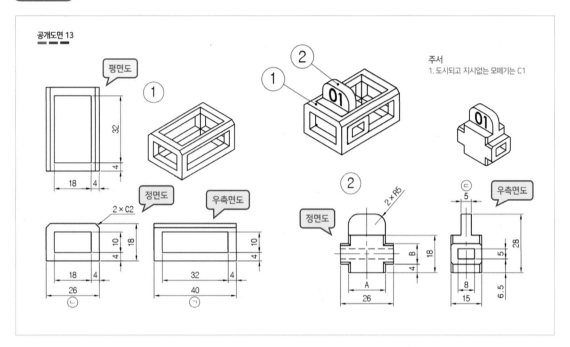

비슷한 형태의 공개도면 11번, 12번, 13번 중 마지막 도면이다. 동일하게 우측면도를 기준으로 작업한다. 부품 ①번은 어떤 투상도든 크게 차이가 없지만, 부품 ②번은 우측면도가 더 효과적으로 보인다. 그리고 부품 ①번은 우측면도, 평면도, 정면도 각각의 방향에서 3개의 스케치가 필요하다는 것을 기억하기 바란다.

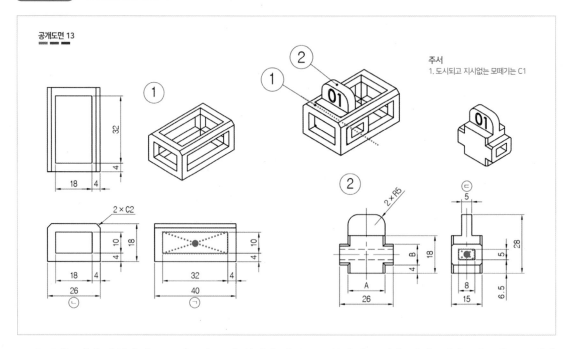

11번 공개도면과 마찬가지로 조립도의 조립 위치가 한쪽으로 몰려있는 것을 알 수 있다. 아무래도 스케치 작성에 여러 불편함이 있을 수 있는데, 가장 큰 불편은 센터를 활용할 수 없다는 것이다. 따라서 부품 ① 번을 그릴 때는 센터를 활용할 수 있는 Center Rectangle의 중심점을 활용하는 것이 좋겠다. 부품 ②번도 중심 사각형을 이용해 스케치 원점에서 작성한다.

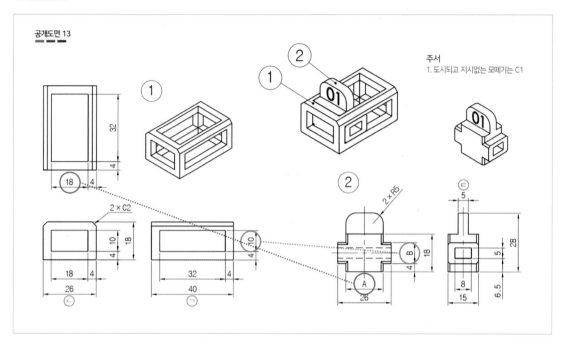

공개도면 13

주서
1. 도시되고 지시없는 모떼기는 C1

공차 A는 부품 ①번의 18mm보다 작은 17mm로 정한다. 공차 B도 부품 ①번의 우측면도에 있는 10mm 보다 작아야 이동이 가능하기 때문에 9mm로 준다.

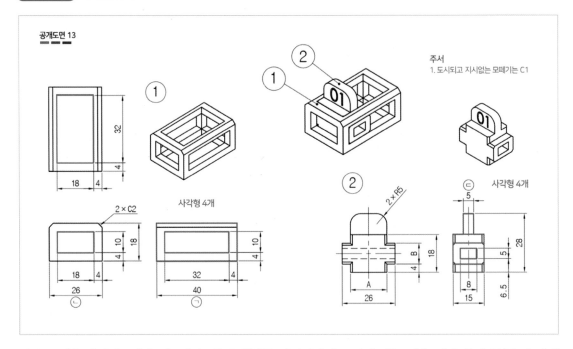

공개도면 13

주서
1. 도시되고 지시없는 모떼기는 C1

① 사각형 4개

② 사각형 4개

ⓒ 사각형 4개

2 × C2

2 × R5

부품 ①번은 사각형 4개가 필요하다. 물론 위치를 바꿔가면서 그려야 되는 것은 이미 살펴보았으니 이해될 것이다. 그리고 Chamfer(모따기)가 있는 부분은 스케치에서 그리지 않는다는 건 이제 말하지 않아도 알고 있을 것이라 믿는다. 부품 ②번도 사각형 4개로 완성된다. 복잡하게 생각하지 말고 "도면은 기본 도형의 조합으로 완성한다"만 기억하면 된다.

(13) 공개도면 14번

STEP 1 스케치할 도면 선택

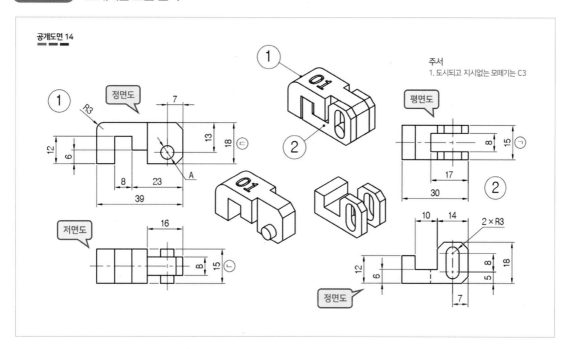

부품 ①번, ②번 모두 정면도를 그리는 것이 좋다. 정면도를 그린 후 각 평면도나 저면도의 중간 지점에 끼워 대칭으로 돌출시켜주면 쉽게 완성할 수 있다.

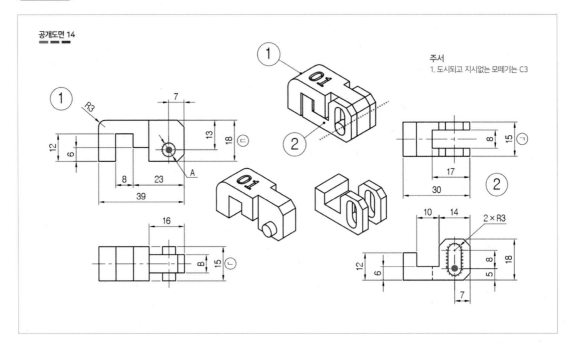

조립 부분을 확인하면 스케치 원점을 손쉽게 찾을 수 있다. 부품 ①번은 원점, 부품 ②번은 슬롯의 아래 중심점에서 스케치를 시작하는 것이 좋다.

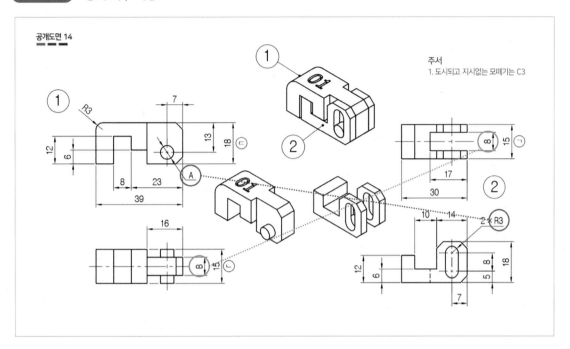

공개도면 14

주서
1. 도시되고 지시없는 모떼기는 C3

공차 A는 슬롯의 반지름이 R3mm이므로 지름은 ø6mm이다. 이 치수 내에서 동작해야 하므로 1mm 작은 ø5mm로 하고, 공차 B도 8mm보다 작아야 내부에서 회전을 할 수 있기 때문에 7mm로 주면 된다.

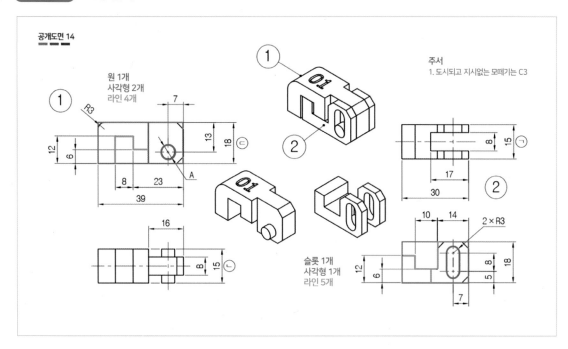

도형 분석을 쉽게 하는 방법 중 가장 중요한 것이 Fillet(모깎기)과 Chamfer(모따기)는 그리지 않는 것이다. 부품들 모두 쉬운 형태이지만, 부품 ②번의 아래 숨은선 부분을 그려야 하는지에 대한 판단은 중요하다. 이 라인이 없으면 내부를 파내는 작업이 어려워질 수 있기 때문이다.

(14) 공개도면 15번

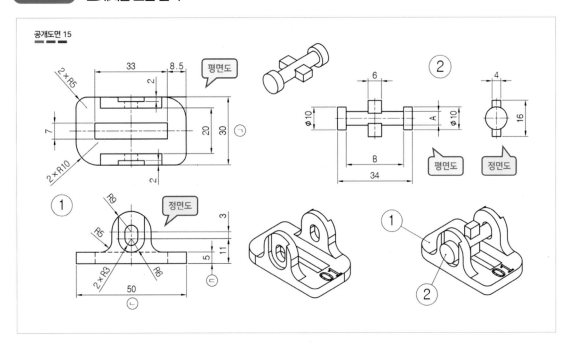

부품 ①번과 ②번 모두 정면도를 선택한다. 그런 다음 각 평면도의 중간 지점에 정면도를 끼워 넣고 대칭으로 돌출시켜주면 쉽게 완성할 수 있다. 도면을 그리면서 느끼겠지만, 3D프린터운용기능사 공개도면 27개 중 상당수가 이러한 패턴을 가지고 있으니 참고한다. 부품 ②번은 부품도와 조립도의 각도가 다른데, 도면대로 그리면 조립도와 방향이 맞게 된다.

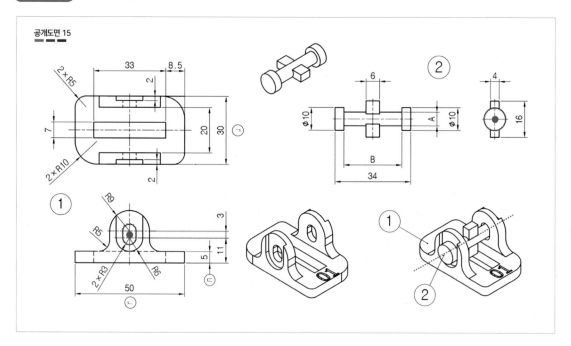

공개도면 15

부품 ①번의 슬롯은 양쪽의 중심점이 아닌 중간에서 스케치를 한다. 위쪽 중심점에서 스케치를 그려도 되지만, 출력 후 서포트 제거와 원활한 동작을 위해서는 중간에서 스케치를 시작하는 것이 좋다. 부품 ②번은 원점에서 시작한다.

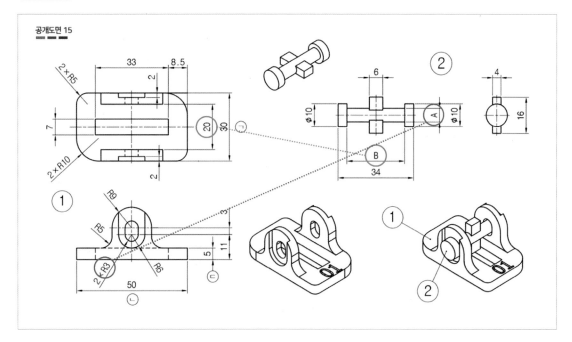

공차 A는 슬롯의 반지름이 R3mm이므로 지름은 ø6mm이다. 이 치수 내에서 동작해야 하기 때문에 1mm 작은 ø5mm로 정한다. 공차 B는 조금 복잡한데, 조립도에서 보이는 것과 같이 양쪽에서 살짝 들어간 부분보다 1mm 커야 하기 때문에 먼저 양쪽 끝에서 들어간 부분의 길이를 알아야 한다. 계산해보면 30−(2 + 2) = 26mm가 되기 때문에 1mm 큰 27mm로 주면 적당하다.

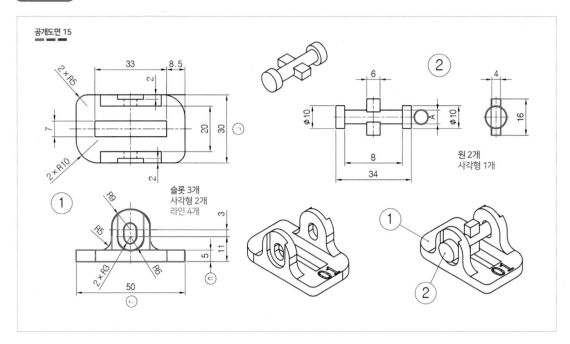

공개도면 15번의 도형 분석은 조금 까다로워 보인다. 부품 ①번은 가운데 슬롯을 그린 후 Offset(간격띄우기) 기능을 통해 전체가 아닌 일부만 띄워준다. R6짜리는 +3mm, R9짜리는 +6mm만큼 간격을 띄우면 되겠다. 그럼 연결이 끊어진 부분이 발생하는데, 이때는 스케치 확장(Extend) 옵션을 활용해 마감하면 간단히 처리할 수 있다. 부품 ②번은 정면도의 원과 사각형을 하나씩 그리면 되지만, 우측면도의 A 부분이 스케치되어 있어야 나중에 3D 객체 작업 시 내부를 팔 수 있다. 따라서 내부에 원을 추가로 A만큼 그려줘야 한다. 조금 복잡한 부분이므로 반드시 해설 동영상을 확인하고 반복해서 그리는 것이 중요하다.

(15) 공개도면 16번

STEP 1 스케치할 도면 선택

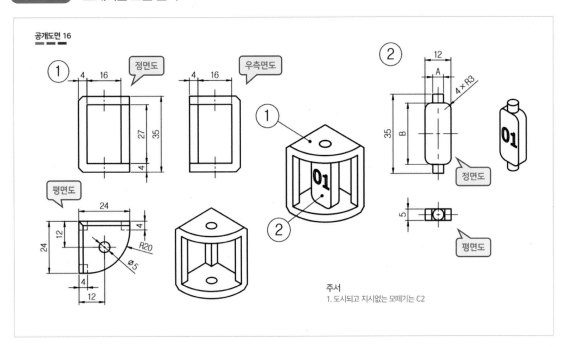

공개도면 16번은 부품 ①번, ②번 모두 평면도를 사용하는 것이 좋다. 보기에는 어려운 형태 같지만 모깎기나 모따기를 빼면 단순한 도형들의 집합이므로 생각보다 어렵지 않다. 개인적으로 공개도면 중에서 가장 쉬운 문제로 판단된다.

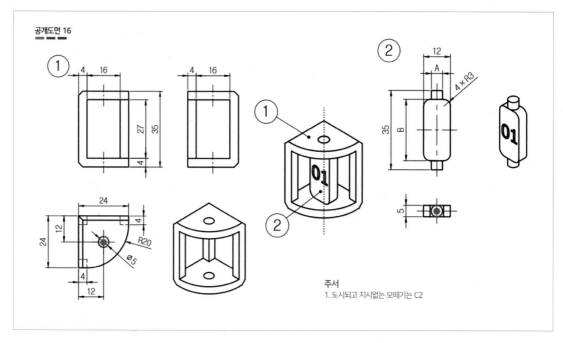

공개도면 16

주서
1. 도시되고 지시없는 모떼기는 C2

16번 도면의 스케치 원점은 너무 쉽다. 조립부를 감안했을 때 부품 ①번과 ②번 모두 가운데 원의 중심에서 스케치를 시작하면 된다.

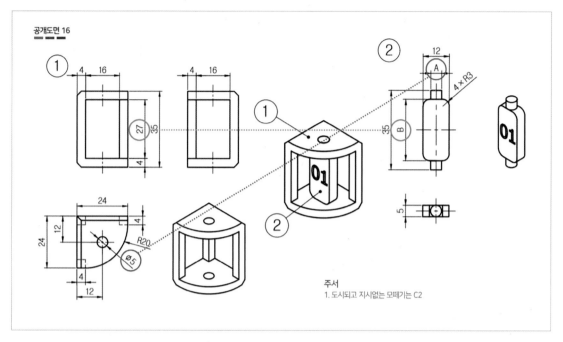

공차 A는 부품 ①번의 ø5mm보다 작아야 하기 때문에 ø4mm로 간다. 공차 B는 부품 ①번의 27mm 내에서 회전을 해야 하므로 26mm가 적당하다.

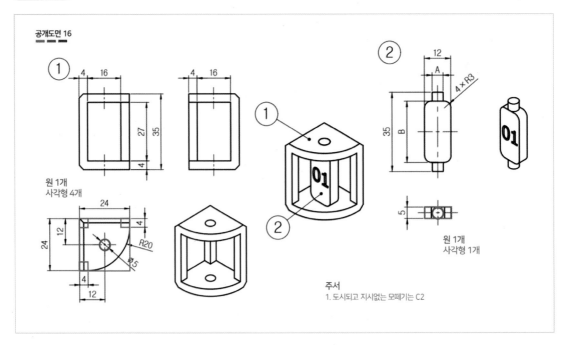

부품 ①번의 도형을 분석하기 전, 스케치에 필요 없는 부분부터 확인한다. 평면도에서 Chamfer(모따기) 에 의해 나타나는 라인들은 그릴 필요가 없다. 그리고 Fillet(모깎기)이 들어가는 부분도 생략한다. 그래 서 필요한 도형은 원 1개에 사각형 4개가 남는다. 부품 ②번은 더 간단해서 원 1개, 사각형 1개면 완성된 다. 특히 사각형은 원의 중심과 사각형의 중심이 일치하기 때문에 중심 사각형(Center Rectangle)을 그 리는 것이 좋겠다.

(16) 공개도면 17번

STEP 1 **스케치할 도면 선택**

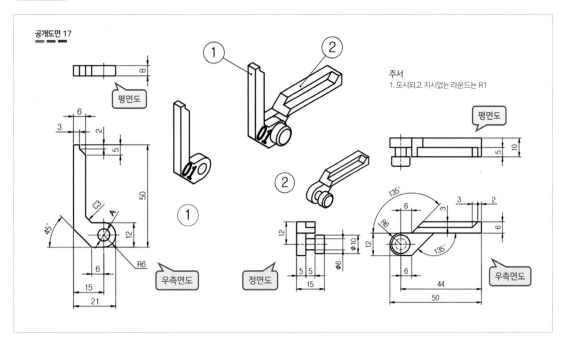

이번 17번 도면은 부품 ①번, ②번 모두 우측면도를 기준으로 보는 것이 적당하다. 난이도가 조금 있는 도면이지만 "스케치는 도형들의 집합이고, 모깎기와 모따기는 그리지 않는다"는 것을 기억하기 바란다.

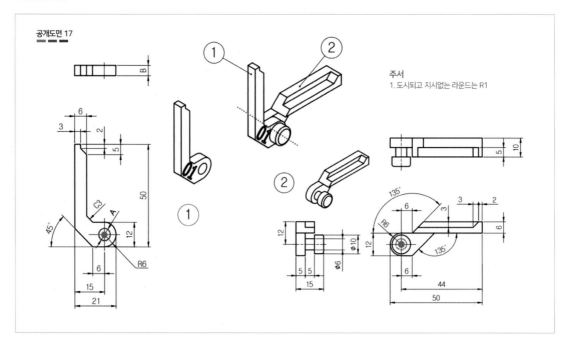

공개도면 17

주서
1. 도시되고 지시없는 라운드는 R1

16번 도면의 경우처럼 조립부를 감안했을 때 부품 ①번과 ②번 모두 가운데 원의 중심에서 스케치를 시작하면 된다.

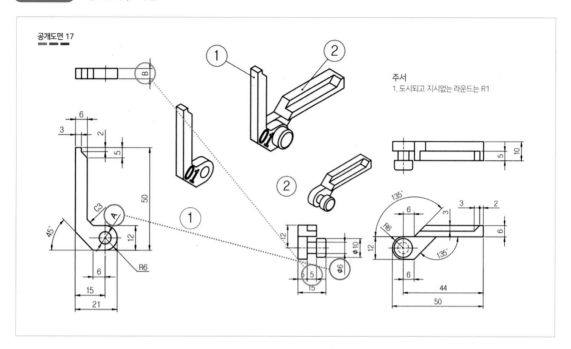

공개도면 17

주서
1. 도시되고 지시없는 라운드는 R1

공차 A는 부품 ②번의 ⌀6mm과 관계가 있고, 이것보다 커야 동작이 가능하므로 ⌀7mm으로 결정한다.
공차 B는 부품 ②번의 5mm보다 좁아야 회전이 가능하기 때문에 1mm 작은 4mm로 그려주면 된다.

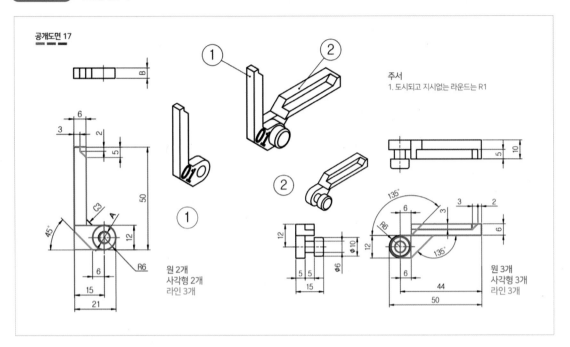

공개도면 17

주서
1. 도시되고 지시없는 라운드는 R1

원 2개
사각형 2개
라인 3개

원 3개
사각형 3개
라인 3개

형태가 까다로워 보이지만 도형별로 쪼개놓으면 어렵지 않게 완성할 수 있다. 각 도형별로 크기를 치수로 고정한 상태로 그린 후 구속조건을 이용해 위치를 맞추면 된다. 부품 ①번은 원 2개와 사각형 2개, 그리고 라인 3개를 이용해 완성한다. 부품 ②번은 조금 더 복잡해 보이지만, 도형을 기준으로 하면 원 3개, 사각형 3개와 라인 3개가 필요하다. 해설 동영상을 확인해서 모델링 방법을 익힌 후 반복하여 연습해 보기를 추천한다.

(17) 공개도면 18번

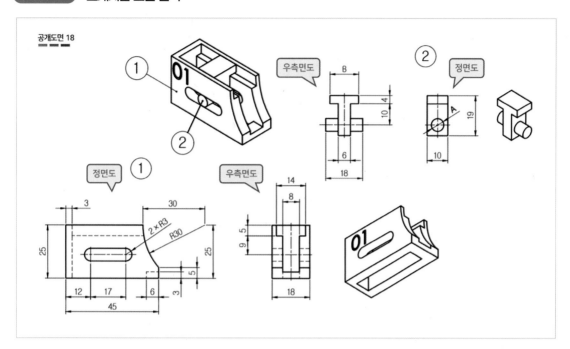

이번 공개도면 18번은 조립도와 부품도의 위치가 다르다. 이런 경우는 조립도가 우선이며, 투상도를 선택할 때의 기준도 조립도이다. 부품도는 도면을 좀 더 이해하기 쉽게 방향을 바꾸어 보여주는 용도로 생각하면 된다. 부품 ①번, ②번 모두 정면도를 기준으로 보는 것이 적당하다. 정면도를 스케치한 후 각 우측면도의 중간 지점에 위치시켜 대칭으로 돌출시켜주면 쉽게 완성할 수 있다.

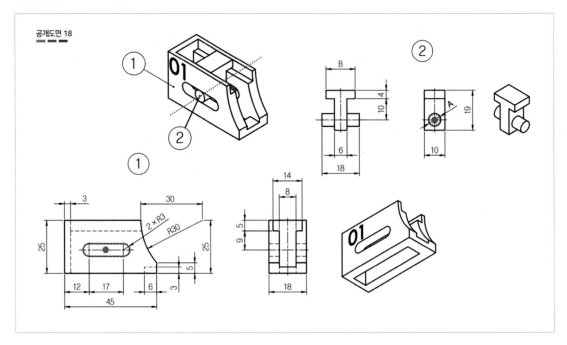

공개도면 18

조립도의 조립 부분과 선택한 도면의 방향이 일치하면 스케치 원점을 손쉽게 찾을 수 있다. 부품 ①번은 슬롯의 중심에서 스케치를 시작하는 것이 적당하고, 부품 ②번은 원기둥의 중심을 스케치 원점으로 두면 된다.

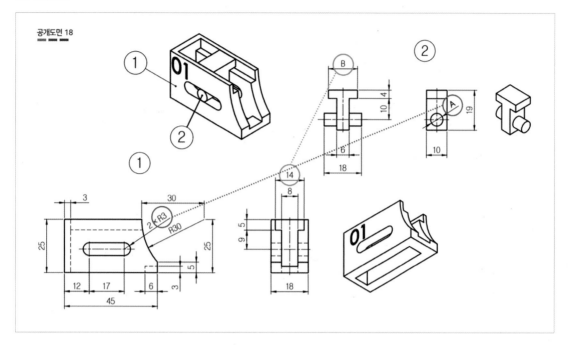

공개도면 18

공차 A는 슬롯의 지름인 ø6mm를 파악한 후 이 치수 내에서 동작해야 하므로 1mm 작은 ø5mm로 주면 된다. 공차 B도 그림에서 보는 것과 같이 14mm보다 작아야 내부에서 회전이 가능하기 때문에 13mm로 스케치하면 된다.

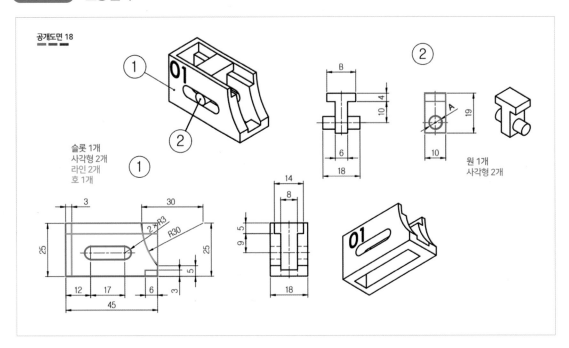

공개도면 18

① 슬롯 1개
사각형 2개
라인 2개
호 1개

①

② 원 1개
사각형 2개

부품 ②번은 원 1개와 사각형 2개로 간단하지만, 부품 ①번은 호 1개 때문에 조금 어려울 수 있는 편이다. 많은 수험자들이 원으로 처리하려고 하지만, 3점 호(3 Point Arc)를 그린 후 치수를 주고 위치를 맞추면 쉽게 완성할 수 있다. 해설 동영상을 참고해서 확인하도록 한다.

(18) 공개도면 19번

STEP 1 스케치할 도면 선택

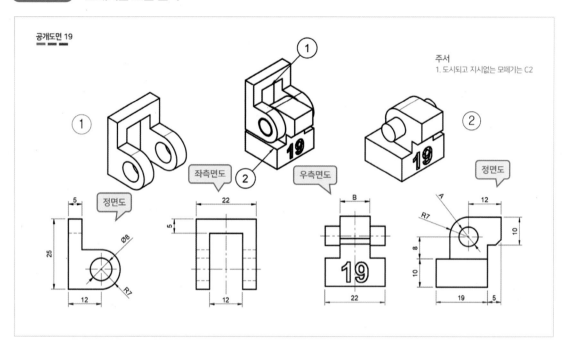

부품 ①번, ②번 모두 정면도를 그리는 것이 좋아 보인다. 우측면도를 그린다면 큰 덩어리를 만들고 난 후의 추가 작업이 너무 많아 보이기 때문이다. 정면도를 그린 후 각 우측면도의 중간 지점에 끼워 대칭으로 돌출시켜주면 쉽게 완성할 수 있다.

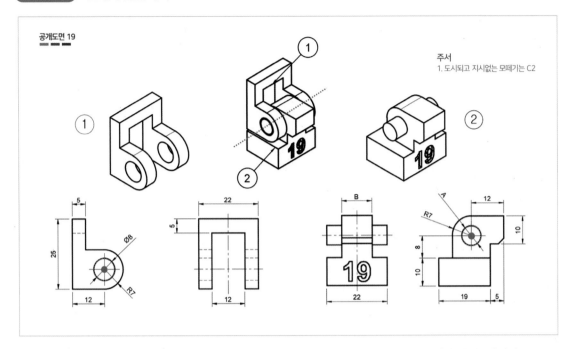

부품 ①번과 ②번 모두 조립 부분에 생성되는 원의 원점을 스케치 중심점으로 활용하면 되겠다.

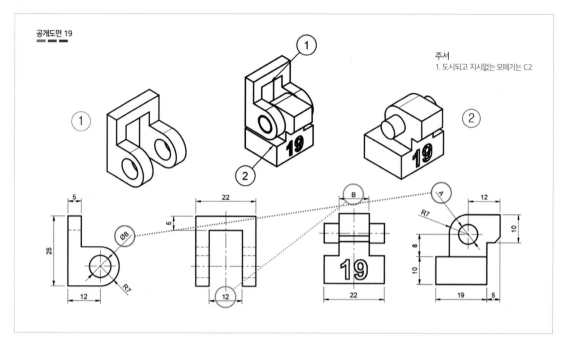

공차 A는 부품 ①번의 ø8mm보다 작아야지 회전이 가능해지기 때문에 ø7mm로 확정해 준다. 공차 B는 부품 ①번의 12mm보다 작아야 내부에서 회전할 수 있으므로 11mm로 스케치하면 된다.

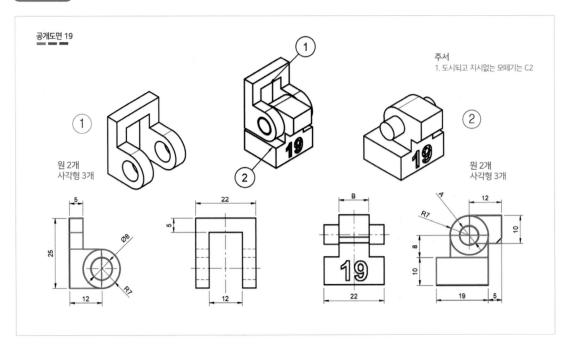

부품 ①번은 평이한 형태이므로 쉽다. 원 2개와 사각형 3개면 되고, 부품 ②번은 여태까지의 정형화된 형태에서 조금 벗어나 있기 때문에 구속조건을 잘 활용해야 한다. 오른쪽 가로 12mm, 세로 10mm짜리 사각형이 원과 가운데에서 만나는 것이 아니기 때문에 일단 일치 구속조건으로 원점과 사각형 왼쪽 라인을 일치시킨 후 원과 사각형 윗라인을 Tangent(섭선)로 고성하면 되겠다. 중간에 있는 사각형도 같은 방식으로 처리하면 된다. 해설 동영상을 반드시 확인하는 것이 좋겠다.

(19) 공개도면 20번

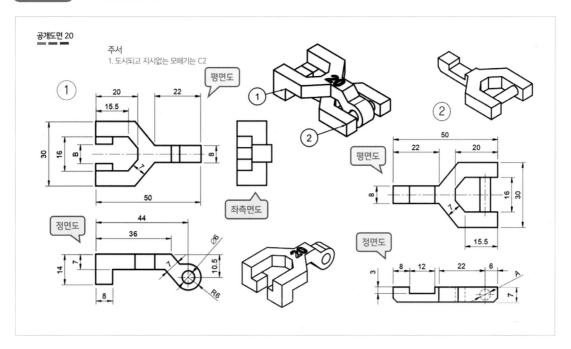

부품 ①번, ②번 모두 2번씩 작업해야 완성되는 도면이다. 따라서 조립 부분의 원점을 쉽게 파악할 수 있는 정면도를 그리는 것이 효율적이다. 또한 대칭 형태이기 때문에 반쪽만 완성한 후에 대칭 기능으로 완성하는 것이 좀 더 편할 것이다.

STEP 2 · 스케치 원점 파악

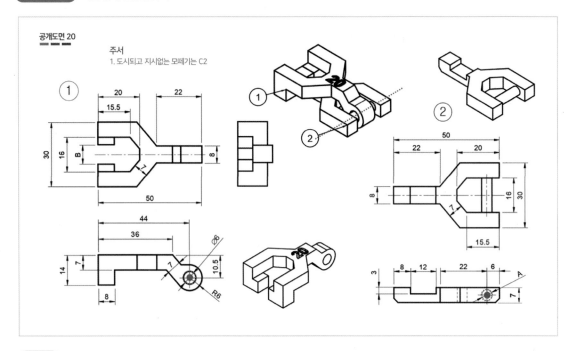

STEP 1 에서 언급한 것처럼 조립 부분을 기준으로 원의 원점에서부터 스케치를 시작하는 것이 좋다.

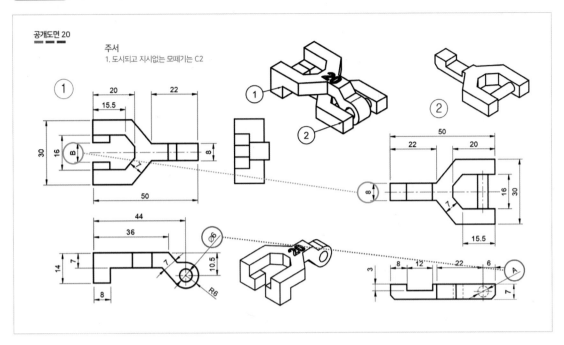

공차 A는 부품 ①번의 ø6mm보다 작아야 하므로 ø5mm로 정한다. 공차 B는 부품 ②번의 8mm보다 커야 간섭 없이 동작이 가능하기 때문에 9mm로 스케치한다.

그리고 부품 ②번 도면에 치수가 하나 빠졌다. 정면도에서 원의 위치는 사각형의 상하 중심에 위치해 있다. 참고해서 작성하면 되겠다.

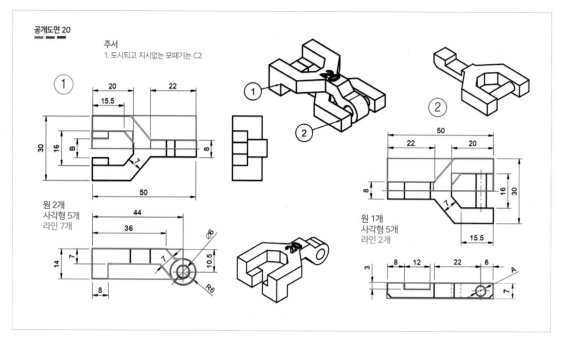

정면도에서 한 번, 평면도에서 한 번 등 2번의 스케치가 필요하기 때문에 도형이 많이 필요하다. 복잡한 형태이기 때문에 어떤 도형들이 어디에서 어떻게 사용되는지 분간이 어려울 수도 있으니 잘 살펴보기 바란다. 그리고 대칭 형태인 것도 명심하도록 한다. 해설 동영상을 참고하여 적어도 4번 이상은 그려보자.

(20) 공개도면 21번

스케치할 도면 선택

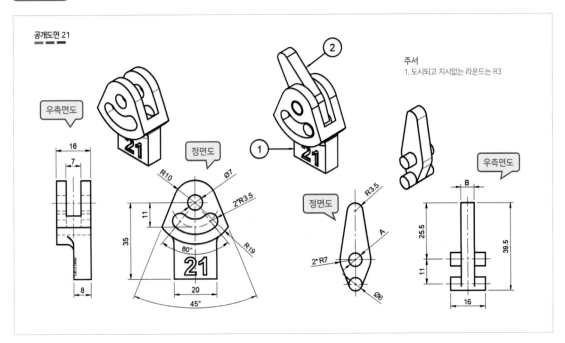

21번 도면은 공개도면 27개 중에서 까다로운 편에 속한다. 그러나 좌우 대칭 형태라는 것을 기억하고, 부품 ①번, ②번 모두 정면도를 선택하면 완성이 쉬워진다. ①번 부품 아랫부분이 비대칭이지만 정확하게 가운데에서 우측으로 돌출된 형상이기 때문에 좌우 대칭 형상으로 생각하고 모델링하면 된다.

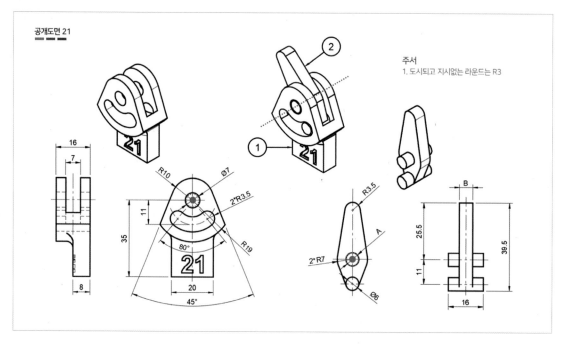

공개도면 21

주서
1. 도시되고 지시없는 라운드는 R3

조립도에서 조립 부분이 어디인지 확인한다. 부품 ①번, ②번 모두 원점을 스케치 중심점에서 시작하자.

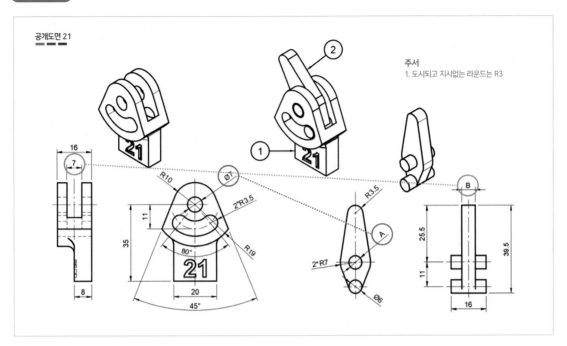

공개도면 21

주서
1. 도시되고 지시없는 라운드는 R3

공차 A는 대응하는 구멍의 치수인 ø7mm보다 작아야 하기 때문에 ø6mm로 준다. 공차 B도 부품 ①번의 7mm 공간 내에서 회전이 일어나니 6mm로 정해주면 된다.

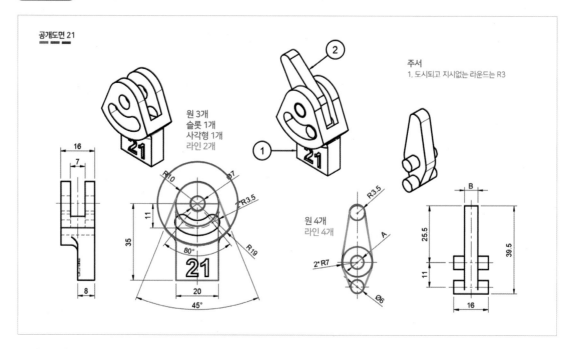

21번 도면도 상당히 까다로운 형태로 보인다. 하지만 공개도면 27개 중 어려운 문제는 없다. 그리는 연습이 조금 더 필요할 뿐이다. 부품 ①번의 슬롯을 어떻게 처리하는지만 알면 그릴 수 있다. 글로 설명하기 복잡할 수 있으니 해설 동영상을 참고한다.

(21) 공개도면 22번

STEP 1 스케치할 도면 선택

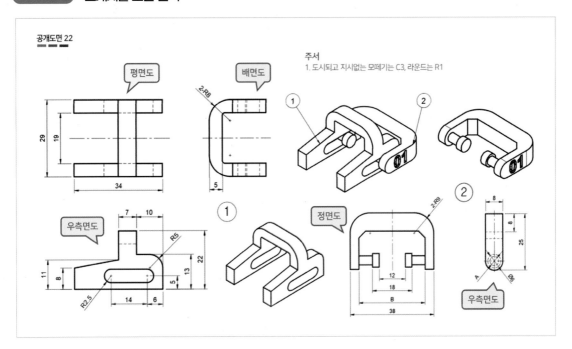

부품 ①번, ②번 모두 대칭 형태이다. 결합 부위 선택을 특정하기는 애매하지만 우측면도를 기준으로 하면 좀 더 수월하다.

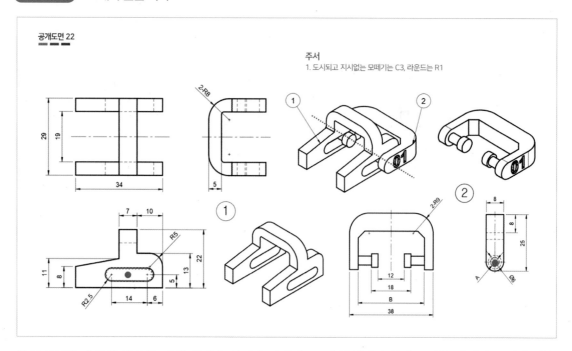

공개도면 22

주서
1. 도시되고 지시없는 모떼기는 C3, 라운드는 R1

부품 ①번은 슬롯의 중심점, 부품 ②번은 원점이 되겠다. 조립 부위와 슬롯의 중심은 약간의 오차가 있어 보이는 점을 참고해서 완성 후 위치 조정이 필요하다는 것을 기억하자.

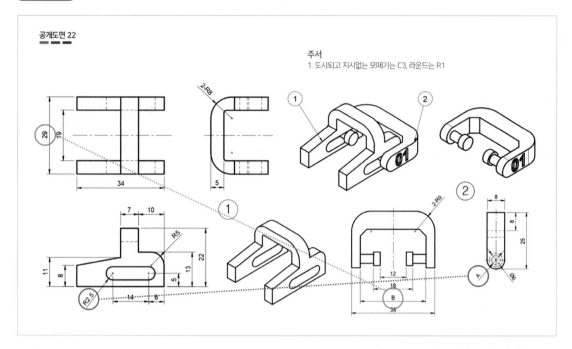

공개도면 22

주서
1. 도시되고 지시없는 모떼기는 C3, 라운드는 R1

공차 A는 부품 ①번의 슬롯 내부에서 움직여야 하기 때문에 슬롯의 중심점 지름보다 작아야 한다. 따라서 중심점 지름인 ø5mm보다 작은 ø4mm로 확정한다. 공차 B는 부품 ①번의 좌우 길이보다 커야 동작이 가능하므로 29mm + 1mm = 30mm가 되겠다.

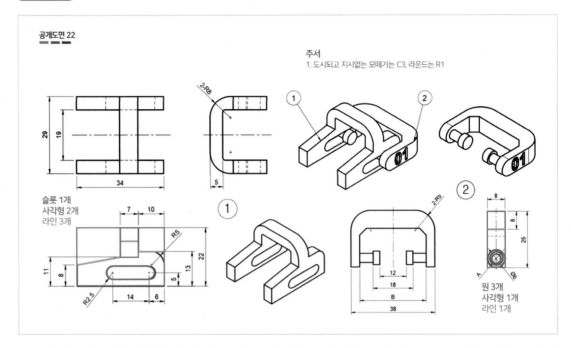

공개도면 22

주서
1. 도시되고 지시없는 모떼기는 C3, 라운드는 R1

슬롯 1개
사각형 2개
라인 3개

원 3개
사각형 1개
라인 1개

부품 ①번이 정형화된 형태가 아니어서 기본 도형을 빨리 파악하기 힘들다면, 큰 도형부터 그리고 나머지를 안에 가둬서 그려주는 것이 요령이다. 부품 ②번은 여태까지 많이 해왔던 형태라 어렵지 않다. 다만 3D 객체를 만들 때 대칭 형태라는 것을 참고하면 좋겠다.

(22) 공개도면 23번

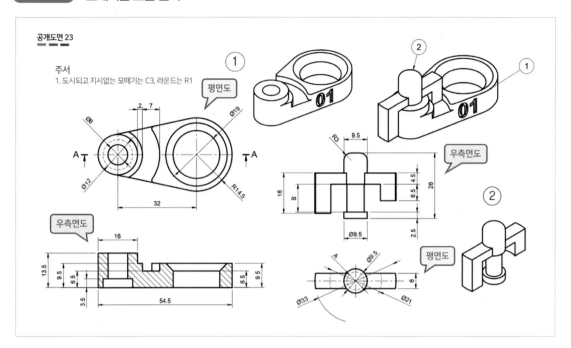

부품 ①번은 평면도와 우측면의 단면도가 있다. 이런 문제는 2024년 현재까지는 처음이지만, 향후 공개
도면이 추세대로 많아진다면 유사한 문제가 나올 가능성이 커 보인다. 문제가 더 복잡해질 수 있다는 증
거이기도 하다. ②번도 평면도를 스케치하는 것이 좋다.

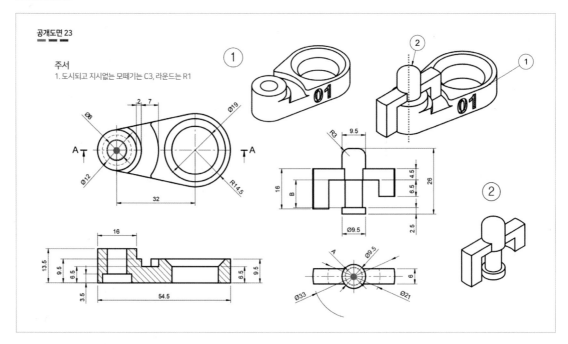

공개도면 23

주서
1. 도시되고 지시없는 모떼기는 C3, 라운드는 R1

부품 ①번과 ②번 모두 중심점을 스케치 원점으로 모델링하는 것이 좋아 보인다.

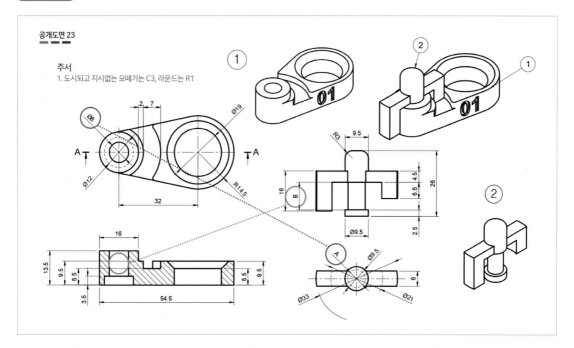

공차 A는 부품 ①번의 ø8mm 안에서 회전이 필요하므로 ø7mm로 하면 적당하겠다. 공차 B는 참고할 치수가 부품 ①번의 높이값인 13.5mm이기 때문에, 조립이 일어나는 원기둥은 13.5mm−3.5mm로 계산해서 실상은 10mm를 대상으로 공차를 주어야 한다. 따라서 1mm 더 큰 11mm로 적용하면 되겠다.

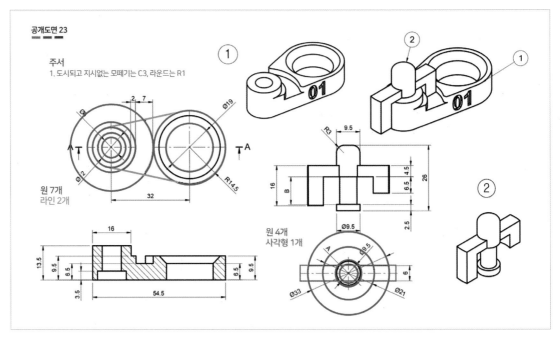

도형은 위 그림과 같이 원과 라인, 사각형으로 이루어져 있다. 조금 헷갈릴 수 있는 부분이 부품 ②번의 주변부가 직선이 아닌 호로 이루어져 있다는 점이다. 아래 스케치 샘플을 참고해서 찬찬히 그려보기를 바란다.

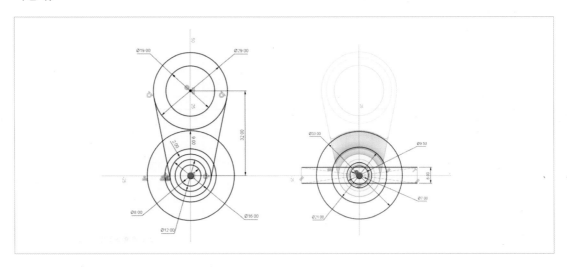

(23) 공개도면 24번

STEP 1 스케치할 도면 선택

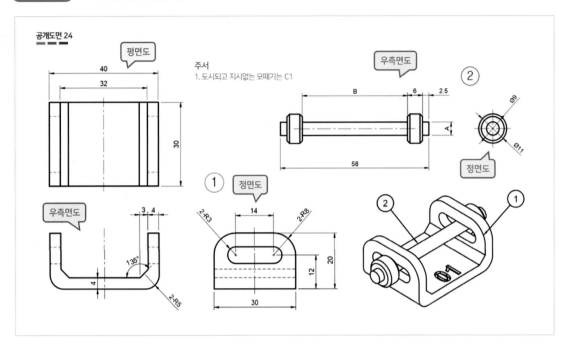

부품 ①번과 ②번 모두 정면도를 선택하면 다른 투상도보다는 편하게 그릴 수 있을 것으로 보인다. 그리고 좌우 대칭 형태라는 점도 기억해야 한다.

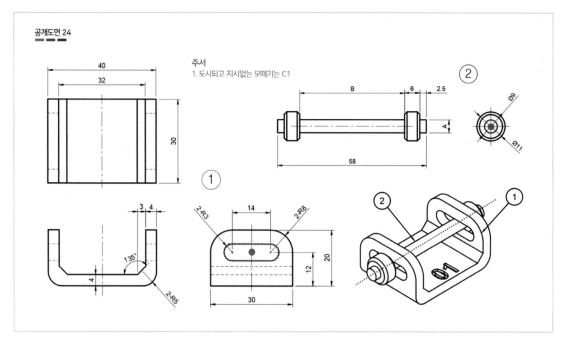

공개도면 24

주서
1. 도시되고 지시없는 모떼기는 C1

부품 ①번은 슬롯의 가운데 중심점을, 부품 ②번은 원점을 이용하면 된다.

STEP 3 공차 치수 확정

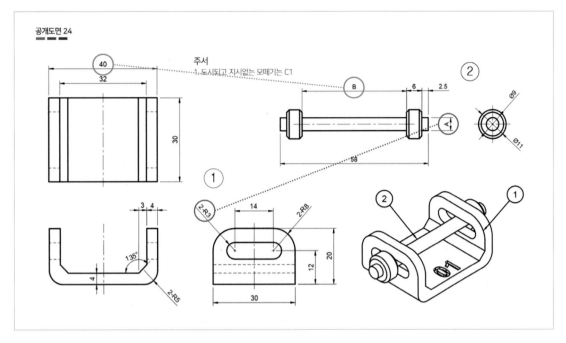

공개도면 24

주서
1. 도시되고 지시없는 모떼기는 C1

공차 A는 부품 ①번에 있는 슬롯의 지름인 ø6mm보다 작아야 하기 때문에 ø5mm로 정한다. 공차 B도
부품 ①번의 평면도에 있는 전체 가로 40mm보다 커야 하므로 41mm로 준다.

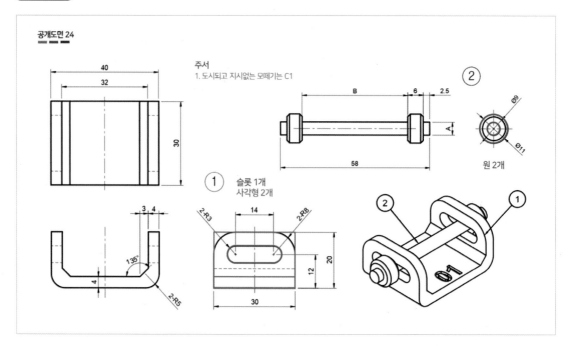

24번 공개도면은 비교적 간단한 도형들이 배치되어 있다. 부품 ①번은 슬롯 1개와 사각형 2개가 필요하고, 치수와 구속조건을 잘 활용해서 적정 위치에 배치한다. 그리고 Chamfer(모따기)가 있는 부분은 스케치에서 그리지 않는다는 사실은 이제 말할 필요도 없다고 믿는다. 부품 ②번은 오직 원 2개만 있으면 된다. 모따기로 인해 도면에 표기된 가운데 원은 그릴 필요가 없다는 것도 체크한다.

(24) 공개도면 25번

스케치할 도면 선택

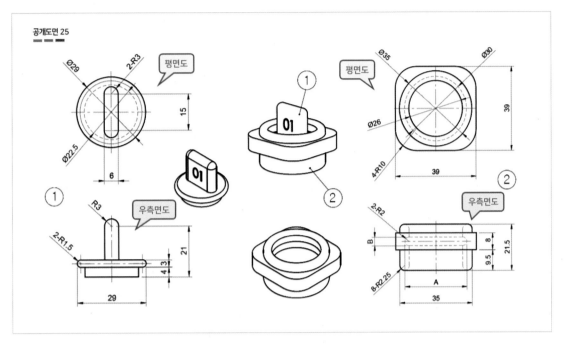

부품 ①번과 ②번은 모두 평면도를 기준으로 도면 작업을 한다. 한 가지 참고할 것은 평면도와 동일하게 스케치를 하면 손잡이 부분이 X축 기준이 아닌 Y축 기준이 된다는 것이다. 따라서 중간에 있는 슬롯은 수직 방향이 아닌 수평 방향으로 스케치를 해야 한다.

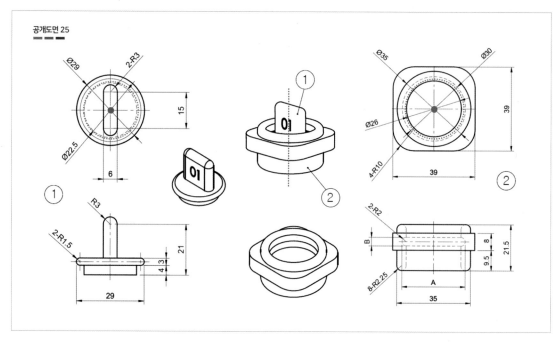

공개도면 25

조립도에 나와 있는 빨간 점선(조립 부분)을 참조한다. 결과적으로 부품 ①번은 원의 원점, 부품 ②번도 원점을 이용해 스케치하면 된다.

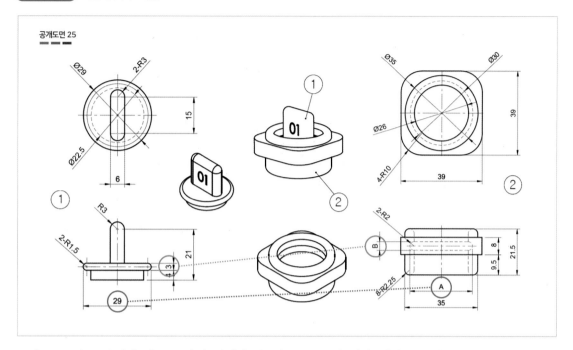

공차 A는 부품 ①번의 원통 모양이 회전할 수 있도록 좀 더 커야 하기 때문에 26mm보다 1mm 큰 27mm로 준다. 공차 B도 부품 ①번의 3mm보다 커야 회전을 할 수 있으므로 4mm로 정하고 스케치하면 된다.

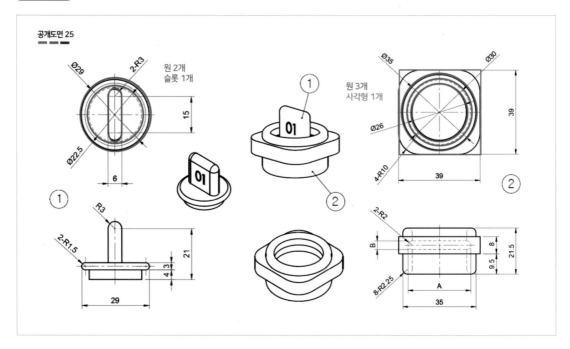

부품 ①번은 원 2개와 슬롯 1개면 스케치가 완성된다. 3D 객체로 모델링 시 조립부의 중심을 잘 선택해서 대칭으로 돌출시키면 어렵지 않게 완성할 수 있다. 부품 ②번도 조금 까다로워 보이지만 실제 작업은 난이도가 높지는 않다. 원 3개와 사각형 1개로 스케치는 전혀 어렵지가 않지만, 입체로 돌출시킬 때는 부품 ①번처럼 대칭 돌출 명령을 잘 이해하고 작업하도록 한다.

(25) 공개도면 26번

STEP 1 스케치할 도면 선택

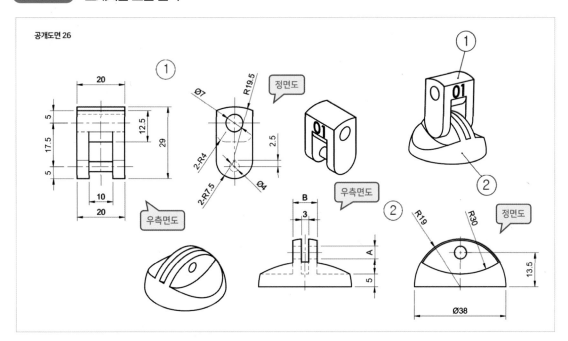

2024년에 추가된 3개의 도면은 기존의 것보다 조금 더 복잡해진 형태이다. 더군다나 이번 26번은 돌출 명령만으로 모든 모델링을 마칠 수 있었던 기존의 도면에 비해 좀 더 많은 객체 생성 명령들을 사용하기를 강요하고 있다.

부품 ①번과 ②번, 둘 다 정면도를 기준으로 작업한다. 조립도와 부품도의 방향이 다르기 때문에 조립도를 기준으로 스케치 방향을 잘 잡고 모델링을 해야 한다.

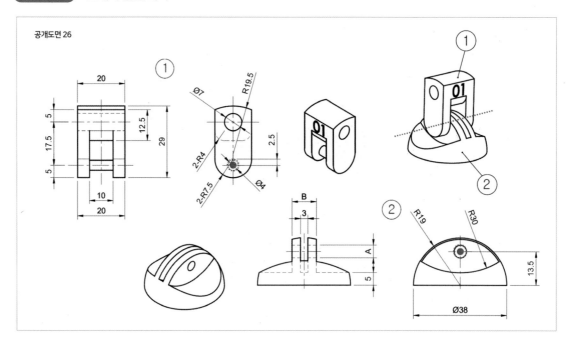

공개도면 26

조립 부분이 어디인지 확인 후 부품 모두 원의 원점을 스케치 원점에서 작성한다.

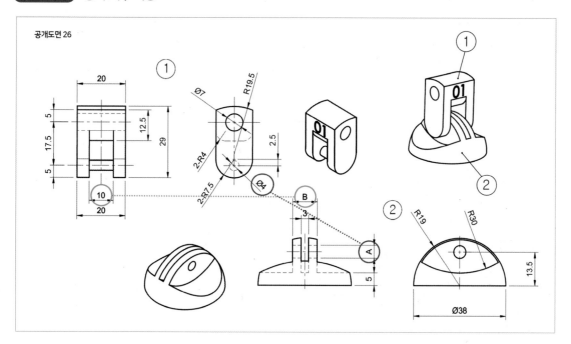

공차 A는 부품 ①번의 ø4mm보다 커야 하므로 ø5mm로 정한다. 반면 공차 B는 부품 ①번의 10mm보다 작아야 회전이 가능하기 때문에 9mm로 준다.

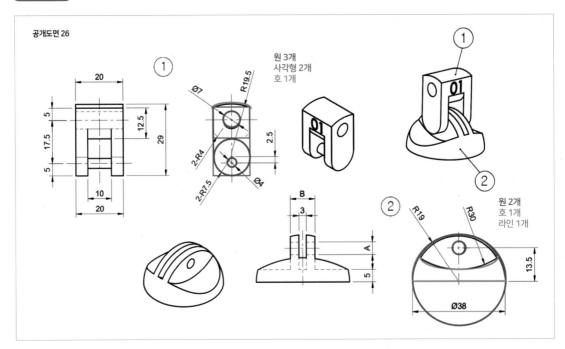

도형 분석만 보면 크게 어렵지 않지만, 앞서 언급한 것처럼 돌출(Extrude) 명령 말고도 회전(Revolve) 명령까지 이용해야 작업을 수월하게 할 수 있다.

부품 ①번은 원 3개, 사각형 2개, 그리고 호 1개가 필요하다. 부품 ②번도 원 2개와 호 1개, 그리고 라인 1개가 필요한데, 호의 작업을 어려워하는 수험생들이 많기 때문에 해설 동영상을 반드시 확인하고 완성해 본다. 그리고 회전(Revolve) 명령과 교집합의 조합으로 모델링이 어떻게 바뀌는지도 확인해 보는 것을 추천한다.

(26) 공개도면 27번

스케치할 도면 선택

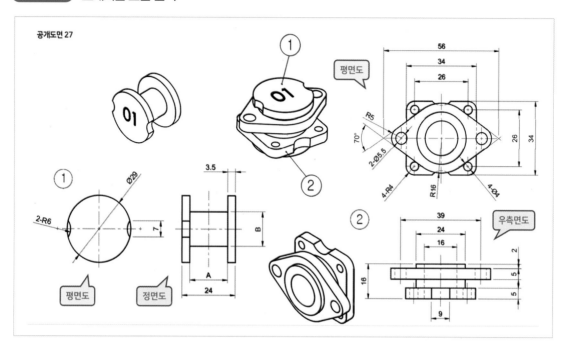

부품 ①번, ②번 모두 평면도를 그리는 것이 좋다. 도면이 상당히 복잡해 보이지만 도형 분석을 통해서 하나씩 그려나가면 충분히 완성할 수 있다. 참고로 조립도와 부품도의 방향이 다르기 때문에 스케치 방향을 잘 설정하기 바란다.

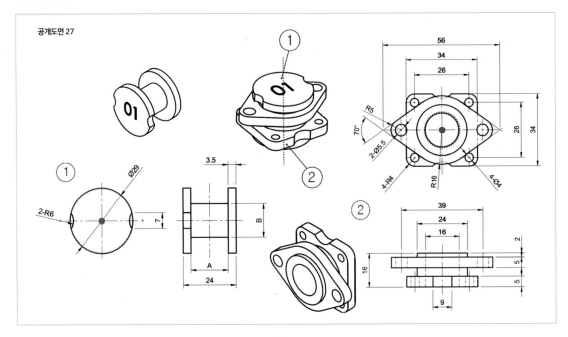

공개도면 27

조립 부분을 확인하고 스케치 원점을 찾는다. 부품 ①번과 ②번 모두 원점을 기준으로 한다.

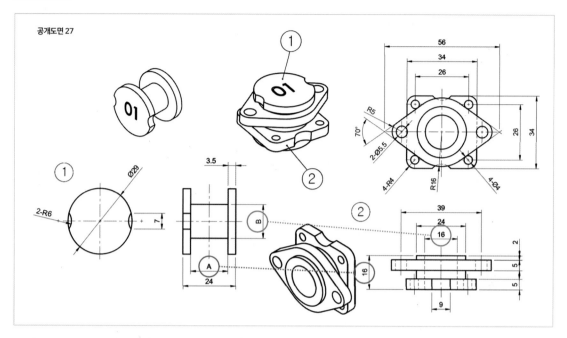

공개도면 27

공차 A는 부품 ②번의 16mm보다 작아야 조립이 가능하므로 15mm로 작업하고, 공차 B는 부품 ②번의 ø16mm보다 작아야 조립이 가능하므로 ø15mm로 스케치한다.

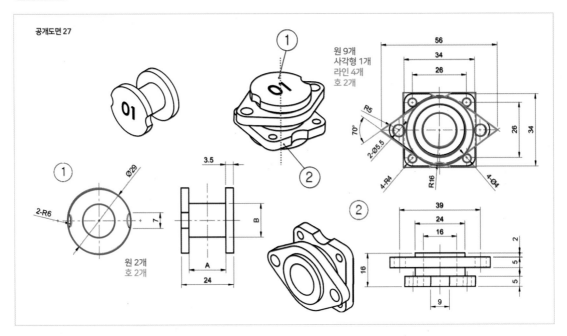

공개도면 27

여러 번 반복해서 말하지만, 도형 분석을 할 때는 Fillet(모깎기)과 Chamfer(모따기)는 그리지 않는 것이 작업에 유리하다. 특히 부품 ②번이 꽤나 까다로워 보이지만 기본 도형들의 집합이라는 것은 변함이 없다. 스케치보다는 3D 객체로 만들 때 헷갈릴 수가 있으니 해설 동영상을 꼭 참고하기 바란다.

PART 11
3D프린팅

---

01 | 7 STEPS 슬라이싱 기법

1. 슬라이싱 기법이란?

3D프린터의 출력은 3D모델링을 끝낸 후에 STL 파일로 저장하고, STL 파일은 다시 G코드 파일로 변환해야 가능하다. 3D프린터는 출력물을 한 층씩 쌓아 올려 입체로 제품을 만들기 때문에 그 한 층을 어떤 소재로 채울지, 설정은 어떻게 세팅할지를 결정하는 프로그램이 슬라이서이고, 그 결과물로 최종 저장되는 것이 G코드이다.

물론 G코드는 저가형, 보급형 등으로 불리는 렙랩(RepRap) 3D프린터에서 주로 사용한다. 산업용 FDM 방식이나 액체 소재 또는 분말 소재를 사용하는 다른 방식은 G코드가 아닌 또 다른 방식의 출력용 파일을 가지고 있다. 하지만 3D프린터운용기능사의 실기시험에서 사용하는 3D프린터들은 모두 보급형 FDM 방식의 3D프린터이기 때문에 G코드를 만드는 슬라이싱 기법에 대해 알아야 한다. 여기서 또 한 가지 알아야 하는 것은 "test.gcode"처럼 확장자가 'gcode'로 끝나는 슬라이서도 있지만, 전용 슬라이서의 경우 "test.hfb", "test.makerbot" 등 다양한 확장자가 있을 수 있다는 것이다.

현재 3D프린터운용기능사 실기시험장에는 여러 종류의 3D프린터들이 있다. 종류로는 큐비콘, 신도리코, 메이커봇, 플래시포지, 모멘트, 엔더3, 조트렉스, 포머스팜, The재인, 티어타임 등이 있는 것으로 파악된다. 고사장이 전국에 있으니 3D프린터의 종류도 다양한 것으로 보인다. 수험자 여러분들은 본인의 실기시험장에서 어떤 3D프린터와 슬라이서로 작업을 수행해야 하는지 반드시 확인하고 미리 연습해서 시험에 대비해야 한다.

이 책에서는 모든 슬라이서를 다룰 수 없으므로 많이 사용하는 몇 가지를 선정해서 알아보고자 한다. 대표적인 슬라이서에는 큐라(Cura)와 큐비콘, 신도리코, 메이커봇의 전용 슬라이싱 프로그램 등이 있다.

2. 7 STEPS 슬라이싱 기법

슬라이서를 이해하고 3D프린팅에 적용하기 위해서는 상당한 시간이 필요하다. 하지만 기능사 시험이 목적이라면 전체적인 설정법을 다 알고 있을 필요도 없을뿐더러 시간도 부족하다. 따라서 아래 소개하는 슬라이싱 7단계 기법만 익히면 출력에 큰 어려움은 없으니 꼼꼼히 익히고 반복해서 출력연습을 하는 것이 중요하다.

STEP 1 장비 설정

슬라이서를 사용하기 위해서는 먼저 이 슬라이서를 사용할 장비를 알려줘야 한다. 보급형의 대표격인 RepRap 3D프린터는 물론이고, 전용 슬라이서의 경우에도 3D프린터 제조사에서 한 가지의 제품만 제조·판매하는 것이 아니므로 어떤 장비를 운용하기 위해 슬라이서를 사용하는지 알려줘야 한다.

STEP 2 모델 불러오기

장비 설정이 끝났다면 슬라이싱을 할 모델을 불러온다. 불러온 모델은 자동으로 플랫폼에 위치를 잡기 때문에 걱정할 필요는 없다.

STEP 3 출력 방향 설정

기능사 모델링이 끝나고 STL 파일로 변환 시 출력을 위해 부품별로 위치를 변경했을 것이다. 따라서 원활한 출력을 위해 어떤 방향으로 출력을 할 것인지 결정해야 하며, 그러기 위해서는 각 슬라이서에서 모델을 회전시키는 기능들을 알아야 한다.

STEP 4 출력 설정 초기화

시험장의 슬라이서는 여러 사람들이 사용하기 때문에 출력을 위한 설정들이 이전 사용자의 필요에 의해 바뀌어 있을 수 있다. 슬라이서의 설정을 세팅한다는 것은 슬라이싱을 처음 하는 사람들에게는 상당히 부담되는 부분이고 익히기에도 시간이 많이 걸린다. 따라서 설정들을 초기화 시킨 후 꼭 필요한 부분만 세팅할 수 있는 방법을 알려주려고 한다.

STEP 5 출력 설정값 확정

초기화 후 출력의 안정성을 위해 꼭 필요한 설정만 수정한다. 보통 2~3가지만 바꿔주면 된다.

STEP 6 　출력 시뮬레이션 확인

기능사 모델의 출력은 1시간 20분 이내에 끝내야 한다. 실제 출력시간을 말하는 것이 아닌 슬라이서에서 설정에 맞춰 나온 예상 출력시간을 말한다. 각 슬라이서마다 예상 출력시간을 알기 위해서는 출력 시뮬레이션 기능을 알아야 하고, 이것을 이용해 출력이 본인의 설정과 동일한지도 체크해야 한다. 이때 출력예상시간이 1시간 20분을 초과한다면 다시 STEP 5 로 돌아가서 설정값을 수정해야 한다.

STEP 7 　G코드 저장

최종적으로 슬라이싱을 마쳤다면 그 결과를 G코드로 저장해야 한다. 3D모델링에서 완성한 STL 파일은 3D프린터가 읽을 수 없기 때문에 출력을 가능하게 하기 위해 반드시 G코드로 파일 변환을 해야 한다.

02 | 주요 슬라이서 대상 7 STEPS 공식 적용 해설

1. 큐비크리에이터(Cubicrator) 3.6.5 버전(큐비콘 3D프린터 전용 슬라이서)

시험장에서 사용되는 큐비크리에이터는 3버전과 4버전을 모두 사용하기 때문에 둘 다 살펴보아야 한다. 유저 인터페이스가 상당히 바뀌었고, 4버전이 예상 출력시간이 좀 더 많이 나온다는 점이 다르다.

STEP 1 장비 설정

'프로그램 메뉴 〉 설정 〉 설정창'으로 들어가 장비 탭에서 시험장에 비치되어 있는 모델을 선택한다. 만약 시험장의 모델과 다르게 설정될 경우에는 출력이 불가능하기 때문에 중요한 사항이다. 세팅이 맞춰져 있는 것이 보통이지만, 그래도 한 번 확인하는 것이 좋다.

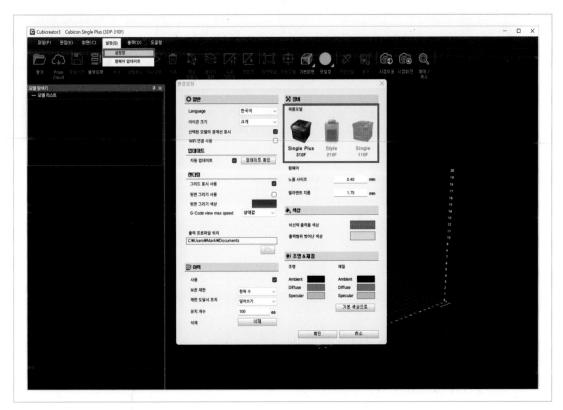

STEP 2 모델 불러오기

'툴바 〉 [열기] 아이콘' 선택 후 탐색기에서 해당 파일 불러오기를 한다.

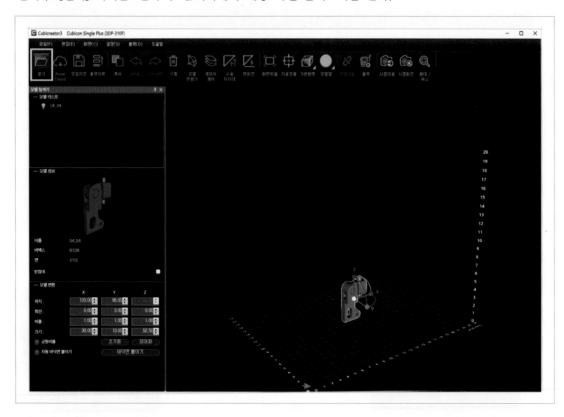

출력 방향 설정

'툴바 〉 [면회전] 아이콘' 클릭 후 "특정면에 맞게 회전"을 불러온다. 이후 바닥에 붙일 면을 선택하고 다음으로 바닥면을 선택하면 된다. 좌측 '모델탐색기'에 회전시키는 기능이 있지만 '면회전' 기능을 사용하는 것이 쉬울 것이다.

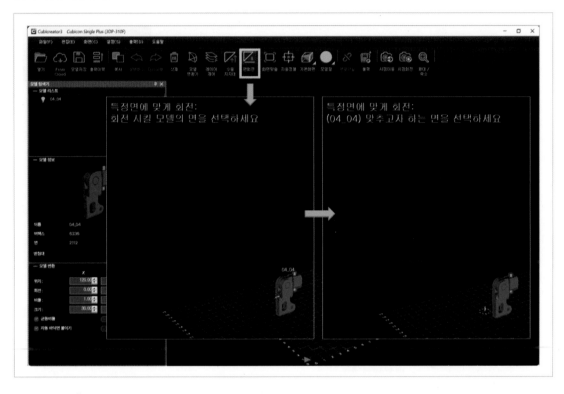

출력 설정 초기화

'툴바 〉 [출력] 아이콘'을 선택해 나온 출력 옵션에서 상세 설정을 클릭한 후, 왼쪽 '빠른 설정'에서 '보통'을 선택하고 그 아래 '설정값 초기화' 버튼을 클릭한다. 한 가지를 더 참고한다면 '필라멘트' '재료'가 'PLA'로 되어있는지도 점검한다.

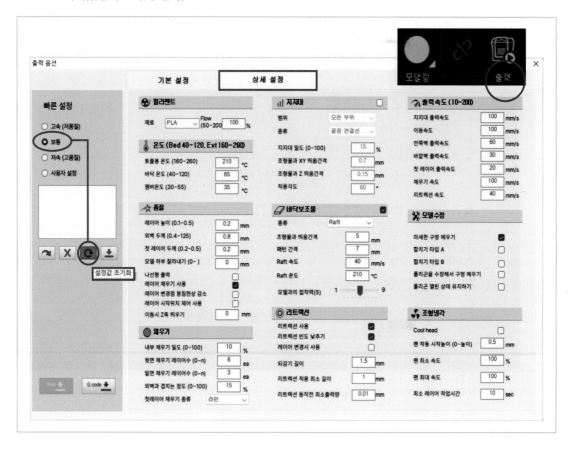

STEP 5 출력 설정값 확정

'출력 옵션 〉 상세 설정'에서 '지지대'를 활성화해 준다. 만약 출력시간이 정해진 1시간 20분을 넘어간다면 품질 카테고리에 있는 '레이어 높이'를 0.2mm에서 0.3mm까지 올려가면서 예상시간을 살펴본다. 출력예 상시간을 보는 방법은 **STEP 6** 을 참고한다.

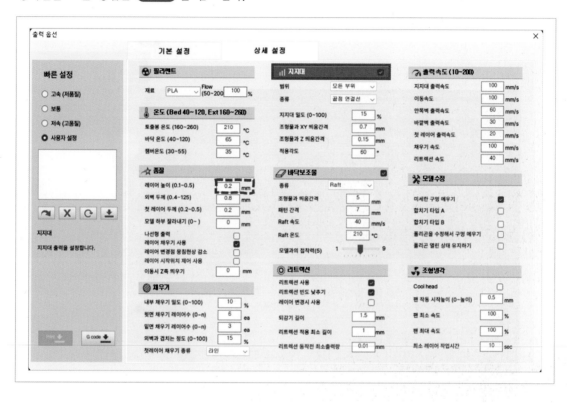

STEP 6 출력 시뮬레이션 확인

'툴바 〉 모델링 〉 출력경로'를 선택하면 슬라이싱이 진행되고 그 결과로 아래 사진처럼 시뮬레이션이 보인다. 왼쪽 아랫부분에서 '출력예상시간'을 확인하고, 오른쪽 탐색바를 이용해 1층부터 꼭대기층까지 출력이 어떻게 진행될 것인지 살펴본다. 이때 서포트의 생성 여부와 공차 부분이 제대로 간격이 나오는지를 중점적으로 체크한다. 출력예상시간이 오버되면 **STEP 5** 를 참고한다.

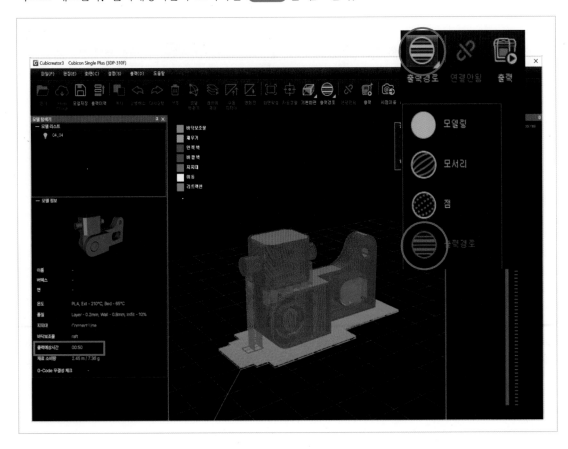

STEP 7 G코드 저장

'툴바 〉 [출력] 아이콘' 선택 후 왼쪽 아래 [G code 다운]을 클릭해서 "비번.hfb(hvs.cfb 등)"로 저장한다.

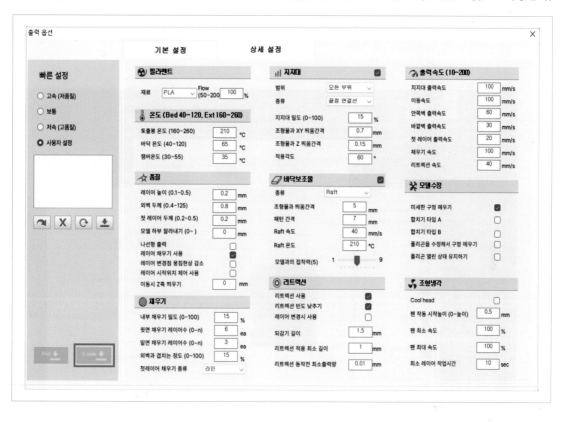

2. 큐비크리에이터(Cubicrator) 4.5.1 버전(큐비콘 3D프린터 전용 슬라이서)

STEP 1 장비 설정

'프로그램 메뉴 〉 설정 〉 환경설정'으로 들어가 '장비' 탭의 제품모델을 클릭한다. 새로 나온 '장치선택' 창에서 시험장 비치 모델을 선택한다.

STEP 2 모델 불러오기

'툴바 〉 [열기] 아이콘' 선택 후 탐색기에서 해당 파일 불러오기를 한다.

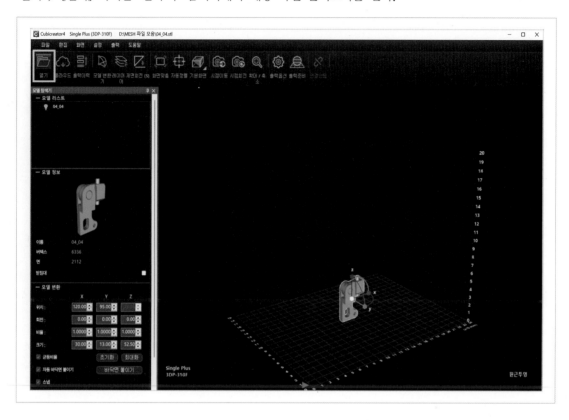

'툴바 〉 [면회전] 아이콘' 클릭 후 "특정면에 맞게 회전"을 불러온다. 이후 바닥에 붙일 면을 선택하고 다음으로 바닥면을 선택하면 된다.

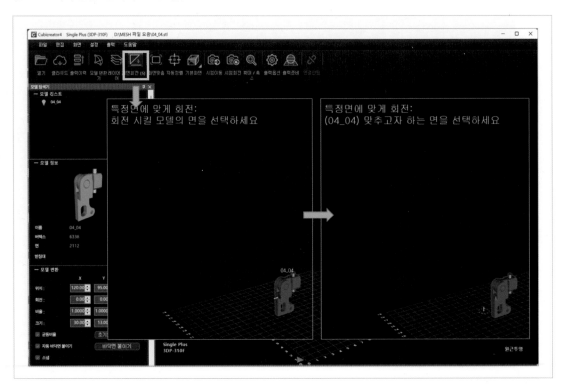

STEP 4 출력 설정 초기화

'툴바 〉 [출력옵션] 아이콘'을 선택해 나온 '출력옵션'에서 '상세 옵션'을 클릭한 후, 오른쪽 하단의 "Default" 박스를 실행한다.

STEP 5 출력 설정값 확정

STEP 4 의 Default 값으로 출력이 가능하다. 그러나 출력예상시간이 넘어가는 경우가 있기 때문에 몇 가지 추가 설정값을 알아보겠다.

① 품질 〉 레이어 높이: 0.2mm에서 상황에 따라 0.3mm까지 올린다.
② 외벽 〉 벽 라인 개수: 3개에서 2개로 줄인다.
③ 내부채움 〉 채우기 밀도: 20%에서 15%로 줄인다.

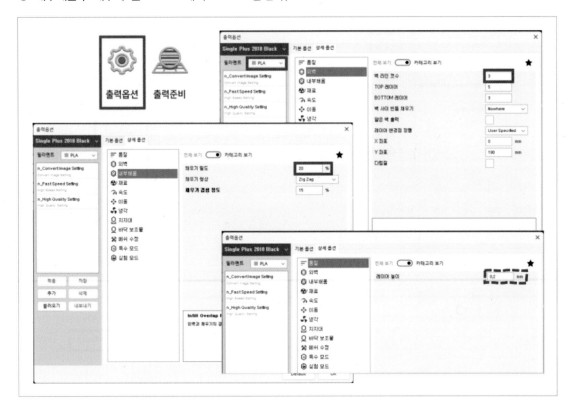

STEP 6 출력 시뮬레이션 확인

'툴바 〉 [출력준비] 아이콘' 선택 후 왼쪽 아랫부분의 '출력예상시간'을 확인하고, 오른쪽 탐색바를 이용해 1층부터 꼭대기층까지 출력이 어떻게 진행될 것인지 살펴본다. 이때 서포트의 생성 여부와 공차 부분이 제대로 간격이 나오는지를 중점적으로 체크한다. 출력예상시간이 오버되면 **STEP 5** 를 참고한다.

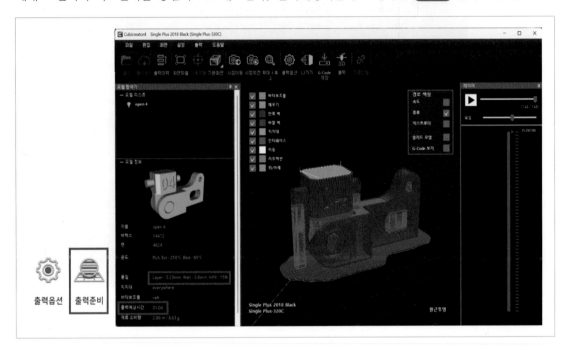

STEP 7 G코드 저장

'툴바 〉 [G Code 저장] 아이콘' 선택 후 "비번.hfb(hvs.cfb 등)"으로 저장한다.

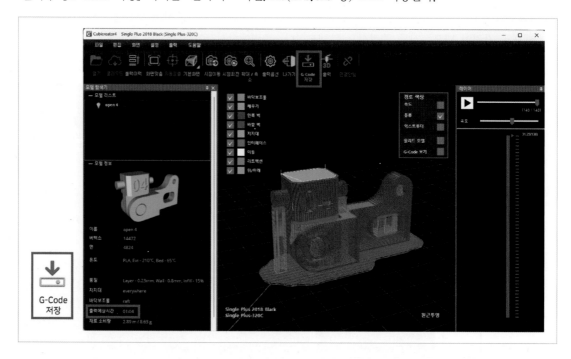

3. 3DWOX Desktop 1.6.3 버전(신도리코 3D프린터 전용 슬라이서)

STEP 1 장비 설정

'프로그램 메뉴 〉 설정 〉 프린터 설정'으로 들어가 프린터 모델을 클릭한 후, 새로 나온 장치선택 창에서 시험장 비치 모델을 선택한다.

STEP 2 모델 불러오기

왼쪽 사이드바에서 [LOAD] 아이콘을 클릭한 후 탐색기에서 해당 파일 불러오기를 한다.

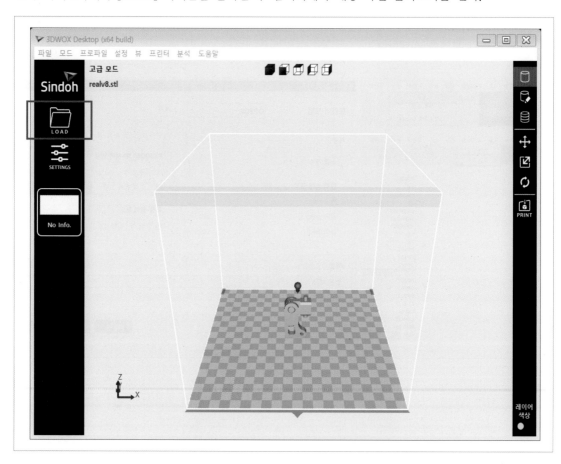

출력 방향 설정

오른쪽 사이드바 중 [회전] 아이콘을 선택한 후, 원하는 축의 +, − 직각 아이콘을 선택해서 회전 또는
원하는 각도로 개별 입력도 가능하다. 또한 직각으로 회전하면 안 되는 모델들은 최대한 바닥과 가깝게
개별 입력한 다음 [베드에 붙이기] 기능을 이용해 방향을 설정한다.

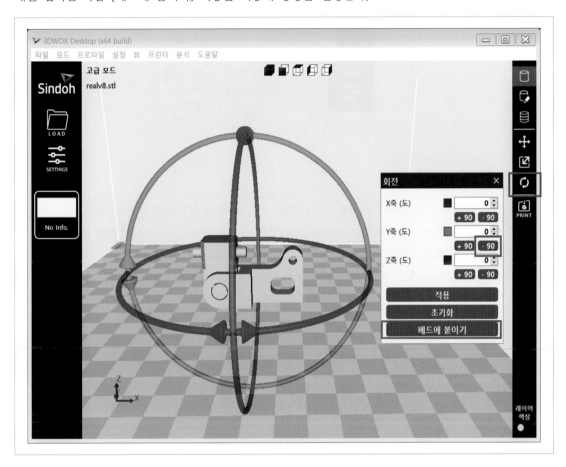

STEP 4 출력 설정 초기화

'프로그램 메뉴 〉 프로파일 〉 프로파일 초기화'를 선택한 후 나타나는 팝업창에서 '예'를 눌러주면 된다.

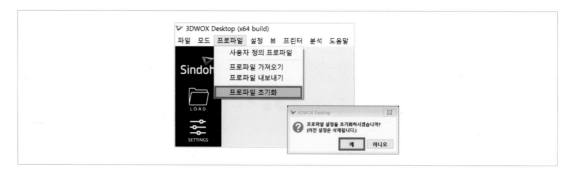

STEP 5 출력 설정값 확정

3DWOX Desktop은 프로파일 초기화 후 서포트만 생성해 주면 거의 대부분의 공개도면 모델들을 1시간 20분 내에 출력 가능하다. 왼쪽 사이드바의 [SETTINGS] 아이콘을 선택하고 서포트 탭에서 서포트 생성 위치를 "모든 곳"으로 바꿔준다.

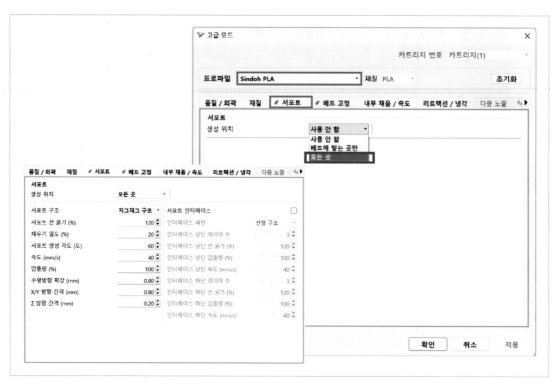

오른쪽 사이드바의 세 번째 아이콘인 [레이어 뷰어]를 확인하고, 오른쪽 탐색바를 이용해 1층부터 꼭대기 층까지 출력이 어떻게 진행될 것인지 살펴본다. 이때 서포트의 생성 여부와 공차 부분이 제대로 간격이 나오는지를 중점적으로 체크한다.

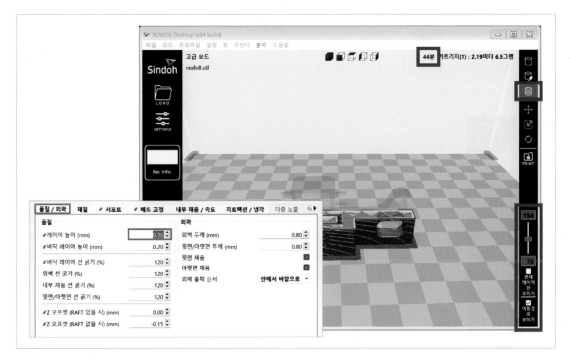

출력예상시간이 오버되면, 위의 왼쪽 그림처럼 [SETTINGS] 아이콘을 클릭한 후, '품질/외곽'탭에서 '레이어 높이'를 0.2mm에서 0.3mm까지 높여가면서 출력예상시간을 확인한다.

'프로그램 메뉴 〉 파일 〉 G-code 저장하기'를 클릭 후 탐색기에서 "비번.gcode"로 저장하면 된다.

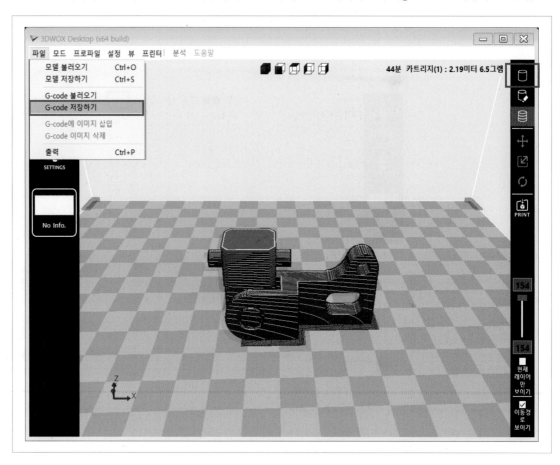

4. MakerBot Print 4.10 버전(메이커봇 3D프린터 전용 슬라이서)

STEP 1 장비 설정

우측 하단의 ①번 클릭, [ADD a Printer] 메뉴에서 [Add an Unconnected Printer] 선택 후 나오는 프린터 중에서 시험장 비치 모델을 선택한다.

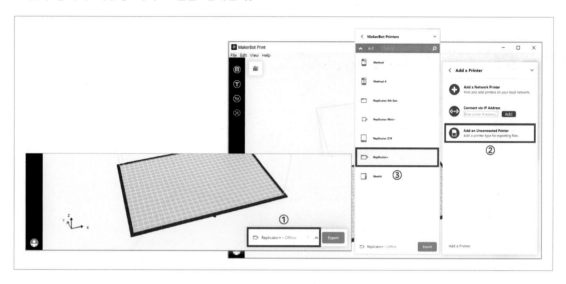

모델 불러오기

왼쪽 [Projcet Panel] 아이콘을 선택 후, New Project 〉 Add Models를 클릭한다. 탐색기에서 해당 파일 불러오기를 한다.

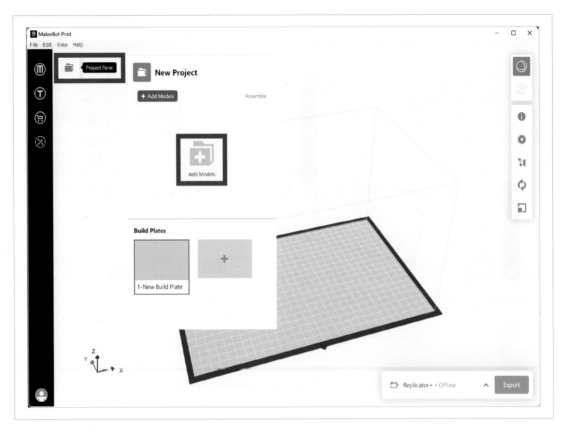

출력 방향 설정

오른쪽 사이드바 중 [회전] 아이콘을 선택한 후, 원하는 축의 ＋, － 직각 아이콘을 선택해서 회전 또는 원하는 각도로 개별 입력도 가능하다. 또한 직각으로 회전하면 안 되는 모델들은 [Place Face on Build Plates] 클릭한 후 바닥에 붙일 면을 먼저 선택하고 이후에 뜨는 창에서 [Bottom]을 선택하면 된다.

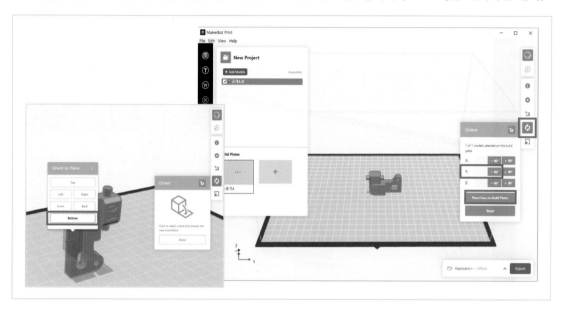

STEP 4 출력 설정 초기화

우측 사이드바에서 [Print Settings] 선택 후 [Reset Settings to Default] 옆의 [...]을 클릭하면 출력 설정이 초기화된다.

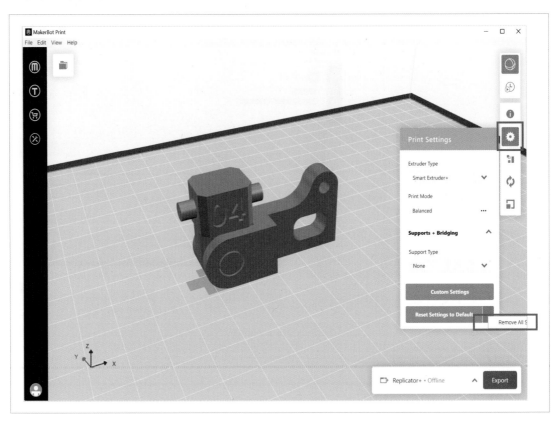

출력 설정을 초기화한 후 [Support Type]만 바꿔주면 된다. 서포트의 종류는 'Breakaway Support' 하나만 있다.

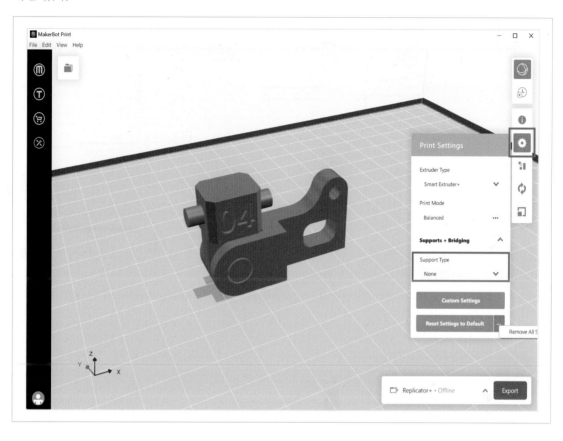

만약 STEP 6 시뮬레이션에서 출력예상시간이 1시간 20분이 넘어간다면 [Print Settings]에서 [Custom Settings]를 선택한 다음, "Setting > Quick Settings > Layer Height"를 0.2mm에서 0.3mm까지 올리면서 시간을 다시 체크한다.

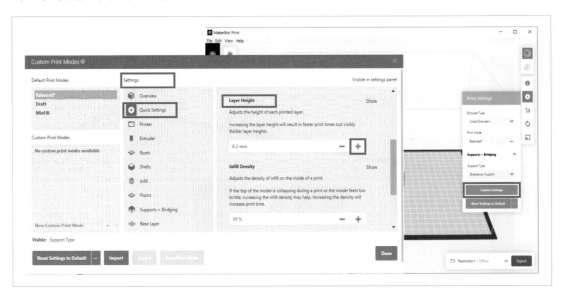

그럼에도 불구하고 시간이 초과된다면, 마지막으로 기본 설정에서 [Default Print Modes]에서 'Balanced'에서 'Draft'로 변경한다. 여기까지 설정하면 기능사 시험의 모든 문제는 1시간 20분 내로 출력이 가능하다.

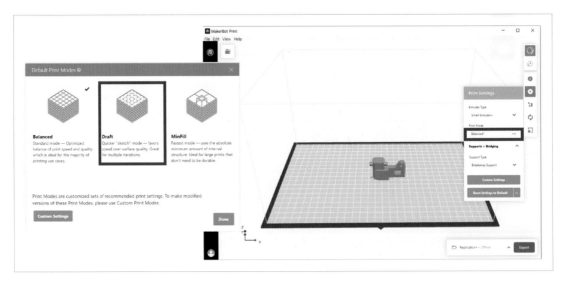

출력 시뮬레이션 확인

오른쪽 사이드바의 두 번째 아이콘인 [Estimates and print preview]를 선택하면 슬라이싱을 마친 후 시뮬레이션을 볼 수 있다. 그리고 결과 팝업창 아래에 출력예상시간이 표기된다.

만약 출력예상시간이 오버되면 STEP 5 를 참고해서 수정한다.

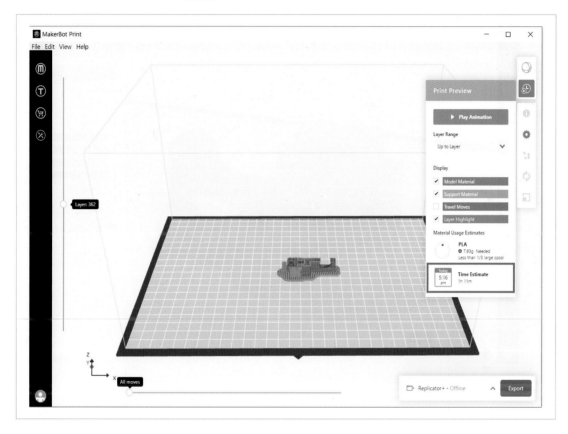

G코드 저장

우측 하단 맨 아래쪽의 [Export]를 클릭하여 저장한다. MakerBot print의 G코드 파일 확장자는 'makerbot'으로 표기된다.

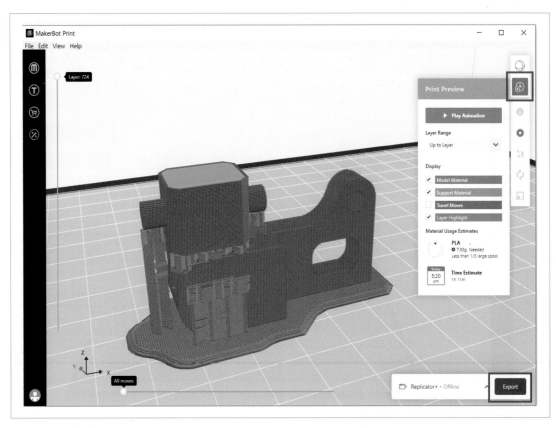

5. Cura 15.04.6 버전[거의 모든 렙랩(RepRap) 3D프린터에서 적용 가능한 오픈소스 슬라이서]

STEP 1   장비 설정

'프로그램 메뉴 〉 Machine 〉 Machine settings'으로 들어가 수정한다. 보통은 시험장의 프린터와 맞춰 두었겠지만, 변수가 있을 수 있기 때문에 베드 사이즈와 히트베드 유무, 그리고 카테시안 또는 델타 프린터의 구분 등을 알아야 한다. 3D프린터의 사양을 모르겠으면 아래 그림과 같이 하면 기본적으로 출력은 가능할 것이다.

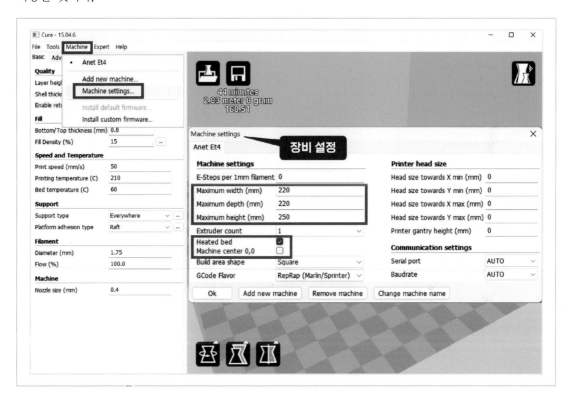

메인 화면 좌측 상단의 [Load] 아이콘을 클릭하거나 "File 〉 Load model file…" 설정을 선택하고, 탐색기에서 해당 파일 불러오기를 한다.

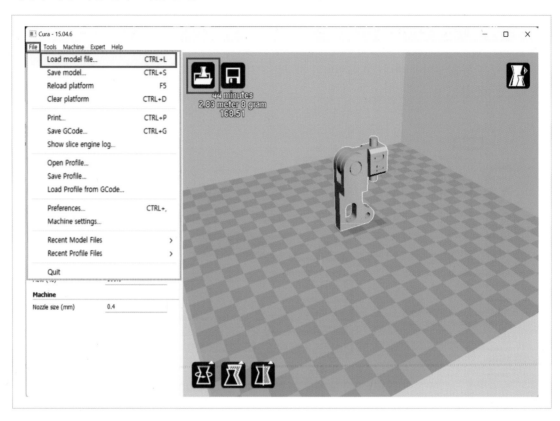

출력 방향 설정

메인 화면 좌측 하단 메뉴 중 [Rotate] 아이콘을 클릭하면 회전 도구가 나타난다. 방향에 맞춰 회전시켜 주면 된다. 기본적으로 한 번에 15°씩 회전되며, 좀 더 세밀한 각도가 필요한 경우에는 [Shift]키를 누른 상태에서 드래그하면 1°씩 회전할 수 있다. 또한 각도가 애매한 모델들은 최대한 바닥과 가깝게 회전시킨 다음 [Lay flat] 기능을 이용하면 바닥에 붙일 수 있다.

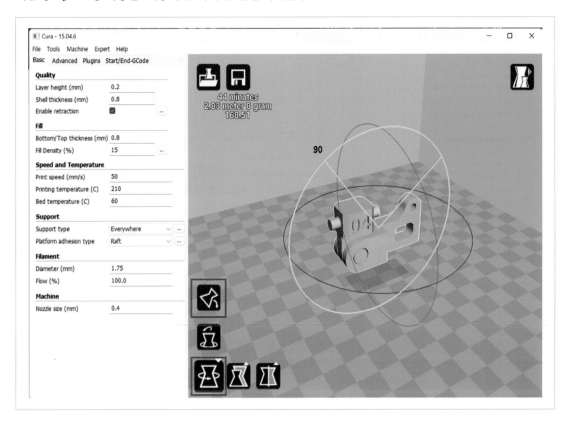

STEP 4   출력 설정 초기화

'프로그램 메뉴 〉 Export 〉 Switch to quickprint...'를 선택한 후, 아래 그림처럼 PLA와 Normal print로 설정한다. 이후 다시 '프로그램 메뉴 〉 Export 〉 Switch to full settings...'를 선택하면 나오는 [Profile copy]에서 "예"를 선택하면 된다.

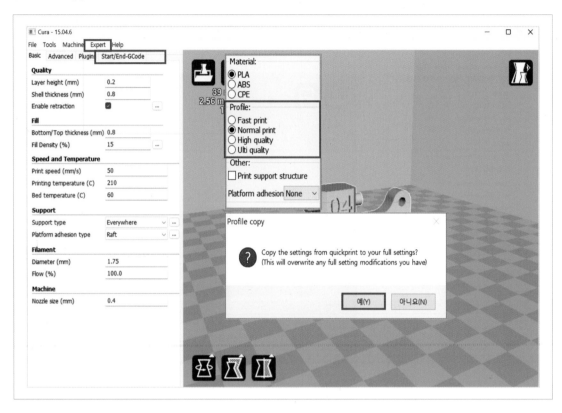

Cura의 15버전은 초기화 후 설정해야 할 것들이 많다. Basic 탭과 Advanced 탭으로 나누어 살펴보겠다.

1) Basic 탭

① Layer height: 0.1mm → 0.2mm

② Shell thickness: 0.8mm → 1.2mm (그냥 놔둬도 무방함)

③ Bottom/Top thickness: 0.6mm → 0.8mm

④ Bed temperature: 70° → 60°

⑤ Support type: Everywhere

⑥ Platform adhesion type: Raft

⑦ Diameter: 2.85mm → 1.75mm

2) Advanced 탭

① Travel speed: 150mm/s → 100mm/s

② Bottom layer speed: 20mm/s

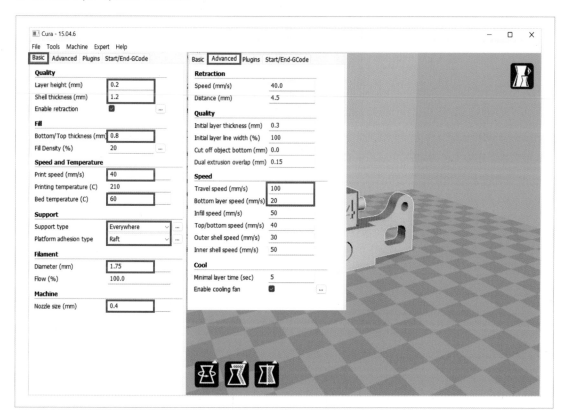

메인 화면 우측 상단의 아이콘을 클릭해서 [Layers]를 선택하고, 오른쪽 탐색바를 이용해 1층부터 꼭대기 층까지 출력이 어떻게 진행될 것인지 살펴본다. 이때 서포트의 생성 여부와 공차 부분이 제대로 간격이 나오는지를 중점적으로 체크한다.

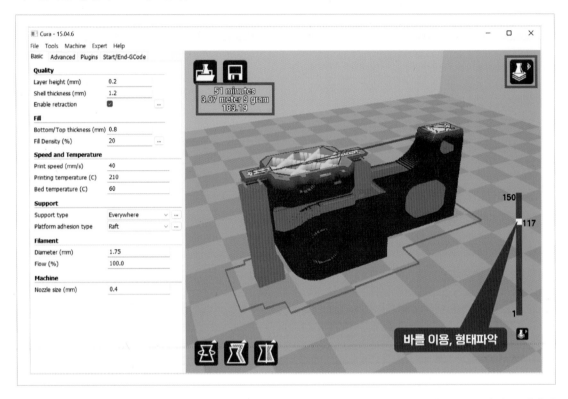

출력예상시간이 오버되면 "Basic 〉 Quality 〉 Layer height" 설정을 0.2mm에서 0.3mm까지 높여가면서 출력예상시간을 확인한다.

'프로그램 메뉴 〉 File 〉 Save GCode…'를 클릭 후 탐색기에서 "비번.gcode"로 저장하면 된다.

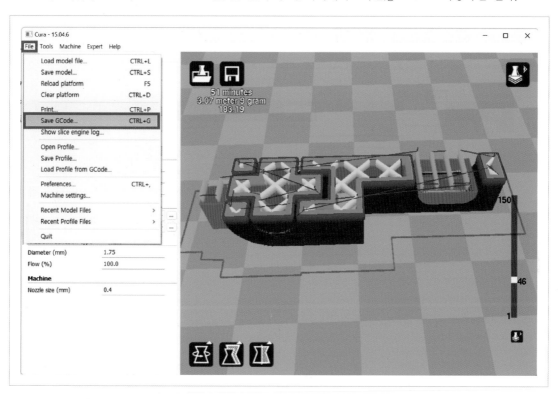

6. Cura 5.5 버전[거의 모든 렙랩(RepRap) 3D프린터에서 적용 가능한 오픈소스 슬라이서]

STEP 1 장비 설정

'프로그램 메뉴 〉 설정 〉 프린터'로 들어가 해당 프린터를 선택한다. 처음 사용할 때는 먼저 3D프린터를 등록해야 하지만 시험장에서 사용하는 슬라이서는 세팅이 되어 있을 것이니 종류만 확인한다.

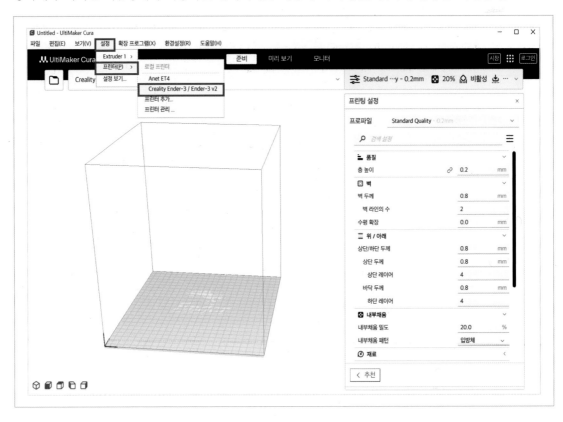

STEP 2 모델 불러오기

왼쪽 상단의 폴더 아이콘을 클릭하여 탐색기에서 해당 파일 불러오기를 한다.

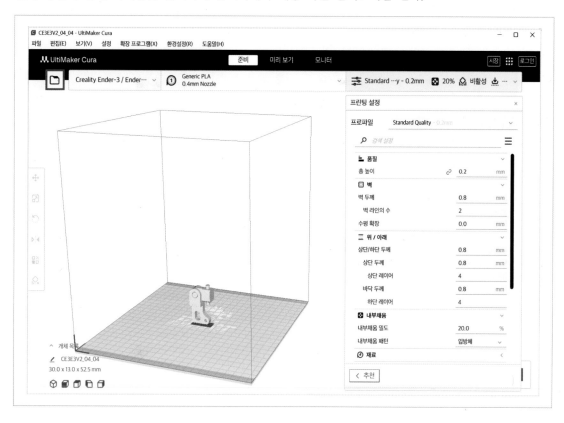

STEP 3 출력 방향 설정

왼쪽 사이드바에서 [회전] 아이콘을 선택 후 [빌드 플레이트에 정렬할 면]을 선택하고 바닥에 붙일 면을
선택하면 된다.

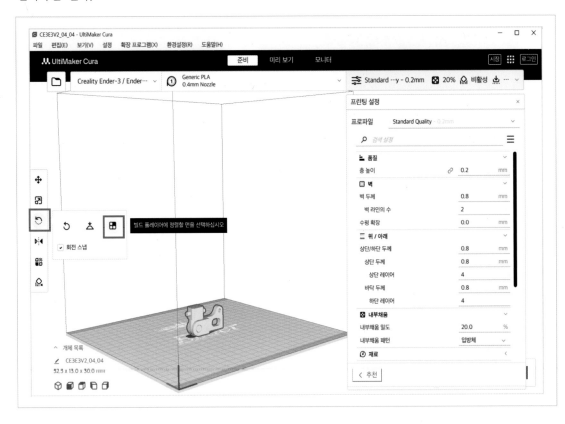

STEP 4 출력 설정 초기화

우측 프린터 설정에 가서 프로파일을 [Standard Quality]로 바꾼 후 오른쪽의 [기본값으로 재설정] 아이콘을 클릭하면 된다.

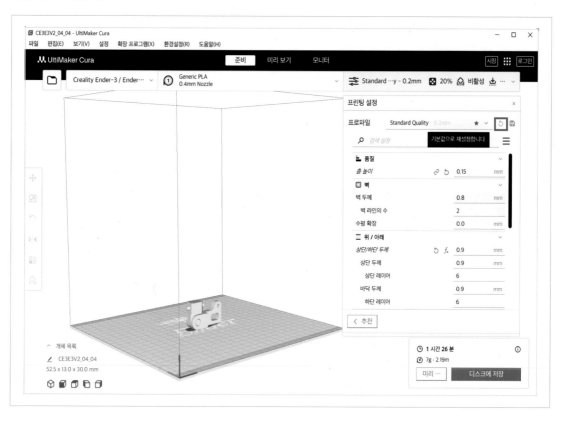

Cura의 5버전은 출력시간이 많이 나오는 편이다. 따라서 공개도면 21번을 기준으로 설정값을 확인해 보겠다. 기본값으로는 1시간 4분이 나왔다. 아래 설정들을 적절히 사용해 시간을 맞춘다.

서포트 탭	서포트 생성(1시간 22분으로 증가)
빌드 플레이트 부착 탭	빌드 플레이트 고정 유형: 스커트 → 래프트(1시간 39분으로 증가)
품질 탭	• 층 높이 : 0.2 → 0.3(1시간 16분으로 감소) • 위/아래: 상단/하단 두께(1.0), 상단/하단 레이어(4 → 3)(1시간 13분으로 감소)
내부채움 탭	내부채움 밀도: 20 → 15(1시간 11분으로 감소)
빌드 플레이트 부착 탭	래프트 추가 여백: 15 → 5(1시간 2분으로 감소)

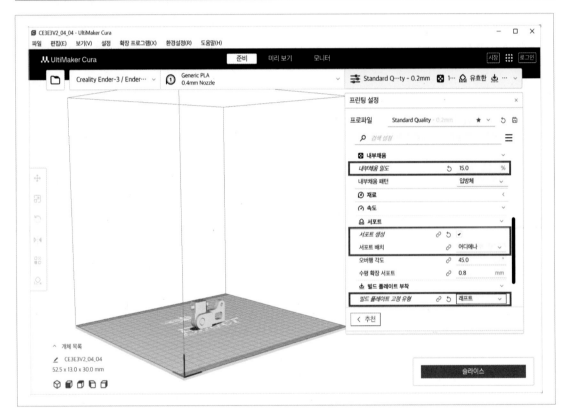

STEP 6 출력 시뮬레이션 확인

우측 하단의 [슬라이스]를 클릭하고 상단 중반에 있는 [미리보기]를 선택하면 아래 화면처럼 나온다. 오른쪽 탐색바를 이용해 1층부터 꼭대기층까지 출력이 어떻게 진행될 것인지 살펴보고 서포트의 생성 여부와 공차 부분이 제대로 간격이 나오는지를 중점적으로 체크한다.

출력예상시간이 오버되면 **STEP 5** 를 다시 확인한다.

STEP 7 G코드 저장

우측 하단의 [이동식 드라이브에 저장] 박스를 클릭 후 윈도우 탐색기에서 "비번.gcode"로 저장하면 된다.

PART 12
후처리

CHAPTER 01 4 STEPS 후처리 기법

1. 후처리 도구 준비

아래 표와 사진은 3D프린터운용기능사 실기시험 시 지참해야 할 준비물 목록이다. 이것보다 더 준비하는 건 문제가 되지 않지만, 부족하면 감점을 받을 수 있다.

수험자 지참 준비물					

지참준비물 목록
(※ 인쇄 시 출력물이 2장 이상인 경우 반드시 화면상의 지참공구 목록과 대조·확인하시기 바랍니다.)

번호	재료명	규격	단위	수량	비고
1	PC(노트북)	비고란 참고	대	1	필요 시 지참
2	니퍼	범용	SET	1	서포트 제거용
3	롱노우즈플라이어	범용	EA	1	서포트 제거용
4	방진마스크	산업안전용	EA	1	null
5	보호장갑	서포터 제거용	개	1	null
6	칼 혹은 가위	소형	EA	1	서포트 제거용(아트나이프 가능)
7	테이프/시트	베드 안착용	개	1	탈부착이 용이한 것
8	헤라	플라스딕 등	개	1	출력물 회수용

2. 후처리 4 STEPS 공식 해설

STEP 1 래프트(Raft) 제거

바닥 지지대인 래프트는 출력 시작 시 원활한 안착과 베드 레벨링 오류를 일부 수정해 주는 역할을 한다. 일부 3D프린터는 베드 접착력이 좋아 래프트가 필요없지만 만약의 경우를 대비해 출력한다. 래프트는 롱 노우즈를 이용하여 한 번에 제거하면 좋겠지만, 모두 제거되지 않고 일부 남은 것들은 니퍼나 칼을 이용해 잘라내야 한다. 조립품의 움직이는 부분이 바닥과 연결되어 있는 경우에는 더욱 깨끗하게 정리해야 한다.

그리고 준비물 중에 테이프/시트가 있다. 테프론 테이프를 준비하면 된다. 래프트를 설치했음에도 베드 레벨링의 오차가 커서 베드에 안착이 되지 않을 때, 베드에 테이프를 깔아 베드 높이를 올리는 역할을 한다.

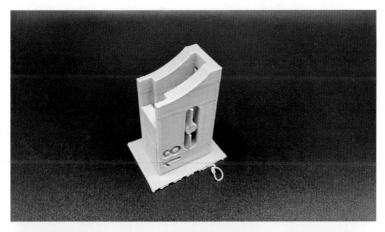

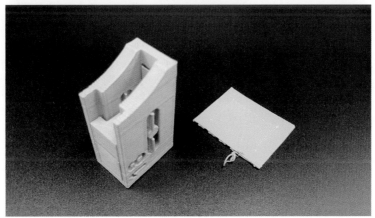

지지대(Support) 제거

지지대 제거는 롱노우즈와 니퍼를 이용해 주로 제거한다. 일반적인 지지대는 롱노우즈로, 세밀한 부분이나 큰 지지대를 제거하고 남은 부분 등은 니퍼를 사용한다. 이때 본체를 지지대로 착각해 같이 제거하는 실수를 많이 하기 때문에 주의한다.

STEP 3 결합 부위 제거

래프트와 지지대를 제거하면 조립 부분에 좁고 미세하게 붙어 있는 지지대를 제거해야 한다. 특히 이것을 제거하는 도중에 출력물의 파손이 일어날 수 있기 때문에 주의를 기울여야 한다.
특히 회전이 필요한 곳에 주로 원기둥 형태의 출력물이 있는데, 힘으로 돌리지 말고 칼을 이용해 원기둥과 본체가 붙어 있는 부분을 "톡" 소리가 날 때까지 잘라주는 것이 좋다.

STEP 4 마감

서포트를 제거한 후 본체 표면에 붙어 있는 미세한 잔재들은 니퍼나 칼을 이용해 깨끗하게 없앤다. 기왕이면 깔끔한 상태의 제출물이 더 높은 점수를 받을 수 있기 때문이다.

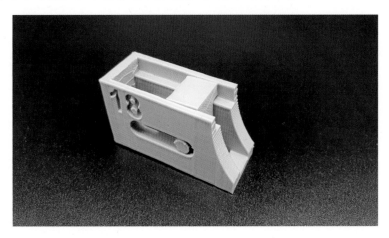

memo

memo

참고문헌 ::

- 대한3D프린팅교육센터 학원 교재
- NCS 학습모듈
- 한국산업인력공단
- 산업안전관리공단
- 한국과학창의재단
- 대한산업안전협회
- 교육부(2016) 제품 출력, 한국직업능력개발원
- 과학기술정보통신부, 「3D프린터 안전 이용 가이드」

자력 3D프린터운용기능사 필기+실기 한권쏙

초판발행	2024년 4월 5일
지은이	이우홍 대한3D프린팅융합연구소교육센터학원
펴낸이	안종만 · 안상준
편 집	김민경
기획/마케팅	차익주 · 김락인
표지디자인	이은지
제 작	고철민 · 조영환
펴낸곳	(주) **박영사** 서울특별시 금천구 가산디지털2로 53, 210호(가산동, 한라시그마밸리) 등록 1959. 3. 11. 제300-1959-1호(倫)
전 화	02)733-6771
f a x	02)736-4818
e-mail	pys@pybook.co.kr
homepage	www.pybook.co.kr
ISBN	979-11-303-1937-7 13550

정 가	33,000원